323 Tips to Use R Language Better!

現場で
すぐに
使える！

最新

# R言語 プログラミング

最新RStudio/Windows/macOS 対応

# 逆引き大全

金城俊哉 著

# 323の極意

秀和システム

●**サンプルプログラムのダウンロードサービス**

本書で使用しているサンプルプログラムは、次の秀和システムのWebサイトからダウンロードできます。

https://www.shuwasystem.co.jp/support/7980html/7228.html

●**注意**

(1) 本書は著者が独自に調査した結果を出版したものです。

(2) 本書は内容について万全を期して作成いたしましたが、万一、ご不審な点や誤り、記載漏れなどお気付きの点がありましたら、出版元まで書面にてご連絡ください。

(3) 本書の内容に関して運用した結果の影響については、上記(2)項にかかわらず責任を負いかねます。あらかじめご了承ください。

(4) 本書の全部、または一部について、出版元から文書による許諾を得ずに複製することは禁じられています。

●**商標**

・Microsoft、Windowsは米国Microsoft Corporationの米国およびその他の国における商標または登録商標です。

・その他、CPU、ソフト名は一般に各メーカーの商標または登録商標です。

なお、本文中では™および®マークは明記していません。

書籍のなかでは通称またはその他の名称で表記していることがあります。ご了承ください。

# はじめに

　R言語によるプログラミングの世界へようこそ！　この本は、Rを使ったデータ処理の基本から始めて、統計的データ分析や機械学習におけるモデリングの技術について深いところまで理解していただけることを目標としています。特に、tidyverseやtidymodelsといったR言語のモダンなプログラミングテクニックを網羅しているので、データ分析や機械学習のプロセスをよりシンプルに、かつ効率的に実践していただけます。

　既刊『現場ですぐに使える！　R言語プログラミング逆引き大全　350の極意』（2018年4月刊）の改訂版となる本書では、旧版と比較してTipsの数が若干減っていますが、情報量が減少したわけではありません。一部のTipsの内容を統合することで、より理解しやすく、実践しやすい形を目指した結果として、今回の構成になっています。

　1～3章では旧版と同様に、R言語の基礎とデータ操作について紹介しています。4～6章では、tidyverseフレームワークによるベクトルやリスト、文字列、日付データの操作やデータフレームの操作について紹介しています。続く7～8章では、統計的仮説検定や多変量解析について、tidymodelsフレームワークを用いて実践する方法を解説しました。後半の9～11章では、機械学習における前処理、回帰モデルの構築と評価、分類モデルの構築と評価について、やはりtidymodelsフレームワークを用いて実践する方法を紹介しています。最後の12章では、ggplot2によるデータ可視化について紹介しました。

　前述の通り、本書を通じてR言語の強力な機能ならびにデータ分析や機械学習のためのモダンなアプローチを無理なく学べるよう、各Tipsを構成してあります。R言語に初めて触れる方はもちろん、すでにR言語のプログラミング経験がある方にとっても、本書は、より効率的でパワフルなデータ分析を行うための良きガイドとなることでしょう。

　この本が、R言語の魅力的な世界を深く探求する一助となることを願っております。

2024年5月　　　　　　　　　　　　　　　　　　　　　　　　　金城俊哉

# 本書の使い方

　本書は、入門書・解説書として通読していただけるのはもちろん、みなさんの疑問・質問、「〜するには?」「〜とは?」といった困ったときに役立つ極意（Tips）を簡単に見つけ出せるようにもなっています。知りたい内容に応じた「極意」を、目次や索引などから探してください。

　なお、本書の紙面は下図のような構成になっています。本書で使用している表記やアイコンについては下図を参照してください。

## 極意（Tips）の構成

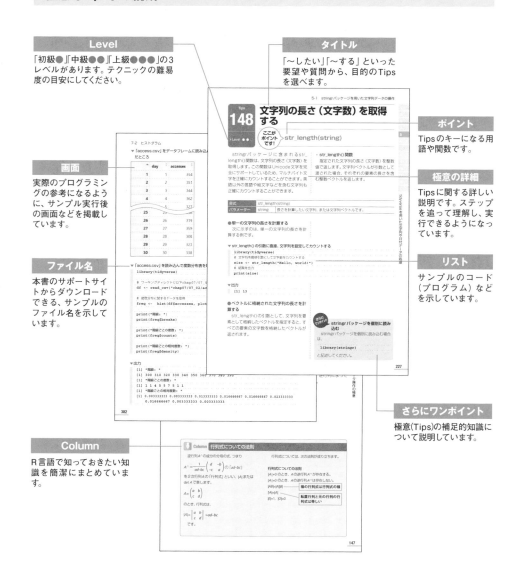

**Level**

「初級●」『中級●●』『上級●●●」の3レベルがあります。テクニックの難易度の目安にしてください。

**画面**

実際のプログラミングの参考になるように、サンプル実行後の画面などを掲載しています。

**ファイル名**

本書のサポートサイトからダウンロードできる、サンプルのファイル名を示しています。

**Column**

R言語で知っておきたい知識を簡潔にまとめています。

**タイトル**

「〜したい」「〜する」といった要望や質問から、目的のTipsを選べます。

**ポイント**

Tipsのキーになる用語や関数です。

**極意の詳細**

Tipsに関する詳しい説明です。ステップを追って理解し、実行できるようになっています。

**リスト**

サンプルのコード（プログラム）などを示しています。

**さらにワンポイント**

極意（Tips）の補足的知識について説明しています。

**Contents**

現場ですぐに使える！
最新R言語プログラミング
逆引き大全
323の極意

## 第1章　開発環境の用意とRプログラミングの基礎

## 第2章　データ操作の極意

## 第3章　基本プログラミングの極意

## 第4章　tidyverseを用いたベクトルやリストの操作

## 第5章　tidyverseを用いた文字列や日付データの処理

# 第6章 tidyverseを用いたモダンなデータフレーム操作

## 第7章　統計的仮説検定

## 第8章　統計的多変量解析

## 第9章　tidymodelsを用いた前処理と特徴量エンジニアリング

## 第10章　tidymodels を用いた回帰モデルによる予測と評価

# 第11章　tidymodels を用いた分類モデルの構築と評価

# 第12章　ggplot2によるデータの可視化

# ■サンプルデータについて

本書では、各章で利用するサンプルデータを（株）秀和システムのWebページからダウンロードすることができます。データのダウンロードと使用の方法、使用する際の注意事項は次の通りです。

## ダウンロードの方法

本書で作成・使用しているサンプルデータは、弊社ホームページの書籍紹介ページ（URLは次の通り）よりダウンロードすることができます。ダウンロードしたファイルは圧縮ファイルになっているので、解凍してからご使用ください。

> URL：https://www.shuwasystem.co.jp/
> support/7980html/7228.html

上記URLからのアクセスがうまくいかない場合は、https://www.shuwasystem.co.jp/で書籍名から検索してください。なお、本書で使用するサンプルデータは、RStudioで作成したR形式ファイルとなっています。

## 使用上の注意

収録ファイルは十分なテストを行っていますが、すべての環境での正常な動作を保証するものではありません。また、ダウンロードしたファイルを利用したことにより発生したトラブルにつきましては、著者および（株）秀和システムは一切の責任を負いかねますので、あらかじめご了承ください。

## 作業環境

本書の紙面は、Windows 11がインストールされているパソコンに、RおよびRStudioをインストールした環境で作業を行い、画面を再現しています。

# 開発環境の用意とRプログラミングの基礎

# Rとは何か

ここが
ポイント
です！

▶Level ● ○ ○

> Rの概要

Rは、完全無償版のフリーソフトウェアです。誰でも無料で入手できるデータマイニング用ツールです。「R」はプログラミング言語およびその開発環境の総称なので、公式サイトからRをダウンロードし、インストールすると、次のようなRの開発ツールが使えるようになります。

▼Rの操作画面

ここにソースコードを入力して実行する

● R言語の特徴

R言語には、次のような特徴があります。

❶統計解析言語Sをベースに構築されたオープンソースのプログラミング言語である。

1984年にAT&Tベル研究所のJohn Chambers、Rick Becker、Allan Wilksによって研究・開発された統計処理言語をS言語といい、それをもとに開発されたのがR言語です。Rという名前は、アルファベットのSの前にRがあるところに由来します。

❷文法がやさしいので習得が容易である。

Rの文法では、煩雑な手続きを書いたり難解な記号を使ったりする必要はほぼなく、プログラミング自体に専念できます。

❸インタープリター型の言語なので、プログラムを書いてすぐに実行できる。

「プログラミング言語の文法に従って記述した、コンピューターへの命令文の並び」を**ソースコード**と呼びます。ソースコードはテキストベースなので、これをコンピューターに理解させるためには、ソースコードを「マシン語」に変換することが必要です。この処理を**コンパイル**と呼び、**コンパイラー**というツールを用いて行います。つまり、「プログラミング」➡「コンパイル」➡「ビルドして実行ファイル作成」という手順を踏んでから、実行ファイルを起動することでプログラムが実行されます。

それとは別に、Rには、ソースコードを逐次的に解釈し、その都度実行する**インタープリター**と呼ばれるツール（ソフトウェア）が搭載されています。「ソースコードをコンパイルしてビルド（実行ファイル作成）」という手順を踏むのではなく、プログラムのソースコードを読み込み、構文ごとに解析を行い、逐次的に実行します。ソースコードを書いたら、開発ツールの実行コマンドで即、プログラムを実行できるので、コードを変更したり、新しいコードを追加したりしたあと、ただちに結果を確認できます。対話的な開発が可能なので、試行錯誤を伴うプログラムの開発はもちろん、学習用途にもうってつけです。

**❹強力なデータ解析機能を最初から持っている。**

Rはデータマイニング用のツールなので、統計的な計算はもちろん、Web上から情報を収集したり（**Webスクレイピング**）、文字列を解析したり（**テキストマイニング**）、といったいろいろな処理をこなします。統計的な分析を行うには様々な公式を使うのですが、Rにはそのすべてが搭載されています。統計的な公式や手法を使って計算する機能は**関数**という仕組みにまとめられているので、関数にデータを渡すためのソースコードを書くだけで、公式や手法を駆使できます。

**❺いろいろな形式の美しいグラフを手軽に作成できる。**

Rのグラフ作成機能は強力です。すでにあるデータをグラフにするだけでなく、データの「将来の姿」や「過去の姿」を予測してグラフを作ることも簡単にできます。

**❻モダンなプログラミングスタイルを提供する豊富な外部ライブラリが使える。**

「モダン」という言葉をRで使う場合、狭義では「**tidyverse**というパッケージ（ライブラリの集合体）を活用したプログラミング」を指します。tidyverseは、データの整理、可視化、モデリング（解析アルゴリズム）などをサポートする一連のライブラリをまとめたパッケージです。

ggplot2、dplyr、tidyr、purrrなどのライブラリが tidyverseに含まれており、これらを組み合わせてモダンで効果的なデータ分析が可能です。古典的な統計手法（古いという意味ではありません）だけでなく、機械学習における最新の手法までサポートされています。

**●Rにはプログラミングするからこそのよさがある。**

このほかにも、もっと専門的な視点でのメリットがたくさんありますが、その一方で、Rを使うには「プログラミング」をしなければならず、プログラミングが初めての人にとっては敷居が高いかもしれません。

ですが、プログラミングは「やりたいことを理路整然と書く」ことなので、処理したいことを順番に、なおかつ簡潔に整理しながら書いていけます。原稿用紙に文章を書くのと同じで、一つひとつ考えつつ、全体を見ながら書いていくので、「この計算の前に何が必要だったのか」を忘れても、ソースコードを見ればすぐにわかります。

難し目の分析になると、いくつかの処理を経て答えを得ますが、プログラミングでは処理の手順を整然と書いていくので、そのことが結果的に「難解な処理をわかりやすくする」ことにつながっていきます。

---

> **Column　データマイニング**
>
> データマイニングとは、大量のデータからパターンや関係性を抽出するためのプロセスや手法のことで、機械学習や統計解析などの手法を用いて行われます。

> **Column　R言語**
>
> 統計解析向けのプログラミング言語およびその開発実行環境であるRは、ニュージーランドのオークランド大学に所属するRoss IhakaとRobert Clifford Gentlemanにより作られました。現在は、「R Development Core Team」によってメンテナンスと拡張が行われています。

# RStudioとは

ここがポイントです！ > RStudioの概要

Rにはデータマイニングを行うための機能がひととおり備わっていますが、Rをより便利に使えて、かゆいところに手が届く機能まで搭載したのが、**RStudio**です。Rをインストールしたあと、追加でRStudioをインストールすれば、RStudioの内部にRが組み込まれ、RStudioの高機能なユーザーインターフェース（操作画面）でプログラミングできるようになります。

### ●R➡RStudioの順でインストール

Rをインストールし、さらにRStudioを追加でインストールして、RStudioでプログラミングできるようにしましょう。

#### ▼RStudioの操作画面

RStudioは、ソースコードを入力する画面を中心に、プログラムの実行結果の表示やデータフォルダーの中身の表示、さらにはプログラムで使用しているデータの一覧表示、グラフの出力などの多彩な画面で構成されています。単にソースコードを入力して結果を見るだけでなく、結果を出すまでの処理の過程を見たり、使用中のデータを確認・加工するなど、便利な機能が盛りだくさんです。

## Tips 003 Rをインストールする

▶Level ● ○ ○　ここがポイントです！　Rのダウンロードとインストール

R本体は、**CRAN**（The Comprehensive R Archive Network）のサイトで公開されているので、そこにアクセスしてダウンロードしたあと、インストールを行います。

### ●Rのダウンロードとインストール（Windows）

❶ブラウザーを起動して「https://cran.r-project.org/」にアクセスします。

❷Windowsの場合は**Download R for Windows**、macOSの場合は**Download R for macOS**をクリックします。

#### ▼「CRAN」のサイト

❸**base**をクリックします。

#### ▼ダウンロードする内容の選択

❹**Download R-4.x.x for Windows**をクリックします。

#### ▼ダウンロードの開始

❺ダウンロードされた実行ファイルをダブルクリックして起動します。

❻使用言語を選択するダイアログが表示されるので、**日本語**を選択して**OK**ボタンをクリックします。

▼言語の選択

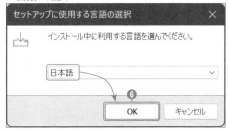

❼ソフトウェアの使用に関する情報が表示されます。内容（英語です）を確認して**次へ**ボタンをクリックします。

▼ソフトウェアの使用に関する情報

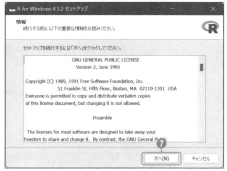

❽インストール先の設定画面が表示されます。特に変更する必要がないので、このまま**次へ**ボタンをクリックします。なお、パスの一部に日本語が含まれている場合は、**参照**ボタンをクリックして、日本語を含まないフォルダーへのパスを設定してください。

▼インストール先の設定

❾インストールするコンポーネント（ソフトェア）の選択画面が表示されます。このままの状態で**次へ**ボタンをクリックします。

▼インストールするコンポーネントの選択

すべてチェック

❿起動する際のオプションを設定する画面が表示されますが、変更する必要はないので**いいえ（デフォルトのまま）**をオンにした状態で**次へ**ボタンをクリックします。

### ▼起動時のオプションの設定

⑪ Windowsの**スタート**メニューに表示されるフォルダー名の設定画面が表示されます。デフォルトは「R」ですが、別の名前にしたい場合は名前を入力し、**次へ**ボタンをクリックします。

### ▼スタートメニューの項目 (フォルダー) 名の設定

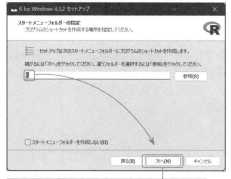

このままでよければ [次へ] ボタン、別の名前にするなら名前を入力して [次へ] ボタンをクリック

⑫「追加タスクの選択」画面が表示されます。**アイコンを追加する**で作成したいアイコンにチェックを入れて**次へ**ボタンをクリックします。このあとインストールが始まります。

### ▼追加タスクの選択

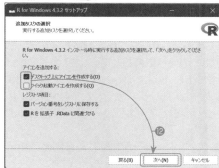

手順⑫では、レジストリ項目の2つはチェックを入れた状態のままにしておいてください。

⑬ インストールが完了したら**完了**ボタンをクリックしてウィザードを終了します。

### ▼インストールの完了

開発環境の用意とRプログラミングの基礎

## ●Rのダウンロードとインストール（macOS）

macOSのダウンロードとインストール手順は次のようになります。

❶「https://cran.r-project.org/」にアクセスして**Download R for macOS**のリンクをクリックします。

❷「R-4.x.x-arm64.pkg」、「R-4.x.x-x86_64.pkg」のリンクが表示されるので、お使いの機種に合わせてpkgファイルをダウンロードします。

❸ダウンロードしたpkgファイルをダブルクリックしてインストーラーを起動します。

❹インストーラーが起動したら画面の指示に従ってインストールを行います。

## ●Rを起動してみる

Rを起動するには、Windowsの場合は**スタート**メニューから「R」を選択、Macの場合は**アプリケーションフォルダー**からRのアイコンをダブルクリックして起動します。

▼起動直後のR

　左上端にウィンドウが開いています。ここにソースコードを入力すればその場で実行されます。終了するには**ファイル**メニューの**終了**を選択します。**作業スペースを保存しますか?**と表示された場合は、**いいえ**ボタンをクリックして終了してください。

# Tips

# 004

# RStudioをインストールする

▶Level ●○○

**ここがポイントです！** RStudioのダウンロードとインストール

Rのインストールが済むと、Rで開発するためのコアの部分（核となる部分）が用意されたことになります。RインタープリターやRの関数などが揃いました。続いて、「Rを便利に使う」ためのRStudioのダウンロードとインストールを行えば、開発環境の準備は完了です。

❶RStudioのダウンロードページ「https://posit.co/downloads/」にアクセスします。

❷表示されたページを下へスクロールし、「Download RStudio」の「RStudio Desktop」「Free」の**DOWNLOAD**ボタンをクリックします。

▼RStudioのダウンロードページ

❸OS別のダウンロードページが表示されます。Windowsの場合は「Windows 10/11」の「Download」欄のリンクをクリックして、exe形式のファイルをダウンロードします。macOSの場合は「macOS 12+」の「Download」欄のリンクをクリックして、dmg形式のファイルをダウンロードします。

▼OS別のダウンロードページ

● **RStudioのインストール（Windows）**

ダウンロードしたexe形式ファイル（「RStudio-202x.xx.x-xxx.exe」のような名前です）をダブルクリックして、次のように操作します。

❶インストーラーが起動するので、**次へ**ボタンをクリックします。

▼RStudioのインストーラー

❷インストール先のフォルダーが表示され
ます。特に変更する必要はないので、この
まま**次へ**ボタンをクリックします。

▼インストール先のフォルダー

❸**スタート**メニューに登録するときのフォ
ルダー名が表示されます。このままでよ
ければ**インストール**ボタンをクリック、独
自の名前を付けたい場合はその名前を入
力してから**インストール**ボタンをクリッ
クします。このあとインストールが始まり
ます。

▼インストールの開始

フォルダー名を指定する

❹インストールが終了したら**完了**ボタンを
クリックしてウィザードを終了します。

▼インストールの終了

● macOSの場合

　macOSの場合のインストール手順は、次
のようになります。

❶ダウンロードしたdmgファイルをダブル
クリックして実行します。

❷ファイルの中身が展開されて、インストー
ル用のウィンドウが表示されます。
**RStudio**のアイコンを**Applications**
フォルダーのアイコンにドラッグすれば、
インストールは完了です。

# RStudioの画面構成

▶Level ● ○ ○

**ここがポイントです！**

## RStudioのユーザーインターフェース

RStudioを起動してみましょう。Windowsの場合は、デスクトップにアイコンがあればそれをダブルクリックするか、**スタートメニュー**から**RStudio**を選択します。

Macの場合は、**アプリケーションフォルダー**からRStudioのアイコンをクリックします。

RStudioの初回起動時に右の画面のようなダイアログが表示された場合は、RStudioに関連付けるRのバージョンを選択して**OK**ボタンをクリックします。

▼RStudioに関連付けるRのバージョンを選択

```
Choose R Installation                              ×

RStudio requires an existing installation of R.

Please select the version of R to use.

  ○ Use your machine's default 64-bit version of R
  ○ Use your machine's default 32-bit version of R
  ● Choose a specific version of R:

  [64-bit] C:\Program Files\R\R-4.3.2
  [64-bit] C:\Program Files\R\R-4.2.1

You can also customize the rendering engine used by RStudio.

Rendering Engine: Auto-detect (recommended) ▽

  Browse...                          OK        Cancel
```

● [Console] ペイン

画面左半分に大きく表示されているのは**Console**と呼ばれる領域 (ペイン) です (本書では**Console**ペインのことを**コンソール**とも呼びます)。ここにソースコードを入力して[Enter]キー ([return]キー) を押すと、

その場でプログラムが実行され、次の行に結果が表示されます。

「コードの入力」➡「結果の表示」のように、対話形式でプログラムを実行するためのウィンドウです。

▼起動直後のRStudio

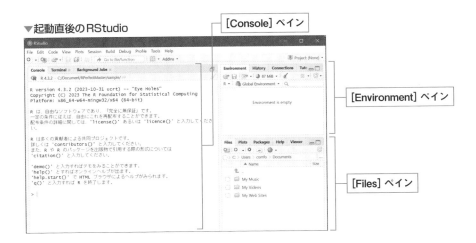

[Console] ペイン

[Environment] ペイン

[Files] ペイン

開発環境の用意とRプログラミングの基礎

## ● [Environment] ペイン

画面右上のEnvironmentペインには、プログラムで使用しているデータの一覧とその内容が表示されます。

非表示になっている場合は、ViewメニューのShow Environmentを選択すると表示されます。

## ● [Files] ペイン

画面右下に表示されているFilesペインには、ホームとして設定したフォルダーの中身が表示されます。Windowsの場合は、デフォルトでユーザーの「ドキュメント」がホームとして設定されていますが、これは都合のいいフォルダーに自由に変更できます。ここからファイルを開いたりする操作が行えます。

非表示になっている場合は、ViewメニューのShow Filesを選択すると表示されます。

## ● ペインのサイズ変更

それぞれのペインは、境界をドラッグすることで表示サイズを変更できます。タイトルバーに表示されている最小化ボタン で ペインの折りたたみ、最大化ボタン で ペインの最大化ができます。折りたたんだペインや最大化したペインは、 をクリックすることで元に戻せます。

## ● RStudioの終了

RStudioを終了するには、FileメニューのQuit Sessionを選択するか、画面右上の閉じるボタンをクリックします。

▼ RStudioを終了する

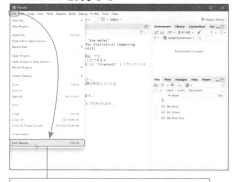

[File] メニューの [Quit Session] を選択

▼ その他の主なペイン (ビュー)

| ペイン (ビュー) の名前 | Viewメニューの選択項目 | 説明 |
| --- | --- | --- |
| History | Show History | 過去に実行したコマンドを記録する。 |
| Plots | Show Plots | 図を表示するためのペイン。 |
| Packages | Show Packages | インストール済みのパッケージの一覧を表示。パッケージのインストールやアップデートも行える。 |
| Viewer | Show Viewer | HTML出力を表示する。 |
| Connections | Show Connections | データベースへの接続を管理する。 |
| Presentation | Show Presentation | R Presentation形式のWebスライドを作成。 |
| Tutorial | Show Tutorial | Rのチュートリアルを表示する。learnr パッケージのインストールが必要。 |
| Background Jobs | Show Background Jobs | コンソールとは別に (バックグラウンドで) Rプログラムを実行する機能。 |

# RStudio全般の設定

▶Level ●○○

**ここがポイントです!** > [Options]ダイアログの[General]

RStudioの**Tools**メニューの**Global Options**を選択すると**Options**ダイアログが表示されます。左側のカテゴリ一覧で**General**を選択すると、RStudio全般の設定が行えます。

▼[Options]ダイアログの[General]で設定できる項目

| 設定項目 | 説明 | デフォルト |
|---|---|---|
| R version | RStudioに関連付けられているRのバージョン。**Change**をクリックして他のバージョンに切り替えることができる。 | RStudioのインストール時に関連付けられたR本体のパス。 |
| Default working directory | デフォルトの作業ディレクトリを設定。**Browse**をクリックして任意のディレクトリに変更できる。 | ユーザーのホームディレクトリ |
| Restore most recentry opened project at startup | RStudio起動時に最近開いたプロジェクトを復元する。 | オン |
| Restore previously open source documents at startup | RStudio起動時に前回開いたソースドキュメントを復元する。 | オン |
| Restore .RData into workspace at startup | RStudio起動時にワークスペースに.RDataを復元する。 | オン |
| Save workspace to .RData on exit | RStudio終了時にワークスペースを.RDataに保存する。 | Ask（**Always**、**Never**が選択可） |
| Always save history | 常に履歴を保存する。 | オン |
| Remove duplicate entries in history | 履歴の重複を削除する。 | オフ |
| Wrap around when navigating to previous/next tab | Tab キーで移動する際に、最後の項目から先頭の項目へ戻る。 | オン |
| Automatically notify me of updates to RStudio | RStudioのアップデート情報を自動的に通知する。 | オン |
| Send automated crash reports to RStudio | クラッシュレポートを自動送信する。 | オン |

開発環境の用意とRプログラミングの基礎

# コーディングスタイルの設定

▶Level ● ○ ○ ○

ここが
ポイント
です！

> [Options] ダイアログの [Code]

RStudioのToolsメニューのGlobal Optionsを選択し、Optionsダイアログのカテゴリ一覧でCodeを選択すると、コーディングに関する設定をEditing、Display、Saving、Completion、Diagnosticsの5つのタブから行うことができます。

▼ [Code] の [Editing] で設定できる項目

| 設定項目 | 説明 | デフォルト |
|---|---|---|
| Insert spaces for Tab | タブにスペースを用いる。 | オン |
| Tab width | Insert spaces for Tabがオンのとき、タブに用いる半角スペースの数。 | 1個のタブに半角スペース「2」 |
| Auto-delect code indentation | ファイルの内容から自動的にインデント設定を検出する。 | オフ |
| Insert matching parens/ quotes | 括弧や引用符などの文字を入力した際に、自動的に対応する括弧や引用符を挿入する。 | オン |
| Use native pipe operator, \|> | パイプ演算子 (\|>) を使用する。 | オフ |
| Auto-indent code after paste | コードを貼り付けたあと、自動でインデントを入れる。 | オン |
| Vertically align arguments in auto-indent | 引数を垂直に整列させるために自動でインデントを設定する。 | オン |
| Sort-wrap R source files | エディターの幅を超えるソースコードの行を次の行に折り返して表示する。 | オフ |
| Continue comment when inserting new line | コメント行で改行したときに次行もコメントを継続する。 | オフ |
| Enable hyperlink highlighting in editor | エディター上でハイパーリンクをハイライト表示する。 | オン |
| Editor scroll speed sensitivity | エディターのスクロール速度。 | 100 |
| Surround selection on text insertion | テキスト挿入時に選択箇所を取り囲む。 | Quotes & Brackets（Never、Quotesが選択可） |
| Keybindings | キーバインド（押下するキー〈単独キーまたは複数キーの組み合わせ〉と、実行される機能との対応関係）を設定。 | Default（Vim、Emacs、Sublime Textが選択可） |

| 設定項目 | 説明 | デフォルト |
|---|---|---|
| Focus console after executing from source | ソースコードを実行したあとでコンソールにフォーカスを当てる。 | オフ |
| Ctrl+Enter executes | チャンク（「'''{r }」と「'''」で囲まれた部分のことで、解析用のコードを書く場所）を実行する際の、[Ctrl]＋[Enter]キーを押したときの挙動。 | **Multi-line R statement**（**Current line**、**Multiple consecutive R lines**が選択可） |
| Enable code snippets | コードスニペット（簡単に切り貼りして使用できる短いコードや、その一連のまとまりを挿入する機能）を有効にする。 | オン |

▼ [Code]の[Display]で設定できる項目

| 設定項目 | 説明 | デフォルト |
|---|---|---|
| Highlight selected word | 選択中の単語を強調表示する。 | オン |
| Highlight selected line | 選択中の行を強調表示する。 | オフ |
| Show line numbers | 行番号を表示。 | オン |
| Relative line numbers | 現在の行を基準にライン番号を表示する。 | オフ |
| Show margin | マージンを表示する。 | オン |
| Margin column | マージンのサイズを設定する。 | 80（文字数） |
| Show whitespace characters | スペースが挿入されている場所に薄い○を表示する。 | オフ |
| Indentation guides | 現在のインデントの列を示す線を表示する。 | **None**（**Gray lines**、**Rainbow lines**、**Rainbow fills**が選択可） |
| Blinking cursor | カーソルを点滅させる。 | オン |
| Allow scroll past end of document | ドキュメント（ソースコード）の末尾を越えたスクロールを可能にする。 | オフ |
| Allow drag and drop of text | テキストをドラッグ＆ドロップで移動可能にする。 | オン |
| Fold style | コードの折りたたみのスタイル。 | **Start and end**（**Start only**が選択可） |
| Highlight R function calls | 関数呼び出しを強調表示する。 | オフ |
| Enable preview of named and hexadecimal colors | 色名または16進数で指定された色のプレビューを有効にする。 | オン |
| Use rainbow parentheses | ソースコード中のカッコを自動的に色分けして表示する。 | オフ |

開発環境の用意とRプログラミングの基礎

▼ [Code] の [Saving] で設定できる項目

| 設定項目 | 説明 | デフォルト |
|---|---|---|
| Ensure that source files end with newline | ソースファイルが改行で終わるようにする。 | オフ |
| Strip trailing horizontal whitespace when saving | ファイル保存時に行頭と行末の空白文字を取り除く。 | オフ |
| Restore last cursor position when opening file | ファイルを開いたときにカーソルの位置を復元する。 | オン |
| Line ending conversion | 行末記号。 | Platform Native（Posix（LF）、Windows（CR/LF）が選択可） |
| Default text encoding | デフォルトのエンコーディング方式。 | [Ask]（その都度確認）RStudioのエンコーディング方式はURF-8、Changeボタンをクリックすると任意のエンコーディング方式をデフォルトに選択できる。 |
| Always save R scripts before sourcing | ソースコードを実行する前に保存する。 | オン |
| Automatically save when editor loses focus | エディターがフォーカスを失ったときに自動保存する。 | オフ |
| When editor is idle | エディターでの編集がアイドル状態になったときの処理。 | Backup unsaved changes：バックアップ作成（以下、他の選択項目）Save and write changes：保存処理 Do nothing：何もしない |
| Idle period | 編集作業がアイドル状態になってから自動保存するまでの時間。 | 1000ms（ほかに複数の時間を選択可） |

▼ [Code] の [Completion] で設定できる項目

| 設定項目 | 説明 | デフォルト |
|---|---|---|
| （R and C/C++欄の）Show code completions | （RとC/C++の）コード補完機能の表示。 | Automatically（Never、When triggered、Manually（Tab,Ctrl+Space）が選択可） |
| Allow automatic completions in console | コード補完機能を使う。 | オン |
| Insert parentheses after function completions | 関数の補完後にカッコを挿入する。 | オン |
| Show help tooltip after function completions | 関数の補完後にヘルプをツールチップで表示する。 | オン |
| Show help tooltip on cursor idle | カーソルのアイドル時にヘルプのツールチップを表示する。 | オフ |
| Insert spaces around equals for argument completions | 関数のパラメーター設定時に「=」の前後にスペースを入れる。 | オン |

| 設定項目 | 説明 | デフォルト |
|---|---|---|
| Use tab for autocompletions | 自動補完をタブで操作する。 | オン |
| Use tab for multiline autocompletions | 複数行の自動補完にタブを使用するかどうかを設定。例えば、関数や制御構造を入力するなど、複数行の入力が必要な場合に便利。 | オフ |
| Show data preview in autocompletion help popup | データプレビューをポップアップに表示するかどうかを設定。 | オン |
| (Other Languages欄の) Show code completions | (他の言語の) コード補完機能の表示。 | **Automatically**（When triggered、**Manually** (**Ctrl+Space**) が選択可） |
| Show completions after characters entered | コード自動補完を開始する文字数。 | 3（任意の値を設定可） |
| Show completions after keyboard idle (ms) | キーボードがアイドル状態になってからコード補完を表示するまでの時間。 | 250（ms） |

#### ▼ [Code] の [Diagnostics] で設定できる項目

| 設定項目 | 説明 | デフォルト |
|---|---|---|
| Show diagnostics for R | Rのコード診断を表示。 | オン |
| Enable diagnostics within R function calls | 関数呼び出しにおいてコード診断を有効にする。 | オン |
| Check arguments to R function calls | 関数呼び出し時に引数のチェックを行う。 | オフ |
| Check usage of '<-' in function call | 関数呼び出しでの '<-' の使用状況を確認する。 | オフ |
| Warn if variable used has no definition in scope | 使用する変数が定義されていない場合に警告を表示する。 | オフ |
| Warn if variable is defined but not used | 変数が定義されているが使用されていない場合に警告を表示する。 | オフ |
| Provide R style diagnostics | Hadley Wickhamのスタイルガイドに従っていない箇所に警告メッセージを表示する。 | オフ |
| Prompt to install missing R packages discovered in R source files | ソースファイルで見つかった欠落しているRパッケージをインストールするかどうかを確認する。 | オン |
| Show diagnostics for C/C++ | C/C++のコードに対して診断を表示する。 | オン |
| Show diagnostics for YAML | YAMLのコードに対して診断を表示する。 | オン |
| Show diagnostics for JavaScript, HTML, and CSS | JavaScript、HTML、CSSのコードに対して診断を表示する。 | オフ |
| Show diagnostics whenever source files are saved | ソースファイルを保存するたびに診断情報を表示する。 | オン |
| Show diagnostics after keyboard is idle for a period of time | 一定時間キーボードがアイドル状態になったあとに診断情報を表示する。 | オン |
| keyboard idle time (ms) | 一定時間キーボードがアイドル状態になったあとに診断情報を表示するまでの時間。 | 2000 (ms) |

開発環境の用意とRプログラミングの基礎

# 008 コンソールの設定

▶Level ● ○ ○

ここが
ポイント
です！ [Options] ダイアログの [Console]

RStudioの**Tools**メニューの**Global Options**を選択し、**Options**ダイアログのカテゴリ一覧で**Console**を選択すると、**Console**ペインに関する設定を行うことができます。

▼ [Options] ダイアログの [Console] で設定できる項目

| 設定項目 | 説明 | デフォルト |
|---|---|---|
| Show syntax highlighting in console input | コンソール入力行にRの構文強調表示を適用する。 | オフ |
| Different color for error or message output (requires restart) | エラーやメッセージ出力を異なる色で表示する。 | オン |
| Limit visible console output (requires restart) | コンソール内の表示できる最大行数を制限する。 | オフ |
| Limit output line length to | コンソール内の表示できる最大行数を制限する場合の行数。 | 1000 |
| ANSI escape codes | カラー出力用のサポート。 | Show ANSI colors |
| Discard pending console input on error | エラーが発生したときに保留中の入力を破棄する。 | オン |
| Automatically expand tracebacks in error inspector | エラーが表示されたときにトレースバックをすぐに表示する。 | オフ |
| Double-click to select words | ダブルクリックで文字列を選択できるようにする。 | オフ |
| Warn when automatic session suspension is paused | セッションが中断した場合に警告を表示する。 | オン |
| Number of seconds to delay warning | セッションが中断した場合に警告を表示するまでの秒数。 | 5 |

# RStudio外観の設定

▶Level ●○○

> ここが
> ポイント
> です!

## [Options]ダイアログの[Appearance]

RStudioの**Tools**メニューの**Global Options**を選択し、**Options**ダイアログのカテゴリ一覧で**Appearance**を選択すると、RStudioの外観に関する設定を行うことができます。

▼[Options]ダイアログの[Appearance]で設定できる項目

| 設定項目 | 説明 | デフォルト |
|---|---|---|
| RStudio theme | RStudioの全体的な外観を設定するテーマを選択。 | Modern |
| Zoom | 表示倍率を設定。 | 100% |
| Editor font | エディターで使用するフォント。 | Lucida Console |
| Text rendering | テキストのレンダリング。 | (Default) |
| Editor font size | エディターのフォントサイズ。 | 10 |
| Help panel font size | ヘルプパネルのフォントサイズ。 | 10 |
| Editor theme | エディターに適用するテーマを選択。 | Textmate (default) |

開発環境の用意とRプログラミングの基礎

## Tips 010

Rの「ステートメント」

▶Level ●○○○

ここがポイントです！ ソースコードの１つの命令文

「何かの処理を行うひとまとまりの文」のことを**ステートメント**と呼びます。

「100+200」のような計算式もステートメントです。RStudioの**コンソール**（Consoleペイン）では、1つのステートメントを入力して Enter キーを押すと、その場でRインタープリターがステートメントの内容を解釈して結果を出力します。

何かの処理をするためには、ステートメントを１つだけでなく、いくつも書くことになると思います。例えば、Rで日々の売上を集計する処理を書いたとすると、それは「プログラム」となります。このように、プログラムとして書かれたステートメントを総称して**ソースコード**という呼び方をします。「ステートメント＝ソースコード」ではありますが、特に１つの命令文を指すときにステートメントと呼びます。

### ●複数行にまたがるステートメント

やりたいことが込み入ってくると、ステートメントが１行に収まらなくなることもよくあります。その場合は、キリのよいところで改行することができます。ただし、print()のような命令を使う場合、

```
pri
nt()
```

のように単語の途中で改行することはできません。意味のある単語を途中で改行するとエラーになるので、この場合は単語を書き切ってから改行するようにします。

「１＋２＋３＋４＋５」の計算を複数行に分けて入力する場合を見てみましょう。

**リスト1** コンソールで実行

```
> 1 + 2 + 3 + 4 + 5 ──────────── 1つのステートメント
[1] 15


> 1 + 2 + ──────────────── ステートメントの始まり
+ 3 + ───────────────── 改行
+ 4 + ───────────────── 改行
+ 5 ────────────── ステートメントの終わりで Enter キーを押す
[1] 15
```

この＋記号はステートメントが続いていることを示すためのもので、画面に自動的に出力される。

「1＋2＋3＋4＋5」で1つのステートメントです。1行で書いても、途中で改行しても、1つのステートメントとして扱われます。ただし、改行するときは「＋」のあとで改行します。「1 ＋ 2」で改行すると、そこがステートメントの終わりだと認識されて「3」が表示されるので要注意です。「1 ＋ 2 ＋ 3 ＋」のように「＋」までを入力し、ステートメントがまだ続くことを示しつつ改行します。

●単語間のスペース

入力するときに「50 ＋ 50」のように＋の前後に半角スペースを入れることもあります。これは単に見やすくするだけのものなのでエラーにはなりません。

ただし、「5 0+50」のように数値の途中にスペースを入れるとエラーになります。「50」でひとまとまりなので、「5 0」とすると5と0が別のものとして扱われてしまうためです。同様に、「print()」を「pri nt()」などとしてはいけません。

## Tips 011 コンソールの出力結果の読み取り方

**ここがポイントです！** 結果が1行に収まらない場合の複数行にわたる表示

▶Level ●○○

ステートメントを入力して何らかの計算を行うと結果が表示されますが、

```
50+50
```

と入力した場合、結果が

```
[1] 100
```

と表示されます。100の左に[1]と表示されているのが気になるところですが、これはステートメントの実行結果として出力する値の連番を示しています。今回は結果が1つだけだったので[1]ですが、処理によっては、「表の中の1行目にある10個の値に100を足す」といったこともあり、その場合は10個の結果が表示されます。

コンソールの横サイズが広ければ1行で表示されることもありますし、1行に収まらない場合ははみ出るところで改行されます。このとき、「改行された直後の値は何番目の値なのか」を表示するのが[ ]の中の数字です。ここでは、6番目の「106」の手前で改行されているので、「この値は6番目の値だよ」ということで[6]が表示される──というわけです。

この値は出力結果の先頭から1つ目である

```
[1] 101 102 103 104 105
[6] 106 107 108 109 110
```

これは6つ目の値

## Tips 012 ソースファイルに コードを書いて実行する

▶Level ●○○

**ここが ポイント です！** ソースファイルの作成

本格的なプログラミングをするには、ソースファイルの作成が必須です。ソースファイルにコードを書いて保存しておけば、いつでもプログラムとして実行することができます。

ソースファイルは拡張子が「.R」のRファイルです。ソースファイルの作成手順は次のようになります。

❶Fileメニューの**New File➡R Script**を選択します。

▼ソースファイルの作成

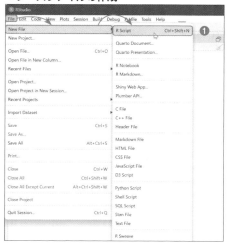

❷新規のソースファイルが**Source**ペインに表示されるので、ソースコードを入力します。

▼ソースコードの入力とプログラムの実行

ここでは「50 + 50」と入力する

### ●プログラムの実行

ソースファイルに記述したコードは、**Source**ペインのツールバーにある**Source**または**Run**をクリックして実行します。

**さらに ワンポイント** **ソースもスクリプトも同じ**

Rのようなインタープリター型の言語では、ソースコードのことを**スクリプト**と呼ぶことがあります。この場合、ソースファイルは「スクリプトファイル」となります。ソースもスクリプトも同じ意味です。

・Source

ソースファイルのすべてのコードを実行します。

・Run

カーソルが置かれた行のコードのみを実行します。

「特定のステートメントだけを実行したい」ときは該当のステートメントにカーソルを置いて**Run**をクリック、「ソースファイルのコードをすべて実行したい」ときは**Source**をクリック――というように使い分けます。

❶**Source**ペインのツールバーに表示されている**Source**をクリックすると、実行結果が**Console**ペイン（コンソール）に出力されます。

▼プログラムの実行

実行結果が[Console]ペインに出力される

▼[Console]ペイン

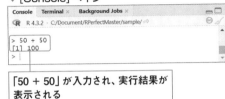

「50 + 50」が入力され、実行結果が表示される

開発環境の用意とRプログラミングの基礎

**Tips**

# 013 Rプログラムを保存する

▶Level ●○○

**ここがポイントです！**　ソースファイルの保存

ソースファイルにコードを書く理由は、「ソースコードをプログラムとして保存するため」です。コンソールに入力したソースコードはその場限りのものです。あとで同じことをしたいと思ったら、もう一度同じコードを入力しなければなりません。その点、ソースファイルを保存しておけば、いつでも呼び出して同じことを行えます。

●**ソースファイルの保存**

ファイル名を指定して保存します。

❶**Save current document**のアイコン 🖫 をクリックします。

▼ソースファイルの保存

❷保存する場所を選択します。

❸ファイル名を入力して**Save**ボタンをクリックします。

▼ソースファイルの保存

●**ソースファイルを閉じる**

　先の操作で拡張子「.R」が付いたファイルとして保存されました。いったんファイルを閉じましょう。

▼ソースファイルを閉じる

タブの[×]をクリックする

●**保存したソースファイルを開く**

　保存したソースファイルを開きます。

❶**File**メニューの**Open File**を選択（もしくはツールバーの**Open an existing file**のアイコン 📂 をクリック）します。

▼保存済みのソースファイルを開く

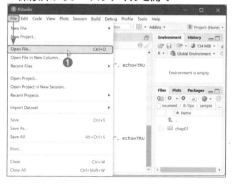

❷ **Open File**ダイアログが開くので、保存
済みのソースファイルを選択して**Open**
ボタンをクリックします。

▼保存済みのソースファイルを開く

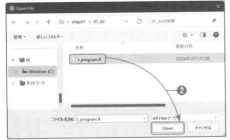

## Tips 014

# 過去に実行したソースコードを呼び出す

**ここがポイントです！** 〉[History] ビュー

▶Level ●○○○

RStudioの画面右上の領域（ペイン）には
**Environment**や**History**など4つのタブが
あり、これらをクリックすることでこのペイ
ンのビューを切り替えることができます。

このうちの**History**ビューには、コン
ソールに入力したソースコードの履歴が表
示されます。また、ソースファイルから実行
したソースコードの履歴も同じように表示
されます。

過去に実行したことがあるコードをもう
一度実行したい場合は、ここに表示されて
いるコードを選択して**To Console**をクリッ
クすれば実行できます。

❶ **History**タブをクリックし、実行したい
コードを選択して**To Console**をクリッ
クします。

これまでに実行されたソースコードの履歴

▼ [History] ビュー

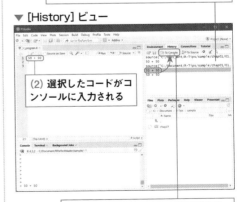

(2) 選択したコードがコンソールに入力される

(1) 実行したいソースコードを選択して[To Console]をクリックする

❷このまま Enter （または return ）キーを
　押すと、実行結果が出力されます。

履歴のコードを選択して [To Source] をクリック
すると、開いているソースファイルに追加される

実行結果が出力される

実行したコードは再び
[Historyビューに追加
される

● [History] ビューの構造
▼ [History] ビュー

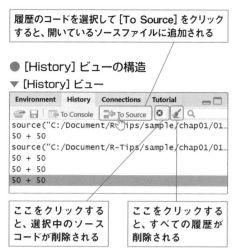

ここをクリックする
と、選択中のソース
コードが削除される

ここをクリックする
と、すべての履歴が
削除される

## Tips

# 015

▶ Level ●○○○

## コンソールをクリアする

ここが
ポイント
です！　コンソールの内容のクリア

　コンソール（**Console**ペイン）には、プロ
グラムの実行状況やプログラムからの出力
などが表示されますが、**Clear console**ボ
タンをクリックすることで、すべての出力を
クリア（削除）することができます。

▼ [Console] ペインのすべての出力をクリアする

クリックする

## Tips
# 016
## プログラム開発専用の フォルダーを作る

▶Level ●○○

**ここが ポイント です！** > プロジェクトの作成

RStudioは、プログラムに必要なデータ一式を**プロジェクト**という単位でまとめて保存しておくことができます。プロジェクトはいわゆるフォルダーと同じ意味を持ちますが、プロジェクト用のフォルダーの中にはソースファイルだけでなく、プログラムで作成したグラフや分析の結果などあらゆる情報が保存されます。もちろん、プログラムで使用するデータファイルも保存できます。

プロジェクトは、次の手順で作成できます。

❶ FileメニューのNew Projectを選択します。

▼ [File] メニュー

❷ New Directoryをクリックします。

▼ 新規プロジェクトの選択

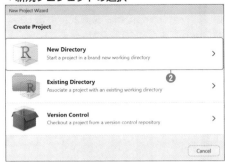

❸ New Projectをクリックします。

▼ 空のプロジェクトを選択

❹ Directory nameにプロジェクトの名前を入力します。
❺ Browseボタンをクリックします。

開発環境の用意とRプログラミングの基礎

### ▼プロジェクト名の設定

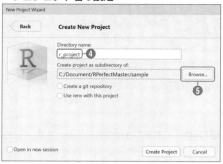

### ▼作成直後のプロジェクト

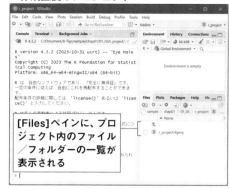

> **[Files]ペインに、プロジェクト内のファイル／フォルダーの一覧が表示される**

⑥プロジェクトの保存先を選択します。

⑦**Open**ボタンをクリックします。

### ▼プロジェクトの保存先の指定

⑧**Create Project**ボタンをクリックします。

### ▼プロジェクトの作成

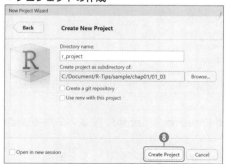

⑨プロジェクトが作成されます。

### ●プロジェクトへのソースファイルの追加

　プロジェクト名と同名のフォルダーが作成され、内部に拡張子が「.Rproj」のプロジェクトファイルおよびプロジェクトの情報を管理するフォルダーが自動的に作成されます。これらのファイルはRStudioが内部的に利用するものです。

　プログラムを作成するには、ソースファイルを作成してソースコードを記述することになるので、**File**メニューの**New File**➡**R Script**を選択して、新規のソースファイルを作成します。

　作成が済んだらプロジェクトに保存しておくようにします。**File**メニューの**Save**を選択、またはツールバーの**Save current document**ボタン 🖫 をクリックし、ファイル名を入力して**Save**ボタンをクリックします。

### ▼ソースファイルをプロジェクトに保存

# プロジェクトの保存／終了と再開

ここがポイントです！　プロジェクトの操作

　プロジェクトには、ソースファイルを保存するのが基本ですが、状況によってはファイルが複数になることもあります。これらのファイルは個別に保存することもできますが、**File**メニューの**Save all**を選択、またはツールバーの**Save all open documents**ボタン 🔳 をクリックして、一括して保存することもできます。

▼プロジェクトの保存

[File]メニューの[Save all]を選択する

## ●プロジェクトを閉じる

　プロジェクトを閉じるには、**File**メニューの**Close Project**を選択します。RStudioは起動した状態のまま、プロジェクトのみを閉じることができます。

▼プロジェクトを閉じる

[File]メニューの[Close Project]を選択する

## ●プロジェクトを開く

プロジェクトは、プロジェクト用フォルダーに保存されている「プロジェクト名.Rproj」ファイルを使って開きます。

❶ File メニューの Open Project を選択します。

▼ [Open Project] ダイアログの表示

[File] メニューの [Open Project] を選択

❷ プロジェクト用のフォルダーを開き、「プロジェクト名.Rproj」ファイルを選択して Open ボタンをクリックします。

▼ [Open Project] ダイアログ

# Tips
# 018
# 作業ディレクトリを設定する

▶Level ●○○

**ここがポイントです！** 作業ディレクトリ

RStudioでは、デフォルトで「作業ディレクトリ（Working Directory）」が設定されています。RStudioで作成したファイルは、何も指定しなければ作業ディレクトリに保存され、**Files**ペインにおいても作業ディレクトリ以下のファイルやフォルダーが表示されるようになっています。作業ディレクトリは、次の手順で任意のディレクトリに変更できます。

❶**Tools**メニューの**Global Options**を選択します。
❷**Options**ダイアログの**General**を選択し、**Default working directory(when not in a project):** の**Browse**ボタンをクリックします。

▼[Options]ダイアログ

❸**Chooose Directory**ダイアログが表示されるので、作業ディレクトリに設定するフォルダーを選択し、**Open**ボタンをクリックします。

▼[Chooose Directory]ダイアログ

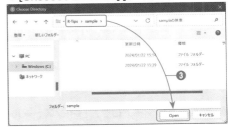

❹**Options**ダイアログの**OK**ボタンをクリックします。
❺RStudioを再起動すると、作業ディレクトリが変更されたことが確認できます。

▼再起動後の[Files]ペイン

開発環境の用意とRプログラミングの基礎

# Tips
# 019

# 外部のパッケージを
# インストールする

▶Level ● ○ ○

**ここが ポイント です!**
Install Packagesダイアログ

Rで使用できる機能 (クラスや関数) は、R本体に付属するものだけではありません。Rに様々な統計処理やグラフィックスなどの機能を拡張・追加するための**パッケージ**が、CRAN (R本体や各種パッケージをダウンロードするためのサイト) において無償で公開されています。

パッケージのインストールは、RStudioのダイアログから操作するか、またはコンソールにコマンドを入力することで行えます。

## ●RStudioのダイアログからインストールする

ここでは、文字列を便利に扱うための「stringr」パッケージを、RStudioのダイアログを使ってインストールしてみます。

❶RStudioの**Tools**メニューの**Install Packages**を選択します。
❷**Packages**の欄に「stringr」と入力して**install**ボタンをクリックします。

▼ Install Packagesダイアログ

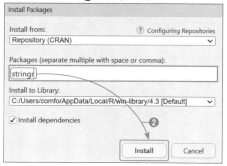

## ・コマンドを入力してインストールする

コンソールに直接、

```
install.packages("stringr")
```

と入力してインストールを行います。

▼コマンド入力によるインストール

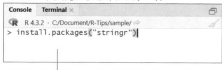

入力した時点でインストールが開始される

## ●パッケージを使えるようにする

インストールしたパッケージを使用する場合は、次のように入力してstringrパッケージを読み込むことで使えるようになります。これは、プログラムを実行するたびに行うことが必要です。

**リスト1** インストールしたstringrパッケージを使えるようにする

```
library("stringr")
```

このようにしてパッケージを読み込んでおけば、定義されているクラスや関数が使えるようになります。

# データ操作の極意

**Tips**

# 020 データに名前を付ける

▶Level ●○○

ここが
ポイント
です！

変数

　Rの**変数**は、データを一時的に格納するための箱のようなものです。変数を使うことで、データを保持して必要なときに取り出して使うことができます。変数の名前は自分で選べますが、いくつかの規則に従う必要があります。

#### ▼変数の命名規則

- 変数名は文字またはピリオド (.) で始めることができます。
  例: age, income, .count
- 単語を組み合わせるときにアンダースコア (_) またはピリオド (.) が使用できます。
  例: user_name, total.sales
- 変数名には空白を含めることはできません。
  例: my_variable（空白ではなくアンダースコアで代替）
- アルファベットの大文字と小文字は区別されます。
  myVariableとMyVariableは異なる変数と見なされます。
- Rのキーワード（予約語）を変数名として使用することはできません。
  例: if, else, for, function など
- 変数名はわかりやすく、意味を持つようにし、過度に短すぎたり長すぎる変数名は避けます。
- 変数名に日本語（全角文字）を使うこともできますが、慣習的に英語（半角英字）を使うのが基本です。
- 2文字目以降であれば数字を使用できます。

　変数には、スカラー（単一の値）やベクトル、行列、データフレーム、リストなど、Rで扱える様々なデータを格納することができます。

### ●変数への代入

　変数にデータを格納することを「代入する」といいます。変数にデータを代入するには、「<-」または「=」を使用しますが、<- がRの慣例としてより広く使用されています。

**構文**　　**変数への代入**

　変数名　<- 代入するデータ

　実際にソースファイルを作成し、**Source**ペインで変数への代入を行ってみましょう。

#### ▼変数a、bにそれぞれ計算結果を代入する

```
a <- 100*5  # 100*5の結果を変数aに代入
a           # aの値を確認する

b <- 100/5  # 100/5の結果を変数bに代入
b           # bの値を確認する
```

### ●ソースコードを実行して結果を見る

　ソースコードを実行する際に、「ソースコードを1行ずつ実行する」ことに注意してください。というのは、先に示したコードでは、変数への代入を行ったあとに変数名のみを記述している箇所があるためです。RStudioの**Source**ペインでは、代入済みの変数名のみを記述すると、変数に代入されている値を**Console**に出力する機能（自動エコー）が搭載されていますが、この場合はツールバーの**Run**ボタンをクリックして1行ずつコードを実行することが必要です。**Source**ボタンをクリックしてソースファイルのコードをまとめて実行すると、変数の値は出力されないので注意してください。

▼ソースコードを1行単位で実行する2つの方法

・実行するコードの行にカーソルを置き、ツールバーの**Run**ボタンをクリックする。
・実行するコードの行にカーソルを置き、[Ctrl]+[Enter]（または[⌘]+[Enter]）を押す。

　次に示すのは、先のコードを1行ずつ実行したときの**Console**への出力です。

▼実行結果
```
> a <- 100*5    # 100*5の結果を変数aに代入
> a             # aの値を確認する
[1] 500
> b <- 100/5    # 100/5の結果を変数bに代入
> b             # bの値を確認する
[1] 20
```

　変数aとbの値がそれぞれ出力されているのが確認できます。

●print()関数で変数の値を出力する
　print()関数を使って変数の値を出力することもできます。この場合は、コードを1行ずつではなく、**Source**ボタンでまとめて実行しても、変数の値が出力されます。

▼変数に代入し、print()で出力する
```
a <- 100*5    # 100*5の結果を変数aに代入
print(a)      # aの値を出力する

b <- 100/5    # 100*5の結果を変数aに代入
print(b)      # bの値を出力する
```

　ツールバーの**Run**ボタンをクリックすると、**Console**に次のように出力されます。

▼出力
```
> source("C:/Document/R-Tips/sample/variable.R")
[1] 500                └─この部分はコードの実行命令なので、今後は表記を省略します
[1] 20
```

**Tips**
# 021 データのかたちを知る

▶Level ● ○ ○

ここが
ポイント
です！ > **基本データ型**

Rでは、データを効率的に表現し、処理するための基本的な概念として、**基本データ型**が定められています。基本型がなければ、プログラミング言語はデータの操作や計算を行う上で非常に制約されたものになるためです。

▼Rの基本データ型

| 型の名前 | 型の説明 | 扱うデータ | データの例 |
|---|---|---|---|
| numeric | 数値型 | 実数（浮動小数点数や整数を含む） | 100<br>−15<br>1.023 |
| character | 文字列型 | 文字列 | ダブルクォート「"」またはシングルクォート「'」で囲む。<br>"プログラミング"<br>'This is a program' |
| logical | 論理型 | 論理値 | TRUE<br>FALSE |
| complex | 複素数型 | 複素数 | 「a + bi」の形で表される。「a」は実数部、「b」は虚数部であり、「i」は虚数単位（平方根が −1 である数）。複素数は、数学や工学、物理学などの分野で広く利用される。 |

●**ストレージモード（動作モード）**

Rでは、データオブジェクトがメモリ内でどのように格納されているかを示す属性として**ストレージモード（動作モード）**があります。Rの基本型のデータは、それぞれ異なるストレージモードを持ち、それによってデータの性質や挙動が決まります。あくまで内部的な処理を制御するためのものですが、データの挙動を知るためにもチェックしておくことにしましょう（次表）。

▼基本データ型と対応するストレージモード

| 基本データ型 | ストレージモード | 扱うデータ |
|---|---|---|
| numeric | integer | 整数 |
| | double | 浮動小数点数 |
| character | character | 文字列 |
| logical | logical | 論理値（TRUE、FALSE） |
| complex | complex | 複素数 |

　基本データ型に対応するもの以外に、次表のストレージモードがあります。

▼基本データ型以外のストレージモード

| ストレージモード | 扱うデータ |
|---|---|
| list | リストのためのストレージモード。リストは異なるデータ型を混在させることができる。 |
| factor | カテゴリカルなデータを格納するためのモード。主に統計分析などで使用される。 |
| raw | 生のバイトデータ（バイナリデータ）を格納するためのストレージモード。 |

Tips
**022**
▶Level ●●○

ここが
ポイント
です！

# 変数のデータ型を調べる

## class()関数、mode()関数、typeof()関数

　変数にリテラル（値）を代入すると、代入したリテラルによってデータ型が自動的に設定されます。「数値リテラルの100を代入すればnumeric型」という具合です。このように、データ型は自動で設定されるので、通常、何型なのか意識しなくても、プログラミング上の問題は特にありません。

　ですが、何かの集計をするような場面では、データ型を確認しなければならないこともあります。その場合は、Rの**関数**を使ってデータ型が何なのかを調べることができます。

### ●クラスを調べてデータ型を知る

　データ型が何であるかは、そのデータ型を定義している（決めている）クラスを調べればわかります。これには、class()関数を使います。

データ操作の極意

・class()関数

　データ型を定義しているクラス名を返します。

| 書式 | class (変数または値〈リテラル〉) |

　ソースファイルを作成し、次のように入力して実行してみましょう。

▼−1が代入された変数のデータ型（を定義しているクラス）を調べる

```
a <- -1                 # aに-1を代入
print(class(a))         # データ型(のクラス名)を出力
```

▼[Console]への出力

```
[1] "numeric"
```

　次のように、class()関数の引数（カッコの中）に直接、値（リテラル）を書いて調べることもできます。

▼class()関数の引数（カッコの中）に値（リテラル）を書いて調べる

```
print(class(0.01))   # 浮動小数点数リテラルを直接指定
```

▼[Console]への出力

```
[1] "numeric"
```

●データ型を調べる

　データ型が何であるかは、mode()関数で調べることができます。

・mode()関数

　データ型を返します。

| 書式 | mode (変数または値〈リテラル〉) |

▼10.234が代入された変数のデータ型を調べる

```
b <- 10.234           # bに10.234を代入
print(mode(b))        # データ型を出力
```

▼[Console]への出力

```
[1] "numeric"
```

　次のように、mode()関数の引数（カッコの中）に直接、値（リテラル）を書いて調べることもできます。

▼mode()関数の引数（カッコの中）に値（リテラル）を書いて調べる

```
print(mode(100))   # 整数リテラルを直接指定
```

▼[Console]への出力

```
[1] "numeric"
```

●動作モードを調べる

　基本データ型をさらに細分した動作モード（ストレージモード）が何であるかは、typeof()関数で調べることができます。

・typeof()関数

　動作モードを返します。

| 書式 | typeof（変数または値〈リテラル〉） |
|---|---|

▼整数の100が代入された変数の動作モードを調べる

```
val <- 100            # 100を代入
print(typeof(val))    # ストレージモードを出力
```

▼[Console]への出力

```
[1] "double"
```

　整数の「100」は、numeric（実数）型で、その動作モードはdouble（倍精度浮動小数点数）型として扱われています。整数を扱うintegerもありますが、便宜上、より広い範囲の値を扱えるdouble型として自動設定されます。

　クラスは、データ型の仕組みなどRの根幹にかかわる仕組みや機能を作り出すためのものです。整数の「100」を変数に代入すると、メモリ領域が確保されて「100」が記憶されるのですが、この一連の処理はnumericというクラスが呼び出されることで行われます。

　「いつどうやって呼び出したのか」と疑問に思うかもしれませんが、実は、「val <- 100」のコードが実行されると、Rのシステム（Rインタープリター）が内部でnumericクラスを呼び出しているのです。そうすることで、valはnumeric型（動作モードはdouble）の値を持つ変数になります。

# Tips 023 データ型をピンポイントで確かめる

▶Level ●●

**ここがポイントです!** is〜()

　is〜()という名前の関数を使うと、指定したデータ型かどうかをTRUE（真）、FALSE（偽）の戻り値で知ることができます。mode()関数があるにもかかわらず、わざわざこれらの関数を使うのは、調べた結果がTRUEかFALSEかによって異なる処理をしたいことがあるためです。例えば、「数値型であればそのまま演算を行い、そうでなければas.numeric()関数で変換してから演算する」といった場合です。

▼データ型を調べる関数

| 関数 | 内容 |
|---|---|
| is.numeric() | 数値であるか。 |
| is.integer() | 整数であるか。 |
| is.double() | 倍精度浮動小数点であるか。 |
| is.character() | 文字列であるか。 |
| is.logical() | 論理値であるか。 |
| is.list() | リストであるか。 |
| is.complex() | 複素数であるか。 |
| is.matrix() | 行列であるか。 |
| is.array() | 配列であるか。 |
| is.data.frame() | データフレームであるか。 |
| is.factor() | 順序なし因子であるか。 |
| is.ordered() | 順序あり因子であるか。 |
| is.function() | 関数であるか。 |

▼整数の10が代入された変数がnumeric型であるか、動作モードがinteger、doubleであるか

```
n <- 10
# nはnumericであるか
print(is.numeric(n))                                    (出力)TRUE
# nの動作モードはintegerであるか
print(is.integer(n))                                    (出力)FALSE
# nの動作モードはdoubleであるか
print(is.double(n))                                     (出力)TRUE
```

# データ型や動作モードを変更する

**Tips 024**

▶Level ●●○

**ここがポイントです！** ▶as.〜()関数

変数に数値リテラルを代入すると、データ型はnumericになります。ただし、

```
num <- 10L
```

のように「整数値の末尾にLを付けるとintegerモードになる」という仕組みがあります。

データ型は、どんな値を代入したかで決まります。文字列であればcharacter型、数値であればnumeric型です。

しかし、「100」という値を代入しておいて、あとから"100"という文字列（数字）に変えたい、あるいはintegerモードにしたい、といったこともデータを扱う上ではよくあります。

●関数を使ってデータ型を変換する

Rには、データ型を変換するための次表の関数が用意されています。

▼データ型を変換する関数一覧

| 関数名 | 機能 |
|---|---|
| as.numeric() | 数値（浮動小数点モード）に変換する。 |
| as.integer() | 整数に変換する。 |
| as.character() | 文字列に変換する。 |
| as.logical() | 論理値に変換する。 |
| as.factor() | 順序なし因子に変換する。 |
| as.ordered() | 順序あり因子に変換する。 |
| as.complex() | 複素数に変換する。 |

次に示すコードは、文字列の"1.04"をcharacter➡numeric➡integerに変換する例です。

▼データ型とストレージモードの変換

```
# 1.04を文字列として代入
data_char <- "1.04"
print(data_char)                           (出力)"1.04"
print(class(data_char))                    (出力)"character"
# 文字列の"1.04"を数値型の浮動小数点モード(numeric)に変換
data_conv <- as.numeric(data_char)
print(data_conv)                           (出力)1.04
print(class(data_conv))                    (出力)"numeric"
print(typeof(data_conv))                   (出力)"double"
# numeric型の動作モードをintegerに変換
data_int <- as.integer(data_conv)
print(typeof(data_int))                    (出力)"integer"
print(data_int)        (出力)1……整数(integer)に変換されたので、小数部が切り捨てられている
```

データ操作の極意

**057**

# ベクトルを作成する

▶Level ● ○ ○

ここが
ポイント
です！ > **c()関数**

Rの**ベクトル**は、同じ種類のデータを順番にまとめたものです。例えば、数値や文字列の集まりがベクトルとして表現されます。プログラミングの用語でいうところの**配列**に相当します。

Rにはベクトルを作成する関数がいくつか用意されていますが、ここではc()関数を使って作成する方法を紹介します。

### ● c()関数でベクトルを作成する

c()関数の引数として、()の中に代入する値（要素）をカンマで区切って記述します。要素はすべて同じデータ型でなければなりません。異なるデータ型が混在している場合は、1つのデータ型に統一する方向でデータ変換が行われます。

**構文** ベクトルの作成

```
変数 <- c(要素1, 要素2, 要素3, ...)
```

要素は必要な数だけ格納できるが、末尾の要素に「,」は付けないので注意

▼ベクトルの作成例

```
# 数値(numeric)
numeric_vector <- c(1, 2, 3, 4, 5)
print(numeric_vector)

# 文字列(character)
character_vector <- c("apple", "orange", "banana")
print(character_vector)

# 論理値(logical)
logical_vector <- c(TRUE, FALSE, TRUE)
print(logical_vector)

# 異なるデータ型の要素を代入
my_list <- c(1, "apple", TRUE)
print(my_list)
```

▼[Console]への出力

```
[1] 1 2 3 4 5
[1] "apple"  "orange" "banana"
[1]  TRUE FALSE  TRUE
[1] "1"      "apple" "TRUE"
```
データ型が混在していたので、character型に統一されている

## ベクトルの中身を見る

**Tips 026**

▶Level ● ○ ○

**ここがポイントです！** [Environment]ペイン

　ベクトルの作成後にEnvironmentペインを開くと、ベクトルに格納されている要素を確認することができます。

▼ [Environment] ペイン

[Environment]ペイン

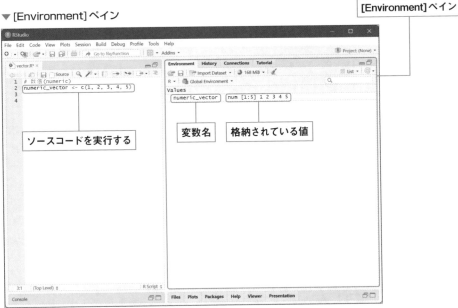

ソースコードを実行する

変数名　格納されている値

データ操作の極意

## Tips 027 ベクトルを破棄する

▶Level ● ○ ○

ここが ポイント です！ > rm() 関数

いったんベクトルを作成すると、プログラムを終了しない限り（メモリ上に）残り続けます。これはこれでよいのですが、大量のデータを扱う場合などは「もう使わなくなっ たので削除したい」こともあるかもしれません。そういったときはrm()関数で削除します。

**リスト1** rm()関数でベクトルを削除する

```
# ベクトルを作成
my_vector <- c(1, 2, 3, 4, 5)
# ベクトルを削除
rm(my_vector)
# 削除したベクトルを出力してみる
print(my_vector)

eval(ei, envir) でエラー： オブジェクト 'my_vector' がありません
```

## Tips 028 ベクトルのサイズを調べる

▶Level ● ○ ○

ここが ポイント です！ > length() 関数

ベクトルの要素の数のことを**ベクトルのサイズ**といいます。ベクトルのサイズはlength()関数で調べることができます。

・length()関数
　ベクトルのサイズを返します。

| 書式 | length (ベクトル) | |
|---|---|---|
| パラメーター | ベクトル | サイズを調べたいベクトルを指定します。 |

**▼ベクトルのサイズ（長さ）を調べる**

```
# ベクトルの作成
my_vector <- c(1, 2, 3, 4, 5)
# ベクトルのサイズを取得
vector_size <- length(my_vector)
# 出力
print(vector_size)
```

**▼[Console]への出力**

```
[1] 5
```

## Tips 029　ベクトルの要素を取り出す

**ここがポイントです！** インデックスによるベクトル要素の取り出し

▶Level ● ● ○

　ベクトルに代入された値には、それぞれ1から始まる連番（**インデックス**）が自動的に割り当てられます。ブラケット[ ]の中にインデックス値を書くことで、特定の要素だけを取り出すことができます。

**▼ベクトルの特定の要素を取り出す**

```
ベクトル[インデックス]
```

**リスト1　インデックスを指定して要素を取り出す**

```
# ベクトルの作成
my_vector <- c(10, 20, 30, 40, 50)

# インデックス1の要素を取得
element_at_index_1 <- my_vector[1]
print(element_at_index_1)  # 出力：10

# インデックス3の要素を取得
element_at_index_3 <- my_vector[3]
print(element_at_index_3)  # 出力：30
```

**●複数のインデックスを指定して取り出す**

　ブラケット[ ]の中身を「インデックスを格納したベクトル」にすると、複数の要素をまとめて取り出すことができます。

データ操作の極意

**リスト2** 複数のインデックスを指定して要素を取り出す

```
# ベクトルの作成
my_vector <- c(10, 20, 30, 40, 50)
# 複数のインデックスの要素を取得
elements <- my_vector[c(1, 3, 5)]
print(elements)  # 出力：10 30 50
```

## ●複数の要素をまとめて取り出す

インデックスで範囲を指定すれば、指定した範囲の要素をまとめて取り出すことができます。

▼ベクトルの特定の範囲の要素を取り出す

```
ベクトル [開始インデックス ： 終了インデックス]
```

**リスト3** 指定した範囲の要素をまとめて取り出す

```
# ベクトルの作成
my_vector <- c(10, 20, 30, 40, 50)
# インデックス2から4までの要素を取得
sliced_vector <- my_vector[2:4]
print(sliced_vector)  # 出力：20 30 40
```

## ●特定の要素以外を取り出す

インデックスの値をマイナスにすると、「その要素を除く」という意味になります。

**リスト4** 指定した要素を除いて取り出す

```
# ベクトルの作成
my_vector <- c(10, 20, 30, 40, 50)
# インデックスが2の要素を取得しないで残りを取得
filtered_vector <- my_vector[-2]
print(filtered_vector)  # 出力：10 30 40 50
```

## ●条件を指定して取り出す

比較演算子の「<」や「>」を使って、「～よりも大きい」または「～よりも小さい」値の要素を取り出せます。

**リスト5** 条件に基づいて要素を取得

```
# ベクトルの作成
my_vector <- c(10, 20, 30, 40, 50)
# 条件に基づいて要素を取得(例： 30より大きい要素)
elements <- my_vector[my_vector > 30]
print(elements)  # 出力：40 50
```

# Tips 030 ベクトルの要素を置き換える

▶Level ●●○○

**ここがポイントです！** インデックスによるベクトル要素の置き換え

ベクトルに代入した要素を別の値にしたい場合は、次のように書きます。

▼ベクトル要素の書き換え

```
ベクトル[インデックス] <- 代入する値
```

**リスト1　ベクトル要素の置き換え**

```
# ベクトルの作成
my_vector <- c(10, 20, 30, 40, 50)
# インデックス3の要素を新しい値に置き換える
my_vector[3] <- 35
# 置き換えたベクトルを出力
print(my_vector)  # 出力: 10 20 35 40 50
```

複数の要素を一度に置き換えたい場合は、複数のインデックスを指定して新しい値を代入します。

**リスト2　複数の要素をまとめて置き換える**

```
# ベクトルの作成
my_vector <- c(10, 20, 30, 40, 50)
# インデックス1と4の要素を新しい値に置き換える
my_vector[c(1, 4)] <- c(15, 45)
# 置き換えたベクトルを出力
print(my_vector)  # 出力: 15 20 30 45 50
```

### ●要素の書き換えによるデータ型の変換

ベクトルのデータ型には次のような大小関係があって、これがそのまま変換規則になります。

```
character > complex >
numeric > logical > NULL
```

ベクトルの要素はすべて同じデータ型でなければならないため、異なるデータ型の要素を追加すると、データ型の変換規則によって「最も大きい」データ型に揃えられます。次の例のようにnumeric型のベクトルの一部の要素をcharacter型にすると、ほかのすべての要素もcharacter型になります。

**リスト3** numeric型の要素を文字列（character）に置き換えると、すべての要素が文字列になる

```
# ベクトルの作成
my_vector <- c(10, 20, 30, 40, 50)
# インデックス3の要素を文字列に置き換える
my_vector[3] <- "30"
# 置き換えたベクトルを出力
print(my_vector)   # 出力："10" "20" "30" "40" "50"
```

## Tips 031 ベクトルの要素を削除する

▶Level ●●○

**ここがポイントです！** 負のインデックス

　ベクトルの要素のインデックスにマイナス記号を付けて負の値にした場合、対象の要素がベクトルから削除されます。

**リスト1** ベクトルの第3要素を削除する

```
# ベクトルの作成
my_vector <- c(10, 20, 30, 40, 50)
# インデックス3の要素を削除
new_vector <- my_vector[-3]
# 新しいベクトルを出力
print(new_vector)   # 出力: 10 20 40 50
```

　この場合、元のベクトルから要素が削除されるのではなく、要素を削除した新しいベクトルが返されます（元のmy_vectorはそのまま）。

### ●複数の要素を削除する

　複数の要素をまとめて削除する場合は、マイナス記号を付けたインデックスをベクトルにまとめてから指定します。

**リスト2** 複数の要素を削除

```
# ベクトルの作成
my_vector <- c(10, 20, 30, 40, 50)
# インデックス1、2、5の要素を削除
new_vector <- my_vector[c(-1, -2, -5)]
# 新しいベクトルを出力
print(new_vector)   # 出力: 30 40
```

# Tips 032 特定の値を持つ要素を削除する

▶Level ●●●

**ここがポイントです！** !=（不等号）

!=は「不等号」または「ノットイコール」と呼ばれます。この演算子は、左辺と右辺の値が等しくない場合に真（TRUE）を返し、等しい場合には偽（FALSE）を返します。こ

れを用いることで、ベクトルから特定の値の要素を削除することができます。この場合、要素を削除した新しいベクトルが作成されます。

▼ベクトルから特定の値の要素を取り除いた新しいベクトルを取得する

```
# ベクトルの作成
my_vector <- c(10, 20, 30, 40, 50)
# 値が30の要素を削除
new_vector <- my_vector[my_vector != 30]
# 新しいベクトルを出力
print(new_vector)  # 出力: 10 20 40 50
```

この例では「my_vector != 30」とすることで、値が30の要素を取り除いた新しい

ベクトルが作成されます。

# Tips 033 複数のベクトルを結合して1つのベクトルにまとめる

▶Level ●●

**ここがポイントです！** c()関数によるベクトルの結合

ベクトルは、ほかのベクトルと結合して1つにまとめたり、ほかのベクトルを要素として代入することができます。

●ベクトルを結合して新しいベクトルを作る

2つ以上のベクトルを結合して1つにまとめるには、次のようにc()関数を使います。

▼ベクトルの結合

```
ベクトル <- c(結合するベクトル1,
結合するベクトル2, ... )
```

リスト1 　複数のベクトルを結合して1つのベクトルにまとめる

```
# 3つのベクトルの作成
vector1 <- c(1, 2, 3)
vector2 <- c(4, 5, 6)
vector3 <- c(7, 8, 9)
# ベクトルの結合
combined_vector <- c(vector1, vector2, vector3)
# 結合したベクトルを表示
print(combined_vector)
```

▼出力

```
[1] 1 2 3 4 5 6 7 8 9
```

● ベクトルにデータを結合する

　c()関数を使えば、ベクトルの結合だけで
なく、データそのものも結合できます。

リスト2 　ベクトルに新しい要素を追加する

```
# 既存のベクトル
existing_vector <- c(1, 2, 3, 4, 5)
# 新しい要素を追加
updated_vector <- c(existing_vector, 6)
# 結果を表示
print(updated_vector)
```

▼出力

```
[1] 1 2 3 4 5 6
```

Tips
034

▶Level ●●●○

# 指定した位置に別のベクトルを追加する

ここが
ポイント
です！
> append() 関数

　append()関数の名前付き引数afterを使
うと、既存のベクトルに挿入位置を指定して
ベクトルを追加したり、データそのものを追
加することができます。

・ append() 関数

　ベクトルの指定した位置に別のベクトル
またはデータを挿入して、新しいベクトルを
作成します。

| 書式 | append(x, values, after = length(x)) | |
|---|---|---|
| パラメーター | x | 追加されるベクトルやリスト。 |
| | after | 追加する位置を示すインデックス。デフォルトはlength(x)＝終端。 |

**リスト1** 指定した位置に別のベクトルを追加する

```
# ベクトルを2つ作成
base <- c(1, 2, 3, 4, 5, 6)
add <- c(7, 8, 9)
# baseのインデックス3のあとにaddを追加
new_vector <- append(base, add, after = 3)
# 作成されたベクトルを出力
print(new_vector)
```

▼出力

```
[1]  1 2 3 7 8 9 4 5 6
```

インデックス3のあとに追加されている

**リスト2** 指定した位置に要素を追加する

```
# ベクトルを作成
base <- c(1, 2, 3, 4, 5, 6)
# baseのインデックス3のあとに7を追加
new_vector <- append(base, 7, after = 3)
# 作成されたベクトルを出力
print(new_vector)
```

▼出力

```
[1]  1 2 3 7 4 5 6
```

インデックス3のあとに追加されている

after=0を指定すると、ベクトルの先頭にベクトルや要素を挿入できます。

**リスト3** ベクトルの先頭に別のベクトルを追加する

```
# ベクトルを2つ作成
base <- c(1, 2, 3, 4, 5, 6)
add <- c(7, 8, 9)
# baseのインデックス0 (先頭位置)にaddを追加
new_vector <- append(base, add, after = 0)
# 作成されたベクトルを出力
print(new_vector)
```

▼出力

```
[1]  7 8 9 1 2 3 4 5 6
```

先頭位置に追加されている

データ操作の極意

● append()関数で
2つのベクトルを結合する

「after=インデックス」を指定しなけれ
ば、ベクトル要素の末尾に別のベクトルが追
加されるので、実質的に2つのベクトルを結
合することになります。

**リスト4　2つのベクトルを結合する**

```
# ベクトルを2つ作成
a <- c(1, 2, 3)
b <- c(4, 5, 6)
# ベクトルaの末尾にbを追加する
c <- append(a, b)
# 作成されたベクトルを出力
print(c)
```

▼出力

```
[1] 1 2 3 4 5 6
```

ベクトルaの末尾にベクトルbの
要素が追加された

とはいえ、append()関数の本来の役割は
既存のベクトルへの追加ですので、ベクトル
の結合には

```
c <- c(a, b)
```

のようにc()関数を用いるのが一般的です。

**Tips 035**

# ベクトルの要素に名前を付ける

▶Level ●●○

ここが
ポイント
です！
names()関数

ベクトルの要素はインデックスで区別で
きますが、それとは別に独自の名前を付けて
管理することもできます。

▼ベクトルの要素に名前属性を設定する

```
names(ベクトル) <- c("名前1", "名前2", ...)
```

名前属性が設定されたベクトルは、ブラ
ケット[ ]で名前を指定して要素を取り出す
ことができます。

▼名前属性が設定されたベクトル要素の取り出し

```
ベクトル[ "名前" ]
```

**リスト1**　ベクトルの要素に名前を付ける

```
# ベクトルを作成
vector1 <- c(1, 2, 3)
# 先頭の要素から順番に名前を付ける
names(vector1) <- c("one", "tow", "three")
# 出力
print(vector1)
# "one"の要素を出力
print(vector1["one"])
```

▼出力

```
one    tow three
  1      2      3
one
  1
```

**●名前属性を変更する**

　ベクトルに設定された名前属性は、names()関数で何度でも別の名前に変更できます。

**リスト2**　名前属性を変更する（リスト1の続き）

```
# 先頭の要素から順番に新しい名前を付ける
names(vector1) <- c("1st", "2nd", "3rd")
# 出力
print(vector1)
```

▼出力

```
1st 2nd 3rd
  1   2   3
```

**●名前属性の削除**

　名前属性が不要になったら、名前属性にNULL（何もないことを示すキーワード）を設定することで削除できます。

▼ベクトルの名前属性を削除する

```
names(ベクトル) <- NULL
```

**リスト3**　ベクトルの名前属性を削除（リスト2の続き）

```
# 名前属性を削除する
names(vector1) <- NULL
# 出力
print(vector1)
```

▼出力

```
[1] 1 2 3
```

# Tips
# 036
## 規則性のある数値を
## 自動作成する

▶Level ●●●

**ここが
ポイント
です!**　「:」による等差数列の生成

　何かの連番のように「1、2、3、4、5、... 」
といった規則性のある整数値は、「:」または
seq()関数で簡単に作ることができます。数
学でいうところの**等差数列**の自動生成です。

● 「:」で範囲を指定して
　1刻みの連続した値を生成する
　1ずつ増える値なら、「:」で範囲指定する
だけで、簡単に連続する値を生成できます。

▼ 1ずつ増える値を生成する

```
ベクトル <- 開始値 : 終了値
```

リスト1　1～10の値を格納したベクトルを生成する

```
# 1～10の等差数列を格納したベクトルを作成
vector_seq <- 1:10
# 出力
print(vector_seq)
```

▼出力

```
 [1]  1  2  3  4  5  6  7  8  9 10
```

## Tips 037

# サイズを指定して等差数列を自動生成する

▶Level ●●●

**ここがポイントです！**〉**seq()関数**

seq()関数を使うと、数列を作成する際の増減値を指定できます。

- **seq()関数**

  増加または減少させる値を指定して、等差数列を生成します。

| 書式 | seq (from = 1,<br>　　to = 1,<br>　　by = 1,<br>　　length.out = NULL,<br>　　along.with = NULL) | |
|---|---|---|
| パラメーター | from = 1 | 開始値を指定します。デフォルト値は1です。 |
| | to = 1 | 終了値を指定します。デフォルト値は1です。 |
| | by = 1 | 増加または減少させる値を指定します。デフォルト値は1です。 |
| | length.out = NULL | 数列の長さ（サイズ）を指定します。デフォルト値はNULL（指定なし）です。 |
| | along.with = NULL | 他のベクトルと同じ長さで数列を生成する場合に使用します。along.withに参照となるベクトルを指定します。デフォルト値はNULL（指定なし）です。 |

**リスト1　1から5までの等差数列を生成**

```
# 1から5までの整数の数列（「from=」、「to=」は省略可）
seq_1 <- seq(1, 5, by = 1)
# ベクトルを出力
print(seq_1)
```

**▼出力**

```
[1] 1 2 3 4 5
```

**リスト2　引数に整数のみを指定すると、その値までの等差数列が生成される**

```
# 引数を1つだけ指定すると、終了値と見なされる
seq_2 <- seq(10)
# ベクトルを出力
print(seq_2)
```

**▼出力**

```
[1]  1  2  3  4  5  6  7  8  9 10
```

**リスト3**　引数を負の整数にすると、1から減少する数列が生成される

```
# 引数を負の整数にする
seq_3 <- seq(-10)
# ベクトルを出力
print(seq_3)
```

▼出力

```
 [1]    1   0  -1  -2  -3  -4  -5  -6  -7  -8  -9 -10
```

## ●指定した範囲でサイズを指定

length.outオプション（名前付き引数）で、生成される数列の長さを指定することができます。

**リスト4**　length.outでサイズを指定して数列を生成する

```
# 長さが5で0から1までの数列
seq_4 <- seq(0, 1, length.out = 5)
# ベクトルを出力
print(seq_4)
```

▼出力

```
 [1] 0.00 0.25 0.50 0.75 1.00 ──────────── 0～1の範囲でサイズ5の数列が生成された
```

## ●引数にしたベクトルと同じサイズの数列を生成する

along.withを使用すると、他のベクトルと同じ長さで数列を生成することができます。具体的には、along.withに参照となるベクトルを指定します。これにより、「参照ベクトルと同じ長さで、かつ、その要素が数列の開始点から終了点までの値となる数列」が生成されます。

**リスト5**　作成済みのベクトルと同じサイズの数列を生成する

```
# 参照ベクトル
reference_vector <- c("A", "B", "C", "D", "E")
# 参照ベクトルに合わせた数列の生成
seq_5 <- seq(from = 10,
             to = 50,
             along.with = reference_vector)
# ベクトルを出力
print(seq_5)
```

▼出力

```
 [1] 10 20 30 40 50
```

# Tips 038 特定の値を繰り返して数列を生成する

▶Level ●●

ここが
ポイント
です！ rep()関数

「10、100、1000」のように任意の並びを繰り返して数列を作成する場合は、rep() 関数を使います。

**・rep関数**

引数に指定した値またはベクトルを使って数列を生成します。

| 書式 | rep(x, times, each, length.out) | |
|---|---|---|
| パラメーター | x | 繰り返しに使用する値またはベクトルを指定します。 |
| | times | 繰り返す回数を指定します。 |
| | each | xにベクトルを指定した場合、「各要素を何回繰り返すか」を指定します。 |
| | length.out | 作成される数列（ベクトル）のサイズを指定します。 |

▼指定した値（数）を指定した回数だけ繰り返してベクトルを作成する

```
# 3を5回繰り返す
result1 <- rep(3, times = 5)
# ベクトルを出力
print(result1)
```

▼出力

```
[1] 3 3 3 3 3
```

▼指定した値（文字列）を指定した回数だけ繰り返してベクトルを作成する

```
# "Hello"を3回繰り返す
result2 <- rep("Hello", times = 3)
# ベクトルを出力
print(result2)
```

▼出力

```
[1] "Hello" "Hello" "Hello"
```

▼ベクトルを繰り返してベクトルを作成する（数値）

```
# ベクトル c(1, 2, 3) を2回繰り返す
result3 <- rep(c(1, 2, 3), times = 2)
# ベクトルを出力
print(result3)
```

▼出力

```
[1] 1 2 3 1 2 3
```

▼ベクトルを繰り返してベクトルを作成する（文字列）

```
# ベクトル c("a", "b") を3回繰り返す
result4 <- rep(c("a", "b"), times = 3)
# ベクトルを出力
print(result4)
```

▼出力

```
[1] "a" "b" "a" "b" "a" "b"
```

▼eachオプションを使用してベクトルの各要素を3回ずつ繰り返す

```
# 値1, 2, 3をそれぞれ3回ずつ繰り返す
result_each <- rep(c(1, 2, 3), each = 3)
# ベクトルを出力
print(result_each)
```

▼出力

```
[1] 1 1 1 2 2 2 3 3 3
```

▼length.outオプションを使用して、指定したサイズの範囲内で繰り返す

```
# 値1, 2, 3をサイズ9の範囲で繰り返す
result_length_out <- rep(c(1, 2, 3), length.out = 9)
# ベクトルを出力
print(result_length_out)
```

▼出力

```
[1] 1 2 3 1 2 3 1 2 3
```

Tips
039

# ベクトルの要素をランダムに抽出する

ここが
ポイント
です！ > sample() 関数

▶Level ●●○

　sample()関数は、ベクトルなどのデータセットから、ランダムにデータを抽出（ランダムサンプリング）するための関数です。

| 書式 | sample(x, size, replace = FALSE, prob = NULL) | |
|------|------|------|
| パラメーター | x | サンプリング対象のデータを指定します。 |
| | size | サンプルのサイズ（抽出する要素の数）を指定します。 |
| | replace | 復元抽出を行う場合はTRUE、非復元抽出を行う場合はFALSEを指定します。 |
| | prob | 各要素が選ばれる確率を指定します。 |

## ●サイコロ投げをシミュレートする

　sample()関数の第1引数に1から6までのシーケンスを指定し、第2引数でサンプルとして抽出する数を指定します。

**リスト1**　サイコロ投げをシミュレート

```
# 1~6の等差数列を生成
dice <- 1:6
# サイコロを1回振る
print(sample(dice, 1))
# サイコロを3回振る
print(sample(dice, 3))
```

▼出力

```
[1] 4 ————————————— 1回振った結果
[1] 3 4 2 ——————— 3回振った結果
```

## ●ベクトル要素をランダムに並べ替える

　sample()関数の引数にベクトルのみを指定すると、そのベクトルの要素をランダムに並べ替えます。

```
# 1~6の等差数列を生成
vector1 <- 1:6
# ベクトル要素をランダムに並べ替える
print(sample(vector1))
```

▼出力

```
[1] 3 4 2 5 1 6
```

## ●復元抽出を行う

　サンプリングには、抽出したサンプルを元に戻さずに抽出を続ける**非復元抽出**と、抽出したサンプルを元に戻して抽出を続ける**復元抽出**があります。このうち、sample()関数が実行するのは非復元抽出です。

　そのため、サイコロ投げをシミュレートする場合、サイコロの目は1から6までですので、サンプリングの回数を6回よりも多くするとエラーになります。この場合は、replaceオプションにTRUEをセットして復元抽出モードにするとうまくいきます。

**リスト2**　復元抽出モードでサイコロ投げを10回繰り返す

```
# 1~6の等差数列を生成
dice <- 1:6
# サイコロを10回振る
print(sample(dice, 10, replace =
TRUE))
```

▼出力

```
[1] 5 2 5 4 3 3 3 3 2 6
```

　なお、サイコロ投げでは同じ目が2回以上出ることもあるので、正確にシミュレートするには、回数が6回以下の場合も復元抽出にする必要があります。

データ操作の極意

# Tips 040　サンプリングの確率を指定する

▶Level ●●○

ここがポイントです！〉**prob**オプション

　sample()関数のprobオプションを使用すると、ベクトルの各要素が選ばれる確率を指定できます。この場合、probには各要素が選ばれる確率のベクトルを指定します。確率の合計が1になるように設定するのがポイントです。

▼サイコロの6の目が出る確率を0.5にする

```
# 1～6の等差数列を生成
dice <- 1:6
# 6が抽出される確率を0.5にする(他の要素は0.1)
sample_prob <- sample(dice, size=10,
                      replace = TRUE,
                      prob = c(0.1, 0.1, 0.1, 0.1, 0.1, 0.5))
# 結果を格納したベクトルを出力
print(sample_prob)
```

▼出力

```
[1] 6 6 4 6 6 1 6 1 3 6
```

# Tips 041　ベクトルの特定の値の位置を見つける

▶Level ●●○

ここがポイントです！〉**match()**関数

　「特定の値がベクトルの中のどこに位置しているか」は、match()関数で調べることができます。

・match()関数
　ベクトルの中から、特定の値の位置を示すインデックスを返します。

| 書式 | match(x, table, nomatch = NA) | |
|---|---|---|
| パラメーター | x | 探す値、または探す値が含まれるベクトルを指定します。 |
| | table | 値を探す対象となるベクトルを指定します。 |
| | nomatch | 見つからなかった場合に返す値。デフォルトはNA。 |

**▼指定した値がベクトル要素にあればインデックスを取得する**

```r
# ベクトルの作成
vec <- c(10, 9, 8, 7, 6, 5, 4, 3, 2, 1)
# 8のインデックスを取得
print(match(8, vec))
# 存在しない要素を指定する
print(match(88, vec))
```

**▼出力**

```
[1] 3
[1] NA
```

**▼ベクトル2の各要素がベクトル1のどの位置にあるかを調べる**

```r
# ベクトルの作成
vec1 <- c("apple", "banana", "orange", "grape")
vec2 <- c("orange", "apple", "grape", "kiwi")
# vec2の各要素がvec1のどの位置にあるかを調べる
positions <- match(vec2, vec1)
# 結果を表示
print(positions)
```

**▼出力**

```
[1]  3  1  4 NA
```

---

**Tips**

**042**

▶Level ●●○

# ベクトルの中の最小値や最大値の位置を見つける

ここがポイントです！

**which.min()関数、which.max()関数**

ベクトル内の最小値の位置はwhich.min()関数、最大値の位置はwhich.max()関数で調べることができます。

**リスト1** ベクトルの最小値／最大値の位置を調べる

```
# ベクトルの作成
my_vector <- c(5, 3, 8, 2, 7)
# ベクトル内の最小値のインデックスを取得
min_index <- which.min(my_vector)
# 結果を出力
print(min_index) # 出力：[1] 4
# ベクトル内の最大値のインデックスを取得
max_index <- which.max(my_vector)
# 結果を出力
print(max_index) # 出力：[1] 3
```

Tips
**043**
▶Level ●●○

# ベクトルから最小値と最大値を見つける

ここが
ポイント
です！
> min()関数、max()関数

　ベクトルの要素の最小値または最大値を知るには、min()関数、max()関数を使います。1つのベクトルからだけでなく、複数のベクトルの中から最小値や最大値を見つけることもできます。

**リスト1** 最小値／最大値を調べる

```
# ベクトルの作成
vec1 <- c(5, 3, 8, 2, 7)
vec2 <- c(4, 6, 1, 9, 2)
vec3 <- c(10, 2, 8, 3, 5)

# vec1の最小値と最大値を求める
print(min(vec1)) # 出力：[1] 2
print(max(vec1)) # 出力：[1] 8

# 3つのベクトルから最小値と最大値を求める
min_value <- min(vec1, vec2, vec3)
max_value <- max(vec1, vec2, vec3)
# それぞれの結果を出力
print(min_value) # 出力：[1] 1
print(max_value) # 出力：[1] 10
```

# ベクトルのペアから要素ごとの最小値／最大値を見つける

**Tips 044**

▶Level ●●○

**ここがポイントです！** pmin() 関数、pmax() 関数

複数のベクトルを比較し、同じ位置にある要素ごとの最小値を**並列最小値**、最大値を**並列最大値**と呼びます。

- **pmin() 関数**
  ベクトルの並列最小値を求めます。

| 書式 | pmin (ベクトル1, ベクトル2, ベクトル3, …) |
|---|---|

- **pmax() 関数**
  ベクトルの並列最大値を求めます。

| 書式 | pmax (ベクトル1, ベクトル2, ベクトル3, …) |
|---|---|

**リスト1** 3つのベクトルの並列最小値と並列最大値を求める

```
# ベクトルの作成
vec1 <- c(5, 3, 8, 2, 7)
vec2 <- c(4, 6, 1, 9, 2)
vec3 <- c(9, 2, 8, 3, 5)
# 各ベクトルの同じ位置の要素ごとに、最小値および最大値を取得
min_values <- pmin(vec1, vec2, vec3)
max_values <- pmax(vec1, vec2, vec3)
# 結果を表示
print(min_values) # 出力: [1] 4 2 1 2 2
print(max_values) # 出力: [1] 9 6 8 9 7
```

▼並列最小値と並列最大値

```
vec1 <- c( 5, 3, 8, 2, 7 )
vec2 <- c( 4, 6, 1, 9, 2 )
vec3 <- c( 9, 2, 8, 3, 5 )
```

| 最小値：4 | 最小値：2 | 最小値：1 | 最小値：2 | 最小値：2 |
|---|---|---|---|---|
| 最大値：9 | 最大値：6 | 最大値：8 | 最大値：9 | 最大値：7 |

データ操作の極意

## Tips 045 ベクトルの負の値を0にする

▶Level ● ● ○

**ここがポイントです！** pmax()関数による0との比較、条件式を使ったベクトルの要素の置き換え

「ベクトルに正と負の値が格納されていて、負の値をすべて0にする」という場合に使えるのが、pmax()関数による0との比較です。ベクトルのすべての要素を0と比較し

て最大値を返す（0を返す）ようにすれば、正の値はそのままに、負の値のみを0に置き換えることができます。

**リスト1 ベクトルの負の値をすべて0に置き換える**

```
# ベクトルの作成
my_vector <- c(3, -5, 2, -7, 8, -1)
# 負の要素を0に変換
result_vector <- pmax(my_vector, 0)
# 結果を出力
print(result_vector)
```

▼出力

```
[1] 3 0 2 0 8 0
```

## Tips 046 条件に合う要素を取り出す

▶Level ● ● ○

**ここがポイントです！** ベクトル[論理ベクトル]

条件を指定してベクトルから要素を取り出す方法として、**論理ベクトル**を使用する方法があります。条件を満たす要素に対応する位置（インデックス）がTRUE となるベクトル（これを「論理ベクトル」と呼びます）を作成し、それを処理対象のベクトルに適用して条件を満たす要素を抽出します。

▼0より大きい要素のみを取り出す

```
# ベクトルの作成
my_vector <- c(10, 5, -3, 8, -6, 2)
# 条件を指定
condition <- my_vector > 0
# 条件を満たす要素のみを抽出
result_vector <- my_vector[condition]
# 結果を出力
print(result_vector)
```

▼出力

```
[1] 10  5  8  2
```

この例では、「my_vector > 0」という条件を指定して、各要素が0より大きい場合に対応する位置がTRUEとなる論理ベクトルconditionを作成しました。この論理ベクトルを my_vector に適用し、条件を満たす要素のみを抽出しています。

条件は様々な形で指定できます。論理演算子（>、<、==、!=など）を使って条件を指定できるほか、&（論理積）、|（論理和）を組み合わせて複数の条件を結合することもできます。

# Tips 047 ベクトルに含まれる欠損値 NAをすべて0に置き換える

▶Level ●●○  **ここがポイントです！** ▶is.na() 関数

Rでは、データ中の欠損値は**NA**と表されます。このほかに、値が存在しないことを示す**NULL**、計算不可能な値（非数）であることを示す**NaN**、無限大を示す**Inf**などがあります。これらの「数値ではない値」が含まれ

るかどうかは、次表の関数で調べることができます。これらの関数は、引数に指定したベクトルのすべての要素について調べた結果（TRUE、FALSEの並び）をベクトルで返します。

▼数値ではない要素を調べる関数

| 関数 | 説明 |
|---|---|
| is.null(ベクトル) | NULLであればTRUEを返します。 |
| is.na(ベクトル) | 欠損値NAであればTRUEを返します。 |
| is.nan(ベクトル) | 非数NaNであればTRUEを返します。 |
| is.finite(ベクトル) | 有限であればTRUEを返します。 |
| is.infinite(ベクトル) | 無限InfであればTRUEを返します。 |

## ●ベクトル要素に欠損値NAがあれば0に置き換える

is.na()関数を使用して欠損値（NA）の位置を特定し、ベクトルに含まれる欠損値をすべて0に置き換えてみます。

▼ベクトルに含まれる欠損値をすべて0に置き換える

```
# ベクトルの作成(一部にNAを含む)
my_vector <- c(1, 2, NA, 4, NA, 6)
# 欠損値の位置を特定
na_positions <- is.na(my_vector)
# 欠損値の位置を特定したベクトルを出力してみる
print(na_positions) # 出力: [1] FALSE FALSE  TRUE FALSE  TRUE FALSE
# 欠損値を0に置き換え
my_vector[na_positions] <- 0
# 結果を表示
print(my_vector) # 出力: [1] 1 2 0 4 0 6
```

　この例では、is.na()を使用してmy_vector内の欠損値の位置を特定し、na_positions として保存したあと、その位置(TRUEの位置)に0を代入しています。結果として、欠損値がすべて0に置き換えられた新しいベクトルが得られます。

# Tips 048 演算子

ここが
ポイント
です!

▶Level ● ○ ○

**Rの演算子**

　Rに用意されている演算子について紹介します。

●算術演算子
　加減乗除の四則演算とべき乗を行います。

▼算術演算子

| 演算子 | 説明 |
|--------|------|
| + | 加算 |
| − | 減算 |
| * | 乗算 |
| / | 除算 |
| ^ または ** | べき乗 |

▼算術演算子の使用例

```
a <- 5
b <- 2
sum_ab <- a + b    # 結果:7
diff_ab <- a - b    # 結果:3
prod_ab <- a * b    # 結果:10
quot_ab <- a / b    # 結果:2.5
power_ab <- a ^ b  # 結果:25
```

## ●比較演算子

演算子の左辺と右辺を比較し、TRUEまたはFALSEを結果として返します。

### ▼比較演算子

| 演算子 | 説明 |
|---|---|
| == | (左辺は右辺) と等しい |
| != | (左辺は右辺) と等しくない |
| < | (左辺は右辺) より小さい |

| 演算子 | 説明 |
|---|---|
| > | (左辺は右辺) より大きい |
| <= | (左辺は右辺) 以下 |
| >= | (左辺は右辺) 以上 |

### ▼比較演算子の使用例

```
x <- 3
y <- 7
is_equal <- x == y          # 結果: FALSE
is_not_equal <- x != y      # 結果: TRUE
is_less_than <- x < y       # 結果: TRUE
is_greater_than <- x > y    # 結果: FALSE
```

## ●論理演算子

論理演算子は、論理値 (TRUE〈真〉またはFALSE〈偽〉) を扱うための演算子です。主に条件式や論理的な判定に使用されます。

### ▼論理積 (AND)

| 演算子 | 説明 |
|---|---|
| & または && | 演算子の左右の条件がTRUEの場合に、結果がTRUEになります。<br>&& の場合、最初の条件がFALSEの場合、2番目の条件は評価されません。 |

### ▼使用例

```
p <- TRUE
q <- FALSE
and_result <- p & q    # 結果: FALSE
and_result <- p && q   # 結果: FALSE
```

### ▼論理和 (OR)

| 演算子 | 説明 |
|---|---|
| \| または \|\| | 少なくとも一方の条件がTRUEの場合に、結果がTRUEになります。<br>\|\| の場合、最初の条件がTRUEの場合、2番目の条件は評価されません。 |

データ操作の極意

▼使用例

```
p <- TRUE
q <- FALSE
or_result <- p | q     # 結果: TRUE
or_result <- p || q    # 結果: TRUE
```

▼論理否定 (NOT)

| 演算子 | 説明 |
|---|---|
| ! | 条件の真偽を反転させます。 |

▼使用例

```
p <- TRUE
not_result <- !p       # 結果: FALSE
```

● 代入演算子

変数への値の代入を行います。

▼代入演算子

| 演算子 | 説明 |
|---|---|
| <- または = | 左辺の変数に右辺の値を代入します。 |

▼使用例

```
a <- 10
```

● 剰余演算子

左辺を右辺の値で割った余りを求めます。

▼剰余演算子

| 演算子 | 説明 |
|---|---|
| %% | 剰余（除算の余り）を求めます。 |

▼使用例

```
remainder <- 10 %% 3   # 結果: 1
```

● 整数除算演算子

除算の結果から小数部分を切り捨て、整数部分のみを取得します。

▼整数除算演算子

| 演算子 | 説明 |
|---|---|
| %/% | 整数除算（除算の商の整数部分）を求めます。 |

▼使用例

```
integer_division <- 10 %/% 3 # 結果: 3
```

---

Tips
## 049

▶Level ●●○

ここが
ポイント
です！

# ベクトル同士で演算する

ベクトル同士の演算

ベクトル同士の演算は要素ごとに行われます。つまり、対応する要素同士で演算が行われ、新しいベクトルが生成されます。ベクトル同士の演算では、演算対象のベクトルは同じ長さである必要があります。

▼ベクトルの加算

```
v1 <- c(1, 2, 3)
v2 <- c(4, 5, 6)
result <- v1 + v2
print(result)
```

▼出力

```
[1] 5 7 9
```

▼ベクトルの減算

```
v1 <- c(1, 2, 3)
v2 <- c(4, 5, 6)
result <- v1 - v2
print(result)
```

▼出力

```
[1] -3 -3 -3
```

▼ベクトルの乗算

```
v1 <- c(1, 2, 3)
v2 <- c(4, 5, 6)
result <- v1 * v2
print(result)
```

▼出力

```
[1]  4 10 18
```

▼ベクトルの除算

```
v1 <- c(1, 2, 3)
v2 <- c(4, 5, 6)
result <- v1 / v2
print(result)
```

▼出力

```
[1] 0.25 0.40 0.50
```

Tips
050
▶Level ●●○

ここが
ポイント
です!

# ベクトル要素の合計、平均、中央値を求める

sum()関数、mean()関数、median()関数

Rにはベクトル専用の関数が数多く用意されています。代表的なものには、要素の合計を求める**sum()関数**や平均を求める**mean()関数**があります。

**リスト1**　合計、平均、中央値を求める

```
# ベクトルの作成
v <- c(1, 2, 3, 4, 5)
# 合計を求める
total <- sum(v) # 結果：totalは15になる
# 平均を求める
average <- mean(v) # 結果：averageは3になる
# 中央値を求める
median_value <- median(v) # 結果：median_valueは3になる
```

データ操作の極意

　ベクトルの要素を処理する関数を次表に示します。na.rmオプション（パラメーター）は、NA（欠損値）を無視するかどうかを指定するためのものです。na.rmがTRUE の場合、関数はベクトル内のNAを無視して計算します。FALSEの場合は、NAがベクトル内に存在すると、結果もNAになります。デフォルトでna.rm=FALSEが設定されています。

▼ベクトル要素を処理する関数

| 関数 | 説明 |
| --- | --- |
| sum(ベクトル, na.rm = FALSE) | ベクトル要素の総和を求めます。 |
| mean(ベクトル, na.rm = FALSE) | ベクトル要素の平均を求めます。 |
| median(ベクトル, na.rm = FALSE) | ベクトル要素の中央値を求めます。 |
| max(ベクトル, na.rm = FALSE) | ベクトル要素の最大値を求めます。 |
| min(ベクトル, na.rm = FALSE) | ベクトル要素の最小値を求めます。 |
| range(ベクトル, na.rm = FALSE) | ベクトル要素の最大値と最小値を返します。 |
| prod(ベクトル, na.rm = FALSE) | ベクトル要素の総積（すべての積）を求めます。 |
| cumsum(ベクトル) | 先頭の要素からの和を順に求めます。 |
| cumprod(ベクトル) | 先頭の要素からの積を順に求めます。 |
| sort(ベクトル) | ベクトル要素を昇順で並べ替えます。 |
| rev(ベクトル) | ベクトル要素を逆順にします。 |
| rank() | 各要素の要素全体における順位を求めます。 |
| order() | 並べ替え後の各要素の元の位置を求めます。 |
| cor(ベクトル) | 相関係数を求めます。 |
| var(ベクトル, na.rm = FALSE) | 不偏分散を求めます。 |
| cov(ベクトル[, ベクトル]) | 共分散を求めます。 |
| sd(ベクトル, na.rm = FALSE) | 標準偏差を求めます。 |

Tips
051

▶Level ●●○

ここがポイントです！

# 論理ベクトル

## logical型のベクトル

　**論理ベクトル**とは、論理値（TRUEまたはFALSE）を要素とするベクトルのことです。論理ベクトルは条件を表現するのに便利なので、「データのフィルタリング」、「条件に基づく操作」、「条件に従ったデータ選択」などに使用されます。論理ベクトルは通常、比較演算子や論理演算子の結果として生成されます。論理ベクトルの例をいくつか次に示します。

**▼論理ベクトルの例**

```
# ベクトルを作成
x <- c(1, 2, 3, 4, 5)


# 要素ごとの比較演算
logical_vector1 <- x > 3
# 結果を出力
print(logical_vector1)  # 出力: [1] FALSE FALSE FALSE  TRUE  TRUE


# 条件を満たすかどうかをチェック
logical_vector2 <- x == 3
# 結果を出力
print(logical_vector2)  # 出力: [1] FALSE FALSE  TRUE FALSE FALSE


# 複数の条件を組み合わせる
logical_vector3 <- x > 1 & x < 5
# 結果を出力
print(logical_vector3)  # 出力: [1] FALSE  TRUE  TRUE  TRUE FALSE
```

　次に示すのは、論理ベクトルを使用して「データのフィルタリング」、「条件に基づく集計」、「条件に基づくデータの選択」を行う例です。

**▼論理ベクトルの使用例**

```
# サンプルデータを作成
data <- c(10, 15, 8, 22, 12, 18, 7, 25, 30)
# 論理ベクトルを作成
logical_vector <- data > 15
print("論理ベクトル:")
print(logical_vector)


# データのフィルタリング
filtered_data <- data[logical_vector]
print("フィルタリング後のデータ:")
print(filtered_data)


# 条件に基づく集計
sum_of_filtered_data <- sum(data[logical_vector])
print("条件に基づくデータの合計:")
print(sum_of_filtered_data)


# 条件に基づくデータの選択
selected_data <- ifelse(logical_vector, "Yes", "No")
print("条件に基づくデータの選択:")
print(selected_data)
```

▼出力

```
[1]  "論理ベクトル:"
[1]  FALSE FALSE FALSE  TRUE FALSE  TRUE FALSE  TRUE   TRUE
[1]  "フィルタリング後のデータ:"
[1]  22 18 25 30
[1]  "条件に基づくデータの合計:"
[1]  95
[1]  "条件に基づくデータの選択:"
[1]  "No"   "No"   "No"  "Yes" "No"  "Yes" "No"  "Yes" "Yes"
```

Tips
## 052 論理ベクトルを計算する

▶Level ●●○

ここが
ポイント
です! ＞ any() 関数、which() 関数、sum() 関数

「ベクトルの中にTRUEが含まれている
か」、「含まれているならその数はいくつなの
か」は、any()関数とwhich()関数で調べる
ことができます。

### • any()関数
ベクトルに1つでもTRUEが含まれてい
れば、結果としてTRUEを返します。

| 書式 | any (ベクトル) |
|---|---|

### • which()関数
ベクトルにTRUEが含まれている場合、
そのインデックスを返します。

| 書式 | which (ベクトル) |
|---|---|

### • sum()関数
ベクトル要素の合計値を返します。ベクト
ルの要素が論理値の場合は、TRUEの数を
返します。

| 書式 | sum (ベクトル) |
|---|---|

リスト1 論理ベクトルの計算

```
# サンプルデータを作成
data <- c(10, 15, 8, 22, 12, 18, 7, 25, 30)
# 論理ベクトルを作成
logical_vector <- data > 15
print("論理ベクトル:")
print(logical_vector)

# any()関数を使用して、論理ベクトル中にTRUEが含まれているかどうかを確認
any_true <- any(logical_vector)
print("any()関数: 論理ベクトル中にTRUEが存在するか:")
print(any_true)
```

```
# which()関数を使用して、TRUEの要素のインデックスを取得
indices_of_true <- which(logical_vector)
print("which()関数: TRUEの要素のインデックス:")
print(indices_of_true)

# sum()関数を使用して、TRUEの要素の合計数を計算
sum_of_true <- sum(logical_vector)
print("sum()関数: TRUEの要素の合計数:")
print(sum_of_true)
```

▼出力

```
[1] "論理ベクトル:"
[1] FALSE FALSE FALSE  TRUE FALSE  TRUE FALSE  TRUE  TRUE
[1] "any()関数: 論理ベクトル中にTRUEが存在するか:"
[1] TRUE
[1] "which()関数: TRUEの要素のインデックス:"
[1] 4 6 8 9
[1] "sum()関数: TRUEの要素の合計数:"
[1] 4
```

**Tips 053**

▶Level ●●○

# ベクトルのサイズを変更する

**ここがポイントです!** length(ベクトル) <- サイズを示す整数値

ベクトルのサイズ（要素の数）は「length (ベクトル)」で調べることができますが、この式を左辺に置いて整数値を代入すると、要素数を変更することができます。

**リスト1　ベクトルのサイズを変更する**

```
# サンプルベクトルを作成
my_vector <- c(1, 2, 3, 4, 5)

# ベクトルのサイズを10に変更
length(my_vector) <- 10
# サイズ変更後のベクトルとサイズを出力
print(my_vector)        # 出力: [1]  1  2  3  4  5 NA NA NA NA NA
print(length(my_vector)) # 出力: [1] 10

# ベクトルのサイズを6に変更(サイズを減らす)
```

```
length(my_vector) <- 6
# サイズ変更後のベクトルとサイズを出力
print(my_vector)          # 出力: [1]  1  2  3  4  5 NA
print(length(my_vector))  # 出力: [1] 6

# ベクトルのサイズを0に変更
length(my_vector) <- 0
# サイズを0にするとベクトルではなくnumeric型の変数になる
print(my_vector)          # 出力: numeric(0)
print(length(my_vector))  # 出力: [1] 0
```

　ベクトルのサイズを拡張すると、追加され
た要素にはNA（欠損値）が埋め込まれます。
逆にサイズを小さくした場合は、後ろの要素
から順に破棄され、指定したサイズまで切り
詰められます。

Tips
# 054

# ベクトルの要素を
# 昇順／降順で並べ替える

▶Level ●●○　ここがポイントです！　sort()関数

　バラバラに格納されたベクトルの要素を
昇順または降順で並べ替える場合は、sort()
関数やrev()関数を使います。

## ・sort()関数
　ベクトルの要素を昇順で並べ替えます。

## ●rev()関数
　ベクトルの要素を逆順にします。

▼ベクトル要素を昇順、降順で並べ替える

```
# サンプルベクトルを作成
my_vector <- c(5, 2, 8, 1, 3)

# 昇順でソート
sorted_vector <- sort(my_vector)
# 出力
print(sorted_vector)
```

```
# 降順でソート（昇順でソートして、逆順にする）
reversed_vector <- rev(sort(my_vector))
# 出力
print(reversed_vector)
```

▼出力
```
[1] 1 2 3 5 8
[1] 8 5 3 2 1
```

## Tips
# 055

ソートしたときの順番を
インデックスで取得する

▶Level ●●○

ここが
ポイント
です！ order() 関数

　order() 関数を使うと、ベクトルの要素を
昇順でソートしたときの並び順を示すイン
デックスが返されます。

**リスト1**　ベクトル要素をソートしたときの並び順をインデックスで取得する

```
# サンプルベクトルを作成
my_vector <- c(5, 2, 8, 1, 3)

# ベクトルを出力
print(my_vector)        # 出力：[1] 5 2 8 1 3
# 昇順でソートしたときの元のインデックスを取得
sorted_indices <- order(my_vector)
# 結果を出力
print(sorted_indices) # 出力：[1] 4 2 5 1 3

# ソート後のインデックスの並びを利用して、元のベクトルを並べ替える
sorted_vector <- my_vector[sorted_indices]
# 結果を出力
print(sorted_vector)   # 出力：[1] 1 2 3 5 8
```

# ベクトル要素の重複をチェックする

**Tips 056**

▶Level ●●○

**ここがポイントです!** duplicated()関数

ベクトルに重複した要素があるかどうかはduplicated()関数で調べることができます。

**・duplicated()関数**

ベクトルの要素を先頭からチェックし、すでに出現している場合はTRUE、そうでなければFALSEにし、これをベクトルにまとめて返します。

| 書式 | duplicated (検査対象のベクトル) |

**・which()関数**

論理オブジェクトのTRUEのインデックスを返します。

| 書式 | which (論理オブジェクト) |

▼ベクトル要素の重複を調べる

```
# サンプルベクトルを作成
my_vector <- c(5, 2, 8, 1, 3, 5)
print("作成したベクトルを出力:")
print(my_vector)
# 重複する要素があるかどうかを調べる
has_duplicates <- duplicated(my_vector)
print("重複しているかどうかを示す論理ベクトルを出力:")
print(has_duplicates)
# 重複する要素のインデックスを取得
duplicate_indices <- which(duplicated(my_vector))
print("重複する要素のインデックス:")
print(duplicate_indices)
# 重複する要素を取得
duplicated_elements <- my_vector[duplicate_indices]
print("重複する要素の値:")
print(duplicated_elements)
```

▼出力

```
[1] "作成したベクトルを出力:"
[1] 5 2 8 1 3 5
[1] "重複しているかどうかを示す論理ベクトルを出力:"
[1] FALSE FALSE FALSE FALSE FALSE  TRUE
[1] "重複する要素のインデックス:"
```

```
[1] 6
[1] "重複する要素の値:"
[1] 5
```

　ベクトルから重複していない要素を取得するには、unique()関数を使用します。

#### ▼ベクトルから重複していない要素を取得する

```
# サンプルベクトルを作成
my_vector <- c(5, 2, 8, 1, 3, 5)
print("作成したベクトルを出力:")
print(my_vector)
# 重複していない要素を取得
unique_elements <- unique(my_vector)
print("重複していない要素:")
print(unique_elements)
# 重複していない要素のインデックスを取得
unique_indices <- match(unique_elements, my_vector)
print("重複していない要素のインデックス:")
print(unique_indices)
```

#### ▼出力

```
[1] "作成したベクトルを出力:"
[1] 5 2 8 1 3 5
[1] "重複していない要素:"
[1] 5 2 8 1 3
[1] "重複していない要素のインデックス:"
[1] 1 2 3 4 5
```

　unique_elementsには「重複していない要素」が含まれ、unique_indicesには「それらの要素が元のベクトルにおいてどの位置にあるか」のインデックスが含まれます。

　match()関数を使用して、元のベクトルにおける重複していない要素のインデックスを取得しています。match()関数は、一方のベクトルの要素がもう一方のベクトルのどこにあるかを検索します。具体的には、「ベクトル要素が比較対象のベクトルのどの位置にあるか」を示すインデックスを返します。

# ベクトル要素の出現回数を取得する

ここがポイントです！ > rle() 関数

rle()関数は、ランレングスエンコーディング (Run-Length Encoding) を行うための関数です。ランレングスエンコーディングとは、「連続する同じ値がベクトル中で何回現れるか」を数え、その情報を元の値とその連続した回数に変換する手法のことです。

▼ベクトル要素の出現回数を調べる

```r
# サンプルベクトルを作成
my_vector <- c(1, 1, 2, 2, 2, 3, 4, 4, 4, 4)
# 作成したベクトルを出力
print(my_vector)
# ランレングスエンコーディングを実行
rle_result <- rle(my_vector)
# ランレングスエンコーディングの結果を出力
print(rle_result)
# 連続した値の出現回数を出力
print(rle_result$lengths)
# 連続した値数を出力
print(rle_result$values)
```

▼出力

```
[1] 1 1 2 2 2 3 4 4 4 4
Run Length Encoding
  lengths: int [1:4] 2 3 1 4
  values : num [1:4] 1 2 3 4
[1] 2 3 1 4
[1] 1 2 3 4
```

「rle_result$lengths」の$は、オブジェクト (ここではrle_result) の属性にアクセスするための演算子です。$演算子を使用することで、オブジェクトの特定の属性にアクセスできます。

# Tips 058 重複している要素を削除する

▶Level ●●○

**ここがポイントです!** > unique() 関数

unique()関数を使うと、ベクトルの重複している要素を削除できます。

**・unique() 関数**

ベクトルの要素を先頭からチェックし、すでに出現している要素があればそれを削除します。

**リスト1 重複して出現する要素を取り除く**

```
# サンプルベクトルを作成
my_vector <- c(1, 2, 3, 2, 4, 1, 5, 5)
# 作成したベクトルを出力
print(my_vector)
# 重複した要素を削除
unique_vector <- unique(my_vector)
# 結果を出力
print(unique_vector)
```

**▼出力**

```
[1] 1 2 3 2 4 1 5 5
[1] 1 2 3 4 5
```

# Tips 059 元のベクトルはそのままに要素のみを書き換える

▶Level ●●○

**ここがポイントです!** > replace() 関数

ベクトルの要素の書き換えは

ベクトル[インデックス] <- 書き換える値

のようにすればよいのですが、元のベクトルはそのまま残しておきたい、というときもあります。その場合はreplace()関数を使うと、ベクトルの要素を書き換えた新規のベクトルを取得できます。

データ操作の極意

## • replace()関数

ベクトルの要素を置き換えた新規のベクトルを生成します。

| 書式 | replace (x, list, values) | |
|---|---|---|
| パラメーター | x | 書き換え対象のベクトルを指定します。 |
| | list | 書き換える要素の位置を示すインデックスを指定します。ベクトルを使って複数のインデックスを指定することもできます。 |
| | values | listで指定した位置に置き換える値を指定します。 |

**リスト1** 元のベクトルはそのままに要素のみを書き換える

```
# サンプルベクトルを作成
my_vector <- c(1, 2, 3, 4, 5)
# 作成したベクトルを出力
print(my_vector)
# 2番目の要素を10に置き換えて新しいベクトルを作成
new_vector <- replace(my_vector, 2, 10)
# 結果を出力
print(new_vector)
```

▼出力

```
[1] 1 2 3 4 5
[1]  1 10  3  4  5
```

## Tips 060 数値がほぼ等しいかを比較する

▶Level ●●○

**ここがポイントです！** all.equal()関数

数値の比較には**比較演算子**を使います。

▼比較演算子

| 演算子 | 説明 |
|---|---|
| == | 等しい |
| != | 等しくない |
| > | より大きい |
| < | より小さい |
| >= | 以上 |
| <= | 以下 |

●小数を含む値の比較

小数を含む値の比較では、コンピューターが小数を扱う仕組みによって誤差が出るので、一致しているはずの値を「==」で比較しても一致しない（FALSE）ことがあります。リスト1では、0.1を10個足し合わせた結果と1を比較していますが、結果はFALSEになっています。

**リスト1**　小数を足し上げた値と整数値の比較

```
x <- 0.1+0.1+0.1+0.1+0.1+0.1+0.1+0.1+0.1+0.1
y <- 1
# 等号演算子で比較する
print(x==y)
```

▼出力

```
[1] FALSE
```

コンピューターの内部では、10個の0.1を合計してもぴったり1にはならず、0.999999999...のような値として扱われるので、「==」で比較するとFALSEになってしまいます。

### ●小数を含む値が等しいかどうか調べる場合はall.equal()関数を使う

そこで、小数を含む値が等しいかどうか調べる場合は**all.equal()関数**を使います。all.equal()関数は、引数に指定した2つのオブジェクトが「ほぼ等しい」と判断されればTRUEを返します。この「ほぼ等しい」のあんばいはtoleranceオプションで指定されています。デフォルトは

```
sqrt(.Machine$double.eps)
```

です。

.MachineはRのマシン情報を格納するオブジェクトであり、.Machine$double.epsは「double型で表現できる最小の正の浮動小数点数」を示します。sqrt(.Machine$double.eps)は、その最小の正の値の平方根を計算しています。

要するに、0.1を10個足し合わせてぴったり1にならなくても、そのくらいの差なら1と見なすということです。

**リスト2**　all.equal()関数で比較する

```
# サンプルデータ
x <- 0.1+0.1+0.1+0.1+0.1+0.1+0.1+0.1+0.1+0.1
y <- 1
# all.equalで調べる
print(all.equal(x, y))
```

▼出力

```
[1] TRUE
```

このように、all.equal()は等しいと見なしてTRUEを返してくれましたが、1つ問題があります。一致しなかったときはFALSEではなく「メッセージ」を返してくるのです。

なので、ifステートメントで使おうとするとエラーになってしまい、プログラムが動いてくれません。

（縦書き）データ操作の極意

そこで、面倒ではありますが、この場合は all.equal()関数の結果がTRUEと一致するかどうかを**identical()関数**で調べるのが常とう手段です。

```
identical(all.equal(x, y), TRUE)
```

とすれば、all.equal()の結果がTRUEであればTRUEを返し、そうでなければFALSEを返すようになります。

**リスト5** all.equal()の結果をidentical()から返すようにする

```
# サンプルデータ
x <- 0.1+0.1+0.1+0.1+0.1+0.1+0.1+0.1+0.1+0.1
y <- 1.1
# all.equal()で調べる
print(all.equal(x, y))
# identical()でall.equal()の結果とTRUEを比較する
print(identical(all.equal(x, y), TRUE))
```

▼出力

```
[1] "Mean relative difference: 0.1" ——————— all.equal()の結果
[1] FALSE ——————— identical()でall.equal()の結果とTRUEを比較した結果
```

---

**Tips**
**061**
▶Level ●●○

ここが
ポイント
です！

# ベクトル要素が すべて等しいかをチェックする

**all()関数**

2つのベクトルの要素同士が等しいかどうかは「==」演算子で調べることができます。

**リスト1** 2つのベクトルの要素同士が等しいかどうか調べる

```
# サンプルデータ
vector1 <- c(1, 2, 3)
vector2 <- c(1, 2, 3)
# ==で要素が等しいかどうか調べる
print(vector1 == vector2)
```

▼出力

```
[1] TRUE TRUE TRUE
```

それぞれの要素同士が等しいかどうかの比較結果が、TRUEまたはFALSEで得られます。ただし、「2つのベクトルが完全に等しいかどうか」はわかりません。その場合は、all()関数を使って「すべての要素が等しいか？」を調べるようにします。

**リスト2** 2つのベクトルは完全に等しいか？（すべての要素が等しいか？）

```
# サンプルデータ
vector1 <- c(1, 2, 3)
vector2 <- c(1, 2, 3)
# ベクトル要素がすべて等しいかどうかをall()で確認
print(all(vector1 == vector2))
```

▼出力

```
[1] TRUE
```

Tips
**062**

▶Level ●●○

# ベクトル要素のどれか1つでも一致したらTrueにする

ここが
ポイント
です！
any()

　all()関数が「すべて一致」すればTRUEを返すのに対し、any()関数は「どれか1つでも一致」すればTRUEを返し、「すべて不一致」の場合のみFALSEを返します。

**リスト4** ベクトル要素のどれか1つでも一致しているかどうか調べる

```
# サンプルデータ
vector1 <- c(1, 2, 3)
vector2 <- c(5, 5, 3)
# ベクトルの要素が1つでも等しいかどうか、any()で確認
print(any(vector1 == vector2))
```

▼出力

```
[1] TRUE
```

# リストを使って住所録を作る

ここが
ポイント
です！ ＞ リスト型

**リスト**は、「データをひと続きのシーケンスにまとめる」という点ではベクトルと同じです。ベクトルとの違いは、「リテラルだけでなく、ベクトルやリスト自身も要素にできる」ところです。

## ●リストを使って住所録を作ってみる

リストは、list()関数で作成します。

・list()関数

引数で指定したオブジェクトを要素とするリストを生成します。

| 書式 | list(要素1, 要素2, 要素3, …) |
|---|---|

リストにする要素は、Rのオブジェクトなら何でもOKです。リテラルを直接書いてもいいですし、c()関数でベクトルを作ったり、list()でリストを作ったりして、それを要素とすることもできます。

**リスト1** 顧客のリストを作成する

```
# 顧客id(ベクトル)
id <- c(101:103)
# 氏名(リスト)
name <- list("秀和太郎", "秀和花子", "宗田解析")
# 住所(リスト)
address <- list("東京都中央区日本橋100-99",
                "東京都江東区東陽町80-90",
                "東京都中央区中央63-1")
# 住所録リストを作成
address_list <- list("顧客リスト",  # 第1要素(文字列)
                     id,            # 第2要素(ベクトル)
                     name,          # 第3要素(リスト)
                     address)       # 第4要素(リスト)
# 住所録リストを出力
print(address_list)
```

リストの第1要素は、リストのタイトルとして文字列リテラル"顧客リスト"にしました。第2要素が顧客idのベクトル、第3要素が氏名のリスト、第4要素が住所のリストです。

## ▼出力

```
[[1]]                              ─────── address_listの第1要素はcharacter型のデータ
[1] "顧客リスト"
[[2]]                              ─────── address_listの第2要素はinteger型のベクトル
[1] 101 102 103
[[3]]                              ─────── address_listの第3要素はリスト
[[3]][[1]]                         ─────── リストの第1要素
[1] "秀和太郎"
[[3]][[2]]                         ─────── リストの第2要素
[1] "秀和花子"
[[3]][[3]]                         ─────── リストの第3要素
[1] "宗田解析"
[[4]]                              ─────── address_listの第4要素はリスト
[[4]][[1]]                         ─────── リストの第1要素
[1] "東京都中央区日本橋100-99"
[[4]][[2]]                         ─────── リストの第2要素
[1] "東京都江東区東陽町80-90"
[[4]][[3]]                         ─────── リストの第3要素
[1] "東京都中央区中央63-1"
```

● [Environment]ペインからリストの詳細
　を見る

Environmentペインで「address_list」
と表示されている部分をクリックすると、
Sourceペインの位置にリストの詳細が表
示されるので、確認してみてください。

なお、●となっているところは内容が折り
たたまれた状態です。●をクリックすると●
に変わって、下に内容が展開されます（画面
例はすべて展開した状態です）。

▼ [Environment]ペインからリストの詳細を表示

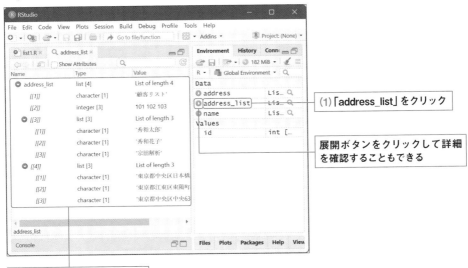

(1) 「address_list」をクリック

展開ボタンをクリックして詳細
を確認することもできる

(2) リストの詳細が表示される

データ操作の極意

# Tips 064

▶Level ● ● ○

ここが
ポイント
です！

## リストの要素を取り出す

> 2重のブラケット [[ ]]

リストの要素は、2重のブラケット [[ ]] にインデックスを書いて取り出します。

●**リストの要素を取り出す**

前回のTipsで作成したリストaddress_listから、[[インデックス]] を指定して要素を取り出してみます。

▼**リスト要素を取り出す**

```
リスト[[インデックス]]
```

▼**リストの要素を取り出す**

```
......リストの定義コード省略......
# リストの第1要素
element1 <- address_list[[1]]
# リストの第2要素
element2 <- address_list[[2]]
# リストの第3要素
element3 <- address_list[[3]]
# リストの第4要素
element4 <- address_list[[4]]
# 出力する
print(element1)
print(element2)
print(element3)
print(element4)
```

▼**出力**

```
[1] "顧客リスト"                          第1要素:address_list[[1]]
[1] 101 102 103                          第2要素:address_list[[2]]

[[1]]
[1] "秀和太郎"

[[2]]
[1] "秀和花子"                           第3要素:address_list[[3]]

[[3]]
[1] "宗田解析"
```

```
[[1]]
[1] "東京都中央区日本橋100-99"

[[2]]
[1] "東京都江東区東陽町80-90"  ————————————— 第4要素:address_list[[4]]

[[3]]
[1] "東京都中央区中央63-1"
```

## Tips 065 リスト要素のベクトルや リストの中から要素を取り出す

▶Level ● ● ○

**ここがポイントです！** [[リスト要素のインデックス]] [[サブ要素のインデックス]]による取り出し

リストの要素が複数の要素を持つベクトルやリストの場合は、次の書き方でサブ要素の要素を取り出せます。

**▼リスト要素のサブ要素を取り出す**

```
[[リスト要素のインデックス]][[サブ要素のインデックス]]
```

### ●リスト要素のベクトルやリストから要素を取り出す

Tips063で作成した住所録のリストaddress_listの第2要素はidを保持するベクトル、第3要素は氏名を格納したリスト、第4要素は住所を格納したリストです。

**▼リスト要素からサブ要素を抽出する**

```
......リストの定義コード省略......
# address_listの第2要素である顧客id(ベクトル)の第1要素を抽出
id_1 <- address_list[[2]][[1]]
# address_listの第3要素である氏名(リスト)の第1要素を抽出
name_1 <- address_list[[3]][[1]]
# address_listの第4要素である住所(リスト)の第1要素を抽出
address_1 <- address_list[[4]][[1]]

# 出力する
print(id_1)
print(name_1)
print(address_1)
```

## ▼出力

```
[1] 101
[1] "秀和太郎"
[1] "東京都中央区日本橋100-99"
```

## ▼住所録リストaddress_listの第2要素である顧客id(ベクトル)の第1要素を[ ]で抽出

```
id_single <- address_list[[2]][1]
print(id_single)
```

## ▼出力

```
[1] 101 ─────────────────────────── ベクトルの場合は変わらない
```

## ▼住所録リストaddress_listの第3要素である氏名(リスト)の第1要素を[ ]で抽出

```
name_single <- address_list[[3]][1]
print(name_single)
```

## ▼出力

```
[[1]] ───────── 要素がリストの場合は、リストに格納された状態で取り出される
[1] "秀和太郎"
```

## ▼住所録リストaddress_listの第4要素である住所(リスト)の第1要素を[ ]で抽出

```
address_single <- address_list[[4]][1]
print(address_single)
```

## ▼出力

```
[[1]] ───────── 要素がリストの場合は、リストに格納された状態で取り出される
[1] "東京都中央区日本橋100-99"
```

---

**さらにワンポイント**

**シングルブラケット[ ]で、元と同じデータ構造のまま取り出す**

ダブルブラケット[[ ]]を使用すると、取り出される要素は「その値そのもの」となります。これに対し、シングルブラケット[ ]を使用す

ると、要素は「元と同じデータ構造の状態」で取り出されます。ダブルブラケット[[ ]]を使うのが一般的ですが、特別な理由があって「元のデータ構造のママで取り出したい」という場合には、この方法を使うとよいでしょう。

# Tips 066
▶Level ●●○○

ここがポイントです！ > unlist() 関数

# リストをベクトルに変換する

リストの要素がリストの場合、そのままリストとして取り出すと使いにくいことがあります。そんなときは、unlist() 関数でリストをまるごとベクトルに変換できます。

住所録リストaddress_listの第3要素は、氏名を格納したリストです。これをベクトルとして取り出してみましょう。

▼リストに格納されたリストをベクトルとして取り出す

```
......リストの定義コード省略......
# address_listの第3要素(リスト)をベクトルとして取り出す
vector_name <- unlist(address_list[3])
# 出力する
print(vector_name)
```

▼出力

```
[1] "秀和太郎" "秀和花子" "宗田解析"
```

# Tips 067
▶Level ●●○○

ここがポイントです！ > リスト要素の再代入

# リストの要素を変更する

リストの要素を変更する場合は、代入演算子の「<-」を使います。つまり、再代入することで要素を書き換えます。

▼リスト要素の変更

```
リスト[[インデックス]] <- 変更する値
```

▼リスト要素のサブ要素の変更

```
リスト[[インデックス]][[サブ要素のインデックス]] <- 変更する値
```

## ●リストの要素を変更する

idのベクトルと氏名のリストを格納したリストを作成し、要素の変更、サブ要素の変更を行ってみます。

▼リスト要素とサブ要素を変更する

```r
# リストを作成
name_list <- list(c(101, 102, 103),
                   list("秀和太郎", "秀和花子", "宗田解析"))
```

```r
# 第1要素のベクトルを変更する
name_list[[1]] <- c(1, 2, 3)
print(name_list[[1]])  # 出力：[1] 1 2 3
```

```r
# 第1要素のベクトルの第3要素を変更する
name_list[[1]][[3]] <- 300
print(name_list[[1]])  # 出力：[1] 1 2 300
```

```r
# 第2要素のリストを変更する
name_list[[2]] <- list("夏目漱石", "芥川龍之介", "志賀直哉")
print(name_list[[2]])
# 出力：
#
# [[1]]
# [1] "夏目漱石"
# [[2]]
# [1] "芥川龍之介"
# [[3]]
# [1] "志賀直哉"
```

```r
# 第2要素のリストの第1要素を変更する
name_list[[2]][[1]] <- "太宰治"
print(name_list[[2]])
# 出力：
#
# [[1]]
# [1] "太宰治"
# [[2]]
# [1] "芥川龍之介"
# [[3]]
# [1] "志賀直哉"
```

# Tips
# 068

リストの要素を削除する

▶Level ●●○

ここが
ポイント
です！

リスト要素へのNULL代入

リストの要素を削除するには、対象の要素
にNULL（何もない）を代入します。

▼リスト要素を削除

```
リスト[[インデックス]] <- NULL
```

▼リストのサブリストの要素を削除

```
リスト[[インデックス]][[サブリストのインデックス]] <- NULL
```

ベクトルの要素にNULLを代入して削除
することはできないので、リスト要素がベク
トルの場合は、リスト要素のベクトルのイン
デックスを指定して直接NULLを代入し、
ベクトルごと削除することになります。

▼リスト要素のサブリストの要素を削除、リスト要素のベクトルを削除

```r
# リストを作成
name_list <- list(c(101, 102, 103),
                   list("秀和太郎", "秀和花子", "宗田解析"))

# 第2要素のリストの第3要素を変更する
name_list[[2]][[3]] <- NULL
print(name_list)
# 出力:
#
# [[1]]
# [1] 101 102 103
# [[2]]
# [[2]][[1]]
# [1] "秀和太郎"
# [[2]][[2]]
# [1] "秀和花子"
#     ←サブリストの第3要素[[2]][[3]]が削除されている

# リストの第1要素のベクトルを削除する
name_list[[1]] <- NULL
print(name_list)
# 出力:
#
```

```
# [[1]]
# [[1]][[1]]
# [1] "秀和太郎"
# [[1]][[2]]
# [1] "秀和花子"
```

# リストからNULL要素を削除する

ここが
ポイント
です！

## sapply()関数

sapply()関数は、第1引数で指定したリストやベクトルの各要素に対して、第2引数で指定した関数を適用する便利な関数です。

### • sapply()関数

| 書式 | sapply(x, FUN) | |
|------|----------------|---|
| パラメーター | x | リストまたはベクトル。 |
| | FUN | 各要素に適用する関数名。 |

リスト要素のNULLを削除するには、

```
リスト名[!sapply(リスト名, is.null)]
```

のように、ブラケット[ ]の中に[!sapply(リスト名, is.null)]と書きます。これで、NULLではない要素だけを取り出すことができます。これを元のリストに再代入すれば、NULL要素が削除されたリストになります。

▼リストからNULL要素を取り除いたリストを取得する

```
# リストを作成
num_list <- list("第1四半期", NULL, NULL, "第2四半期")
# NULLを取り除いたリストを再代入する
num_list <- num_list[!sapply(num_list, is.null)]
# 結果を表示
print(num_list)
```

▼出力

```
[[1]]
[1] "第1四半期"

[[2]]
[1] "第2四半期"
```

　次に示すのは、リスト要素がリストの場 │ です。
合、サブリストのNULL要素を取り除く例 │

▼サブ要素のリストからNULL要素を取り除く

```
# リストを要素にしたリストを作成
num_list2 <- list(list("第1四半期", NULL, NULL, "第2四半期"),
                  list("4月～6月", "7月～9月"))
# 第1要素のリストを取り出す
element <- num_list2[[1]]
# NULLを取り除いたリストを元のリストの第1要素として代入する
num_list2[[1]] <- element[!sapply(element, is.null)]
# 結果を表示
print(num_list2)
```

▼出力

```
[[1]]
[[1]][[1]]
[1] "第1四半期"

[[1]][[2]]
[1] "第2四半期"


[[2]]
[[2]][[1]]
[1] "4月～6月"

[[2]][[2]]
[1] "7月～9月"
```

# リスト要素を「名前＝値」の ペアで管理する

**ここがポイントです！** 名前付き要素を持つリスト

▶Level ●●○

リストの要素はインデックスで管理するのが基本ですが、要素を「名前＝値」のようにすることで、要素を名前で管理できるようになります。

● **名前付き要素を持つリストを作成する**

要素の名前は、半角アルファベット（2文字目以降は数字も可）を、""で囲まずに直接指定します。値は、通常のリストと同様にリテラルまたはベクトル、リストなどのオブジェクトです。

▼ **名前付き要素を持つリストの作成**

```
list(要素名1 = 値1, 要素名2 = 値2, ...)
```

**リスト1** リストの要素を名前付きにする

```
# 住所録リストを作成
address_list <- list(id = c(101:103),
                     name = list("秀和太郎", "秀和花子", "宗田解析"),
                     address = list("東京都中央区日本橋100-99",
                                    "東京都江東区東陽町80-90",
                                    "東京都中央区中央63-1"))
# 住所録リストを出力
print(address_list)
```

▼出力

```
$id
[1] 101 102 103

$name
$name[[1]]
[1] "秀和太郎"
$name[[2]]
[1] "秀和花子"
$name[[3]]
[1] "宗田解析"

$address
$address[[1]]
[1] "東京都中央区日本橋100-99"
$address[[2]]
[1] "東京都江東区東陽町80-90"
```

```
$address[[3]]
[1] "東京都中央区中央63-1"
```

作成したリストを出力すると、要素名の前に$が付いていることが確認できます。$は、リストの名前付き要素にアクセスするための演算子です。

### ●名前付きリストから要素を取り出す

リストから名前付きの要素を取り出すには、

> リスト名$要素名

と記述します。ダブルブラケットを使って

> リスト名[["要素名"]]

と書いても同じ結果になりますが、冗長なので、$演算子を用いるのがお勧めです。

**リスト2** リストから名前付きの要素を取り出す

```
# リスト名$要素名で取り出す
element <- address_list$name
print(element)

# リスト名[["要素名"]]で取り出す
element_double_bracket <- address_list[["name"]]
print(element_double_bracket)
```

▼出力（「リスト名$要素名」と「リスト名[["要素名"]]」は同じ結果になる）

```
[[1]]
[1] "秀和太郎"

[[2]]
[1] "秀和花子"

[[3]]
[1] "宗田解析"
```

名前付き要素addressはリストです。ダブルブラケット[[ ]]で第1要素を取り出すと要素のみが抽出され、シングルブラケット[ ]で第1要素を取り出すとリストの状態で抽出されます。この違いを確認しておきましょう。

**リスト3** 名前付き要素（リスト）から[[ ]]と[ ]でそれぞれ要素を抽出してみる

```
# [[]]でaddressの第1要素を取り出す
double_bracket <- address_list$address[[1]]
print(double_bracket)

# []でaddressの第1要素をリストの状態で取り出す
single_bracket <- address_list$address[1]
print(single_bracket)
```

▼出力

```
[1] "東京都中央区日本橋100-99"
```
──── [[ ]]で第1要素を取り出すと、要素のみが抽出される

```
[[1]]
[1] "東京都中央区日本橋100-99"
```
──── [ ]で第1要素を取り出すと、リストの状態で要素が抽出される

　特に理由がなければ、リスト要素はダブルブラケット[[ ]]で要素のみを取り出した方がよいでしょう。

Tips
**071**

▶Level ●●○

ここがポイントです！

# 既存のリスト要素に名前を付ける

names()関数

　names()関数はベクトルやリスト、行列の要素の名前を返します。これを利用することで、名前が設定されていないリストに名前を設定したり、設定済みの名前を変更することができます。

▼リスト要素に名前を付ける

```
# 住所録リストを作成
address_list <- list(c(101:103),
                     list("秀和太郎", "秀和花子", "宗田解析"),
                     list("東京都中央区日本橋100-99",
                          "東京都江東区東陽町80-90",
                          "東京都中央区中央63-1"))

names(address_list) <- c("id", "name", "address")
```

```
# 名前を指定して要素を出力
print(address_list$id)
print(address_list$name)
print(address_list$address)
```

▼出力

```
[1] 101 102 103 ─────────────────────────── address_list$id


[[1]]
[1] "秀和太郎"

[[2]]
[1] "秀和花子" ───────────────────────── address_list$name

[[3]]
[1] "宗田解析"


[[1]]
[1] "東京都中央区日本橋100-99"

[[2]]
[1] "東京都江東区東陽町80-90" ──────────── address_list$address

[[3]]
[1] "東京都中央区中央63-1"
```

# 行列(matrix)を作成する

ここが
ポイント
です! matrix()関数

**行列**は、数学やプログラミングなどで使用される基本的なデータ構造の1つです。行列は2次元の数値型のベクトルで、行と列から構成されます。行列は次のような形式で表現されます。

▼行列の構造

$$A = \begin{bmatrix} a_{1,1} & a_{1,2} & \cdots & a_{1,n} \\ a_{2,1} & a_{2,2} & \cdots & a_{2,n} \\ \vdots & \vdots & \ddots & \vdots \\ a_{m,1} & a_{m,2} & \cdots & a_{m,n} \end{bmatrix}$$

ここで$a_{i,j}$は行列の$i$行$j$列の要素を表します。

行列の計算はデータ解析や機械学習などの分野で重要ですので、Rには行列を扱うための様々な関数や操作が用意されています。

●**行列を作成するmatrix()関数**
行列は、matrix()関数で作成することができます。

▼**行列の性質**

・**行と列**
行列は行と列から構成され、それぞれの要素が特定の位置に配置されています。
・**次元**
行列の次元は、行と列の数を示します。例えば、$(m, n)$は$m$行×$n$列の行列を表します。
・**要素**
行列のそれぞれの要素は数値型(integerやnumericなど)のデータ型で構成され、行列内の要素はすべて同じ型である必要があります。
・**行と列のインデックス**
行や列にはインデックスがあり、要素にアクセスするには行と列のインデックスを指定します。

・**matrix()関数**
Rで行列を作成するための基本的な関数です。

| 書式 | matrix(data, nrow = 1, ncol = 1, byrow = FALSE, dimnames = NULL) | |
|---|---|---|
| パラメーター | data | リストまたはベクトル。 |
| | nrow | 行数を指定します。デフォルトは1です。 |
| | ncol | 列数を指定します。デフォルトは1です。 |
| | byrow | デフォルトはFALSE で、列方向にデータが埋められます。TRUEに設定すると、行方向にデータが埋められます。 |
| | dimnames | 行と列に名前を付けるためのオプションです。 |

## ●列数を指定して行列を作成する

matrix()関数のncolオプションで列数を指定して行列を作成してみます。最初に、要素数6のベクトル要素を1列に並べた行列を作成してみます。

▼ベクトルを1列の行列にする

```
matrix1 <- matrix(data = c(1, 2, 3, 4, 5, 6),
                  ncol = 1)
print(matrix1)
```

▼出力

```
     [,1]
[1,]    1
[2,]    2
[3,]    3
[4,]    4
[5,]    5
[6,]    6
```

次に、列数を2にして行列を作成してみます。matrix()関数はデフォルトでデータを列方向（縦方向）に埋めるので、次の場合は(3行，2列)の行列になります。

▼ベクトルを列方向に埋めて2列の行列にする

```
matrix2 <- matrix(data = c(1, 2, 3, 4, 5, 6),
                  ncol = 2)
print(matrix2)
```

▼出力

```
     [,1] [,2]
[1,]    1    4
[2,]    2    5
[3,]    3    6
```

列数を2とし、「byrow = TRUE」を指定してデータを行方向（横方向）に埋めて行列を作成してみます。次に示す例では(3行，2列)の行列になりますが、データの並びが前の例とは異なります。

▼ベクトルを行方向に埋めて2列の行列にする

```
matrix3 <- matrix(data = c(1, 2, 3, 4, 5, 6),
                  ncol = 2,
                  byrow = TRUE)
print(matrix3)
```

▼出力

```
     [,1] [,2]
[1,]    1    2
[2,]    3    4
[3,]    5    6
```

データ操作の極意

## ●行数を指定して行列を作成する

matrix()関数のnrowオプションで行数を指定して、行列を作成してみます。最初に、要素数6のベクトルの要素を1行にして、「byrow = TRUE」で行方向に並べた行列を作成してみます。

▼ベクトルを行方向に埋めて1行の行列にする
```
matrix4 <- matrix(data = c(1, 2, 3, 4, 5, 6),
                  nrow = 1,
                  byrow = TRUE)
print(matrix4)
```

▼出力
```
     [,1] [,2] [,3] [,4] [,5] [,6]
[1,]    1    2    3    4    5    6
```

次に、行数を2にして、「byrow = TRUE」で行方向に並べた行列を作成してみます。この場合は(2行, 3列)の行列になります。

▼ベクトルを行方向に埋めて2行の行列にする
```
matrix5 <- matrix(data = c(1, 2, 3, 4, 5, 6),
                  nrow = 2,
                  byrow = TRUE)
print(matrix5)
```

▼出力
```
     [,1] [,2] [,3]
[1,]    1    2    3
[2,]    4    5    6
```

次に、行数を2にして、デフォルトの列方向に並べた行列を作成してみます。次に示す例では(2行, 3列)の行列になりますが、先ほどの例とはデータの並びが異なっています。

▼ベクトルを列方向に埋めて2行の行列にする
```
matrix6 <- matrix(data = c(1, 2, 3, 4, 5, 6),
                  nrow = 2)
print(matrix6)
```

▼出力
```
     [,1] [,2] [,3]
[1,]    1    3    5
[2,]    2    4    6
```

# Tips 073

**行列のサイズ（行数、列数）を調べる**

▶Level ●●○

**ここがポイントです！** dim()関数の戻り値

dim()関数の戻り値は、次元属性を格納したベクトルです。戻り値を取得することで、行列のサイズがわかります。

**リスト1　行列のサイズを調べる**

```
# 行列の作成
my_matrix <- matrix(data = c(1, 2, 3, 4, 5, 6),
                    nrow = 2, ncol = 3, byrow = TRUE)
# 行列を出力
print(my_matrix)
# 行列のサイズを調べる
print(dim(my_matrix))
```

▼出力

```
     [,1] [,2] [,3]
[1,]   1    2    3
[2,]   4    5    6

[1] 2 3 ──── 行列のサイズは（2行、3列）
```

# Tips 074

**複数のベクトルを列単位で連結して行列を作る**

▶Level ●●○

**ここがポイントです！** cbind()関数

実際に行列を使用する場合は、複数のベクトルから1つの行列を作ることの方が多いと思います。このような場合には、cbind()関数やrbind()関数を使います。まずは列単位で連結するcbind()関数を使って、行列を作成してみましょう。

・cbind()関数

複数のベクトルを「列単位」で連結した行列を作成します。

| 書式 | cbind (…) |
|---|---|
| パラメーター | … | 行列の要素にするベクトルを指定します。カンマ「,」でベクトルを区切ることで、必要な数だけ指定できます。 |

## ●複数のベクトルを列単位で連結して行列にする

3つのベクトルを列単位で連結して行列を作ってみます。

**リスト1** 3つのベクトルを列単位で連結する

```
# 3つのベクトルを作成
vector1 <- c(1, 2, 3)
vector2 <- c(4, 5, 6)
vector3 <- c(7, 8, 9)

# ベクトルを列単位で結合して行列を作成
my_matrix <- cbind(vector1, vector2, vector3)
# 作成した行列を出力
print(my_matrix)
# 行列のサイズを調べる
print(dim(my_matrix))
```

▼出力

```
     vector1 vector2 vector3
[1,]       1       4       7
[2,]       2       5       8
[3,]       3       6       9

[1] 3 3
```

## ●結合する際に任意の列名を設定する

cbind()関数でベクトルを結合するとベクトル名がそのまま列名として使われますが、次のように任意の列名にすることもできます。

**リスト2** ベクトルを列方向に結合して行列を作成し、列名を設定

```
my_matrix <- cbind(Vec1 = vector1, Vec2 = vector2, Vec3 = vector3)
# 作成した行列を出力
print(my_matrix)
# colnames()関数で列名を確認
print(colnames(my_matrix))
```

▼出力

```
     Vec1 Vec2 Vec3                              列名が設定された
[1,]    1    4    7
[2,]    2    5    8
[3,]    3    6    9

[1] "Vec1"  "Vec2"  "Vec3"                       列名のみを取得
```

# Tips
# 075

複数のベクトルを行単位で
連結して行列を作る

▶Level ● ● ●

ここが
ポイント
です！

rbind()関数

rbind()関数は、複数のベクトルを「行単位」で連結して行列を作成します。

- rbind()関数

複数のベクトルを「行単位」で連結した行列を作成します。

| 書式 | rbind(…) | |
|---|---|---|
| パラメーター | … | 行列の要素にするベクトルを指定します。カンマ「,」でベクトルを区切ることで、必要な数だけ指定できます。 |

● 複数のベクトルを行単位で連結して行列
にする

3つのベクトルを行単位で連結して行列を作ってみます。

**リスト1** 3つのベクトルを行単位で連結する

```
# 3つのベクトルを作成
vector1 <- c(1, 2, 3)
vector2 <- c(4, 5, 6)
vector3 <- c(7, 8, 9)

# ベクトルを行単位で結合して行列を作成
my_matrix <- rbind(vector1, vector2, vector3)
# 作成した行列を出力
print(my_matrix)
# 行列のサイズを調べる
print(dim(my_matrix))
```

▼出力

```
        [,1] [,2] [,3]
vector1    1    2    3
vector2    4    5    6
vector3    7    8    9

[1] 3 3
```

● 結合する際に任意の行名を設定する

rbind()関数でベクトルを結合すると、ベクトル名がそのまま行名として使われますが、次のように任意の行名にすることもできます。

**リスト2** ベクトルを行単位で結合して行列を作成し、行名を設定

```
my_matrix <- rbind(r1 = vector1, r2 = vector2, r3 = vector3)
# 作成した行列を出力
print(my_matrix)
# 行名を確認
print(rownames(my_matrix))
```

▼出力

```
   [,1] [,2] [,3]
r1    1    2    3
r2    4    5    6
r3    7    8    9

[1] "r1" "r2" "r3"     ── 行名のみを取得
```

## Tips 076 ゼロ行列を作る

**ここがポイントです！** matrix()関数の「data=0」

▶Level ● ● ○

あらかじめ空の状態の行列を用意しておき、処理の状況に応じて成分（行列の要素）を設定したいことがあります。いわゆる**ゼロ行列**です。

ゼロ行列は、**matrix()**関数のdataオプションに0を指定することで作成できます。

▼(3行, 4列)のゼロ行列を作成

```
zero_matrix <- matrix(0, nrow = 3, ncol = 4)
# 作成した行列を出力
print(zero_matrix)
```

▼出力

```
     [,1] [,2] [,3] [,4]
[1,]    0    0    0    0
[2,]    0    0    0    0
[3,]    0    0    0    0
```

# 行列の行名／列名を設定する

**Tips**

**077**

▶Level ●●○

ここが
ポイント
です！

colnames()関数、rownames()関数、
dimnames()関数

作成済みの行列に行名を付けるにはrow
names()関数を使用します。また、列名を付
けるにはcolnames()関数を使用します。

▼rownames()での行名の設定

```
rownames(行列) <- 行数と同じ数の名前を格納したベクトル
```

▼colnames()での列名の設定

```
colnames(行列) <- 列数と同じ数の名前を格納したベクトル
```

▼行列を作成したあと、行名と列名を設定する

```
# (3行, 4列)の行列を作成
my_matrix <- matrix(1:12, nrow = 3, ncol = 4)
# 行名を付ける
rownames(my_matrix) <- c("Row1", "Row2", "Row3")
# 列名を付ける
colnames(my_matrix) <- c("Col1", "Col2", "Col3", "Col4")
# 行列を出力
print(my_matrix)
```

▼出力

|      | Col1 | Col2 | Col3 | Col4 |
|------|------|------|------|------|
| Row1 | 1    | 4    | 7    | 10   |
| Row2 | 2    | 5    | 8    | 11   |
| Row3 | 3    | 6    | 9    | 12   |

● dimnames()関数で行名と列名を同時に
設定する

dimnames()関数を使用して、作成済み
の行列に行名と列名を同時に付けることが
できます。

▼dimnames()での行名と列名の設定

```
rownames(行列) <- list(行数と同じ数の名前を格納したベクトル, 列数と同じ数の名前を格納したベクトル)
```

▼行列を作成したあと、dimnames()での行名と列名を設定する

```
# (3行, 4列)の行列を作成
my_matrix <- matrix(1:12, nrow = 3, ncol = 4)
# 行名と列名のベクトルを作成
row_names <- c("Row1", "Row2", "Row3")
col_names <- c("Col1", "Col2", "Col3", "Col4")
```

```
# 行名と列名を付ける
dimnames(my_matrix) <- list(row_names, col_names)
# 行列を出力
print(my_matrix)
```

▼出力

```
     Col1 Col2 Col3 Col4
Row1    1    4    7   10
Row2    2    5    8   11
Row3    3    6    9   12
```

## Tips 078 行列の要素を取り出す

▶Level ●●○

**ここがポイントです！** 行列名[行インデックス, 列インデックス]

　行列から要素を取り出す場合は、**ブラケット演算子[ ]** を使って行と列のインデックスを指定します。

▼行列から任意の行を取り出す

```
行列名[行インデックス, ]
```

▼行列の特定の要素を取り出す

```
行列名[行インデックス, 列インデックス]
```

▼行列から任意の列を取り出す

```
行列名[, 列インデックス]
```

● 行列の成分を列／行単位で取り出す

リスト1　行列成分 (要素) の抽出

```
# 3行4列の行列を作成
my_matrix <- matrix(1:12, nrow = 3, ncol = 4)
# 行列を出力
print(my_matrix)

# 第1行を取得
row1 <- my_matrix[1, ]
# 第2行を取得
row2 <- my_matrix[2, ]
# 第3行を取得
row3 <- my_matrix[3, ]
```

```
# 第1列を取得
col1 <- my_matrix[, 1]
# 第2列を取得
col2 <- my_matrix[, 2]
# 第3列を取得
col3 <- my_matrix[, 3]
# 第4列を取得
col4 <- my_matrix[, 4]

# 出力
print(row1)
print(row2)
print(row3)
print(col1)
print(col2)
print(col3)
print(col4)
```

▼出力

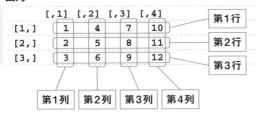

```
[1]   1   4   7 10 ──────────────────── 第1行の要素
[1]   2   5   8 11 ──────────────────── 第2行の要素
[1]   3   6   9 12 ──────────────────── 第3行の要素
[1] 1 2 3 ───────────────────────────── 第1列の要素
[1] 4 5 6 ───────────────────────────── 第2列の要素
[1] 7 8 9 ───────────────────────────── 第3列の要素
[1] 10 11 12 ─────────────────────────── 第4列の要素
```

## ●特定の要素を取り出す

特定の要素を取り出すには、行インデックスと列インデックスの両方を指定します。

### リスト2　特定の要素を取り出す

```
# 第1行の第1列の要素
element_11 <- my_matrix[1, 1]
# 第2行の第1列の要素
element_21 <- my_matrix[2, 1]
# 第3行の第1列の要素
```

データ操作の極意

```
element_31 <- my_matrix[3, 1]
# 第3行の第2列の要素
element_32 <- my_matrix[3, 2]
# 出力
print(element_11)
print(element_21)
print(element_31)
print(element_32)
```

▼出力
```
[1] 1
[1] 2
[1] 3
[1] 6
```

### ●列名／行名を使って抽出する

列名や行名が設定されている場合は、「行列名["行名", "列名"]」という形で任意の成分を抽出できます。

**リスト3** 行名／列名で抽出する

```
# （3行4列）の行列を作成
my_matrix <- matrix(
  1:12, nrow = 3, ncol = 4,
  # dimnamesオプションで、行・列の順に名前を設定
  dimnames = list(c("r1", "r2", "r3"),
                  c("c1", "c2", "c3", "c4")))
# 行列を出力
print(my_matrix)
# 第1行第1列の要素を行名と列名で取得
element <- my_matrix["r1", "c1"]
print(element)
```

▼出力
```
   c1 c2 c3 c4
r1  1  4  7 10
r2  2  5  8 11
r3  3  6  9 12

[1] 1
```

# Tips 079 範囲を指定して行列の要素を取り出す

▶Level ●●○

**ここがポイントです！** 抽出範囲の指定

成分を抽出する際に、ブラケットの中の[行インデックス, 列インデックス]で範囲を指定すると、ベクトルまたは行列として特定の要素を抽出できます。

▼(3行,4列) の行列を作成し、第1行の第1〜3列の要素を取得

```
# （3行,4列）の行列を作成
my_matrix <- matrix(1:12, nrow = 3, ncol = 4)
# 行列を出力
print(my_matrix)
# 第1行の第1〜3列の要素を取得
element1 <- my_matrix[1, 1:3]
# 出力
print(element1)
```

▼出力

```
     [,1] [,2] [,3] [,4]
[1,]    1    4    7   10
[2,]    2    5    8   11
[3,]    3    6    9   12
[1] 1 4 7 ──────────── ベクトル
```

▼第1〜3行の第1列の要素を取得

```
element2 <- my_matrix[1:3, 1]
print(element2)
```

▼出力

```
[1] 1 2 3 ──────────── ベクトル
```

▼第1〜2行の第1〜2列の要素を取得

```
element3 <- my_matrix[1:2, 1:2]
print(element3)
```

▼出力

```
     [,1] [,2]
[1,]    1    4
[2,]    2    5 ────── （2行,2列）の行列
```

# Tips 080
▶Level ●●○

## 行列から条件を指定して抽出する

**ここがポイントです!** 論理インデキシング

インデックスを指定する際に、インデックスそのものではなく「論理値を返す条件式」を指定することを、**論理インデキシング** (boolean indexing)と呼びます。論理インデキシングを使うことで、行列から条件を指定して要素を抽出することができます。

### ▼論理インデキシング

```
変数 <- 行列名[条件式]
```

### ▼条件を指定して行列から要素を抽出する

```
# (3行, 4列)の行列を作成
my_matrix <- matrix(1:12, nrow = 3, ncol = 4)
# 行列を出力
print(my_matrix)
# 5より大きい要素を取り出す
elements1 <- my_matrix[my_matrix > 5]
# 結果を出力
print(elements1)
# 5より小さい要素を取り出す
elements2 <- my_matrix[my_matrix < 5]
# 結果を出力
print(elements2)
```

### ▼出力

```
     [,1] [,2] [,3] [,4]
[1,]    1    4    7   10
[2,]    2    5    8   11
[3,]    3    6    9   12


[1]  6  7  8  9 10 11 12 ————————— my_matrix[my_matrix > 5]
[1] 1 2 3 4 ————————— my_matrix[my_matrix < 5]
```

# 081

▶Level ●●

ここが
ポイント
です！

## 行列の列／行の合計を求める

> colSums() 関数、rowSums() 関数

行列の列の合計および行の合計を求めるには、それぞれcolSums()関数、rowSums()関数を使います。

**• colSums() 関数**
行列の列ごとの合計を求めます。

| 書式 | colSums (x, na.rm = FALSE) | |
|---|---|---|
| パラメーター | x | 対象の行列。 |
| | na.rm = FALSE | 欠損値NA、非数NaN、論理値（TRUE、FALSE）を除外するかどうかを指定します。TRUEで除外します。 |

**• rowSums() 関数**
行列の行ごとの合計を求めます。

| 書式 | rowSums (x, na.rm = FALSE) | |
|---|---|---|
| パラメーター | x | 対象の行列。 |
| | na.rm = FALSE | 欠損値NA、非数NaN、論理値（TRUE、FALSE）を除外するかどうかを指定します。TRUEで除外します。 |

**リスト1** 行列の列／行の合計値を求める

```
# （3行，4列）の行列を作成
my_matrix <- matrix(1:12, nrow = 3, ncol = 4)
# 行列を出力
print(my_matrix)


# 各列の合計を計算
col_sums <- colSums(my_matrix)
# 結果を表示
print(col_sums)


# 各行の合計を計算
row_sums <- rowSums(my_matrix)
# 結果を表示
print(row_sums)
```

データ操作の極意

▼出力

```
     [,1] [,2] [,3] [,4]
[1,]    1    4    7   10
[2,]    2    5    8   11
[3,]    3    6    9   12

[1]  6 15 24 33 ————— 各列の合計
[1] 22 26 30 ————————— 各行の合計
```

## Tips 082 行列の列／行の平均を求める

▶Level ●●○

**ここがポイントです！** ▷ colMeans()、rowMeans()

行列の列ごとの平均はcolMeans()関数、行ごとの平均はrowMeans()関数で求めることができます。

・colMeans()関数

行列の列ごとの平均値を求めます。

| 書式 | colMeans(x, na.rm = FALSE) | |
|---|---|---|
| パラメーター | x | 対象の行列。 |
| | na.rm = FALSE | 欠損値NA、非数NaN、論理値（TRUE、FALSE）を除外するかどうかを指定します。TRUEで除外します。 |

・rowMeans()関数

行列の行ごとの平均値を求めます。

| 書式 | rowMeans(x, na.rm = FALSE) | |
|---|---|---|
| パラメーター | x | 対象の行列。 |
| | na.rm = FALSE | 欠損値NA、非数NaN、論理値（TRUE、FALSE）を除外するかどうかを指定します。TRUEで除外します。 |

**リスト1** 行列の列／行の平均値を求める

```r
# （3行, 4列）の行列を作成
my_matrix <- matrix(1:12, nrow = 3, ncol = 4)
# 行列を出力
print(my_matrix)

# 各列の平均を計算
column_means <- colMeans(my_matrix)
# 結果を表示
```

```
print(column_means)

# 各行の平均を計算
row_means <- rowMeans(my_matrix)
# 結果を表示
print(row_means)
```

## ▼出力

```
     [,1] [,2] [,3] [,4]
[1,]   1    4    7   10
[2,]   2    5    8   11
[3,]   3    6    9   12

[1]  2   5   8  11 ───────── 各列の平均
[1] 5.5 6.5 7.5 ───────── 各行の平均
```

### さらに ワンポイント エンコーディング方式のチェック

　ソースコードに日本語を含むコメントなどを記述している場合、コードを実行すると右のような**Choose Encoding**ダイアログが表示されることがあります。

　これは、日本語の文字化けを防ぐためのものですので、使用している文字コードのエンコーディング方式を選択して**OK**ボタンをクリックしてください。

　RStudioはデフォルトで「UTF-8」が設定されているので、ソースファイルの場合は「UTF-8(System default)」を選択すればOKです。

### ▼ [Choose Encoding] ダイアログ

```
Choose Encoding

UTF-8 (System default)
ASCII
BIG5
GB18030
GB2312
ISO-2022-JP
ISO-2022-KR
ISO-8859-1
ISO-8859-2
ISO-8859-7
SHIFT-JIS
WINDOWS-1252

☐ Show all encodings
☐ Set as default encoding for source files

          OK        Cancel
```

## Tips 083 行列のキホンを知る

▶Level ●●○

> ここが
> ポイント
> です！

## 数学上の「行列」

### ●行列とは

Rの**行列** (matrix) は、数学でいうところの行列をプログラム上で表現するためのものです。行列は数の並びのことで、次のようにタテとヨコに数値を並べることで表現します。

$$\begin{pmatrix} 1 & 5 \\ 10 & 15 \end{pmatrix}$$ ……………………… ①

$$\begin{pmatrix} 1 & 5 & 7 \\ 8 & 3 & 9 \end{pmatrix}$$ ……………………… ②

$$\begin{pmatrix} 6 & 8 \\ 4 & 2 \\ 7 & 3 \end{pmatrix}$$ ……………………… ③

$$\begin{pmatrix} 8 & 1 & 6 \\ 9 & 7 & 5 \\ 4 & 2 & 3 \end{pmatrix}$$ ……………………… ④

このように( )の中に数値を並べると、それが行列になります。ヨコの並びを**行**、縦の並びを**列**と呼び、行・列とも数値をいくつ並べてもかまいません。行列に並べられた数値のことを**成分**または**要素**と呼びます。

①は2行2列の行列、②は2行3列の行列、③は3行2列の行列、④は3行3列の行列です。

### ●行列の構造

行列の構造を見ていきましょう。

#### ・正方行列

タテに並んだ要素の数とヨコに並んだ要素の数が同じとき、特に**正方行列**といいます。①の2行2列、④の3行3列の行列が正方行列です。

---

**リスト1**　正方行列の作成

```
# （3行,3列）の正方行列を作成
my_matrix <- matrix(1:9, nrow = 3, ncol = 3)
# 行列を出力
print(my_matrix)
```

▼出力

```
     [,1] [,2] [,3]
[1,]    1    4    7
[2,]    2    5    8
[3,]    3    6    9
```

## ●行ベクトルや列ベクトルの形をした行列

　数学には、数値の組を表す**ベクトル**というものがあります。行列は行・列ともに数値をいくつ並べてもかまいませんが、ベクトルは次の⑤⑥のように、数値の組が1行または1列のどちらかだけになります。Rのベクトルも、これをプログラムで表現できるようにしたものです。

　⑤は行ベクトルですが、1行4列の行列と見なすこともできます。また、⑥は列ベクトルですが、3行1列の行列と見なすこともできます。

**リスト2**　⑤のベクトルを1行の行列として作成

```
vector_5 <- matrix(c(5, 8, 2, 6), nrow = 1)
print(vector_5)
```

▼出力

```
     [,1] [,2] [,3] [,4]
[1,]    5    8    2    6                          (1行，4列)の行列
```

**リスト3**　⑥のベクトルを1列の行列として作成

```
vector_6 <- matrix(c(3, 5, 4), ncol = 1)
print(vector_6)
```

▼出力

```
     [,1]
[1,]    3                                        (3行，1列)の行列
[2,]    5
[3,]    4
```

## ●行列の行と列

　次に、行列の中身について見ていきましょう。

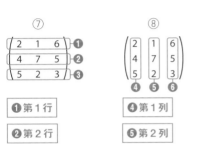

　同じ行列を左右に並べてありますが、⑦のように行を数える場合は、上から第1行、第2行、第3行となります。一方、⑧のように列を数える場合は、左から第1列、第2列、第3列となります。

●行列の中身は「成分」または「要素」と呼ぶ

行列に書かれた個々の数値のことを**成分**または**要素**と呼びます。⑦の1行目の3列目の6は「第1行、第3列の成分」です。これを

6は(1, 3)成分である

というように、(行, 列)の形式で表現します。Rでは、

> 行列名[1, 3]

で成分の6を抽出できます。

---

# 対角線上に並んだ成分を取り出す

> ここがポイントです！ 「対角成分」の抽出

行列は、行と列に加えて対角線で結ばれる成分も扱い、これを**対角成分**と呼びます。対角成分は、(1, 1)、(2, 2)、(3, 3)のように行と列の数が等しい行列にのみ存在します。次の行列：

$$\begin{pmatrix} 2 & 1 & 6 \\ 4 & 7 & 5 \\ 5 & 2 & 9 \end{pmatrix}$$

では、(1, 1)成分の2、(2, 2)成分の7、(3, 3)成分の9が対角成分です。

●対角線上に並んだ「対角成分」の抽出

diag()関数を使うと、対角成分をすべて抽出することができます。先ほどの行列をRで実際に作成して、対角成分だけを取り出してみることにします。

**リスト1　対角成分の抽出**

```
# （3行, 3列）の正方行列を作成
my_matrix <- matrix(c(2, 1, 6, 4, 7, 5, 5, 2, 9), nrow = 3, byrow = TRUE)
# 行列を出力
print(my_matrix)
# 対角成分を抽出
diagonal <- diag(my_matrix)
# 出力
print(diagonal)
```

▼出力

```
     [,1] [,2] [,3]
[1,]    2    1    6
[2,]    4    7    5
[3,]    6    5    9       対角成分

[1] 2 7 9
```

## 対角行列を作る

▶Level ● ● ○

> ここが
> ポイント
> です！

**対角成分以外が0の「対角行列」**

正方行列には、「対角成分以外がすべて0」というものがあります。次の2つの行列：

$$\begin{pmatrix} 3 & 0 \\ 0 & 5 \end{pmatrix} \cdots\cdots\cdots\cdots\cdots\cdots\cdots\cdots\cdots ①$$

$$\begin{pmatrix} 3 & 0 & 0 \\ 0 & 1 & 0 \\ 0 & 0 & 7 \end{pmatrix} \cdots\cdots\cdots\cdots\cdots\cdots ④$$

は、どちらも対角成分以外がすべて0です。このような行列が**対角行列**です。

#### ・diag()関数

対角行列を作成します。既存の行列に対角成分を設定することもできます。

| 書式 | diag(x = 1, nrow, ncol) | |
|---|---|---|
| パラメーター | x = 1 | 対角成分として設定する値。 |
| | nrow | 行数を指定します。 |
| | ncol | 列数を指定します。 |

| 書式 | diag(x) <- value | |
|---|---|---|
| パラメーター | x | 対角成分を設定する行列。 |
| | value | 対角成分を設定する値。 |

Tips084では、diag()関数を使って行列の対角成分を抽出しましたが、この関数を使って、任意の対角成分を指定した上で対角行列を作成することもできます。新規に作成するか、それとも既存の行列の対角成分を設定するか、によって2通りの方法があります。

データ操作の極意

## ▼ベクトルから対角行列を作成

```r
# ベクトルを作成
diagonal_vector <- c(1, 2, 3)
# ベクトルから対角行列を作成
diagonal_matrix <- diag(diagonal_vector)
# 結果を出力
print(diagonal_matrix)
```

## ▼出力

```
     [,1] [,2] [,3]
[1,]    1    0    0
[2,]    0    2    0
[3,]    0    0    3
```

## ▼ゼロ行列を作ってから対角成分を設定する

```r
# (3行,3列)のゼロ行列を作成
my_matrix <- matrix(0, nrow = 3, ncol = 3)
# ゼロ行列を出力
print(my_matrix)
# ゼロ行列に対角成分を代入する
diag(my_matrix) <- c(1, 2, 3)
# 結果を出力
print(diagonal_matrix)
```

## ▼出力

```
     [,1] [,2] [,3]
[1,]    0    0    0
[2,]    0    0    0
[3,]    0    0    0

     [,1] [,2] [,3]
[1,]    1    0    0
[2,]    0    2    0
[3,]    0    0    3
```

# 行列同士の足し算／引き算

Tips
**086**

▶Level ● ● ○

**ここがポイントです！** 行列の足し算と引き算

次の2つの行列：

$$A=\begin{pmatrix} 1 & 2 \\ 3 & 4 \end{pmatrix} \quad B=\begin{pmatrix} 4 & 3 \\ 2 & 1 \end{pmatrix}$$

について、$A$と$B$の足し算を$A+B$、引き算を$A-B$と表記します。行列の足し算と引き算は、**同じ行と列の成分同士を足し算または引き算**します。

先の$A$と$B$を足し算すると、

$$A+B=\begin{pmatrix} 1 & 2 \\ 3 & 4 \end{pmatrix}+\begin{pmatrix} 4 & 3 \\ 2 & 1 \end{pmatrix}$$

$$=\begin{pmatrix} 1+4 & 2+3 \\ 3+2 & 4+1 \end{pmatrix}=\begin{pmatrix} 5 & 5 \\ 5 & 5 \end{pmatrix}$$

となります。一方、引き算$A-B$は、

$$A-B=\begin{pmatrix} 1 & 2 \\ 3 & 4 \end{pmatrix}-\begin{pmatrix} 4 & 3 \\ 2 & 1 \end{pmatrix}$$

$$=\begin{pmatrix} 1-4 & 2-3 \\ 3-2 & 4-1 \end{pmatrix}=\begin{pmatrix} -3 & -1 \\ 1 & 3 \end{pmatrix}$$

となります。

▼行列同士の足し算

```
# 行列Aを作成
A <- matrix(1:6, nrow = 2)
print(A)
# 行列Bを作成
B <- matrix(7:12, nrow = 2)
print(B)
# 行列同士の要素ごとの足し算
result_addition <- A + B
# 結果を表示
print(result_addition)
```

▼出力

```
     [,1] [,2] [,3]
[1,]    1    3    5       ——— 行列A
[2,]    2    4    6

     [,1] [,2] [,3]
[1,]    7    9   11       ——— 行列B
[2,]    8   10   12

     [,1] [,2] [,3]
[1,]    8   12   16       ——— A+B
[2,]   10   14   18
```

▼行列同士の引き算：

```
# 行列Aを作成
A <- matrix(1:6, nrow = 2)
print(A)
# 行列Bを作成
B <- matrix(7:12, nrow = 2)
print(B)
# 行列同士の要素ごとの引き算
result_subtraction <- A - B
# 結果を表示
print(result_subtraction)
```

▼出力

```
     [,1] [,2] [,3]
[1,]    1    3    5       ——— 行列A
[2,]    2    4    6

     [,1] [,2] [,3]
[1,]    7    9   11       ——— 行列B
[2,]    8   10   12

     [,1] [,2] [,3]
[1,]   -6   -6   -6       ——— A-B
[2,]   -6   -6   -6
```

# 行列の定数倍

> ここが
> ポイント
> です！
> **行列の定数倍の計算**

行列にある数を掛け算することを**行列の定数倍**と呼びます。ある数を掛けて行列のすべての成分を○○倍します。次の行列：

$$A = \begin{pmatrix} 1 & 2 \\ 3 & 4 \end{pmatrix}$$

を3で定数倍すると、

$$3A = 3 \begin{pmatrix} 1 & 2 \\ 3 & 4 \end{pmatrix}$$

$$= \begin{pmatrix} 3 \times 1 & 3 \times 2 \\ 3 \times 3 & 3 \times 4 \end{pmatrix} = \begin{pmatrix} 3 & 6 \\ 9 & 12 \end{pmatrix}$$

となります。

▼行列の定数倍
```
# 行列Aを作成
A <- matrix(1:6, nrow = 2)
print(A)
# 定数倍を行う
c_times_A <- 2 * A
# 結果を表示
print(c_times_A)
```

▼出力
```
     [,1] [,2] [,3]
[1,]    1    3    5
[2,]    2    4    6

     [,1] [,2] [,3]
[1,]    2    6   10
[2,]    4    8   12
```

行列に対して$a/b$を掛けることで、すべての成分を$a/b$倍した結果を得ることができます。

▼行列の成分を$a/b$倍する

$$\frac{1}{2} \begin{pmatrix} 1 & 3 & 5 \\ 2 & 4 & 6 \end{pmatrix} = \begin{pmatrix} 1/2 & 3/2 & 5/2 \\ 2/2 & 4/2 & 6/2 \end{pmatrix}$$

▼行列の成分を$a/b$倍する（前のコードの続き）
```
# 行列にa/bを掛ける
result_division <- 1 / 2 * A
# 次のようにも書ける
result_division <- A / 2
# 結果を表示
print(result_division)
```

▼出力
```
     [,1] [,2] [,3]
[1,]  0.5  1.5  2.5
[2,]  1.0  2.0  3.0
```

▼2/3を掛ける（前のコードの続き）
```
result_division <- 2 / 3 * A
# 結果を表示
print(result_division)
```

▼出力
```
          [,1]     [,2]     [,3]
[1,] 0.6666667 2.000000 3.333333
[2,] 1.3333333 2.666667 4.000000
```

# 行列の成分同士の積を求める

Tips **088** ▶Level ●●●

ここがポイントです！ **行列のアダマール積**

行列の成分（要素）同士の積のことを**アダマール積**と呼びます。行列同士のアダマール積は * 演算子を使用して行います。

▼アダマール積の数式例

$$\begin{pmatrix} 1 & 3 & 5 \\ 2 & 4 & 6 \end{pmatrix} \odot \begin{pmatrix} 7 & 9 & 11 \\ 8 & 10 & 12 \end{pmatrix} = \begin{pmatrix} 1\cdot3 & 3\cdot9 & 5\cdot11 \\ 2\cdot8 & 4\cdot10 & 6\cdot12 \end{pmatrix}$$

▼行列同士のアダマール積を求める

```
# 行列Aを作成
A <- matrix(1:6, nrow = 2)
print(A)
# 行列Bを作成
B <- matrix(7:12, nrow = 2)
print(B)

# 行列同士のアダマール積(要素ごとの積)
result_hadamard <- A * B
# 結果を表示
print(result_hadamard)
```

▼出力

```
     [,1] [,2] [,3]
[1,]    1    3    5        ← 行列A
[2,]    2    4    6

     [,1] [,2] [,3]
[1,]    7    9   11        ← 行列B
[2,]    8   10   12

     [,1] [,2] [,3]
[1,]    7   27   55        ← A * B
[2,]   16   40   72        (アダマール積)
```

特殊な例ですが、アダマール積の割り算バージョンも見てみましょう。

▼アダマール積の割り算バージョン

$$\begin{pmatrix} 7 & 9 & 11 \\ 8 & 10 & 12 \end{pmatrix} / \begin{pmatrix} 1 & 3 & 5 \\ 2 & 4 & 6 \end{pmatrix} = \begin{pmatrix} 7/1 & 9/3 & 11/5 \\ 8/2 & 10/4 & 12/6 \end{pmatrix}$$

▼アダマール積の割り算バージョンを実行してみる

```
# 行列Aを作成
A <- matrix(1:6, nrow = 2)
print(A)
# 行列Bを作成
B <- matrix(7:12, nrow = 2)
print(B)
# 行列同士の要素ごとの割り算
result_division <- B / A
# 結果を表示
print(result_division)
```

▼出力

```
     [,1] [,2] [,3]
[1,]    1    3    5
[2,]    2    4    6

     [,1] [,2] [,3]
[1,]    7    9   11
[2,]    8   10   12

     [,1] [,2] [,3]
[1,]    7  3.0  2.2        ← B/A
[2,]    4  2.5  2.0
```

データ操作の極意

# 行列の積

ここが
ポイント
です！

> 行列積 (Matrix multiplication)

▶Level ●●●

行列の定数倍は、ある数を行列のすべての成分に掛けるので簡単でしたが、行列同士の掛け算（行列積）は、成分同士をまんべんなく掛け合わせます。

### ●(1, 2)行列と(2, 1)行列の積

積の計算の基本は、「行の順番の数と列の順番の数が同じ成分同士を掛けて足し上げる」ことです。1行目と1列目の成分、2行目と2列目の成分を掛けてその和を求めるというわけです。次の(1, 2)行列と(2, 1)行列の場合は、

$$\begin{pmatrix} 2 & 3 \end{pmatrix}\begin{pmatrix} 4 \\ 5 \end{pmatrix} = 2\times4+3\times5 = 23$$

となり、(1, 3)行列と(3, 1)行列の場合は、

$$\begin{pmatrix} 1 & 2 & 3 \end{pmatrix}\begin{pmatrix} 4 \\ 5 \\ 6 \end{pmatrix} = 1\times4+2\times5+3\times6 = 32$$

となります。

なお、「(1, 2)行列」の表記は、「(1行, 2列)」の行列のことを示しています。行列の成分ではなく、行列の形状を示しているので、注意してください。

リスト1 **行列の積**

```
# 行列Aを作成
A <- matrix(1:3, nrow = 1, byrow = TRUE)
print(A)
# 行列Bを作成
B <- matrix(4:6, ncol = 1)
print(B)

# 行列積を求める
result_product <- A %*% B
# 結果を表示
print(result_product)
```

▼出力

```
     [,1] [,2] [,3]
[1,]    1    2    3 ─────────────── (1  2  3) の行列

     [,1]
[1,]    4
[2,]    5 ─────────── ⎛4⎞
[3,]    6             ⎜5⎟ の行列
                      ⎝6⎠
```

```
           [,1]
    [1,]    32
```

$(1 \quad 2 \quad 3)\begin{pmatrix} 4 \\ 5 \\ 6 \end{pmatrix}$ の計算結果

　行列積の計算には、%*% 演算子を使用します。

## ●(1, 2)行列と(2, 2)行列の積

　次に、(1, 2)行列と(2, 2)行列の積です。この場合は、

$\boxed{(1 \quad 2)}\begin{pmatrix} 3 & 4 \\ 5 & 6 \end{pmatrix}$

$= (1 \times 3 + 2 \times 5 \quad 1 \times 4 + 2 \times 6) = (13 \quad 16)$

のように、右側の行列を列に分けて計算します。

　これは、

$(1 \quad 2)\begin{pmatrix} 3 \\ 5 \end{pmatrix}$ と $(1 \quad 2)\begin{pmatrix} 4 \\ 6 \end{pmatrix}$

を計算して、結果を (13　16) と並べるということです。

**リスト2**　(1, 2)行列と(2, 2)行列の積

```
# (1行、2列)の行列Aを作成
A <- matrix(1:2, nrow = 1, byrow = TRUE)
print(A)
# (2行、2列)の行列Bを作成
B <- matrix(c(3:4, 5:6), nrow = 2, byrow = TRUE)
print(B)

# 行列積を求める
result_product <- A %*% B
# 結果を表示
print(result_product)
```

▼出力

```
      [,1] [,2]
[1,]    1    2


      [,1] [,2]
[1,]    3    4
[2,]    5    6


      [,1] [,2]
[1,]   13   16
```

$(1 \quad 2)\begin{pmatrix} 3 & 4 \\ 5 & 6 \end{pmatrix}$ の計算結果

データ操作の極意

● (2, 2) 行列と (2, 2) 行列の積

(2, 2) 行列と (2, 2) 行列の積の計算です。次のように、色枠で囲んだ成分で掛け算するのがポイントです。

$$\begin{pmatrix} 1 & 2 \\ 3 & 4 \end{pmatrix} \begin{pmatrix} 5 & 6 \\ 7 & 8 \end{pmatrix} =$$

$$\begin{pmatrix} 1\times5+2\times7 & 1\times6+2\times8 \\ 3\times5+4\times7 & 3\times6+4\times8 \end{pmatrix} = \begin{pmatrix} 19 & 22 \\ 43 & 50 \end{pmatrix}$$

この計算では、左側の行列は行に分け、右側の行列は列に分けて、行と列を組み合せて掛け算します。分解すると、

$$(1 \quad 2)\begin{pmatrix} 5 \\ 7 \end{pmatrix} \quad と \quad (1 \quad 2)\begin{pmatrix} 6 \\ 8 \end{pmatrix} \quad を計算して$$

結果を横に並べたあと、

$$(3 \quad 4)\begin{pmatrix} 5 \\ 7 \end{pmatrix} \quad と \quad (3 \quad 4)\begin{pmatrix} 6 \\ 8 \end{pmatrix} \quad を計算して$$

結果をその下に並べる

ということをやって、(2, 2) 行列の形にしています。

**リスト3** (2, 2) 行列と (2, 2) 行列の積

```r
# (2行, 2列)の行列Aを作成
A <- matrix(1:4, nrow = 2, byrow = TRUE)
print(A)
# (2行, 2列)の行列Bを作成
B <- matrix(c(5:8), nrow = 2, byrow = TRUE)
print(B)

# 行列積を求める
result_product <- A %*% B
# 結果を表示
print(result_product)
```

▼出力

```
     [,1] [,2]
[1,]    1    2
[2,]    3    4

     [,1] [,2]
[1,]    5    6
[2,]    7    8

     [,1] [,2]
[1,]   19   22
[2,]   43   50
```

$$\begin{pmatrix} 1 & 2 \\ 3 & 4 \end{pmatrix}\begin{pmatrix} 5 & 6 \\ 7 & 8 \end{pmatrix} の計算結果$$

さらに
ワンポイント

**行列の和と差、定数倍に関する計算法則**

行列の和、差、定数倍については、次の計算法則があります。

結合法則 $(A+B)+C=A+(B+C)$
交換法則 $A+B=B+A$

分配法則 $k(A+B)=kA+kB$
分配法則 $(k+l)A=kA+lA$

$k$ は定数倍するときの定数

$k+l$ で定数倍するとき

　以上のように、行列の積$AB$は、$(n, m)$行列と$(m, l)$行列の積です。左側の行列$A$の列の数$m$と右側の行列$B$の行の数$m$がいずれも同じ$m$だというのがポイントです。また、$(n, m)$行列と$(m, l)$行列の積は$(n, l)$行列になる、という法則があります。

　迷いやすいのが、$(n, 1)$行列と$(1, m)$行列の積です。例えば、$(3, 1)$行列と$(1, 3)$行列の積は、

$$\begin{pmatrix} \boxed{2} \\ \boxed{3} \\ \boxed{4} \end{pmatrix} \begin{pmatrix} \boxed{a} & \boxed{b} & \boxed{c} \end{pmatrix} = \begin{pmatrix} 2a & 2b & 2c \\ 3a & 3b & 3c \\ 4a & 4b & 4c \end{pmatrix}$$

のようになります。行列の積では、左側の行列を行ごと、右側の行列を列ごとに分けるので、この場合は行成分と列成分がそれぞれ1個ずつの成分になり、積としての成分はそれぞれの積になります。

　注意点として、行列の積$AB$において、左側の行列$A$の列の数と右側の行列$B$の行の数が違うときは、積$AB$を求めることができません。例えば$(3, 2)$行列と$(3, 3)$行列の積は計算が不可能です。

　下記「さらにワンポイント」に示した計算法則を見ると、和や差のときにあった交換法則がありません。必ずしも$AB = BA$が成り立つとは限らないからです。次の例では、$AB \neq BA$です。

$$A = \begin{pmatrix} 1 & 0 \\ 0 & 0 \end{pmatrix}$$

$$B = \begin{pmatrix} 0 & 0 \\ 1 & 0 \end{pmatrix}$$

$$AB = \begin{pmatrix} 1 & 0 \\ 0 & 0 \end{pmatrix} \begin{pmatrix} 0 & 0 \\ 1 & 0 \end{pmatrix} = \begin{pmatrix} 0 & 0 \\ 0 & 0 \end{pmatrix}$$

$$BA = \begin{pmatrix} 0 & 0 \\ 1 & 0 \end{pmatrix} \begin{pmatrix} 1 & 0 \\ 0 & 0 \end{pmatrix} = \begin{pmatrix} 0 & 0 \\ 1 & 0 \end{pmatrix}$$

　一方、$AB = BA$が成り立つ場合もあります。

$$A = \begin{pmatrix} 2 & 0 \\ 0 & 3 \end{pmatrix}$$

$$B = \begin{pmatrix} 4 & 0 \\ 0 & 5 \end{pmatrix}$$

$$AB = \begin{pmatrix} 2 & 0 \\ 0 & 3 \end{pmatrix} \begin{pmatrix} 4 & 0 \\ 0 & 5 \end{pmatrix}$$
$$= \begin{pmatrix} 2 \times 4 + 0 \times 0 & 2 \times 0 + 0 \times 5 \\ 0 \times 4 + 3 \times 0 & 0 \times 0 + 3 \times 5 \end{pmatrix} = \begin{pmatrix} 8 & 0 \\ 0 & 15 \end{pmatrix}$$

$$BA = \begin{pmatrix} 4 & 0 \\ 0 & 5 \end{pmatrix} \begin{pmatrix} 2 & 0 \\ 0 & 3 \end{pmatrix}$$
$$= \begin{pmatrix} 4 \times 2 + 0 \times 0 & 4 \times 0 + 0 \times 3 \\ 0 \times 2 + 5 \times 0 & 0 \times 0 + 5 \times 3 \end{pmatrix} = \begin{pmatrix} 8 & 0 \\ 0 & 15 \end{pmatrix}$$

となって、$AB = BA$です。しかし、先の例のように$AB \neq BA$の場合もあるので、交換法則は成り立たないのです。

---

**さらにワンポイント**

### 行列の積の計算法則

　行列の積の計算について、右に示す計算法則があります。

結合法則　$(AB)C = A(BC)$
分配法則　$A(BC) = AB + AC$
分配法則　$(A + B)C = AC + BC$

# Tips 090 単位行列を作る

▶Level ●●●

**ここがポイントです！** 単位行列

対角成分以外の成分が0の正方行列は「対角行列」でしたが（Tips085）、**対角成分がすべて1でそれ以外は0という正方行列は「単位行列」**と呼ばれます。単位行列は$E$の記号を使って表します。(3, 3)型の場合は、

$$E = \begin{pmatrix} 1 & 0 & 0 \\ 0 & 1 & 0 \\ 0 & 0 & 1 \end{pmatrix}$$

のようになります。

単位行列は、**diag()関数**で作成できます。

**リスト1** 3行×3列の単位行列を作る

```
matrix_identity = diag(1, nrow = 3, ncol = 3)
# 作成した行列を出力
print(matrix_identity)
```

▼出力

```
     [,1] [,2] [,3]
[1,]    1    0    0
[2,]    0    1    0
[3,]    0    0    1
```
対角成分はすべて1

# Tips 091 ゼロ行列と単位行列の積の法則

▶Level ●●●

**ここがポイントです！** $AO=O$　$OA=O$　$AE=EA=A$

すべての成分が0の行列である**ゼロ行列**は、$O$（オー）の記号を使って表します。例えば、(2行, 3列)のゼロ行列は次のように表します。

$$O = \begin{pmatrix} 0 & 0 & 0 \\ 0 & 0 & 0 \end{pmatrix}$$

ゼロ行列$O$と単位行列$E$の積については、

$AO=O$
$OA=O$
$AE=EA=A$

という法則があります。$A$は任意の行列です。

ゼロ行列$O$の積の法則はわかりますが、単位行列$E$の積の法則は本当に「$AE=EA=A$」となるのか、計算してみましょう。任意の行列$A$を、

$$A = \begin{pmatrix} 2 & 3 & 4 \\ 5 & 6 & 7 \\ 8 & 9 & 1 \end{pmatrix}$$

として確かめてみます。

$$AE = \begin{pmatrix} 2 & 3 & 4 \\ 5 & 6 & 7 \\ 8 & 9 & 1 \end{pmatrix} \begin{pmatrix} 1 & 0 & 0 \\ 0 & 1 & 0 \\ 0 & 0 & 1 \end{pmatrix}$$

$$= \begin{pmatrix} 2{\times}1{+}3{\times}0{+}4{\times}0 & 2{\times}0{+}3{\times}1{+}4{\times}0 & 2{\times}0{+}3{\times}0{+}4{\times}1 \\ 5{\times}1{+}6{\times}0{+}7{\times}0 & 5{\times}0{+}6{\times}1{+}7{\times}0 & 5{\times}0{+}6{\times}0{+}7{\times}1 \\ 8{\times}1{+}9{\times}0{+}1{\times}0 & 8{\times}0{+}9{\times}1{+}1{\times}0 & 8{\times}0{+}9{\times}0{+}1{\times}1 \end{pmatrix}$$

$$= \begin{pmatrix} 2 & 3 & 4 \\ 5 & 6 & 7 \\ 8 & 9 & 1 \end{pmatrix} = A$$

$AE=A$になりました。同じように$EA=A$も成り立ちます。

**リスト1** ゼロ行列と単位行列の積の法則を確認する

```r
# 単位行列Eを作成
E <- diag(1, nrow = 3, ncol = 3)
print(E)

# 行列Aを作成
A <- matrix(c(2:7, 8, 9, 1), nrow = 3, byrow = TRUE)
print(A)

# AE=Aになるかを確認
AE = A %*% E
print(AE)
```

▼出力

```
     [,1] [,2] [,3]
[1,]    1    0    0
[2,]    0    1    0        単位行列E
[3,]    0    0    1


     [,1] [,2] [,3]
[1,]    2    3    4
[2,]    5    6    7        単位行列と同じ形状の行列A
[3,]    8    9    1


     [,1] [,2] [,3]
[1,]    2    3    4
[2,]    5    6    7        AE=A
[3,]    8    9    1
```

$a$が実数のとき、0と1との積を計算すると、次のような法則があります。

$a \cdot 0 = 0 \cdot a = 0$　　$a \cdot 1 = 1 \cdot a = a$

これと、ゼロ行列$O$と単位行列$E$の積の法則とを比べると、ゼロ行列$O$は実数の積における0、単位行列$E$は実数の積における1の役割を果たしていることがわかります。

## Tips 092 行列の行と列を入れ替える

▶Level ●●○

ここがポイントです！ ▶ 転置行列

行列の行と列を入れ替えたものを**転置行列**といいます。行列$A$が

$$A = \begin{pmatrix} 1 & 2 & 3 \\ 4 & 5 & 6 \end{pmatrix}$$

のとき、転置行列${}^tA$は

$${}^tA = \begin{pmatrix} 1 & 4 \\ 2 & 5 \\ 3 & 6 \end{pmatrix}$$

となります。転置行列は$t$の記号を使って${}^tA$のように表します。

転置行列はt()関数で作成できます。

**リスト1　転置行列を作成する**

```
# 行列Aを作成
A <- matrix(1:6, nrow = 2, byrow = TRUE)
print(A)

# 行列Aの転置行列を作る
tA <- t(A)
print(tA)
```

▼出力

```
     [,1] [,2] [,3]
[1,]    1    2    3
[2,]    4    5    6        ——— 行列A

     [,1] [,2]
[1,]    1    4
[2,]    2    5
[3,]    3    6            ——— 行列Aの転置行列
```

転置行列には、次のような法則があります。

### • 転置行列の演算に関する法則

${}^t({}^tA) = A$

${}^t(A+B) = {}^tA + {}^tB$

${}^t(AB) = {}^tB \, {}^tA$

3つ目の法則は、「行列の積の転置は転置行列の積になる」ことを示していますが、積の順番が入れ替わることに注意が必要です。なお、A、Bは正方行列でなくても、和や積が計算できるのであれば、これらの法則が成り立ちます。

## Tips 093

# 行列の割り算

▶Level ●●●

**ここがポイントです！** 逆行列

行列では割り算が定義されていませんが、行列で割り算ができないかというと、そうではありません。1に3を掛けると3になります。これを元の1に戻したいときは、「3で割る」でもいいのですが、「$\frac{1}{3}$を掛ける」方法もあります。この場合、「3で割る」ではなく「$\frac{1}{3}$を掛ける」という考え方をします。

また、割り算の代わりに逆数を掛けることで、割り算と同様の結果を求めることができます。逆数とは「その数に掛けると1になる数」であり、3の逆数は$\frac{1}{3}$、$\frac{a}{b}$の逆数は$\frac{b}{a}$です。

実数の1に相当する行列は単位行列です。2行×2列の2次行列の場合は、

$$\begin{pmatrix} 1 & 0 \\ 0 & 1 \end{pmatrix}$$

が相当します。ある2次行列をこの形に戻したい場合、実数の場合の「逆数を掛ける」に近い考え方をします。

そこで、行列において逆数に相当するものとして使うのが**逆行列**です。

### ● 逆行列を作ってみる

逆行列は、次のように定義されます。

### • 逆行列の定義

正方行列Aに対して、

$AB=E \quad BA=E$

を満たすような行列Bが存在するとき、Bを Aの「逆行列」といい、

$A^{-1}$

と表します。

定義のEは、対角成分がすべて1、それ以外は0の正方行列（列と行の数が同じ行列）である**単位行列**です。2次行列（行と列の数が2の行列）の逆行列は、次の式で求めることができます。

- **2次行列の逆行列を求める式**

2次行列：

$A=\begin{pmatrix} a & b \\ c & d \end{pmatrix}$ の逆行列 $A^{-1}$ は、

$$A^{-1}=\frac{1}{ad-bc}\begin{pmatrix} d & -b \\ -c & a \end{pmatrix}$$

で表されます。

逆行列の例を見てみましょう。例えば、

$A=\begin{pmatrix} 1 & 2 \\ 3 & 4 \end{pmatrix}$ の逆行列とは、

$\begin{pmatrix} 1 & 2 \\ 3 & 4 \end{pmatrix}$ と掛け算をすると

$\begin{pmatrix} 1 & 0 \\ 0 & 1 \end{pmatrix}$ になる2次行列 $A^{-1}$

のことなので、Aの逆行列は

$$A^{-1}=\frac{1}{ad-bc}\begin{pmatrix} d & -b \\ -c & a \end{pmatrix}=$$

$$\frac{1}{1\times4-2\times3}\begin{pmatrix} 4 & -2 \\ -3 & 1 \end{pmatrix}=-\frac{1}{2}\begin{pmatrix} 4 & -2 \\ -3 & 1 \end{pmatrix}$$

$$=\begin{pmatrix} -2 & 1 \\ 1.5 & -0.5 \end{pmatrix}\quad\text{です。}$$

**リスト1　逆行列を求める**

```
# 正方行列を作成
A <- matrix(1:4, nrow = 2, byrow = TRUE)
print(A)

# 逆行列を計算
inverse_A <- solve(A)
# 結果を表示
print(inverse_A)
```

▼出力

```
     [,1] [,2]
[1,]    1    2          ——— 行列A
[2,]    3    4


     [,1] [,2]
[1,] -2.0  1.0          ——— 行列Aの逆行列
[2,]  1.5 -0.5
```

実際に逆行列の定義式 $AB=E$、$BA=E$ となるのか確かめてみましょう。Bは逆行列のことなので $A^{-1}$ と置くと、

$$A^{-1}=\begin{pmatrix} 1 & 2 \\ 3 & 4 \end{pmatrix}\begin{pmatrix} -2 & 1 \\ 1.5 & -0.5 \end{pmatrix}=\begin{pmatrix} 1\times(-2)+2\times1.5 & 1\times1+2\times(-0.5) \\ 3\times(-2)+4\times1.5 & 3\times1+4\times(-0.5) \end{pmatrix}$$

$$=\begin{pmatrix} 1 & 0 \\ 0 & 1 \end{pmatrix}=E$$

となり、確かに$A^{-1}$は逆行列です。掛け算には交換法則が成り立つので、$A^{-1}A$として左右を入れ替えても、単位行列の$E$になります。

**リスト2** 行列と逆行列の積は単位行列になることを確認する

```
# 行列Aと逆行列inverse_Aの行列積を求める
A_inverse_A <- A %*% inverse_A
print(A_inverse_A)
     [1,]    1    1.110223e-16
     [2,]    0    1.000000e+00
```
0.0000000000000001110223なので実質0
実質1

コンピューター特有の小数の処理の関係でぴったり0や1にならない場合があり、結果を見ると0や1の箇所が指数表記になっていますが、それぞれ0と1です。

このように、「逆行列を掛ける」ということは、「実数に逆数を掛けて1の状態に戻す」ことに相当します。つまり、「1×3=3」を元の1に戻すために、掛けた数である3で「割り算」するのと同じことを、逆行列によって実現できたというわけです。

---

 **Column　行列式についての法則**

逆行列$A^{-1}$の成分の分母の式、つまり

$$A^{-1} = \frac{1}{ad-bc}\begin{pmatrix} d & -b \\ -c & a \end{pmatrix}$$の「$ad-bc$」

を2次行列$A$の「行列式」といい、$|A|$または$\det A$で表します。

$$A=\begin{pmatrix} a & b \\ c & d \end{pmatrix}$$

のとき、行列式は、

$$|A|=\begin{vmatrix} a & b \\ c & d \end{vmatrix}=ad-bc$$

です。

行列式については、次の法則が成り立ちます。

**行列式についての法則**

$|A|≠0$のとき、$A$の逆行列$A^{-1}$が存在する。

$|A|=0$のとき、$A$の逆行列$A^{-1}$は存在しない。

$|AB|=|A||B|$ ── **積の行列式は行列式の積**

${}^tA|=|A|$

$|E|=1$,　$|O|=0$
── **転置行列と元の行列の行列式は等しい**

# 固有値・固有ベクトルを求める

ここが
ポイント
です！ eigen()関数

$p \neq 0$の$p$に行列$A$を掛けると長さが$\lambda$倍になるとき、$p$のことを**固有ベクトル**、$\lambda$のことを**固有値**といいます。

●固有値・固有ベクトルの定義

$n$次の正方行列$A$が与えられたとき、

$Ap=\lambda p$

を満たすような定数$\lambda$を「固有値」、$n$次列ベクトル$p(\neq 0)$を「固有ベクトル」といいます。

$Ap$の$A$は行列、$p$は列の数が1の行列、つまり列ベクトルであるわけですが、$Ap$の積を求めるときは、1列だけの行列として計算します。

●2次行列の固有値と固有ベクトルを求める

2次行列$A$が

$A = \begin{pmatrix} 2 & 1 \\ 2 & 3 \end{pmatrix}$

のときの固有値と固有ベクトルを求めます。

$Ap=\lambda p$において$A = \begin{pmatrix} 2 & 1 \\ 2 & 3 \end{pmatrix}$ですので、残りの$p$と$\lambda$を

$p = \begin{pmatrix} 1 \\ 2 \end{pmatrix}, \quad \lambda = 4$

と置いてみます。そうすると、

$Ap = \begin{pmatrix} 2 & 1 \\ 2 & 3 \end{pmatrix}\begin{pmatrix} 1 \\ 2 \end{pmatrix} = \begin{pmatrix} 2\times1+1\times2 \\ 2\times1+3\times2 \end{pmatrix} = \begin{pmatrix} 4 \\ 8 \end{pmatrix}$

$\lambda p = 4\begin{pmatrix} 1 \\ 2 \end{pmatrix} = \begin{pmatrix} 4 \\ 8 \end{pmatrix}$

となるので、$Ap=\lambda p$が成り立ちます。次に、

$p = \begin{pmatrix} 1 \\ 2 \end{pmatrix}$を

$p = k\begin{pmatrix} 1 \\ 2 \end{pmatrix} = \begin{pmatrix} k \\ 2k \end{pmatrix}$

に置き換えてみます。すると、

$Ap = \begin{pmatrix} 2 & 1 \\ 2 & 3 \end{pmatrix}\begin{pmatrix} k \\ 2k \end{pmatrix} = \begin{pmatrix} 2\times k+1\times 2k \\ 2\times k+3\times 2k \end{pmatrix} = \begin{pmatrix} 4k \\ 8k \end{pmatrix}$

$\lambda p = 4\begin{pmatrix} k \\ 2k \end{pmatrix} = \begin{pmatrix} 4k \\ 8k \end{pmatrix}$

のようになって、$Ap=\lambda p$が成り立ちます。

このように、$p$が固有ベクトルであれば、任意の倍数$k$を掛けた$kp$も固有ベクトルになります。これは、

$Ap=p$

のとき、

$pA(kp)=k(Ap)=k(\lambda p)=\lambda(kp)$

となるからです。実は、固有ベクトルには、次の条件があります。

$Ap=\lambda p$が成り立つとすれば、これに単位行列$E$を掛けて、

$Ap=\lambda Ep$

とできます。すると、

$Ap-\lambda Ep=(A-\lambda E)p=O$

が成立しなければなりません。行列$(A-\lambda E)$が正則行列（逆行列を持たない行列）の場合、先の式の左辺と右辺に逆行列を掛けると、

**(左辺)** $(A-\lambda E)^{-1}(A-\lambda E)p=p$

**(右辺)** $(A-\lambda E)^{-1}p=O$

となって、$p=O$ が導かれてしまいます。すなわち、ある $\lambda$ について行列が正則行列になったら、その $\lambda$ に対して「固有ベクトルは存在しない」ことになります。

　ということは、正則でなくなるための条件

$A-\lambda E=O$

が、「固有ベクトルが存在するための $\lambda$ に対する必要条件」であることがわかります。この式を行列 $A$ の**固有方程式**と呼びます。

　なお、$E$ は正方行列である $A$ に対して

$AE=EA=A$

となる単位行列です。2次の正方行列であれば、

$E=\begin{pmatrix} 1 & 0 \\ 0 & 1 \end{pmatrix}$

です。

　固有方程式 $A-\lambda E=O$ の左辺に代入して計算します。

$A-\lambda E=\begin{pmatrix} 2 & 1 \\ 2 & 3 \end{pmatrix}-\lambda\begin{pmatrix} 1 & 0 \\ 0 & 1 \end{pmatrix}=\begin{pmatrix} 2 & 1 \\ 2 & 3 \end{pmatrix}-\begin{pmatrix} \lambda & 0 \\ 0 & \lambda \end{pmatrix}=\begin{pmatrix} 2-\lambda & 1 \\ 2 & 3-\lambda \end{pmatrix}$

$|A-\lambda E|=\begin{vmatrix} 2-\lambda & 1 \\ 2 & 3-\lambda \end{vmatrix}=(2-\lambda)(3-\lambda)-1\times 2=\lambda^2-5\lambda+4=(\lambda-4)(\lambda-1)$

$\therefore \lambda=4,1$ ——  $A=\begin{pmatrix} 2 & 1 \\ 2 & 3 \end{pmatrix}$ の固有値

因数分解の公式
$x^2+(a+b)x+ab=(x+a)(x+b)$ より

　計算に使用した $\lambda^2-5\lambda+4$ を $A$ の「固有多項式」、$\lambda^2-5\lambda+4=0$ を $A$ の「固有方程式」といいます。固有値 $\lambda$ は固有方程式の解になっています。結果、$A$ の固有値 $\lambda$ は4と1となりました。

　次に、固有値4に対する固有ベクトルを求めます。

$(A-\lambda E)p=O,\quad \lambda=4,\quad p=\begin{pmatrix} x \\ y \end{pmatrix}$

とすると、$(A-\lambda E)p=0$ は、

$\begin{pmatrix} 2-4 & 1 \\ 2 & 3-4 \end{pmatrix}\begin{pmatrix} x \\ y \end{pmatrix}=\begin{pmatrix} 0 \\ 0 \end{pmatrix}$

$\therefore \begin{pmatrix} -2 & 1 \\ 2 & -1 \end{pmatrix}=\begin{pmatrix} x \\ y \end{pmatrix}=\begin{pmatrix} 0 \\ 0 \end{pmatrix}$

です。ここから次の連立方程式：

$-2x+y=0,\quad 2x-y=0$

が導けます。2つ目の式は1つ目の式の$-1$倍になっているので、この式は $-2x+y=0$ と同値です。この式から $x=1$、$y=2$ であることがわかるので、

$\begin{pmatrix} x \\ y \end{pmatrix}=\begin{pmatrix} 1 \\ 2 \end{pmatrix}$ が固有値4に対する固有ベクトル

となります。

　次に固有値1に対する固有ベクトルを求めます。

$(A-\lambda E)p=0,\quad \lambda=1,\quad p=\begin{pmatrix} x \\ y \end{pmatrix}$

とすると、$(A-\lambda E)p=0$ は、

データ操作の極意

$$\begin{pmatrix} 2-1 & 1 \\ 2 & 3-1 \end{pmatrix}\begin{pmatrix} x \\ y \end{pmatrix}=\begin{pmatrix} 0 \\ 0 \end{pmatrix}$$

$$\therefore \begin{pmatrix} 1 & 1 \\ 2 & 2 \end{pmatrix}=\begin{pmatrix} x \\ y \end{pmatrix}=\begin{pmatrix} 0 \\ 0 \end{pmatrix}$$

です。ここから次の連立方程式：

$x+y=0, \quad 2x+2y=0$

が導けます。2つ目の式は1つ目の式の2倍になっているので、この式は$x+y=0$と同値です。この式から$x=1$、$y=-1$であることがわかるので、

$$\begin{pmatrix} x \\ y \end{pmatrix}=\begin{pmatrix} 1 \\ -1 \end{pmatrix}$$

となり、これが固有値1に対する固有ベクトルとなります。

これまでのことをまとめると、

$$A=\begin{pmatrix} 2 & 1 \\ 2 & 3 \end{pmatrix}$$

の固有値と固有ベクトルは、

固有値4の固有ベクトル$\begin{pmatrix} 1 \\ 2 \end{pmatrix}$

固有値1の固有ベクトル$\begin{pmatrix} 1 \\ -1 \end{pmatrix}$

の2つの組があるということになります。

Rでは、固有値と固有ベクトルをeigen()関数で求めることができます。戻り値は固有値と固有ベクトルを格納したオブジェクトとして返されます。

▼固有値と固有ベクトル

```
# 行列を作成
A <- matrix(c(2, 1, 2, 3), nrow = 2, byrow = TRUE)
print(A)

# 固有値と固有ベクトルを計算
eigen_result <- eigen(A)
print(eigen_result)
```

▼出力

```
     [,1] [,2]
[1,]    2    1                                        行列A
[2,]    2    3


eigen() decomposition                                eigen(A)の結果
$values
[1] 4 1        行列Aの固有値


$vectors
           [,1]        [,2]
[1,] -0.4472136  -0.7071068
[2,] -0.8944272   0.7071068
```

固有値4の固有ベクトル　　固有値1の固有ベクトル

# 配列を作成する

ここが
ポイント
です！ > **array()関数**

配列は、多次元のデータ構造を持ち、ベクトルを多次元に拡張したものと考えることができます。

▼配列を使用するメリット

- **多次元データの効率的な表現**
  配列は多次元のデータを表現できるので、行列のような2次元のデータをまとめて操作する場合に役立ちます。例えば、画像データや時系列データを扱う際に有用です。
- **効率的な演算**
  配列は要素ごとの演算が容易なため、大規模なデータセットに対する演算を高速に行えます。
- **統計的データの処理**
  配列は統計的データの処理にも適しています。多次元のデータセットの統計量を効率的に計算できます。
- **データの整理と操作**
  配列はデータを整理し、特定の要素にアクセスするための強力な手段を提供します。

- **array()関数**
  多次元の要素を持つ配列を作成します。3次元の配列の場合、2次元の行列（matrix）を要素に持つことができます。

| 書式 | array(data = NA, dim = length(data), dimnames = NULL) | |
|---|---|---|
| パラメーター | data | 配列要素にするベクトルや行列を指定します。 |
| | dim = length(data) | 配列の次元属性（1次元の行数、2次元の列数、3次元の要素数、...）をベクトルで指定します。 |
| | dimnames = NULL | 各次元の名前を指定します。デフォルトはNULLです。 |

●**3次元配列を作成する**
配列の次元属性を指定する際に、1次元のみを指定した場合は行のみで構成される1次元配列になり、2次元まで指定すると行×列の2次元配列になります。3次元目は「2次元配列の数」を意味するので、3次元まで指定すると、その数だけ2次元配列が用意されることになります。

事前に要素数9のベクトルを3つ用意しておきます。

**▼要素数9のベクトルを作成**

```
vec1 <- c(1, 2, 3, 4, 5, 6, 7, 8, 9)
vec2 <- c(10, 20, 30, 40, 50, 60, 70, 80, 90)
vec3 <- c(100, 200, 300, 400, 500, 600, 700, 800, 900)
```

### ●1次元の配列を作成

作成したベクトルvec1を使って、1次元の配列を作成してみます。1次元なので、データ構造はベクトルと同じく、データが並んだシーケンスです。

**▼1次元の配列を作成**

```
# 1次元の場合はdimを指定しなくても可
array_dim1 <- array(vec1, dim = 9)
print(array_dim1)
print(class(array_dim1))
```

**▼出力**

```
[1] 1 2 3 4 5 6 7 8 9
[1] "array"
```

**▼2次元の配列を作成**

```
# dim = c(3,3)で(3行,3列)の行列になる
array_dim2 <- array(vec1, dim = c(3,3))
print(array_dim2)
print(class(array_dim2))
```

**▼出力**

```
     [,1] [,2] [,3]
[1,]    1    4    7
[2,]    2    5    8
[3,]    3    6    9

[1] "matrix" "array"
```

class()関数を使って、作成した1次元配列の型(定義しているクラス名)を出力しました。1次元配列はarrayクラスで定義されている(arrayクラスのオブジェクトである)ことが確認できます。

### ●2次元の配列を作成

ベクトルvec1を使って、2次元の配列を作成してみます。array()関数で「dim = c(3,3)」を指定して、1次元の要素数を3、2次元の要素数を3にします。結果、ベクトルの9要素から(3行,3列)の行列が作成されます。

要素数9のベクトルから(3行,3列)の行列が作成されています。class()関数の結果を見ると、matrixクラスとarrayクラスとなっています。これは、arrayオブジェクト(arrayクラスで定義されたデータ)にmatrixオブジェクト(matrixクラスで定義されたデータ)が格納されていることを示しています。「2次元の配列を作成した場合、配列要素は行列になる」ということです。

## ●3次元配列を作成

2次元配列は行列 (matrix) になることが確認できました。実はこれこそが配列の優れた点です。つまり、異なる行列を3次元構造の配列でまとめて管理できるのです。試しに、作成済みのベクトルvec1、vec2、vec3を使って(3行，3列)の行列を3個作成し、これを3次元構造の配列に格納してみることにします。

### ▼3個の行列を格納した3次元の配列を作成

```r
# 3個のベクトルをそれぞれ (3行, 3列) の行列にする
matrix1 <- matrix(vec1, nrow = 3, byrow = TRUE)
matrix2 <- matrix(vec2, nrow = 3, byrow = TRUE)
matrix3 <- matrix(vec3, nrow = 3, byrow = TRUE)

# (3, 3)の行列3個を要素とする3次元配列(3,3,3)を作成
array_dim3 <- array(c(matrix1, matrix2, matrix3),
                    dim = c(3, 3, 3))
print(array_dim3)
```

### ▼出力

```
, , 1

     [,1] [,2] [,3]
[1,]    1    2    3
[2,]    4    5    6
[3,]    7    8    9

, , 2

     [,1] [,2] [,3]
[1,]   10   20   30
[2,]   40   50   60
[3,]   70   80   90

, , 3

     [,1] [,2] [,3]
[1,]  100  200  300
[2,]  400  500  600
[3,]  700  800  900
```

# 名前付きの配列を作成する

▶Level ●●

**ここがポイントです!** dimnamesオプション

array()関数によって配列を作成する際にdimnamesオプションを指定すると、配列の各次元の名前を設定することができます。

dimnamesには、配列の各次元に対する名前のリストを設定します。次に示すのは3次元までの名前を設定する例です。最後の3次元の名前を省略した場合は、1次元と2次元の名前のみ、つまり行列の行名と列名だけが設定されることになります。

▼dimnamesの設定

```
dimnames = list(1次元の名前〈ベクトル〉, 2次元の名前〈ベクトル〉, 3次元の名前〈ベクトル〉)
```

▼行列を2個格納した配列において1次元と2次元の名前 (行列の行と列の名前) を設定する

```
# (3行,3列)の行列を2個作成
matrix1 <- matrix(1:9, nrow = 3, byrow = TRUE)
matrix2 <- matrix(10:18, nrow = 3, byrow = TRUE)

# 行列の行名と列名を作成
row_names <- c(Row1, Row2, ROW3)
col_names <- c(ColA, ColB, ColC)
# 2つの行列を格納した3次元配列を作成
# dimnamsの値に行名と列名のみのリストを設定する
# この場合、3次元の要素には名前は設定されない
my_array_with_names <- array(
  c(matrix1, matrix2),
  dim = c(3, 3, 2),
  dimnames = list(row_names, col_names))
# 作成した配列を出力
print(my_array_with_names)
```

▼出力

```
, , 1       3次元の名前は設定されていない

     ColA ColB ColC      2次元の列名
Row1    1    2    3
Row2    4    5    6
ROW3    7    8    9
                    1次元の行名
```

```
, , 2

     ColA ColB ColC
Row1   10   11   12
Row2   13   14   15
ROW3   16   17   18
```

# 配列要素の取り出し

**Tips 097**

▶Level ●●○

**ここがポイントです！** ブラケット演算子[ ]による要素の抽出

配列要素の取り出しは、ブラケット演算子[ ]で行います。カンマで区切って、

```
[1次元のインデックス, 2次元のインデックス,
3次元のインデックス, ... ]
```

のように指定します。

名前付きの配列の場合は、インデックスの代わりに、

```
["行名(1次元)", "列名(2次元)", "2次元配
列名(3次元)"]
```

のように、" "で囲んで指定します。

（3行,3列）の行列を3個格納した配列を作成し、行列、列要素、行要素、単一の要素の取り出しを順に行ってみます。

▼配列から行列、列要素、行要素、要素を取り出す

```r
# （3行,3列）の行列を3個作成
matrix1 <- matrix(1:9, nrow = 3, byrow = TRUE)
matrix2 <- matrix(11:19, nrow = 3, byrow = TRUE)
matrix3 <- matrix(21:29, nrow = 3, byrow = TRUE)

# （3, 3）の行列3個を要素とする3次元配列（3,3,3）を作成
array_dim3 <- array(c(matrix1, matrix2, matrix3),
                    dim = c(3, 3, 3))
print(array_dim3)

# 3次元のインデックスを指定してインデックス2の行列を抽出
extracted_matrix <- array_dim3[, , 2]
print(extracted_matrix)
# インデックス2の行列の2次元のインデックスを指定して第1列要素を抽出
element_col <- array_dim3[, 1, 2]
print(element_col)
# インデックス2の行列の1次元のインデックスを指定して第1行要素を抽出
element_row <- array_dim3[1, , 2]
print(element_row)
# インデックス2の行列の第2行、第3列の要素を抽出
element <- array_dim3[2, 3, 2]
print(element)
```

▼出力

```
, , 1


        [,1] [,2] [,3]
[1,]     1    2    3
[2,]     4    5    6
[3,]     7    8    9


, , 2
```

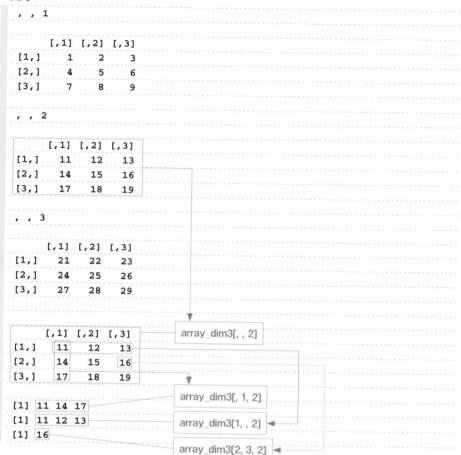

```
        [,1] [,2] [,3]
[1,]    11   12   13
[2,]    14   15   16
[3,]    17   18   19


, , 3


        [,1] [,2] [,3]
[1,]    21   22   23
[2,]    24   25   26
[3,]    27   28   29
```

array_dim3[, , 2]

```
        [,1] [,2] [,3]
[1,]    11   12   13
[2,]    14   15   16
[3,]    17   18   19
```

array_dim3[, 1, 2]

```
[1] 11 14 17
[1] 11 12 13
[1] 16
```

array_dim3[1, , 2]

array_dim3[2, 3, 2]

# 配列要素を置き換える

**Tips 098**

▶Level ●●○

ここがポイントです！ ▶ **配列［要素の抽出］<- 置き換える値**

インデックスや名前を使って抽出した要素は、代入演算子<-を使って別の値に置き換えることができます。

最初に、(3行,3列)の行列を3個作成し、これを配列に格納します。

▼(3行,3列)の行列を3個格納した配列を作成

```
#  (3行,3列)の行列を3個作成
matrix1 <- matrix(1:9, nrow = 3, byrow = TRUE)
matrix2 <- matrix(11:19, nrow = 3, byrow = TRUE)
matrix3 <- matrix(21:29, nrow = 3, byrow = TRUE)

#  (3，3)の行列3個を要素とする3次元配列(3,3,3)を作成
array_dim3 <- array(c(matrix1, matrix2, matrix3),
                    dim = c(3, 3, 3))
print(array_dim3)
```

▼出力

```
, , 1

     [,1] [,2] [,3]
[1,]    1    2    3
[2,]    4    5    6
[3,]    7    8    9


, , 2

     [,1] [,2] [,3]
[1,]   11   12   13
[2,]   14   15   16
[3,]   17   18   19
```

```
, , 3

     [,1] [,2] [,3]
[1,]   21   22   23
[2,]   24   25   26
[3,]   27   28   29
```

作成した配列に格納されている行列のうち、3番目の行列を新しく作成した行列に置き換えてみます。

### ▼3番目の行列を新しい行列に置き換える

```
# 新しい行列
new_matrix <- matrix(101:109, nrow = 3)
# 3番目の行列を新しい行列に置き換える
array_dim3[, , 3] <- new_matrix
# 置き換えた3番目の行列を出力
print(array_dim3[, , 3])
```

### ▼出力

```
     [,1] [,2] [,3]
[1,]  101  104  107 ────────────────────────── 置き換え後の3番目の行列
[2,]  102  105  108
[3,]  103  106  109
```

　特定の要素を置き換えてみます。3番目の行列の第1行、第1～第3列のすべての要素を0に置き換えます。

### ▼3番目の行列の第1行の第1～3列の値を0に置き換える

```
array_dim3[1, 1:3, 3] <- 0
# 置き換えた3番目の行列を出力
print(array_dim3[, , 3])
```

### ▼出力

```
     [,1] [,2] [,3]
[1,]    0    0    0  ────────── 3番目の行列の第1行の第1～3列の値が0に置き換えられた
[2,]  102  105  108
[3,]  103  106  109
```

# 条件に合う要素を取り出す

ここが
ポイント
です！

## ブラケット演算子 [ ] における比較演算子の利用

ブラケット演算子[ ]の内部で比較演算子を使用することで、条件に合う要素のみを取り出すことができます。また、取り出しを行う式と代入演算子<-を組み合わせて、抽出した要素の置き換えができます。

● 条件に合う配列要素を抽出する

比較演算子==、!=、<、>、>=、<=を使って、条件に合う要素のみを抽出します。

リスト1 条件に合う要素の取り出し

```
# （3行，3列）の行列を2個作成
matrix1 <- matrix(1:9, nrow = 3, byrow = TRUE)
matrix2 <- matrix(11:19, nrow = 3, byrow = TRUE)

# （3，3）の行列2個を要素とする3次元配列(3,3,2)を作成
array_dim3 <- array(c(matrix1, matrix2),
                    dim = c(3, 3, 2))
print(array_dim3)

# 条件に合う要素を取得
selected_elements <- array_dim3[array_dim3 > 5]
# 結果を出力
print(selected_elements)
```

▼出力

```
, , 1

     [,1] [,2] [,3]
[1,]    1    2    3
[2,]    4    5    6
[3,]    7    8    9

, , 2

     [,1] [,2] [,3]
[1,]   11   12   13
[2,]   14   15   16
[3,]   17   18   19
```

array_dim3[array_dim3 > 5]の結果

```
 [1]  7  8  6  9 11 14 17 12 15 18 13 16 19
```

# 条件に合う要素を置き換える

**Tips 100**

▶Level ●●○

**ここがポイントです！**　配列名[ 条件抽出 ] <- 置き換える値

　抽出した要素に<-で代入すると、これらの要素を置き換えることができます。

▼2個の行列を格納した配列を作成

```
# （3行,3列）の行列を2個作成
matrix1 <- matrix(1:9, nrow = 3, byrow = TRUE)
matrix2 <- matrix(11:19, nrow = 3, byrow = TRUE)
# （3，3）の行列2個を要素とする3次元配列(3,3,2)を作成
array_dim3 <- array(c(matrix1, matrix2),
                    dim = c(3, 3, 2))
print(array_dim3)
```

▼出力

```
, , 1

     [,1] [,2] [,3]
[1,]    1    2    3
[2,]    4    5    6
[3,]    7    8    9

, , 2

     [,1] [,2] [,3]
[1,]   11   12   13
[2,]   14   15   16
[3,]   17   18   19
```

▼指定した値より小さい要素をすべて0に置き換える

```
# 条件に合う要素を取得
array_dim3[array_dim3 < 10] <- 0
# 結果を出力
print(array_dim3)
```

▼出力

```
, , 1

     [,1] [,2] [,3]
[1,]    0    0    0
[2,]    0    0    0
[3,]    0    0    0

, , 2

     [,1] [,2] [,3]
[1,]   11   12   13
[2,]   14   15   16
[3,]   17   18   19
```

# Tips 101 配列に格納された行列の すべての要素に対して演算する

▶Level ● ● ○

**ここがポイントです！** 配列要素の四則演算

　複数の行列を1つにまとめた配列において、すべての要素に対して特定の値を足し算するには、単純に配列に対してその値を加えます。

▼2個の行列を格納した配列を作成

```
# （3行,3列）の行列を2個作成
matrix1 <- matrix(1:9, nrow = 3, byrow = TRUE)
matrix2 <- matrix(11:19, nrow = 3, byrow = TRUE)
# （3, 3）の行列2個を要素とする3次元配列（3,3,2）を作成
array_of_matrices <- array(c(matrix1, matrix2),
                           dim = c(3, 3, 2))
print(array_of_matrices)
```

▼出力

```
, , 1

     [,1] [,2] [,3]
[1,]    1    2    3
[2,]    4    5    6
[3,]    7    8    9
```

```
, , 2

     [,1] [,2] [,3]
[1,]   11   12   13
[2,]   14   15   16
[3,]   17   18   19
```

▼すべての要素に対して100を加算

```
result_add <- array_of_matrices + 100
print(result_add)
```

▼出力

```
, , 1

     [,1] [,2] [,3]
[1,]  101  102  103
[2,]  104  105  106
[3,]  107  108  109
```

```
, , 2

     [,1] [,2] [,3]
[1,]  111  112  113
[2,]  114  115  116
[3,]  117  118  119
```

次に、すべての要素から100を減算して
みます。

**▼すべての要素から100を減算**
```
result_sub <- array_of_matrices - 100
print(result_sub)
```

**▼出力**
```
, , 1

      [,1] [,2] [,3]
[1,]  -99  -98  -97
[2,]  -96  -95  -94
[3,]  -93  -92  -91
```
```
, , 2

      [,1] [,2] [,3]
[1,]  -89  -88  -87
[2,]  -86  -85  -84
[3,]  -83  -82  -81
```

すべての要素に10を掛けます。

**▼すべての要素に10を掛ける**
```
result_mul <- array_of_matrices * 10
print(result_mul)
```

**▼出力**
```
, , 1

      [,1] [,2] [,3]
[1,]   10   20   30
[2,]   40   50   60
[3,]   70   80   90
```
```
, , 2

      [,1] [,2] [,3]
[1,]  110  120  130
[2,]  140  150  160
[3,]  170  180  190
```

すべての要素を100で割ります。

**▼すべての要素を100で割る**
```
result_division <- array_of_matrices / 100
print(result_division)
```

**▼出力**

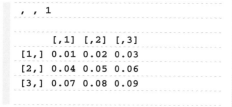
```
, , 1

      [,1] [,2] [,3]
[1,] 0.01 0.02 0.03
[2,] 0.04 0.05 0.06
[3,] 0.07 0.08 0.09
```
```
, , 2

      [,1] [,2] [,3]
[1,] 0.11 0.12 0.13
[2,] 0.14 0.15 0.16
[3,] 0.17 0.18 0.19
```

# Tips 102 配列の次元ごとに計算する

▶Level ●●○○

ここが
ポイント
です！
apply()関数

apply()関数を使うと、配列の各次元ごとにまとめて関数を適用することができます。

| 書式 | apply(X, MARGIN, FUN) | | |
|---|---|---|---|
| パラメーター | X | 配列を指定します。 | |
| | MARGIN | 関数を適用する次元 (方向) を指定します。1は行方向、2は列方向を表します。3以上はスライス方向です。2つの次元を設定する場合はc(1,2)のようにベクトルで指定します。引数の並び順が書式通りであれば「MARGIN=」の記述を省略できます。 | |
| | | MARGIN=1 | 行方向に対して関数を適用します。 |
| | | MARGIN=2 | 列方向に対して関数を適用します。 |
| | | MARGIN=3 | スライス方向に対して関数を適用します。スライス方向とは、3次元以上の配列において、それぞれの「層」または「深さ」を指定する方向のことです。つまり、配列に格納された行列ごとに関数が適用されることになります。 |
| | | MARGIN=c(1, 3) | 複数の行列を格納した3次元配列の場合、行列の各行に対して関数が適用されます。 |
| | | MARGIN=c(2, 3) | 複数の行列を格納した3次元配列の場合、行列の各列に対して関数が適用されます。 |
| | FUN | 適用する関数名を指定します。 | |

●配列に格納された行列の行ごとに計算する

最初に、サンプルとして使用する配列を作成します。

▼(3行, 2列)の行列2個を3次元配列にまとめる

```
array_of_matrices <- array(c(1:6, 11:16), dim = c(3, 2, 2))
print(array_of_matrices)
```

▼出力

```
, , 1

     [,1] [,2]
[1,]    1    4
[2,]    2    5
[3,]    3    6
```

```
, , 2

     [,1] [,2]
[1,]   11   14
[2,]   12   15
[3,]   13   16
```

　配列に格納された行列の行ごとに合計
を求めてみます。この場合、MARGINオプ
ションにc(1, 3)を設定し、行（MARGIN
=1）ごとにすべての行列（MARGIN=3）に
sum()関数を適用するようにします。

▼行列の行ごとの合計値を求める

```
row_sums <- apply(array_of_matrices, c(1, 3), sum)
print(row_sums)
```

▼出力

| 1番目の行列の第1行の合計 | 2番目の行列の第1行の合計 |
| --- | --- |

```
      [,1] [,2]
[1,]    5   25
[2,]    7   27
[3,]    9   29
```

　次に、行列の各行の総合計を求めてみま
す。この場合、先の方法でそれぞれの行列ご
とに行ごとの合計を求めてから、同じ行の合
計値を求めます。

▼行列の各行ごとの合計値の合計を行ごとに求める

```
# 行列の行ごとの合計値を求める
row_sums <- apply(array_of_matrices, c(1, 3), sum)
# 各行ごとの合計値の合計を行ごとに求める
# この場合、行方向（MARGIN=1）の1を指定
total_row_sums <- apply(row_sums, 1, sum)
print(total_row_sums)
```

▼出力

```
[1] 30 34 38
```
　　　　　　　　　　　　　　　　　2つの行列の第1行、第2行、第3行それぞれの合計値

●配列に格納された行列の列ごとに計算する

　配列に格納された行列の列ごとに合計
を求めてみます。この場合、MARGINオプ
ションにc(2, 3)を設定し、列（MARGIN
=2）ごとにすべての行列（MARGIN=
3）にsum()関数を適用するようにします。

▼行列の列ごとの合計値を求める

```
col_sums <- apply(array_of_matrices, c(2, 3), sum)
print(col_sums)
```

▼出力

| 1番目の行列の第1列の合計 | 2番目の行列の第1列の合計 |
| --- | --- |

```
       [,1] [,2]
[1,]    6    36
[2,]   15    45
```

　次に、行列の各列の総合計を求めてみます。この場合、先の方法でそれぞれの行列ごとに列ごとの合計を求めてから、同じ列の合計値を求めます。

▼行列の各列ごとの合計値の合計を列ごとに求める

```
# 行列の列ごとの合計値を求める
col_sums <- apply(array_of_matrices, c(2, 3), sum)
# 各列ごとの合計値の合計を列ごとに求める
# この場合、列方向(MARGIN=2)の2を指定
total_col_sums <- apply(col_sums, 2, sum)
print(total_col_sums)
```

▼出力

```
[1] 21 81
```
————— 2つの行列の第1列、第2列それぞれの合計値

# 103 配列を転置する

▶Level ●●○

**ここがポイントです！** > aperm()関数

aperm()関数で配列を転置する（行と列をひっくり返す）ことができます。

- **aperm ()関数**
  配列要素の次元を入れ替えます。

| 書式 | aperm(a, perm, ...) | |
|---|---|---|
| パラメーター | a | 対象の配列を指定します。 |
| | perm | 転置したあとの各次元の並びを指定します。 |

3次元配列の場合は、permオプションの値によって次のようになります。

- **c(1, 2, 3)** 1次元〜3次元の並びが同じなので、元の配列のまま
- **c(2, 1, 3)** 2次元、1次元、3次元の順なので、行と列が入れ替わる

### ▼配列に格納された行列を転置する

```
# （3行，2列）の行列2個を3次元配列にまとめる
array_of_matrices <- array(c(1:6, 11:16), dim = c(3, 2, 2))
print(array_of_matrices)

# 行列を転置する
matrices_aperm <- aperm(array_of_matrices, c(2, 1, 3))
print(matrices_aperm)
```

### ▼出力

```
, , 1

     [,1] [,2]
[1,]    1    4
[2,]    2    5
[3,]    3    6

, , 2

     [,1] [,2]
[1,]   11   14
[2,]   12   15
[3,]   13   16
```

```
, , 1

     [,1] [,2] [,3]
[1,]    1    2    3
[2,]    4    5    6

, , 2

     [,1] [,2] [,3]
[1,]   11   12   13
[2,]   14   15   16
```

転置後の2つの行列

# Tips 104 因子型とは

▶Level ● ○ ○

ここが
ポイント
です！

因子型、factor()、levels()

因子型（factor型）は、限定された数の値（カテゴリ）を持つデータ型です。因子型には次のような特徴があります。

**・限定された数のカテゴリ**

因子型は、限定された数の異なるカテゴリを持ちます。例えば、「男性」「女性」のような性別や、「小」「中」「大」のようなサイズの表現などがあります。

**・順序付けが可能**

因子型は順序を持つことができます。これは、カテゴリに順序（「良い」「普通」「悪い」など）がある場合に有用です。

**●因子型の作成**

因子型はfactor()関数で作成します。例として、ある調査での回答（「はい」「いいえ」）を因子として扱う場合は、文字列ベクトルを作成したあと、factor()関数で因子型のデータを作成します。

**▼因子型のデータを作成する**

```
# 文字列ベクトルを作成
responses <- c("はい", "いいえ", "いいえ", "はい", "はい")
# 文字列ベクトルを因子型にする
responses_factor <- factor(responses)
# 作成した因子型を出力
print(responses_factor)
```

**▼出力**

```
[1] はい    いいえ いいえ はい    はい
Levels: いいえ はい
```

出力された結果を見てわかるように、因子型にはレベル（因子のカテゴリ）が設定されており、ここでの例では「いいえ」と「はい」がレベルとして設定されています。レベルのみを取得するにはlevels()関数を使います。

**▼因子のレベルを取得して出力**

```
print(levels(responses_factor))
```

**▼出力**

```
[1] "いいえ" "はい"
```

データ操作の極意

## Tips 105 因子レベルの並び順を指定する

▶Level ●○○

**ここがポイントです！** 因子レベルの順序、orderedオプション、levelsオプション

　factor()関数で「ordered = TRUE」を指定して因子型を作成した場合、因子にする文字列ベクトルのユニークな値をアルファベット順または文字の辞書順で並べ替えます。

### ▼因子レベルを自動的に並べ替える

```
# 文字列ベクトルを作成
sizes <- c("小", "中", "大", "中", "大")
# factor()関数の「ordered = TRUE」オプションを指定して、因子レベルを自動で並べ替え
sizes_factor <- factor(sizes, ordered = TRUE)
# 作成した因子型を出力
print(sizes_factor)
# 因子のレベルを取得して出力
print(levels(sizes_factor))
```

### ▼出力

```
[1] 小 中 大 中 大
Levels: 小 < 大 < 中

[1] "小" "大" "中"
```

　辞書順で並べ替えられるので、期待した順序「小 < 中 < 大」ではなく、「小 < 大 < 中」となっています。子レベルの並び順を指定するには、levelsオプションで正しい順序を示す文字列ベクトルを指定する必要があります。

### ▼因子レベルの並び順を指定する

```
# 文字列ベクトルを作成
sizes <- c("小", "中", "大", "中", "大")
# levelsオプションをc("小", "中", "大")として、正しい順序を明示的に指定
sizes_factor <- factor(sizes, levels = c("小", "中", "大"), ordered = TRUE)
# 作成した因子型を出力
print(sizes_factor)
# 因子のレベルを取得して出力
print(levels(sizes_factor))
```

▼出力

```
[1] 小 中 大 中 大
Levels: 小 < 中 < 大

[1] "小" "中" "大"
```

　因子レベルの並び順は、データの解釈や要約を行う際に影響を及ぼすことがあるので、レベルの並び順は意識した方がよいでしょう。また、グラフを使って可視化する際、因子のレベルの順序は軸上での表示順序を決定します。例えば、棒グラフでデータを表示する場合に、因子のレベルの順序で棒の並び順が決定します。

## Tips 106 因子を作成したあとでレベルの並び順を指定する

▶Level ● ○ ○

**ここがポイントです！** 因子レベルの順序、levels()

　因子レベルの並び順は、因子を作成したあとで指定することもできます。この場合、levels()関数でレベルを取得し、これにレベルの順序を指定する文字列ベクトルを代入する、という手順で行います。

▼因子型の作成後にレベルの並び順を指定する

```
# 因子型変数の作成
colors <- factor(c("赤", "青", "緑", "赤", "青"))
# 因子型のレベルを取得し出力
print(levels(colors))
# レベルの順序を設定
levels(colors) <- c("緑", "赤", "青")
# 変更後のレベルを出力
print(levels(colors))
```

▼出力

```
[1] "青" "赤" "緑"

[1] "緑" "赤" "青"
```

**Tips**
# 107 因子型のレベルをカウントする

▶Level ●●○

ここが
ポイント
です！ table()

table()関数を使用することで、因子型の
レベルをカウントすることができます。
table()関数は、各レベルに対する頻度を計
算し、結果を表形式で返します。

▼因子型の各レベルの頻度を取得する

```
colors <- factor(c("赤", "青", "緑", "赤", "青", "赤"))
# レベルのカウント
count <- table(colors)
# 結果の表示
print(count)
```

▼出力

```
colors
青 赤 緑
 2  3  1
```

sum()関数を使うことで、特定のレベル
の頻度を知ることができます。

▼「赤」の出現頻度を知る

```
# "赤"のみをカウント
red_count <- sum(colors == "赤")
# 結果の表示
print(red_count)
```

▼出力

```
[1] 3
```

# 第3章
108〜125

# 基本プログラミング
の極意

# Tips 108 「もしも」で処理を分ける

▶Level ● ● ○

**ここがポイントです!** if(条件式){ 処理... }

ifステートメント(if文)とは、何かの処理をしてその結果で処理を切り替える「条件分岐」という処理を行うためのものです。

### ●ifステートメントの書き方

ifステートメントは、条件に基づいてプログラムの実行を制御するためのものです。基本的な構文は次の通りです。

**構文　ifステートメント**

```
if (条件式) {
    # 条件が真の場合に実行されるコード
}
```

{}で囲まれた部分をifステートメントの「ブロック」(または「コードブロック」)と呼びます。ifの条件式が真(TRUE)の場合、{}で囲まれたブロックのコードが実行されます。

▼if文をフローチャートで表す

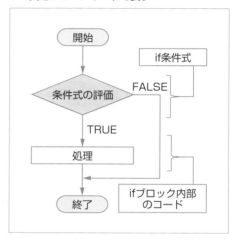

▼logical型のTRUEとFALSE

| 値 | 説明 |
|---|---|
| TRUE | 真であることを表します。 |
| FALSE | 偽であることを表します。 |

### ●ifに必須の条件式とは

ifステートメントは、「もしも〜がTRUEであれば」ブロックのコードを実行します。「〜がTRUEであれば」という条件は、ifのあとの()の中に書きます。例えば、

```
if(A == B)
```

という書き方をするのですが、この場合、AとBが等しいときはTRUE、等しくないときはFALSEになります。

条件式がTRUEになったときはブロックのコードが実行されますが、FALSEであればブロックは実行されず、ifステートメントの処理が終了します。条件式は次の**比較演算子**を使って組み立てます。

## ▼条件式を作るための「比較演算子」

| 比較演算子 | 内容 | 例 | 内容 |
|---|---|---|---|
| == | 等しい | a == b | aとbの値が等しければTRUE、そうでなければFALSE。 |
| != | 異なる | a != b | aとbの値が等しくなければTRUE、そうでなければFALSE。 |
| > | 大きい | a > b | aの値がbより大きければTRUE、そうでなければFALSE。 |
| < | 小さい | a < b | aの値がbより小さければTRUE、そうでなければFALSE。 |
| >= | 以上 | a >= b | aの値がb以上であればTRUE、そうでなければFALSE。 |
| <= | 以下 | a <= b | aの値がb以下であればTRUE、そうでなければFALSE。 |

### ●論理演算子

論理演算子としては、2つ以上の条件を組み合わせる「論理積（AND）」と「論理和（OR）」、そして否定を意味する「否定（NOT）」のための演算子がそれぞれ用意されています。

#### ❶論理積（AND）

「&」および「&&」演算子は、2つの条件式の論理積（かつ）を返します。2つの条件式の両方がTRUEの場合にTRUEになります。「&&」演算子の場合、1つ目の条件がFALSEならば、2つ目の条件は評価されません。

#### ▼「&」演算子の使用例

```
x <- 5
y <- 10
if (x > 0 & y < 15) {
  print("xは正で、yは15未満です")
}
```

#### ▼出力

```
[1] "xは正で、yは15未満です"
```

#### ❷論理和（OR）

「|」および「||」演算子は、2つの条件式の論理和（または）を返します。2つの条件式のどちらかがTRUEの場合にTRUEになります。「||」演算子の場合、1つ目の条件がTRUEならば、2つ目の条件は評価されません。

#### ▼「|」演算子の使用例

```
x <- 5
y <- 10
if (x == 5 | y == 10) {
  print("xは5またはyは10です")
}
```

#### ▼出力

```
[1] "xは5またはyは10です"
```

#### ❸否定（NOT）

「!」演算子は、値の否定（～ではない）を返します。TRUE、FALSEを反転させるように作用します。次の例の場合、「!x」はFALSEなので条件式は成立せず、ブロックのコードは実行されません。

▼「!」演算子の使用例

```
x <- TRUE
if (!x) {
  print("xは偽です")
}
```

● NULL、NA、NaNを調べる関数

　NULL（何もない）、NA（欠損値）、NaN（非数）であるかどうか調べ、TRUEまたはFALSEを返す関数があります。

・is.null()関数

　()内で指定した値がNULLであればTRUE、そうでなければFALSEを返します。

・is.na()関数

　()内で指定した値がNA（欠損値）であればTRUE、そうでなければFALSEを返します。

・is.nan()関数

　()内で指定した値がNaN（非数）であればTRUE、そうでなければFALSEを返します。

**Tips**

# 109

# 負の値が出現したら正の値に置き換える

▶Level ● ● ○

ここがポイントです！ > if(num < 0){ num <- num * -1 }

　ifステートメントを使った例として、**readline()関数**を使ってキーボードからの入力値を受け取り、負の値であればこれを正の値に変換するようにしてみましょう。

● readline()関数

　キーボードからの入力を取得し、これを戻り値として返します。

| 書式 | readline(prompt = "Enter something: ") | |
|---|---|---|
| パラメーター | prompt | 入力する前に表示されるプロンプト（文字列）です。省略可能であり、デフォルトでは "Enter something: " が表示されます。 |

▼入力された数字が負の値であれば正の値にする

```
# コンソールで数字を入力
num <- as.integer(readline(prompt = "数字を入力してください： "))
# numは負の値であるか
if(num < 0){
    # −1を掛けて正の値にする
    num <- num * -1
}
# numを出力
print(num)
```

▼プログラムの実行例

```
数字を入力してください： -100
[1] 100
```
マイナスを付けて負の値を入力する

---

**Tips 110**

▶Level ●●○

# 条件が成立しなかったときの受け皿を用意する

ここがポイントです！　if...else

　if文では条件式が成立（TRUE）した場合のみ、ブロック内の処理を行いました。これに対し、条件が成立しない場合の処理を加えたのが「if...else文」です。

### ●if...else文

　条件分岐のif...else文（ステートメント）は、条件が成立した場合とそれ以外（成立しない）の場合で、それぞれ異なる処理を行います。

構文　if...else文

```
if (条件式) {
    # ここがifブロックの範囲
    # 条件が真の場合に実行されるコード
} else {
    # ここがelseブロックの範囲
    # 条件が偽の場合に実行されるコード
}
```

▼if...else文をフローチャートで表す

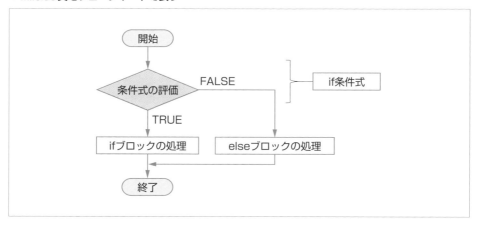

▼入力された数字が偶数か奇数かを判定してメッセージを表示する

```
# コンソールで数字を入力
num <- as.integer(readline(prompt = "数字を入力してください: "))
# 入力された数字が偶数か奇数かを判定し、メッセージを表示する
if (num %% 2 == 0) {
  print(paste(num, "は偶数です"))
} else {
  print(paste(num, "は奇数です"))
}
```

▼プログラムの実行例

```
数字を入力してください: 335                                          入力する
[1] "335 は奇数です"
```

# Tips 111
## 複数の条件を設定して処理を分岐する

ここがポイントです！ ▶ if...else if...else

▶Level ●●○

if文もif...else文も、1つの条件に対する処理ですが、複数の条件を設定して分岐の数を増やしたいことがあります。「もしAならば〜、そうではなくBならば〜」という場合です。

複数の条件を設定して多方面へ分岐させるには、if文に続けてelse if文を記述します。else if文は必要な数だけ記述することが可能です。すべての条件式がFALSEだったときに何もする必要がなければ、最後のelse文を省略することができます。

### 構文　if...else if...else

```
if (条件式1) {
   # 条件式1が真の場合に実行されるコード
} else if (条件式2) {
   # 条件式1が偽で、条件式2が真の場合に実行されるコード
} else if (条件式3) {
   # 条件式1と条件式2が偽で、条件式3が真の場合に実行されるコード
} else {
   # いずれの条件も成立しない場合に実行されるコード
}
```

▼ if...else if...else（else if文が2つの場合）をフローチャートで表す

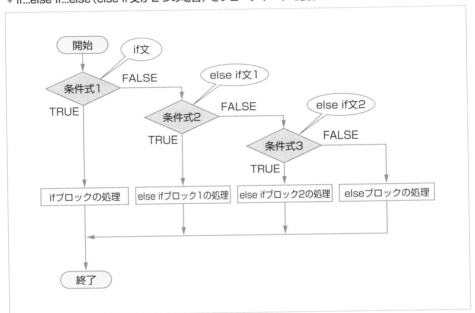

次に示すのは、ユーザーに好きな季節を入力してもらい、その季節に応じて異なるアクティビティを提案するプログラムです。複数の条件をif文とelse if文で設定し、else文でどの条件にも当てはまらない場合のメッセージを表示します。

▼ if...else if...elseを用いたプログラム

```
# 季節を入力してもらう
season <- readline(prompt = "好きな季節を入力してください(春、夏、秋、冬): ")
# 季節に応じて異なるアクティビティを提案する
if (season == "春") {
  print("春は桜を見に行きましょう!")
} else if (season == "夏") {
  print("夏は海やプールで泳ぎましょう!")
```

基本プログラミングの極意

```
} else if (season == "秋") {
  print("秋は紅葉を見に行きましょう！")
} else if (season == "冬") {
  print("冬はスキーやスノーボードを楽しみましょう！")
} else {
  print("その季節はわかりませんが、何か楽しいことをしましょう！")
}
```

▼プログラムの実行例

好きな季節を入力してください(春、夏、秋、冬): 秋
[1] "秋は紅葉を見に行きましょう！"

Tips
**112**

▶Level ●●●○

ここが
ポイント
です！

# 同じ処理を繰り返す

## for ステートメント（for ループ）

forステートメント（forループ）は、ある処理を一定の回数だけ繰り返すための制御構造です。forループを使用することで、リストやベクトルの各要素に対して繰り返し処理を行ったり、ある範囲の整数に対して繰り返し処理を行ったりすることができます。

**構文** forループ

```
for (変数 in シーケンス) {
  # 実行されるコード
}
```

「変数」は、繰り返し処理中に現在の要素が代入される変数です。「シーケンス」は、forループが繰り返される範囲や、リスト、ベクトルなどのシーケンスです。

● シーケンス

シーケンス（sequence）は、要素の順序付けられた集合を指します。シーケンスは次のような、整数の連続した範囲や、ベクトル、リストなどの要素の順序付けられた集合を指します。

・整数の連続した範囲として、1:10やseq(1, 10)などのように、整数の範囲を表します。
・ベクトルとして、c(1, 2, 3, 4, 5)などのように、要素が順序付けられたデータの集合を表します。
・リストとして、list(a = 1, b = 2, c = 3)などのように、名前付きまたは名前なしの要素を含む順序付けられたデータの集合を表します。

▼forループとフローチャートの対比

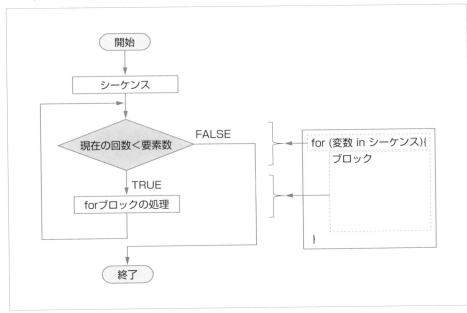

次のプログラムは、ベクトルに格納された
すべてのメッセージをコンソールに出力し
ます。

▼ベクトルのすべての文字列を出力する

```
for (word in c( "計算が行き詰まりました...",
                "これ以上計算できません...",
                "終了します...")
) {
  print(word)
}
```

▼出力

```
[1] "計算が行き詰まりました..."
[1] "これ以上計算できません..."
[1] "終了します..."
```

基本プログラミングの極意

# Tips 113 条件が成立する間は処理を繰り返す

▶Level ●●○

**ここがポイントです！** whileステートメント（whileループ）

whileループは、設定した条件が真（TRUE）の間、一連の処理を繰り返し実行する制御構造です。「繰り返しの開始前に条件を評価し、条件が真である限りループが実行される」という点がforループと異なります。条件が偽（FALSE）になった時点で、ループを終了します。

**構文** whileループ

```
while (条件式) {
    # 条件式が真の場合に実行されるコード
}
```

条件式が真（TRUE）の場合、ブロック内のコードが実行されます。その後、再び条件式が評価され、再度真の場合はブロック内のコードが実行されます。このプロセスは、条件式が偽（FALSE）になるまで続きます。

次に示すプログラムは、変数 i の値が1から5まで順番に増加し、各値が表示されます。whileループの条件式 i <= 5 が真の間は、print(i) と i <- i + 1 の部分が繰り返し実行され、iが6になった時点で条件が偽になり、ループが終了します。

**▼1から5までの整数を順番に表示する**

```
i <- 1
while (i <= 5) {
  print(i)
  i <- i + 1
}
```

**▼出力**

```
[1] 1
[1] 2
[1] 3
[1] 4
[1] 5
```

次は、whileの「無限ループ」を利用したプログラムです。「while (TRUE)」とすると、ループが永遠に続く無限ループが発生しますが、if文をネスト（入れ子）にしてbreak文を実行することで、ループを止めることができます。breakは、繰り返し処理（ループ）を中断し、ループから抜け出すためのキーワードです。break文が実行されると、そのループ内の残りのコードがスキップされ、ループからただちに抜け出します。

次に示すのは、「サイコロを振って出た目が6でない限り、サイコロを振り続ける」プログラムです。サイコロの出目が6の場合には、「やった！6が出た！」というメッセージが表示されます。

▼サイコロを振って、出た目が6でない限り繰り返す

```
# 変数をNULLで初期化
result <- NULL
# whileループを開始
while (TRUE) {
  # sample()関数を使用して、1から6までの整数の中からランダムに1つの整数を選択
  result <- sample(1:6, 1, replace = TRUE)
  # resultの値を出力
  print(paste("サイコロの出目:", result))
  # resultの値が6であれば、breakステートメントが実行されてループが終了
  if (result == 6) {
    break
  }
}
# 6の目が出たことを通知
print("やった！6が出た！")
```

▼プログラムの実行例

```
[1] "サイコロの出目: 1"
[1] "サイコロの出目: 4"
[1] "サイコロの出目: 5"
[1] "サイコロの出目: 6"
[1] "やった！6が出た！"
```

• プログラムの説明

　まず、resultという変数をNULLで初期化し、whileループを開始します。条件式は常にTRUEなので、無限ループが開始されます。

　whileブロックでは、sample()関数を使用して1から6までの整数の中からランダムに1つの整数を選択し、print()関数を使ってサイコロの出目を表示します。続いてif文において、resultの値が6かどうかチェックし、6であれば、break文が実行されてループが終了します。サイコロの出目が6でない場合は、whileループが再び実行され、サイコロが振り続けられます。

基本プログラミングの極意

# 関数の３つのタイプと作り方のキホン

**ここがポイントです!** > **function オブジェクト**

いつも決まった処理をするなら、「処理を行うコードをまとめて名前を付けておき、必要なときに呼び出せるようにする」という手段があります。

## ●オリジナルの「関数」を作成する

一連の処理を行うコードを１つのブロックとして、これに名前を付けて管理できるようにしたのが**関数**です。関数は「名前の付いたコードブロック」であり、ソースファイルのどこにでも書くことができます。ただし、同じソースファイルの中から呼び出して使う場合は、呼び出しを行うソースコードよりも前（より先頭に近い行）に書いておく必要があります。

### ・関数の３つのタイプ

関数には次の３つのタイプがあります。

### ・処理だけを行う関数

関数名()とだけ書いて呼び出すタイプの関数です。関数で定義された処理だけを実行します。

### ・何かの値を受け取って処理を行う関数

引数を指定して呼び出すタイプの関数です。関数側では**パラメーター**という仕組みを使って引数を受け取り、これを使って処理を行います。

### ・処理した結果を呼び出し元に返す関数

関数側で処理した結果を呼び出し元に返すタイプの関数です。引数が不要なタイプおよび引数を受け取るタイプがあります。

## ●関数の作り方

関数を作成（定義）する基本的な書き方は、次のようになります。

▼関数の定義

```
関数名 <- function() {
    # ここに処理を書く
}
```

関数名に、「<-」を使って**function()関数**以下を代入しています。function()は、関数を作るための関数です。関数もデータ型の一種（function型）であり、functionクラスのオブジェクトです。

function()関数を呼び出して{ }の中に処理を書けば、これがそのまま関数オブジェクトになります。あとは<-を使って代入すれば、関数オブジェクトに名前が付けられます。

# Tips 115 処理だけを行う関数を定義する

> **ここがポイントです！** 関数名 <- function() { 処理... }

▶Level ●●○

処理だけを行う関数は、呼び出されると関数の中に書いてある処理だけを実行します。例と

して、あらかじめ設定しておいた文字列をコンソールに出力する関数を定義してみることにしましょう。

**リスト1** 呼び出すと文字列を出力する関数

```
# 処理だけを行う関数を定義
show <- function() {
  print("Original Function")
}

# 関数を呼び出す
show()
```

▼実行結果

```
[1] "Original Function"
```

# Tips 116 引数を受け取る関数を定義する

> **ここがポイントです！** 関数名 <- function(パラメーターのリスト) { 処理... }

▶Level ●●○

関数では、呼び出し元から何かの値を受け取って、それを処理することができます。関数に渡す値のことを**引数**（ひきすう）と呼び、関数名のあとの ( ) 中に引数を書くと、それが関数に引き渡されます。

一方、関数側では引数を受け取るための仕組みを用意します。これを**パラメーター**と呼びます。

▼引数を受け取って処理を行う関数の定義

```
関数名 <- function(パラメーター) {
    # 処理...
}
```

パラメーターとして何らかの名前を指定するのですが、半角のアルファベットなら1文字でも単語でもかまいません。アンダースコア (_) や数字を含めることも可能です。カンマ (,) で区切って2つ以上のパラメーターを設定することもできます。

▼引数を受け取る関数を定義

```
funny_uppercase <- function(input_string) {
  # アルファベットの小文字を大文字に変換
  funny_string <- toupper(input_string)
  # 変換された文字列をメッセージと連結して表示
  cat("Funny uppercase string:", funny_string)
}

# 関数を呼び出す
funny_uppercase("hello, world!")
```

▼実行結果

```
Funny uppercase string: HELLO, WORLD!
```

▼関数呼び出し時に設定した引数が、関数側のパラメーターに渡される様子

```
funny_uppercase <- function(input_string) {

  funny_string <- toupper(input_string)
  cat("Funny uppercase string:", funny_string)
}

funny_uppercase("hello, world!")
```

引数をパラメーターに渡す

## Tips 117 戻り値を返す関数を定義する

▶Level ●●○

ここがポイントです！ 関数名 <- function(パラメーター) { return(戻り値) }

例えば、ベクトルを作成するc()関数を呼び出すと、処理結果としてベクトルを返してきます。この返される要素のことを**戻り値**と呼びます。

return()を使わずに戻り値にするものだけを書いてもよいのですが、ソースコードがわかりにくくなるので、return()の( )の中に書いて「これが戻り値である」とわかるようにします。

▼引数を受け取って戻り値を返す関数の定義

```
関数名 <- function(パラメーター) {
  # 処理...
  return(戻り値)
}
```

▼引数を受け取り、戻り値を返す関数を定義

```r
funny_greeting <- function(name) {
  # 絵文字リスト
  emojis <- c("(^_^)", "(*^o^*)", "( ￣∇￣ ) ", "(·∀·)", "(#^_^#)")
  # ランダムに絵文字を1つ選択
  random_emoji <- sample(emojis, 1)
  # 名前とランダムな絵文字を結合
  greeting <- paste("Hello", name, random_emoji)
  # 作成した文字列を返す
  return(greeting)
}

# 関数を呼び出して戻り値を取得
result <- funny_greeting("Alice")
print(result)
```

▼実行結果

```
[1] "Hello Alice (^_^)"
```

▼関数呼び出しから戻り値が返るまでの流れ

```r
funny_greeting <- function(name) {
  emojis <- c("(^_^)", "(*^o^*)", "( ￣∇￣ ) ", "(·∀·)", "(#^_^#)")
  random_emoji <- sample(emojis, 1)
  greeting <- paste("Hello", name, random_emoji)
  return(greeting)
}
              戻り値
result <- funny_greeting("Alice")
print(result)
```

引数をパラメーターに渡す

## Tips 118 関数のパラメーターに デフォルト値を設定する

▶Level ●●○

ここが ポイント です！

```
function(
    パラメーター名 = デフォルト値 [, ...]){  }
```

関数のパラメーターは、

パラメーター名 = 値

とすることで、**デフォルト値**（既定値）を設定しておくことができます。このようにデフォルト値を設定しておくと、呼び出し側で引数を省略した場合にデフォルト値が使われるようになります。

**リスト1** パラメーターにデフォルト値を設定した関数の定義

```
default_function <- function(a = 1, b = "default", c = TRUE) {
  print(paste("a:", a))
  print(paste("b:", b))
  print(paste("c:", c))
}

# デフォルト値を使用して関数を呼び出す
default_function()
```

▼出力

```
[1] "a: 1"
[1] "b: default"
[1] "c: TRUE"
```

次に、引数を指定して関数を実行してみます。

▼引数に値を指定して関数を呼び出す

```
default_function(10, "custom",
FALSE)
```

▼出力

```
[1] "a: 10"
[1] "b: custom"
[1] "c: FALSE"
```

---

**Tips**
**119**
▶Level ● ● ○ ○

ここが
ポイント
です！

# 引数が渡されなかった場合に エラーメッセージを表示する

if(missing(パラメーター))
stop("メッセージ")

関数にパラメーターが設定されている場合に、引数を指定しないで呼び出すと、エラーを伝えるメッセージが表示されます。この場合、**missing()関数**で「引数が渡されて いる（FALSE）、渡されていない（TRUE）」をチェックし、結果がTRUEであればstop()関数で関数自体の処理を止め、任意のメッセージを出力することができます。

▼関数の呼び出し時に引数が渡されなかった場合、メッセージを表示してプログラムを停止

```
default_function <- function(a = NULL, b = NULL, c = NULL) {
  if (missing(a) && missing(b) && missing(c)) {
    stop("引数が指定されていません。少なくとも1つの引数を指定してください。")
  }

  print(paste("a:", a))
  print(paste("b:", b))
  print(paste("c:", c))
}

# 引数なしで関数を呼び出す
default_function()
```

▼出力

```
default_function() でエラー：
    引数が指定されていません。少なくとも1つの引数を指定してください。
```

この場合、引数を1つ以上渡すようにするとプログラムが正常に終了します。

▼引数を指定して関数を呼び出す

```
default_function(1, "test")
```

▼出力

```
[1] "a: 1"
[1] "b: test"
[1] "c: ― 3番目のパラメーターはNULLのまま
```

このプログラムでは、関数内部の

```
if (missing(a) && missing(b)
&& missing(c))
```

において、「3個のパラメーターすべてに引数が渡されていない場合」に、

```
stop("引数が指定されていません。少なくとも
1つの引数を指定してください。")
```

を実行してプログラムを停止します。関数呼び出し時に引数を1個でも指定した場合は、プログラムは停止しません。

## Tips 120 エラーを捉えてプログラムを止めないようにする

▶Level ●●○

**ここがポイントです！** tryCatch()

エラーの発生をキャッチして後処理までを行う関数があります。

● **tryCatch()関数**

エラー処理を行う関数です。tryCatch()関数を使うと、エラーが発生した場合に特定の処理を実行することができます。

| 書式 | tryCatch(expr,<br>　　　　error = function(e) {...},<br>　　　　warning = function(w) {...},<br>　　　　finally = {...}) | |
|---|---|---|
| パラメーター | expr | エラーが発生する可能性のある式や関数を設定します。 |
| | error =<br>function(e) {...} | エラーが発生した場合の処理を行う関数を定義します。エラーメッセージを表示するなどの処理が記述されます。 |
| | warning =<br>function(w) {...} | 警告が発生した場合の処理を行う関数を定義します。 |
| | finally = {...} | 最後に必ず実行される処理を指定するブロックです。ファイルのクローズなどの後処理を行います。 |

次に示すのは、if文を使って定義した、「エ　　　のみを行う関数です。
ラー発生時にプログラムを停止する」処理

▼エラー発生時にプログラムを停止する関数（if文を使用）

```
safe_divide <- function(x, y) {
  if (y == 0) {
    stop("0で割ることはできません。")
  }
  return(x / y)
}

# エラーが発生するため、プログラムの実行が停止する
result <- safe_divide(10, 0)
# この行は実行されない
print(result)
```

▼実行結果

```
safe_divide(10, 0) でエラー： 0で割ることはできません。
```

　第2引数に0を設定したので、メッセージ
が表示されてプログラムが停止します。最
後の行のprint(result)は実行されません。
次に、tryCatch()関数を使って、エラーが発
生してもプログラムを停止しないようにし
てみます。

▼エラーを処理する

```
safe_divide <- function(x, y) {
  # tryCatch()でエラー処理を行う
  result <- tryCatch({
    # 第2パラメーターが0の場合はプログラムを停止
    if (y == 0) {
      stop("0で割ることはできません。")
    }
    # 0でなければx / yを計算して返す
    # (x / yの結果がresultに代入される)
    return(x / y)
  }, error = function(e) {
    # エラー発生時の処理
    # conditionMessage(e)でエラーメッセージを取得し、
    # 独自のメッセージと一緒にmessage()関数で出力
    message("エラーが発生しました: ", conditionMessage(e))
    # 戻り値としてNULLをresultに代入
    return(NULL)
  }, finally = {
    # finallyブロックは必要なければ省略可
```

```
      message("finallyブロックが実行されました。")
  })
  # エラーが発生しなければresultの値を呼び出し元に返す
  return(result)
}

# 第2引数に0を設定してみる
result <- safe_divide(10, 0)
# 戻り値を出力
print(result)

# 引数を正しく設定して関数を呼び出す
result <- safe_divide(10, 2)
# 戻り値を出力
print(result)
```

▼実行結果

```
エラーが発生しました: 0で割ることはできません。
finallyブロックが実行されました。
NULL
finallyブロックが実行されました。
[1] 5
```

最初に、

```
  result <- safe_divide(10, 0)
```

のように第2引数に0を指定して関数を実行したところ、エラーメッセージが表示され、finallyブロックのメッセージも出力されています。出力にはmessage()関数を使用しました。message()関数は標準エラー出力にメッセージを出力するため、出力先がコンソールに限定される点がprint()関数と異なります。

結果、プログラムは停止せずに次の

```
  print(result)
```

が実行され、NULLが出力されているのが確認できます。続く

```
  result <- safe_divide(10, 2)
```

以下も実行され、結果が出力されています。
tryCatch()関数を用いることで、エラーが発生してもプログラムは停止することなく、対応する処理を行えることが確認できました。

# 無名関数

**ここがポイントです!** function(arg1, arg2, ...) { ... }

▶Level ●●●

　**無名関数**（または**匿名関数**）は、名前を持たない関数のことです。通常の関数と同様に、引数を受け取って処理を行い、戻り値を返すことができますが、名前がないため、一度しか使用しない場合や、簡単な処理を行う場合に使われます。

　ここでは、無名関数を引数にとるlapply()関数を用いて、無名関数がどういうものなのかを確認しましょう。

### • lapply()関数

　lapply()関数は、リストやベクトルなどの各要素に関数を適用し、その結果をリストとして返します。

▼無名関数の定義

```
function(arg1, arg2, ...) {
    # 処理
}
```

| 書式 | lapply(X, FUN, ...) | |
|---|---|---|
| パラメーター | X | 適用するデータ構造（リスト、ベクトル、データフレームなど）です。 |
| | FUN | 適用する関数を指定します。無名関数、または既存の関数の関数名のみを指定します。 |

▼リスト要素に無名関数を適用する

```
# リストの作成
numbers <- list(1, 2, 3, 4, 5)
# 無名関数を使って、リスト内の数値を二乗する処理を行う
squared_numbers <- lapply(numbers, function(x) x^2)
# 結果を出力
print(squared_numbers)
```

▼出力

```
[[1]]
[1] 1

[[2]]
[1] 4

[[3]]
[1] 9
```

```
[[4]]
[1] 16

[[5]]
[1] 25
```

lapply()関数の

```
lapply(numbers, function(x) x^2)
```

における無名関数「function(x) x^2」のパラメーターxにはリストnumbersが渡され、要素を二乗する処理が行われます。

 さらにワンポイント 無名関数の本体が1つの式のみである場合、{}を省略することができます。

 Tips **122**

▶Level ●●●

 ここがポイントです！ 関数を引数として受け取る関数

基本プログラミングの極意

**高階関数**とは、

・他の関数を引数として受け取る関数
・関数を戻り値として返す関数

のことを指します。高階関数を使うことで、コードの再利用性や柔軟性を高めることができます。また、データ処理や変換、フィルタリングなどの操作を行う場合に便利です。以下は、高階関数の主な特徴です。

**・コールバック関数の受け渡し**

　高階関数は、コールバック関数（他の関数から呼び出される関数）を受け取るために使用されます。例えば、イベントが発生したときに実行される関数を指定するための仕組みとして利用されます。

**・フィルタリングやマッピング**

　高階関数は、データ構造（リスト、ベクトル、データフレームなど）内の要素に対して処理を適用するために使用されます。例えば、「リスト内のすべての要素を2倍する関数を適用する」、「条件を満たす要素だけを残すフィルタリング処理を行う関数を適用する」などがあります。

**・再利用可能な処理の抽象化**

　高階関数は、同一または類似の処理を複数の場所で使用する場合に便利です。そのような処理を高階関数として抽象化し、必要な場所で再利用することができます。

**・カリー化**

　カリー化は、複数の引数をとる関数を、1つの引数をとる関数の連続した呼び出しに変換するプロセスです。高階関数は、カリー化を実現するために使用されます。

**・クロージャ**

　高階関数は、関数内で定義された関数を戻り値として返すことができます。これにより、クロージャを作成し、外部の状態をキャプチャして保持することができます。

## ●他の関数を引数として受け取る高階関数

ここでは、「他の関数を引数として受け取る高階関数」について見ていきます。前Tipsで紹介したlapply()関数は、引数に既存の関数または無名関数をとる高階関数で

す。ここでは、与えられたリストの各要素に関数を適用するオリジナルの高階関数を定義してみます。

### ▼オリジナルの高階関数を定義する

```
# 高階関数 apply_custom_function() の定義
apply_custom_function <- function(data, func) {
    # パラメーターdataに対してfuncで受け取った関数を適用する
    result <- lapply(data, func)
    return(result)
}
# 高階関数を呼び出す際に引数にする関数
ten_times <- function(x) {
    return(x * 10)
}
# リストの作成
numbers <- list(1, 2, 3, 4, 5)
# apply_custom_function()関数を呼び出し、ten_times()関数をリストの各要素に適用する
result <- apply_custom_function(numbers, ten_times)
# 結果を出力
print(result)
```

### ▼出力

```
[[1]]
[1] 10

[[2]]
[1] 20

[[3]]
[1] 30

[[4]]
[1] 40

[[5]]
[1] 50
```

# Tips 123 クロージャ

▶Level ●●●

**ここがポイントです!** 関数を戻り値として返す高階関数を利用する

関数内で定義された関数を戻り値として返す高階関数は、**クロージャ**と呼ばれる仕組みで利用されます。クロージャは、関数内で定義された内部関数が外部の状態（変数や引数など）をキャプチャ（取り込んで保持すること）し、その状態を保持したままの関数を返します。少々イメージしにくいと思いますので、実際にクロージャを利用したプログラムを作成してみます。

▼クロージャを利用したプログラム

```
# 関数を戻り値として返す高階関数
make_multiplier <- function(factor) {                          ①
  # 内部関数を定義して戻り値として返す
  return(function(x) {
    return(x * factor)
  })
}

# クロージャを作成し、2を掛ける関数を生成する
double <- make_multiplier(2)                                    ②

# クロージャを使って計算を行う
result <- double(5)   # 5を2倍する                              ③
# 結果を出力
print(result)
```

▼出力

```
[1] 10
```

このプログラムでは、高階関数make_multiplier()を使って、外部の状態である倍数をキャプチャしたクロージャを作成し、そのクロージャを使って「与えられた数を指定された倍数にする」処理を実行しています。

**①make_multiplier()関数の定義**

make_multiplier()関数は、与えられた数を掛ける関数を生成するための高階関数です。この関数は、1つの引数factorを受け取り、内部で新しい関数を定義しています。その関数内ではfactorを引数として受け取り、与えられた数にfactorを掛けて返す処理をします。内部で定義されたこの関数を、戻り値として返します。

基本プログラミングの極意

193

## ❷クロージャの作成

make_multiplier()関数を使って、特定の倍数を掛ける関数を定義します。

```
double <- make_multiplier(2)
```

とした場合、与えられた数を2倍にするdouble という名前の関数が作成されます。

## ❸作成された関数（クロージャ）の利用

作成されたクロージャを使って、特定の数を指定された倍数にする処理を実行します。

```
result <- double(5)
```

を実行すると、与えられた数5が2倍され、結果として10が得られます。

# 内部関数

ここが **ポイント** です！ ▶Level ●●● 関数内で定義された関数

内部関数とは、ある関数内に定義された関数のことです。内部関数は、その親関数（外側の関数）のスコープ内でのみアクセス可能であり、外部からはアクセスできません。ここでは、内部関数の特徴と使用方法を説明します。

### ・アクセスの制限

内部関数は、その親関数のブロック内で定義されています。そのため、内部関数は親関数内の変数やパラメーターにアクセスできますが、外部から内部関数にアクセスすることはできません。

### ・名前の衝突の回避

内部関数は親関数のスコープ（有効範囲）内に閉じているため、同じ名前の関数が他の場所で定義されていても、名前が衝突することはありません。

### ・隠蔽された実装の詳細

内部関数は外部から見えないため、親関数の内部の実装の詳細を隠蔽することができます。これにより、インターフェース（関数へのアクセス手段）と実装が分離され、コードの読みやすさと保守性が向上します。

このような特徴から、内部関数は「特定の関数内だけで使用される処理を、独立した関数として定義する」場合に役立ちます。

### ●内部関数を使ったプログラム

次に示すのは、内部関数を使用したプログラムです。このプログラムは、与えられた数値を特定の倍数にする関数を内部関数として定義し、その内部関数を外部関数から呼び出して利用します。

## ▼内部関数を利用したプログラム

```
# 外部関数の定義
make_multiplier <- function(factor) {
  # 内部関数の定義
  multiplier <- function(x) {
    return(x * factor)
  }

  # 内部関数の呼び出し
  return(multiplier)
}

# 内部関数を使って、特定の倍数を掛ける関数を生成
double <- make_multiplier(2)

# 生成した関数を使って計算を行う
result <- double(5)    # 5を2倍する
# 結果を出力
print(result)
```

### ▼出力

```
[1] 10
```

このプログラムでは、make_multiplier()という外部関数を定義しています。さらに、外部関数の中で、内部関数multiplier()を定義しています。multiplier()関数は、与えられた数xを外部関数のパラメーターfactorに掛けた値を戻り値として返します。

一方、外部関数make_multiplier()は、内部関数multiplier()を呼び出して戻り値として返す処理を行います。これにより、内部関数multiplier()は、外部関数が終了したあとも使用することができます。

その後、

```
double <- make_multiplier(2)
```

において外部関数を呼び出して内部関数を取得し、その内部関数を使って特定の数を特定の倍数にする処理：

```
result <- double(5)
```

を行います。

## Tips 125 再帰関数

**ここがポイントです!** 関数が自身を呼び出す

**再帰関数**は、関数が自身を呼び出すことで問題を解決する手法です。問題を小さな部分に分割し、それぞれの部分で同じ手順を繰り返して解決するのに使われます。

ここでは、階乗を計算する手段として、再帰関数を用いたプログラムを作成してみます。**階乗**（factorial）とは、自然数 $n$ に対して、$n$ から1までのすべての自然数を掛け合わせた値のことを指します。階乗は数学的には "!" という記号で表され、$n!$ と書きます。具体的には、

$$n! = n \times (n-1) \times (n-2) \times ... \times 2 \times 1$$

という計算で求められます。例えば5!の場合は、

$$5 \times 4 \times 3 \times 2 \times 1 = 120$$

となります。階乗は、組み合わせ論や確率論などの数学的な問題、および計算機科学や統計学などの分野でよく使用されます。

▼階乗の計算を行う再帰関数を定義する

```
# 階乗を計算する再帰関数の定義
factorial <- function(n) {
  # ベースケース：nが1以下の場合、1を返す
  if (n <= 1) {
    return(1)
  } else {
    # 再帰ステップ：n * (n-1)の階乗を計算する
    return(n * factorial(n - 1))
  }
}

# 階乗を計算するための数
number <- 5
# 階乗を計算する
result <- factorial(number)
# 結果を出力
print(paste("The factorial of", number, "is", result))
```

▼出力

```
[1] "The factorial of 5 is 120"
```

# tidyverse を用いた ベクトルやリスト の操作

# tidyverseとは

▶Level ●●○

ここが
ポイント
です！ tidyverseのパッケージ群

tidyverseは、R言語のデータ解析と可視化のための包括的なパッケージ群です。Hadley Wickhamと彼のチームによって開発されたもので、データサイエンスのワークフローを効率化するために設計されています。tidyverseには、データの取り込み、整形、可視化などの作業を行うための様々なパッケージが同梱されていますが、どのパッケージも同じスタイルや規則に従っているため、使い方を覚えやすく、相互の連携もしやすいのが最大の特徴です。

主要なパッケージは次表の通りです。

▼tidyverseの主要なパッケージ

| パッケージ名 | 説明 |
| --- | --- |
| dplyr | データフレームを扱うためのパッケージです。データのフィルタリング、集計、変換などを行います。 |
| tidyr | データの整形（tidy data形式への変換）を行うためのパッケージです。 |
| readr | データの読み込みを行うためのパッケージです。CSVやTSVなどのテキスト形式のデータを、効率的に読み込むことができます。 |
| purrr | プログラミングの機能性を提供するためのパッケージです。リストやベクトルに対する操作を行います。 |
| tibble | データフレームの改良版です。データの表示や操作をより効率的に行うことができます。 |
| ggplot2 | データ可視化のための強力なグラフィックスパッケージで、豊富な描画機能を提供します。 |

さらに、特定の機能に特化した次表のパッケージも用意されています。

▼tidyverseのその他のパッケージ

| パッケージ名 | 説明 |
| --- | --- |
| stringr | 文字列操作のためのパッケージ。 |
| forcats | 因子（categorical data）を扱うためのパッケージ。 |
| lubridate | 日付と時刻を操作するためのパッケージ。 |
| broom | 統計モデリングの結果を整形するためのパッケージ。 |
| dbplyr | データベースとの連携をサポートするためのパッケージ。 |
| haven | SPSS、Stata、SASなどのフォーマットからデータをインポートするためのパッケージ。 |
| httr | HTTP通信を行うためのパッケージ。 |

| パッケージ名 | 説明 |
|---|---|
| jsonlite | JSONデータの読み書きを行うためのパッケージ。 |
| magrittr | パイプ演算子 %>% を提供するためのパッケージ。 |
| modelr | モデルの構築と評価のためのパッケージ。 |
| reprex | Rコードの再現可能な例を作成するためのパッケージ。 |
| rvest | Webスクレイピングのためのパッケージ。 |
| xml2 | XMLデータの解析と操作のためのパッケージ。 |

# tidyverseのインストール

ここが
ポイント
です！ [Packages]ペイン

RStudioの**Packages**ペインを使って
tidyverseをインストールします。

❶RStudioの**View**メニューをクリックし、
**Show Packages**を選択します。
❷**Packages**ペインの**Install**をクリックし
ます。

▼[Packages]ペイン

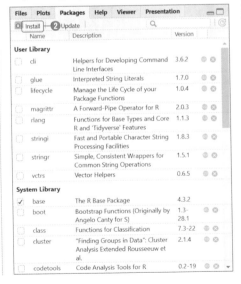

❸Install Packagesダイアログが表示されるので、Packages（separate...）の入力欄に「tidyverse」と入力してInstallボタンをクリックします。このあとインストールが開始され、Consoleペインにインストールの状況が出力されます。

▼[Install Packages]ダイアログ

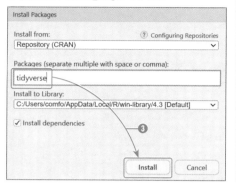

●[Console]ペインでコマンドを入力してインストールする

Consoleペインに次のように入力する方法でも、tidyverseをインストールすることができます。

▼tidyverseをインストールする

```
install.packages("tidyverse")
```

▼[Console]ペイン

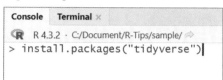

---

さらに
ワンポイント **コンソールからのインストール方法**

　　本文でtidyverseの例を紹介したように、パッケージのインストールは、コンソールからコマンドを入力して行うこともできます。その場合は、Consoleペインを開き、

```
install.packages("パッケージ名")
```

と入力して Enter キーを押します。

# Tips
# 128
## ベクトルの要素に対して関数を適用する

▶Level ● ● ○

**ここがポイントです！** map(ベクトル，
　　　　　ベクトル要素に適用する関数)

purrrパッケージのmap()関数は、ベクトルやリストの各要素に対して任意の関数を適用し、その結果をリストとして返します。

・map()関数

ベクトルやリストの各要素に対して任意の関数を適用し、結果をリストとして返します。

| 書式 | map(.x, .f, ...) | |
|---|---|---|
| パラメーター | .x | リスト、ベクトル、データフレーム、あるいはその他の要素を含むRオブジェクトです。.xのようにパラメーター名の先頭にピリオドが付いているのは、このパラメーター名が他のパラメーターから参照されることを示します。 |
| | .f | .x（ベクトルやリストの各要素）に適用される関数です。定義済みの関数名、または匿名関数（無名関数）を指定できます。 |
| | ... | .f を呼び出す際に必要な追加の引数を指定できます。.f が追加の引数を受け取らない場合、この引数は無視されます。 |

### ●ベクトル要素に任意の関数を適用する

最初に、ベクトル要素に任意の関数を適用する例を見ていくことにしましょう。

▼ベクトル要素に任意の関数を適用する例

```
# purrrパッケージを読み込む
# library(tidyverse)としてもよい
library(purrr)

# 操作対象のベクトルを作成
numbers <- 1:5
# ベクトルの各要素に2を加える
result <- map(numbers, ~ .x + 2)
# 結果を出力
print(result)
```

▼出力

```
[[1]]
[1] 3
[[2]]
[1] 4
[[3]]
[1] 5

[[4]]
[1] 6

[[5]]
[1] 7
```

• **purrrパッケージの読み込みについて**

冒頭で、

```
library(purrr)
```

のように記述してpurrrパッケージを読み込んでいますが、

```
library(tidyverse)
```

のようにして、tidyverseのパッケージ群を丸ごと読み込んでもかまいません。すべてのパッケージを読み込んでしまうとプログラム的に負荷がかかりそうで心配ですが、内部的に最適化されるので影響はほとんどないようです。むしろ、統合型パッケージのメリットを活かすためにも、個々にパッケージを読み込むのではなく、tidyverseを読み込んでおくことをお勧めします。本書においても、以降は冒頭でtidyverseを読み込むことにします。

● **map()関数のピリオド付きの引数名について**

map()関数では、ベクトルやリストの要素に適用する関数を第2引数として指定します。匿名関数（無名関数）にする場合は、従来の記述方法では、

```
result <- map(numbers, function(.x) .x + 2)
```

となります。あるいは引数を名前付きにして、

```
result <- map(.x=numbers, .f=function(.x) .x + 2)
```

としてもOKです。いずれにしても、名前付きの引数は、map()関数のパラメーター名に従って先頭に.（ピリオド）が付いたものになります。パラメーター名の先頭にピリオドが付くのは、「パラメーターを内部的に利用できる」というpurrrパッケージを含むtidyverse全体の仕様によるもので、「パラメーター間で相互に参照できる」ことを示しています。例えば、

```
map(numbers, function(.x) .x + 2)
```

のように第2引数の匿名関数で「.x」と書くことで、第1引数のベクトルnumbers（の要素）が参照されます。

● **map()関数における匿名関数の記述方法**

map()関数では、匿名関数の記述方法が簡略化されています。

**構文** | **purrrパッケージにおける匿名関数の簡略的な記法**

```
~ expression
```

~（チルダ）に続くexpressionは「関数が行う処理を表す式」で、必要に応じてパラメーターを指定することもできます。例えば「引数を受け取るパラメーターxを設定し、それに2を加えて戻り値とする」匿名関数を定義する場合は、次のように簡潔に書くことができます。

```
  ~ x + 2
```

したがって、先の

```
result <- map(numbers,
function(.x) .x + 2)
```

は、

```
result <- map(numbers, ~ .x + 2)
```

と書くことができます。

　~を用いた記法は、purrrだけでなく、tidyverseのggplot2、dplyr、tidyr、readrなどのパッケージで広く採用されています。

## Tips
## 129
▶Level ●●○

ここが
ポイント
です！

# map()関数の第3引数を設定する

> ベクトル／リスト要素に適用する関数に追加の引数を渡す

　map()関数は、ベクトル要素に適用する関数に対して、追加の引数を渡すことができます。これがどういうものなのか、次の例を見てみましょう。

▼パラメーターを2つ持つ関数を定義し、map()関数でベクトル要素に適用する

```
library(tidyverse)

# 数値のベクトル
numbers <- 1:5
# 各要素を特定の値で割る関数
divide_by <- function(x, divisor) {
  x / divisor
}
# map()を使用して各要素を2で割る
result <- map(numbers, divide_by, divisor = 2)
# 結果を出力
print(result)
```

▼出力

```
[[1]]
[1] 0.5

[[2]]
[1] 1

[[3]]
[1] 1.5
```

```
[[4]]
[1] 2

[[5]]
[1] 2.5
```

この例では、パラメーターを2つ持つdivide_by()関数を定義した上で、ベクトルnumbersの各要素にdivide_by()関数を適用しています。その際、第3引数「divisor = 2」によって「各要素を2で割る」操作が指定されています。なお、今回は定義済みの関数を使用しているので、

```
result <- map(numbers, divide_
by, divisor = 2)
```

のように関数名「divide_by」とだけ記述しています。「divide_by(.x)」と記述してしまいそうですが、前述のようにピリオドが付いた名前付き引数は、内部での参照が行われるため、「divide_by」と書けば.xの値であるベクトルnumbersがdivide_by()の第1パラメーターに渡される仕組みです。

このようにmap()関数は、適用する関数が2個以上の引数を要求する場合に、2番目以降の引数を追加で指定することができるため、非常に柔軟に使用することができます。この機能は、特に複雑なデータ操作や条件付きの処理を行う際に便利です。

## Tips 130 リストの要素に対して関数を適用する

▶Level ●●○

**ここがポイントです！** > map(リスト, リスト要素に適用する関数)

map()関数を使って、リストの要素に対して任意の関数を適用する場合も、ベクトルのときと同じ要領で記述できます。

▼map()関数を使って、リストの要素に対して任意の関数を適用する

```
# tidyverseを読み込む
library(tidyverse)

# リストを作成
my_list <- list(1:3, 4:6, 7:9)
# ラムダ式で匿名関数を定義し、リストの各要素に適用する
result <- map(my_list, ~ .x * 2)
# 結果を出力
print(result)
```

▼出力

```
[[1]]
[1] 2 4 6
[[2]]
[1]  8 10 12
[[3]]
[1] 14 16 18
```

# 2つのベクトル／リストの各要素に任意の関数を適用する

Tips 131

▶Level ● ● ○

**ここがポイントです！**

map2(ベクトル1, ベクトル2, 適用する関数)
map2(リスト1, リスト2, 適用する関数)

purrrパッケージのmap2()関数は、2つのベクトル、リストなどを受け取り、それぞれの要素のペアに任意の関数を適用し、結果をリストにして返します。

・**map2()関数**

2つのベクトルやリストの要素のペアに対して任意の関数を適用し、結果をリストとして返します。

| 書式 | map2(.x, .y, .f, ...) | |
|---|---|---|
| パラメーター | .x | 第1のリスト、ベクトル、データフレーム、あるいはその他の要素を含むRオブジェクトです。 |
| | .y | 第2のリスト、ベクトル、データフレーム、あるいはその他の要素を含むRオブジェクトです。 |
| | .f | .x（ベクトルやリストの各要素）に適用される関数です。定義済みの関数名、または匿名関数（無名関数）を指定できます。 |
| | ... | .fを呼び出す際に必要な追加の引数を指定できます。.fが追加の引数を受け取らない場合、この引数は無視されます。 |

## ●2つのベクトルに任意の関数を適用する

2つのベクトルを作成し、要素のペアに対して匿名関数を適用してみます。

▼2つのベクトルに任意の関数を適用する

```
library(tidyverse)

# 2つのベクトルを作成
vec1 <- c(1, 2, 3)
vec2 <- c(4, 5, 6)
# map2()関数と匿名関数(~)を使ってベクトルの要素ごとに操作
result <- map2(vec1, vec2, ~ .x + .y)
# 結果を出力
print(result)
```

▼出力

```
[[1]]
[1] 5
[[2]]
[1] 7
[[3]]
[1] 9
```

tidyverseを用いたベクトルやリストの操作

# 2つのリストに任意の関数を適用する

**ここがポイントです！** map2(リスト１, リスト２, 適用する関数)

## ●2つのリストに任意の関数を適用する

2つのリストを作成し、要素のペアに対して匿名関数を適用してみます。

### ▼2つのリストに任意の関数を適用する

```
library(tidyverse)

# 2つのリスト
list1 <- list(1, 2, 3, 4, 5)
list2 <- list(6, 7, 8, 9, 10)
# map2()と匿名関数(~)を使用して、2つのリストの要素を加算
result <- map2(list1, list2, ~ .x + .y)
# 結果を出力
print(result)
```

### ▼出力

```
[[1]]
[1] 7

[[2]]
[1] 9

[[3]]
```

```
[1] 11

[[4]]
[1] 13

[[5]]
[1] 15
```

# Tips 133 3つ以上のベクトル／リストの各要素に任意の関数を適用する

**ここがポイントです！** pmap（ベクトルやリストを格納したリスト, 適用する関数）

▶Level ●●○

purrrパッケージのpmap()関数は、3つ以上のベクトルまたはリストに対して関数を適用します。引数の数が多い関数をリストの要素に適用したい場合に、「プレースホルダー」という便利な仕組みが使えることから、操作対象のベクトルやリストの数にかかわらず（1つであっても）、map()やmap2()よりも柔軟なpmap()は、複雑なデータ操作や分析に適しています。

## ・pmap()関数

リストに格納されたベクトルやリストの要素に対して任意の関数を適用し、結果をリストとして返します。

| 書式 | pmap(.l, .f, ...) | |
|---|---|---|
| パラメーター | .l | ベクトルやリストを要素にしたリスト。 |
| | .f | .lの各要素の要素に適用される関数です。定義済みの関数名、または匿名関数（無名関数）を指定できます。 |
| | ... | .fを呼び出す際に必要な追加の引数を指定できます。.fが追加の引数を受け取らない場合、この引数は無視されます。 |

## ●3つのベクトルに任意の関数を適用する

3つのベクトルを作成し、それぞれの要素に対して匿名関数を適用してみます。

▼3つのベクトルに任意の関数を適用する

```
library(tidyverse)

# 3つのベクトルを準備
vector1 <- 1:5
vector2 <- 6:10
vector3 <- 11:15

# 3つのベクトルをリストにして要素ごとの和を計算
result <- pmap(list(vector1, vector2, vector3),
               ~ ..1 + ..2 + ..3)
# 結果を出力
print(result)
```

▼出力

```
[[1]]
[1] 18
[[2]]
[1] 21
[[3]]
```

```
[1] 24
[[4]]
[1] 27
[[5]]
[1] 30
```

---

このプログラムの

```
result <- pmap(list(vector1, vector2, vector3), ~ ..1 + ..2 + ..3)
```

の匿名関数における「..1」「..2」「..3」の表記は、それぞれ関数に渡された第1引数、第2引数、第3引数を意味します。purrrパッケージの簡略表記では、通常の関数定義における引数名（例えば、function(x, y, z) {... }のx, y, z）を使わずに、これらの特殊なプレースホルダーを用いることで、引数を簡単かつ直接的に参照することができます。先のコードは、

```
result <- pmap(list(vector1, vector2, vector3), ~ .x + .y + .z)
```

と同じ意味を持ちますが、pmap()関数のように複数のベクトルやリストを格納したリストに対して~を用いた匿名関数を適用する場合、「..1」「..2」「..3」のようにプレースホルダーを用いるのが基本です。

　**プレースホルダーとは**

プログラミング言語において、「値があとで確定されることを期待して一時的に予約される変数」のことを**プレースホルダー**といいます。purrrパッケージの簡略関数表記におけるプレースホルダーは、関数の具体的な引数を指定することなく、その位置にあるべき引数を表すために使用されます。

pmap()関数における~を用いた匿名関数では、「..1」「..2」「..3」といったプレースホルダーを使用して、関数に渡される引数の位置を示します。これらのプレースホルダーは、関数が実際に呼び出されるときに、リストやベクトルなどのコレクションから取り出された値に置き換えられます。

Tips
# 134
▶Level ●●○

# ベクトルとリストの各要素に任意の関数を適用する

ここが
ポイント
です！

pmap(ベクトルとリストを格納した
リスト, 適用する関数)

purrrパッケージのpmap()関数は、第1引数に指定したリスト要素を処理の対象とします。そのため、リストの要素としてベクトルとリストが混在している場合であっても、それぞれの要素に対して任意の関数を適用できます。

次に示すのは、2つのベクトルと1つのリストを含むリストに対して、それぞれの要素に対する操作を行う例です。

▼ベクトルとリストを含むリストを操作する

```r
library(tidyverse)

# ベクトルとリストを作成
vector1 <- 1:3
vector2 <- 4:6
list1 <- list(a = 7, b = 8, c = 9)

# ベクトルとリストを含むリストを作成
input_list <- list(vector1, vector2, list1)

# ベクトルの要素とリストの要素に関数を適用
# 各要素に対して足し算を行う
result <- pmap(input_list, ~ ..1 + ..2 + ..3)

# 結果を出力
print(result)
```

▼出力

```
[[1]]
[1] 12
[[2]]
[1] 15
[[3]]
[1] 18
```

# Tips
# 135 条件に合う要素だけを残す

▶Level ●●○

**ここが ポイント です！** > keep(.x, .p, ...)

purrrパッケージに含まれるkeep()関数は、「ベクトルやリストの各要素を条件に基づいてフィルタリングする」処理を行います。特定の条件を満たす要素を維持することで、データのサブセットを作成するのに便利です。

・**keep()関数**

指定された条件に合う要素のみを保持し、それ以外の要素を削除します。

| 書式 | keep(.x, .p, ...) | |
|---|---|---|
| パラメーター | .x | ベクトルやリスト。 |
| | .p | テスト関数を指定します。テスト関数は、.xの各要素に適用され、論理値（TRUEまたはFALSE）を返します。TRUEを返す要素は保持され、FALSEを返す要素は除外されます。 |
| | ... | テスト関数.pに追加の引数を渡す場合に使用されます。 |

▼keep()関数を用いて偶数の要素のみを残す

```
library(tidyverse)

# ベクトルを用意
numbers <- list(1, 2, 3, 4, 5)
# 偶数のみを保持
even_numbers <- keep(numbers, ~ .x %% 2 == 0)
# 結果を出力
print(even_numbers)
```

▼出力

```
[[1]]
[1] 2
[[2]]
[1] 4
```

プログラムでは、リストnumbersから偶数の値のみを残すようにしています。keep()関数の第2引数のテスト関数：

```
~ .x %% 2 == 0
```

は、各要素が偶数かどうかをチェックし、偶数の場合にのみTRUEを返します。その結果、偶数のみがeven_numbersに保持されます。

## Tips 136 条件に合わない要素だけを残す

▶Level ●●○

**ここがポイントです!** discard(.x, .p, ...)

purrrパッケージのdiscard()関数は、keep()関数とは逆の処理を行います。具体的には、指定した条件に合う要素を除外し、条件に合わない要素のみを保持します。ベクトルやリストから特定の条件を満たす要素を取り除きたい場合に役立ちます。

・**discard()関数**
「条件に合わない要素」のみを保持し、それ以外の要素を削除します。

| 書式 | discard(.x, .p, ...) | |
|------|------|------|
| パラメーター | .x | ベクトルやリスト。 |
| | .p | テスト関数を指定します。テスト関数は、.xの各要素に適用され、論理値（TRUEまたはFALSE）を返します。TRUEを返す要素は除外され、FALSEを返す要素が保持されます。 |
| | ... | テスト関数.pに追加の引数を渡す場合に使用されます。 |

▼discard()関数を用いて偶数の要素を除外し、奇数の要素のみを残す

```
library(tidyverse)

# リストを用意
numbers <- list(1, 2, 3, 4, 5)
# 偶数を除外し、奇数のみを保持
odd_numbers <- discard(numbers, ~ .x %% 2 == 0)
# 結果を出力
print(odd_numbers)
```

▼出力
```
[[1]]
[1] 1
[[2]]
[1] 3
[[3]]
[1] 5
```

discard()関数の第2引数のテスト関数：

```
~ .x %% 2 == 0
```

は、各要素が偶数かどうかをチェックし、偶数の場合にのみTRUEを返します。その結果、偶数の要素は除外され、奇数の要素のみがodd_numbersに保持されます。

# リスト要素やベクトル要素の総和・総乗を求める

ここが
ポイント
です！ reduce(.x, .f, ..., .init)

累積操作とは、リストやベクトルなどのコレクションの要素を1つの値にまとめる操作のことを指します。purrrパッケージには、合計、平均、最大値、最小値などを求める累積操作のための関数が用意されています。

・reduce()関数

purrrパッケージに含まれるreduce()関数は、リストやベクトルの要素を左から右へと反復的に処理します。例えば、リスト／ベクトル要素の総和や総乗（すべての要素の積）を求めるのに便利です。

| 書式 | reduce(.x, .f, ..., .init) | |
|---|---|---|
| パラメーター | .x | ベクトルやリスト。 |
| | .f | 2つの要素をとり、それらを結合するための関数。この関数はfunction(.x, .y)の形をした「二項関数」である必要があります。 |
| | ... | .fに追加の引数を渡す場合に使用されます。 |
| | .init | オプションで、初期値を指定します。指定すると、この値が最初の要素として.xの先頭に追加されたものとして処理されます。 |

## ●ベクトル要素の総和を求める

次に示すのは、ベクトルのすべての要素の合計（総和）を求める例です。

▼reduce()を使ってベクトル要素の合計（総和）を求める

```
library(tidyverse)

# 数値のベクトル
numbers <- 1:10
# reduce()を使って要素の合計（総和）を求める
total <- reduce(numbers, ~ .x + .y)
# 結果を出力
print(total)
```

▼出力

```
[1] 55
```

## ●ベクトル要素の総乗を求める

次に示すのは、ベクトルのすべての要素の積 (総乗) を求める例です。

▼reduce()を使ってベクトル要素の総乗を求める

```
library(tidyverse)

# 数値ベクトル
numbers <- 1:5
# 要素の総乗を計算
product <- reduce(numbers, ~ .x * .y)
# 結果を出力
print(product)
```

▼出力

```
[1] 120
```

## ●独自の関数定義で複雑な処理を行う

次に示すのは、関数をreduce()に適用し

て、より複雑な処理を行う例です。ベクトルの数値を二乗してから合計する処理を行います。

▼ベクトルの数値を二乗してから合計する

```
library(tidyverse)

# 数値ベクトル
numbers <- 1:4
# 二乗して合計する
squared_total <- reduce(numbers, function(x, y) x + y^2)
# 結果を出力
print(squared_total)
```

▼出力

```
[1] 30
```

tidyverseを用いたベクトルやリストの操作

## Tips 138 複数のベクトルやリストの要素を1つに結合する

▶Level ● ● ○

**ここがポイントです!** reduce(ベクトルやリストを格納したリスト, c)

独立して定義された複数のベクトルやリストを、reduce()関数を使って、次の手順で1つに結合することができます。

・処理対象のベクトルやリストをリストに
格納します。
・そのリストをreduce()関数に渡して、c()
関数を適用します。

　次に示すのは、複数のベクトルを結合して
1つのベクトルにする例です。

▼複数のベクトルを結合して1つのベクトルにする

```
library(tidyverse)

# ベクトルを作成
vector1 <- c(1, 2, 3)
vector2 <- c(4, 5, 6)
vector3 <- c(7, 8, 9)
# ベクトルをリストに格納
vectors_list <- list(vector1, vector2, vector3)
# reduce()関数を使ってベクトルを結合
combined_vector <- reduce(vectors_list, c)
# 結果を出力
print(combined_vector)
```

▼出力

```
[1] 1 2 3 4 5 6 7 8 9
```

　次に示すのは、複数のリストを結合して1
つのリストにまとめる例です。

▼複数のリストを結合して1つのリストにする

```
library(tidyverse)

# 3つのリストを格納したリスト
lists <- list(list(a = 1, b = 2),
              list(c = 3, d = 4),
              list(e = 5, f = 6))
# リストを1つに結合
combined_list <- reduce(lists, c)
# 結果を出力
print(combined_list)
```

▼出力

```
$a
[1] 1
$b
[1] 2
$c
[1] 3
$d
[1] 4
$e
[1] 5
$f
[1] 6
```

# Tips 139

ベクトルやリストの文字列要素を１つの文字列に結合する

▶Level ●●○

**ここがポイントです！** reduce(文字列を格納したベクトルまたはリスト, ~ paste(.x, .y))

reduce()関数の累積操作機能を利用すると、ベクトルやリストの要素として格納されている文字列を結合して、１つの文字列にすることができます。この場合、reduce()関数の第2引数に

```
~ paste(.x, .y)
```

を設定し、匿名関数内の処理としてpaste()関数を使うのがポイントです。paste()関数は、複数の文字列や変数の値を１つにまとめて、新しい文字列を生成します。デフォルトで空白スペースを区切り文字として使用しますが、任意の区切り文字を指定することもできます。次に示すのは、ベクトル要素として格納された複数の文字列を１つに結合する例です。

▼ベクトル要素の文字列を結合して１つの文字列にする

```
library(tidyverse)

# 文字列を格納したベクトル
words <- c("Hello", "world", "from", "purrr")
# 要素の文字列を結合
sentence <- reduce(words, ~ paste(.x, .y))
# 結果を出力
print(sentence)
```

▼出力

```
[1] "Hello world from purrr"
```

例ではベクトルを用いましたが、

```
words <- list("Hello", "world", "from", "purrr")
```

のようにリストにした場合も、同じように処理が行われます。

tidyverseを用いたベクトルやリストの操作

# すべての要素が指定した条件に合うか調べる

▶Level ●●○○

**ここがポイントです！** every（ベクトルまたはリスト, 述語関数）

「ある条件を満たすかどうか」をテストするための関数のことを「述語関数」と呼びます。述語関数は、特定の条件を満たすかどうかに応じて真（TRUE）または偽（FALSE）を返すので、リストやベクトルなどのコレクション内の要素が特定の条件を満たしているかどうかを調べることができます。purrrパッケージには、述語関数を引数に指定して処理を行う関数群が用意されています。

**・every()関数**

コレクション（ベクトルやリスト）のすべての要素が、述語関数によってTRUEと評価されるかどうかをテストします。1つでも条件を満たさない要素がある場合には、FALSEを返します。

| 書式 | every(.x, .p, ...) | |
|---|---|---|
| パラメーター | .x | ベクトルやリスト。 |
| | .p | 各要素に適用する条件を表す述語関数です。この関数は、要素が条件を満たす場合にTRUEを、満たさない場合にFALSEを返します。 |
| | ... | 述語関数.pに追加の引数を渡す場合に使用されます。 |

## ●述語関数の例

述語関数は、コレクションの各要素に対して評価を行い、論理値（TRUEまたはFALSE）を返す必要があります。述語関数として、単純な1行の関数（匿名関数）から、より複雑な複数行のカスタム関数まで、柔軟に定義できます。以下に、述語関数として使用できる関数の例をいくつか挙げます。

**・基本的な比較演算子を使用した匿名関数を使う**

~ .x > 0：各要素が0より大きいかどうかをテストします。

~ .x <= 10：各要素が10以下かどうかをテストします。

**・特定の条件を満たすかどうかチェックする匿名関数を使う**

~ is.numeric(.x)：各要素が数値かどうかをテストします。

~ .x %% 2 == 0：各要素が偶数かどうかをテストします。

**・Rの定義済み関数を直接使う**

is.numeric：述語関数として直接使用でき、各要素が数値かどうかをテストします。

is.character：各要素が文字列かどうかをテストします。

●**すべての要素が正の数であるかどうか
チェックする**

次に示すのは、ベクトルの要素がすべて
正の数であるかどうかチェックする例です。

▼ベクトルの要素がすべて正の数であるかどうかチェックする

```
library(tidyverse)

# 数値のベクトル
numbers <- c(1, 2, 3, 4, 5)
# すべての要素が正の数かどうかをテスト
result <- every(numbers, ~ .x > 0)
# 結果を出力
print(result)
```

▼出力

```
[1] TRUE
```

上記のプログラムでは、every()関数を使
用して、数値ベクトルnumbersに含まれる
すべての要素が正の数であるかどうかテス
トしています。述語関数として無名関数：

```
~ .x > 0
```

を使用して、各要素が0より大きいかどうか
チェックします。すべての要素が0より大き
い（正の数である）場合に、TRUEが返され
ます。

> **さらに
> ワンポイント** **述語関数とは**
>
> ここで初めて**述語関数**という用語
> が出てきましたが、実はフィルタリングを行う
> keep()やdiscard()の第2引数の条件設定用
> の関数も、「述語関数」と呼ばれることがあり
> ます。
>
> コレクション（リストやベクトルなど）の各
> 要素に対して適用され、その要素が特定の条
> 件を満たすかどうかを判断するために使われ
> る関数、という意味においての述語関数とい
> う呼び方です。

## ●カスタム述語関数を使う

次に示すのは、「1以上10以下の値かどうか」を調べる独自の述語関数（カスタム述語関数）を定義し、ベクトル要素をチェックする例です。

▼ベクトルのすべての要素が1以上10以下の値かどうかを調べる

```
library(tidyverse)

# 数値ベクトル
numbers <- c(1, 2, 3, 4, 5)
# 1以上10以下の値かどうかをチェックするカスタム述語関数を定義
in_range <- function(x) x >= 1 && x <= 10
# every()関数に述語関数としてin_range()関数を使用
result <- every(numbers, in_range)
# 結果を出力
print(result)
```

▼出力

```
[1] TRUE
```

この例では述語関数としてin_range()関数を定義しましたが、匿名関数として次のように埋め込むこともできます。

▼every()関数の述語関数として匿名関数を使用

```
result <- every(numbers, ~ .x >= 1 && .x <= 10)
```

## Tips 141
## Level ●●

# 指定した条件に合う要素が1つでもあるか調べる

ここが
ポイント
です！ >some(ベクトルまたはリスト, 述語関数)

purrrパッケージのsome()関数は、「与えられたコレクション（リストやベクトルなど）の中で、少なくとも1つの要素が特定の条件を満たすかどうか」をテストするために使用されます。every()関数とは対照的に、some()はコレクション内のどれかの要素が述語関数によってTRUEと評価される場合に、TRUEを返します。

### ・some()関数

コレクションの少なくとも1つの要素が、指定された述語関数によってTRUEと評価されるかどうかをテストします。もし、条件を満たす要素が1つでもあればTRUEを、すべての要素が条件を満たさない場合にはFALSEを返します。

| 書式 | some(.x, .p, ...) | |
|---|---|---|
| パラメーター | .x | ベクトルやリスト。 |
| | .p | 各要素に適用する条件を表す述語関数です。この関数は、要素が条件を満たす場合にTRUEを、満たさない場合にFALSEを返します。 |
| | ... | 述語関数.pに追加の引数を渡す場合に使用されます。 |

### ●some()関数を使うメリット

some()関数は、「条件に合う要素が1つでもあればTRUEを返す」という処理を行いますが、これには次のようなメリットがあります。

### ・効率性

some()関数は条件を満たす最初の要素を見つけた時点で処理を停止し、TRUEを返します。そのため、特に大量のデータを扱う場合に、処理時間を節約できます。「特定の条件を満たす要素の存在確認」が必要な場面で便利です。

### ●負の数が存在するかどうか調べる

次に示すのは、数値ベクトルの要素に負の数が少なくとも1つあるかどうか調べる例です。

▼ベクトル要素に負の数があるかどうか調べる

```
library(tidyverse)

# 数値ベクトル、負の数を含む
numbers <- c(1, -2, 3, 4, -5)
# すべての要素の中に負の数が少なくとも1つあるかどうかをテスト
result <- some(numbers, ~ .x < 0)
# 結果を出力
print(result)
```

▼出力

```
[1] TRUE
```

**Tips**
# 142

▶Level ●●○

**ここが
ポイント
です!**

# 指定した条件に合う要素が
# 1つでもあればその値を取得する

> detect(ベクトルまたはリスト, 述語関数)

purrrパッケージのdetect()関数は、与えられたコレクション(リストやベクトルなど)の中で、特定の条件を満たす最初の要素を見つけ、その値を返します。some()関数のようにTRUE/FALSEで結果を知るのではなく、値そのものを確認したいときに使うと便利です。

• **detect()関数**
コレクションを走査し、述語関数がTRUEを返す最初の要素を返します。条件を満たす要素が見つからなければ、NULLを返します。

| 書式 | detect(.x, .p, ...) | |
|---|---|---|
| パラメーター | .x | ベクトルやリスト。 |
| | .p | 各要素に適用する条件を表す述語関数です。この関数は、要素が条件を満たす場合にTRUEを、満たさない場合にFALSEを返します。 |
| | ... | 述語関数.pに追加の引数を渡す場合に使用されます。 |

● **ベクトル要素に負の数が見つかったらその値を取得する**

次に示すのは、ベクトルに格納されている要素に負の数があるかどうか調べ、最初に見つかった負の数そのものを取得する例です。

▼ベクトルに格納されている負の数を見つけて、値を取得する

```
library(tidyverse)

# 数値ベクトル、負の数を含む
numbers <- c(1, 2, -3, -4, 5)
# 最初に見つかる負の数を見つける
first_negative <- detect(numbers, ~ .x < 0)
# 結果を出力
print(first_negative)
```

▼出力

```
[1] -3
```

# Tips
# 143
▶Level ●●○

## 指定した条件に合う要素が１つもないか調べる

**ここがポイントです！** > none(ベクトルまたはリスト, 述語関数)

purrrパッケージのnone()関数は、与えられたコレクション（リストやベクトルなど）の中で、すべての要素が特定の条件を満たさない（条件を満たす要素が１つもない）ことを確認するための関数です。指定された条件に合う要素が１つもない場合にTRUEを返し、そうでない場合にFALSEを返します。特定の条件に合う要素がコレクション内に存在しないことを確認する際に便利で、

データが特定の基準を満たしていることを保証するためのチェックを簡単に行うことができます。

**• none()関数**

指定された条件に合う要素が１つもない場合にTRUEを、そうでない場合にFALSEを返します。

| 書式 | none(.x, .p, ...) | |
|------|------|------|
| パラメーター | .x | ベクトルやリスト。 |
| | .p | 各要素に適用する条件を表す述語関数です。この関数は、要素が条件を満たす場合にTRUEを、満たさない場合にFALSEを返します。 |
| | ... | 述語関数.pに追加の引数を渡す場合に使用されます。 |

## ●none()関数の使用例

none()関数を使用して、数値ベクトルの中に正の数が１つも含まれていないことを確認する例です。

### ▼ベクトルのすべての要素が正の数でないことを確認

```r
library(tidyverse)

# 数値ベクトル、負の数のみを含む
numbers <- c(-1, -2, -3, -4, -5)
# すべての要素が正の数でないことを確認
result <- none(numbers, ~ .x > 0)
# 結果を出力
print(result)
```

### ▼出力

```
[1] TRUE
```

# is.〜で始まる述語関数

ここが
ポイント
です！ is.na()、is.null()、is.numeric()、is.character()、
is.logical()、is.factor()、is.data.frame()

　R言語における述語関数は、特定の条件を
テストして、その結果として真（TRUE）ま
たは偽（FALSE）を返す関数です。is.〜で
始まる次表の関数も述語関数です。

▼is.〜で始まる述語関数の例

| 述語関数 | 説明 |
|---|---|
| is.na() | オブジェクトがNA（欠損値）かどうかを調べます。 |
| is.null() | オブジェクトがNULLかどうかを調べます。 |
| is.numeric() | オブジェクトが数値かどうかを調べます。 |
| is.character() | オブジェクトが文字列かどうかを調べます。 |
| is.logical() | オブジェクトが論理値かどうかを調べます。 |
| is.factor() | オブジェクトが因子型（カテゴリデータ）かどうかを調べます。 |
| is.data.frame() | オブジェクトがデータフレーム（Tips189参照）かどうかを調べます。 |

▼is.na()関数を使用し、データフレーム内の特定の列に欠損値が含まれている行のみを選択する

```
df <- data.frame(a = c(1, 2, NA, 4),
                 b = c(NA, 2, 3, 4))
# a列において欠損値が含まれる行を選択
subset_df <- df[is.na(df$a), ]
print(subset_df)
```

▼出力

```
   a b
3 NA 3
```

ここが
ポイント
です！

> keep()

# ベクトル要素のフィルタリング

　keep()関数は、purrrパッケージに含まれる関数で、リストやベクトルの要素を、指定された条件（述語関数）に基づいて保持（フィルタリング）する処理を行います。purrrパッケージはtidyverseに含まれるパッケージの1つで、関数型プログラミングの概念をRで簡単に扱うためのツールを提供します。

### • keep()関数

| 書式 | keep(.x, .p, ...) | |
|---|---|---|
| パラメーター | .x | 処理するリストやベクトル。 |
| | .p | 各要素が条件を満たすかどうかをテストする述語関数。この関数は論理値（TRUEまたはFALSE）を返す必要があります。 |
| | ... | 述語関数に渡す追加の引数（必要に応じて）。 |

### ▼数値ベクトルから偶数のみを保持する例

```
library(tidyverse)

# 数値のベクトル
numbers <- c(1, 2, 3, 4, 5, 6)
# 偶数のみを保持
even_numbers <- keep(numbers, ~ .x %% 2 == 0)
# 結果を出力
print(even_numbers)
```

### ▼出力

```
[1] 2 4 6
```

tidyverseを用いたベクトルやリストの操作

# Tips 146 リスト要素のフィルタリング

▶Level ● ● ○

**ここがポイントです!** > keep()

　keep()関数はリストに対しても使用できます。次に示すのは、特定の属性を持つ要素だけを含むリストを作成する例です。

▼特定の属性を持つ要素だけを含むリストを作成する

```
library(tidyverse)
# リストの例
my_list <- list(a = 1, b = "hello", c = TRUE, d = 3.14, e = "world")
# 文字列型の要素のみを保持
strings_only <- keep(my_list, is.character)
# 結果を出力
print(strings_only)
```

▼出力

```
$b
[1] "hello"
$e
[1] "world"
```

▼数値型の要素のみを保持する例

```
library(tidyverse)
# 混合型の要素を持つリスト
my_list <- list(a = 10, b = "R言語", c = 42, d = TRUE, e = 3.14)
# 数値型の要素のみを保持
numeric_only <- keep(my_list, is.numeric)
# 結果を出力
print(numeric_only)
```

▼出力

```
$a
[1] 10
$c
[1] 42
$e
[1] 3.14
```

# tidyverse を用いた 文字列や日付データ の処理

# Tips 147
# stringrパッケージにおける文字列データの基本操作

▶Level ● ● ●

**ここがポイントです!** > tidyverseのstringrパッケージ

tidyverseに含まれている「stringr」は、文字列操作を行うためのパッケージです。tidyverseでは、データサイエンスやデータ解析を支援する一連のパッケージが提供されていますが、stringrは、文字列データの処理に特化したパッケージです。

### ●stringrの主な機能

以下は、stringrを使用して行える主な処理です。

・**文字列の基本的な操作**
文字列の長さの取得、文字列の結合、文字列の一部の抽出をします。
・**検索と置換**
特定のパターンや文字列を検索し、それを別の文字列で置き換えます。
・**文字列の分割と結合**
文字列を特定の区切り文字やパターンに基づいて分割し、分割された複数の文字列を結合します。
・**パターンマッチング**
正規表現を使用して、複雑なパターンで文字列を検索します。
・**文字列の整形**
アルファベットの大文字や小文字への変換、空白のトリミングなど、文字列の整形を行います。
・**文字列の検証**
特定のパターンに一致するかどうかを検証するための関数を提供します。

### ●stringrの補足的な処理機能

stringrは、上記の主な機能に加えて、以下のような補足的な機能も提供します。

・**ロケールに基づいた操作**
ロケールを指定して、特定の地域に特有の文字列操作を行います（例：日付形式、通貨形式）。
・**特殊文字の扱い**
文字列内の特殊文字やエスケープシーケンスを扱う関数を提供します。
・**文字列の型変換**
文字列と他のデータ型（数値や日付など）との間での変換処理を行います。

# 文字列の長さ（文字数）を取得する

**Tips**

# 148

▶Level ●●○

**ここがポイントです！** str_length(string)

stringrパッケージに含まれるstr_length()関数は、文字列の長さ（文字数）を取得します。この関数はUnicode文字を完全にサポートしているため、マルチバイト文字を正確にカウントすることができます。英語以外の言語や絵文字などを含む文字列も正確にカウントすることができます。

・**str_length()関数**

指定された文字列の長さ（文字数）を整数値で返します。文字列ベクトルが引数として渡された場合、それぞれの要素の長さを含む整数ベクトルを返します。

| 書式 | str_length(string) | |
|------|--------------------|--|
| パラメーター | string | 長さを計算したい文字列、または文字列ベクトルです。 |

●**単一の文字列の長さを計算する**

次に示すのは、単一の文字列の長さを計算する例です。

▼**str_length()の引数に直接、文字列を設定してカウントする**

```
library(tidyverse)
# 文字列を直接引数にして文字数をカウントする
size <- str_length("Hello, world!")
# 結果を出力
print(size)
```

▼**出力**

```
[1] 13
```

●**ベクトルに格納された文字列の長さを計算する**

str_length()の引数として、文字列を要素として格納したベクトルを指定すると、すべての要素の文字数を格納したベクトルが返されます。

**さらにワンポイント**

**stringrパッケージを個別に読み込む**

stringrパッケージを個別に読み込む場合は、

```
library(stringr)
```

と記述してください。

▼英語と日本語の文字列が格納されたベクトルを設定してカウントする

```
library(tidyverse)
# 英語と日本語の文字列を格納したvector
strings <- c("Hello", "world", "こんにちは")
# ベクトルを引数にしてすべての要素の文字数を取得
size <- str_length(strings)
# 結果を出力
print(size)
```

▼出力

```
[1] 5 5 5
```

Tips
**149**

▶Level ●●○

# 文字列を結合する

ここが
ポイント
です！

**str_c(文字列または文字列ベクトル,
sep = "", collapse = NULL)**

stringrパッケージのstr_c()関数は、1つ
以上の文字列を結合します。Rの標準パッ
ケージのpaste()関数のように動作します
が、stringrパッケージの一貫したインター
フェース（一貫性のある命名規則、引数の構
造、および動作を持つこと）と組み合わせる
ことで、文字列操作を効率的に行うことがで
きます。

・**str_c()関数**
　指定された文字列を結合します。

| 書式 | str_c(..., sep = "", collapse = NULL) | |
|---|---|---|
| パラメーター | ... | 結合する文字列。複数指定可能です。 |
| | sep | 文字列間に挿入するセパレーター。デフォルトでは何も挿入されません（""）。 |
| | collapse | 複数の文字列要素を持つベクトルを1つの文字列に結合する際に使用されます。sep引数が文字列間のセパレーターとして機能するのに対し、collapse引数はベクトル要素を1つの文字列に結合するときに、要素間に挿入されるセパレーターを指定します。 |

## ●文字列や文字列ベクトルの要素を結合する

str_c()関数の引数に直接、文字列を設定して結合してみます。

### ▼文字列の結合

```r
library(tidyverse)
# 基本的な文字列の結合
str <- str_c("Hello", ", ", "world", "!")
# 結果を出力
print(str)
```

### ▼出力

```
[1] "Hello, world!"
```

次に示すのは、文字列を結合する際のセパレーターを指定する例です。

### ▼文字列を結合する際のセパレーターを指定する

```r
# 複数の文字列をスペースで結合
str <- str_c("Hello", "world", sep = " ")
# 結果を出力
print(str)
```

### ▼出力

```
[1] "Hello world"
```

## ●文字列ベクトルの場合

ベクトルに格納された文字列を結合してみます。

### ▼ベクトルに格納された文字列を結合してみる

```r
# 文字列ベクトルを作成
words <- c("Hello", "world")
# str_c()関数を実行
str <- str_c(words)
# 結果を出力
print(str)
```

### ▼出力

```
[1] "Hello" "world"
```
—— 要素数2のベクトル

結果を見ると、文字列の結合は行われず、ベクトル要素がそのまま出力されています。str_c()関数では「collapse = NULL」がデフォルトなので、ベクトル要素のセパレーターを設定しないと結合が行われません。次に示すように、collapseオプションに任意のセパレーターを設定すると、ベクトル要素がセパレーターを間に挟んで1つの文字列として結合されます。

▼collapseオプションを設定してベクトル要素の文字列を結合する

```
# 文字列ベクトルを作成
words <- c("Hello", "world")
# 文字列ベクトルの要素を結合する際にcollapseを指定する
str <- str_c(words, collapse = " ")
# 結果を出力
print(str)
```

▼出力

```
[1] "Hello world"
```

## Tips 150 複数の文字列ベクトルを結合する

**ここがポイントです!** ▶ str_c()

▶Level ●●○

複数の文字列ベクトルを結合する場合、同じ位置の要素同士が結合されます。つまり、先頭の要素同士が結合されたあと、2番目以降の要素同士が順番に結合されます。次に示すのは、文字列同士のセパレーターを「sep = ", "」とし、ベクトル要素間のセパレーターを「collapse = "; "」に設定して、2つの文字列ベクトルを1つの文字列に結合する例です。

▼2つの文字列ベクトルの要素同士を結合して、1つの文字列にする

```
library(tidyverse)
# 文字列ベクトルを2つ作成
cities <- c("Tokyo", "New York", "London")
countries <- c("Japan", "USA", "UK")
# 2つのベクトルの要素を結合
# 都市名と国名の間に", "を挿入
# ベクトルの要素間に"; "を挿入
city_country_pairs <- str_c(cities, countries, sep = ", ", collapse = "; ")
# 結果を出力
print(city_country_pairs)
```

▼出力

```
[1] "Tokyo, Japan; New York, USA; London, UK"
```

「同じ位置の要素同士を結合し、要素間の結合は行わない」場合は、collapseオプションの指定を省略します。

▼**同じ位置の要素同士を結合し、要素間の結合は行わない**

```
# 文字列ベクトルを2つ作成
cities <- c("Tokyo", "New York", "London")
countries <- c("Japan", "USA", "UK")
# 2つのベクトルの要素を結合
# 都市名と国名の間に", "を挿入
# ベクトルの要素間のセパレーターは指定しない
city_country_pairs <- str_c(cities, countries, sep = ", ")
# 結果を出力
print(city_country_pairs)
```

▼**出力**

```
[1] "Tokyo, Japan"  "New York, USA" "London, UK"
```

　ベクトルの同じ位置の要素同士は結合されましたが、要素間の結合は行われないため、結果として要素数3のベクトルが出力されています。

Tips
**151**
▶Level ●●○

# 文字列の一部を抽出する

ここが
ポイント
です!

## str_sub(文字列または文字列ベクトル、抽出開始位置、抽出終了位置)

　stringrパッケージのstr_sub()関数は、文字列の指定された部分を抽出します。

・**str_sub()関数**
　文字列のstartの位置からendの位置までを抽出します。

| 書式 | str_sub(string, start = 1, end = -1) | |
|---|---|---|
| パラメーター | string | 抽出対象の文字列または文字列ベクトル。 |
| | start | 抽出を開始する位置。正の値は文字列の先頭からの位置を、負の値は文字列の末尾からの位置を指します。デフォルトは1で、文字列の先頭から抽出を開始します。 |
| | end | 抽出を終了する位置。この引数もstartと同様に正の値または負の値をとります。デフォルトは-1で、文字列の末尾までを意味します。 |

### ●文字列の先頭から特定の位置までの部分を抽出
　次に示すのは、文字列の先頭から指定された文字数までの部分を抽出する例です。

### ▼文字列の先頭から5文字目までを抽出する

```
library(tidyverse)
# 文字列を定義
string <- "Hello, world!"
# 先頭の5文字を抽出
substring <- str_sub(string, 1, 5)
# 結果を出力
print(substring)
```

### ▼出力

```
[1] "Hello"
```

## ●文字列の末尾から特定の位置までの部分を抽出

次に示すのは、文字列の末尾から逆算して特定の文字数の部分を抽出する例です。

### ▼末尾の6文字を抽出する

```
library(tidyverse)
# 文字列を定義
string <- "Hello, world!"
# 末尾の6文字を抽出
substring <- str_sub(string, -6, -1)
# 結果を出力
print(substring)
```

### ▼出力

```
[1] "world!"
```

## ●文字列の特定の範囲を抽出

次に示すのは、文字列の中間部分を指定した範囲で抽出する例です。

### ▼文字列の8文字目から12文字目までを抽出する

```
library(tidyverse)
# 文字列を定義
string <- "Hello, world!"
# 8文字目から12文字目までを抽出
substring <- str_sub(string, 8, 12)
# 結果を出力
print(substring)
```

### ▼出力

```
[1] "world"
```

# Tips 152 文字列を分割する

▶Level ● ● ○

**ここがポイントです！** str_split( )

stringrパッケージのstr_split()関数は、指定したパターンに基づいて文字列を分割します。

**・str_split()関数**

指定したパターンに基づいて文字列を分割し、結果をリストに格納して返します。

| 書式 | str_split(string, pattern, n = Inf, simplify = FALSE) | |
|---|---|---|
| パラメーター | string | 処理対象の文字列または文字列ベクトル。 |
| | pattern | 分割する際のパターン。正規表現を使用できます。 |
| | n | 返される最大要素数。デフォルトではInfで、これは可能な限り多くの分割を意味します。nを指定すると、最大n個の文字列に分割します。 |
| | simplify | デフォルトのFALSEは、分割後の文字列をリストに格納して返します。TRUEに設定すると、分割後の文字列を行列に格納して返します。この場合、行列の各行が1つの入力文字列に対応します。 |

**▼基本的な使用例**

```
library(stringr)
# ","で分割
str <- str_split("one,two,three", pattern = ",")
# 結果を出力
print(str)
```

**▼出力**

```
[[1]]
[1] "one"   "two"   "three"
```

tidyverseを用いた文字列や日付データの処理

## ▼nオプションを使用して分割する数を指定する

```
# " "で分割
# nを使用して分割の数を制限
str_n <- str_split("one two three", pattern = " ", n = 2)
# 結果を出力
print(str_n)
```

## ▼出力（返されたリストの要素数は2）

```
[[1]]
[1] "one"        "two three"
```

## ▼simplify=TRUEを設定して結果を行列で取得する

```
# ";"で分割
# simplifyをTRUEに設定して結果を行列で取得
str_simplify <- str_split("one,two,three;four,five,six",
                          pattern = ";",
                          simplify = TRUE)
# 結果を出力
print(str_simplify)
```

## ▼出力（（1行，2列）の行列が返される）

```
      [,1]              [,2]
[1,] "one,two,three" "four,five,six"
```

# Tips

# 153

文字列の先頭と末尾の空白を
トリミングする

▶Level ● ● ○

**ここが
ポイント
です!** str_trim(文字列または文字列ベクトル,
side = "both")

stringrパッケージのstr_trim()関数は、
文字列の先頭と末尾にある空白文字(ス
ペース、タブ、改行など)を取り除きます。

### • str_trim()関数
文字列の両端から空白(スペース、タブ、
改行など)を削除します。

| 書式 | str_trim(string, side = "both") | |
|------|------|------|
| パラメーター | string | 処理対象の文字列または文字列ベクトル。 |
| | side | トリミングを行う位置を指定します。デフォルトは"both"で、文字列の先頭と末尾の両方から空白を削除します。"left"を指定すると文字列の先頭の空白のみ、"right"を指定すると文字列の末尾の空白のみを削除します。 |

▼文字列の先頭と末尾の空白を取り除く

```
library(tidyverse)
# 前後に空白がある文字列を作成
sample_string <- "   これはテストです。   "
# 文字列の先頭と末尾の空白をトリミング
trimmed_string <- str_trim(sample_string)
print(trimmed_string)
```

▼出力

```
[1] "これはテストです。"
```

▼文字列の先頭の空白のみをトリミング

```
library(tidyverse)
# 前後に空白がある文字列を作成
sample_string <- "   これはテストです。   "
# 文字列の先頭の空白のみをトリミング
left_trimmed_string <- str_trim(sample_string, side = "left")
print(left_trimmed_string)
```

▼出力

```
[1] "これはテストです。    "
```

▼文字列の末尾の空白のみをトリミング

```
library(tidyverse)
# 前後に空白がある文字列を作成
sample_string <- "    これはテストです。    "
# 文字列の末尾の空白のみをトリミング
right_trimmed_string <- str_trim(sample_string, side = "right")
print(right_trimmed_string)
```

▼出力

```
[1] "    これはテストです。"
```

## Tips 154 文字列の余分な空白を トリミングする

▶Level ●●○

**ここがポイントです！** str_squish(文字列または文字列ベクトル)

stringrパッケージのstr_squish()関数は、文字列の先頭と末尾にある空白を取り除き、さらに文字列内の連続する空白を単一の空白に圧縮します。注意点として、文字列の途中にある空白は完全には取り除かれません。これは、文字列内の空白は意味のあるものとして残すための措置です。

・str_squish()関数

文字列の先頭と末尾にある空白を取り除き、さらに文字列内の連続する空白を単一の空白に圧縮します(連続している空白を1つにする)。

| 書式 | str_squish(string) | |
|------|------|------|
| パラメーター | string | 処理対象の文字列または文字列ベクトル。 |

▼文字列の余分な空白を取り除く

```
library(tidyverse)
# 文字列の定義
original_string <- "   ここに は    たくさん    の 空白   が あります。   "
# str_squish()を使用して余分な空白を削除
squished_string <- str_squish(original_string)
# 結果の表示
print(squished_string)
```

▼出力

```
[1] "ここに は たくさん の 空白 が あります。"
```

# 文字列の空白を完全に取り除く

ここが
ポイント
です！

## str_replace_all(文字列または文字列ベクトル, "\\s+", "")

stringrパッケージのstr_replace_all()関数は、指定したパターンに一致する部分をすべて別の文字に置き換えます。これを利用して、置き換える文字を""（空の文字列）と指定することで、文字列に含まれるすべての空白を取り除くことができます。

### • str_replace_all()関数

指定したパターンに一致する部分をすべて置き換えます。

| 書式 | str_replace_all(string, pattern, replacement) | |
|---|---|---|
| パラメーター | string | 置換を行う文字列または文字列ベクトル。 |
| | pattern | 検索するパターン。文字列または正規表現を指定できます。 |
| | replacement | patternに一致した部分を置換するための文字列。patternに一致する各部分は、この文字列に置き換えられます。 |

### ▼文字列に含まれるすべての空白を取り除く

```
library(tidyverse)
#  文字列の定義
original_string <- "これは  テスト 文字列です"
#  途中の空白を除去
modified_string <- str_replace_all(original_string, "\\s+", "")
#  結果を出力
print(modified_string)
```

### ▼出力

```
[1]  "これはテスト文字列です"
```

この例では、「\\s+」という正規表現を使用しています。「\\s」は空白文字（スペース、タブ、改行など）にマッチし、「+」は1回以上の繰り返しを意味します。

したがって、「\\s+」は「1つ以上の連続する空白文字」にマッチするため、文字列中のすべての空白が除去されます。

# 文字列のすべてのアルファベット を大文字に変換する

**ここが ポイント です!** str_to_upper(文字列または文字列 ベクトル)

stringrパッケージのstr_to_upper()関 数は、引数に指定した文字列または文字列 ベクトルのアルファベットの小文字を大文 字に変換します。

▼str_to_upper()関数の引数に文字列を指定した例

```
library(tidyverse)
# アルファベットの小文字を含む文字列を引数にする
upper_case_str <- str_to_upper("this is a test.")
# 結果の出力
print(upper_case_str)
```

▼出力

```
[1] "THIS IS A TEST."
```

▼str_to_upper()関数の引数に文字列ベクトルを指定した例

```
# アルファベットの小文字を含む文字列ベクトルの定義
string_vector <- c("this is a test.", "hello!", "r language is fun.")
# str_to_upper()関数を使用してベクトルのすべての文字列を大文字に変換
upper_case_vector <- str_to_upper(string_vector)
# 結果の出力
print(upper_case_vector)
```

▼出力（要素数3のベクトル）

```
[1] "THIS IS A TEST."    "HELLO!"             "R LANGUAGE IS FUN."
```

# 文字列のすべてのアルファベットを小文字に変換する

**Tips**
## 157

▶Level ● ● ○

**ここがポイントです！** str_to_lower(文字列または文字列ベクトル)

stringrパッケージのstr_to_lower()関数は、引数に指定した文字列または文字列ベクトルのアルファベットの大文字を小文字に変換します。

▼str_to_lower()関数の引数に文字列を指定した例

```
library(tidyverse)
#  アルファベットの大文字を含む文字列を引数にする
lower_case_str <- str_to_lower("This is a Test.")
#  結果の出力
print(lower_case_str)
```

▼出力

```
[1] "this is a test."
```

▼str_to_lower()関数の引数に文字列ベクトルを指定した例

```
#  大文字を含む文字列ベクトルの定義
string_vector <- c("This is a Test.", "Hello!", "R Language is Fun.")
#  str_to_lower()関数を使用してベクトルのすべての文字列を小文字に変換
lower_case_vector <- str_to_lower(string_vector)
#  結果の出力
print(lower_case_vector)
```

▼出力（要素数3のベクトル）

```
[1] "this is a test."    "hello!"              "r language is fun."
```

ここが
ポイント
です!

# 文字列内に指定したパターンが存在するか調べる

## str_detect(文字列または文字列ベクトル，検索パターン)

stringrパッケージのstr_detect()関数は、特定のパターンが文字列内に存在するかどうか調べます。指定されたパターンが文字列内に見つかるとTRUEを、見つからない場合はFALSEを返します。

• str_detect()関数

指定したパターンが文字列内に存在する場合はTRUEを返し、存在しない場合はFALSEを返します。

| 書式 | str_detect(string, pattern) | |
|---|---|---|
| パラメーター | string | 検索を行う文字列または文字列ベクトル。 |
| | pattern | 検索するパターン。文字列または正規表現を指定できます。 |
| 戻り値 | 論理値(TRUEまたはFALSE)。stringがベクトルの場合、結果も同じ長さの論理ベクトルになります。各要素は、対応する文字列要素がパターンに一致するかどうかを示します。 | |

### ●文字列ベクトルを検索する

文字列ベクトルに特定の文字を含む要素があるかどうか調べてみます。

▼文字列ベクトルに特定の文字を含む要素があるかどうか調べる

```
library(tidyverse)
# 文字列ベクトル
texts <- c("apple", "banana", "grape", "orange")
# 'a'を含む文字列を検出
contains_a <- str_detect(texts, "a")
# 結果を表示
print(contains_a)
```

▼出力

```
[1] TRUE TRUE TRUE TRUE
```

### ●str_detect()の結果を用いてフィルタリングする例

次に示すのは、str_detect()の結果を用いて文字列ベクトルの要素をフィルタリングする例です。

▼ str_detect() の結果を用いてフィルタリングする

```r
library(tidyverse)
# 文字列ベクトル
fruits <- c("apple pie", "banana split", "cherry tart", "apple crisp")
# 'apple'を含むかどうかをチェック
contains_apple <- str_detect(fruits, "apple")
# 'apple'を含む要素を取得
apple_desserts <- fruits[contains_apple]
# 結果を表示
print(apple_desserts)
```

▼出力

```
[1] "apple pie"    "apple crisp"
```

## Tips 159 パターンに最初に一致した文字列を置き換える

▶Level ●●○

**ここがポイントです!** str_replace(文字列または文字列ベクトル, 検索パターン, 置き換える文字列)

stringrパッケージのstr_replace()関数は、文字列内の、パターンに最初に一致した部分を、新しい文字列で置き換えます。

・**str_replace()関数**

パターンに最初に一致した部分を置き換えて、置き換えられたあとの新しい文字列を返します。

| 書式 | str_replace(string, pattern, replacement) | |
|---|---|---|
| パラメーター | string | 置換を行う文字列または文字列ベクトル。 |
| | pattern | 検索するパターン。文字列または正規表現を指定できます。 |
| | replacement | patternに一致した部分を置き換える新しい文字列。 |
| 戻り値 | パターンに最初に一致した部分が置換されたあとの新しい文字列を返します。入力が文字列ベクトルの場合、戻り値も同じ長さの文字列ベクトルになり、各要素は対応する入力文字列に対する置き換え後の結果を含みます。 | |

### ●文字列データに対して置き換え処理を行う

次に示すのは、処理の対象を文字列データにする例です。

▼文字列データに対して置き換え処理を行う

```
library(tidyverse)
# 置換を行う文字列
text <- "The quick brown fox jumps over the lazy dog."
# 'quick'を'fast'に置換
replaced_text <- str_replace(text, "quick", "fast")
# 結果を出力
print(replaced_text)
```

▼出力

```
[1] "The fast brown fox jumps over the lazy dog."
```

この例では、str_replace()関数を使用して、文字列textの最初に見つかった"quick"を"fast"に置き換えています。

## ●文字列ベクトルに対して置き換え処理を行う

次に示すのは、処理の対象を文字列ベクトルにする例です。

▼文字列ベクトルに対して置き換え処理を行う

```
library(tidyverse)
# 文字列ベクトル
texts <- c("I like apple pie.",
           "apple is my favorite fruit.",
           "Do you want an apple?")

# 'apple'を'orange'に置き換える
replaced_texts <- str_replace(texts, "apple", "orange")
# 結果を出力
print(replaced_texts)
```

▼出力

```
[1] "I like orange pie."
[2] "orange is my favorite fruit."
[3] "Do you want an orange?"
```

この例では、str_replace()関数を使って、ベクトルtexts内の各要素について、最初に見つかった"apple"を"orange"に置き換えています。str_replace()は各文字列に対して最初に見つかった文字列のみを置き換えるため、各要素の最初に見つかった"apple"のみが"orange"に置き換えられます。

# Tips 160

## パターンに一致したすべての文字列を置き換える

▶Level ● ● ○

**ここがポイントです！** str_replace_all(文字列または文字列ベクトル，検索パターン，置き換える文字列)

stringrパッケージのstr_replace_all()関数は、文字列内の、指定されたパターンに一致するすべての部分を、新しい文字列で置き換えます。

**・str_replace()関数**

パターンに一致するすべての部分を置き換えて、置き換えられたあとの新しい文字列を返します。

| 書式 | str_replace(string, pattern, replacement) | |
|---|---|---|
| パラメーター | string | 置換を行う文字列または文字列ベクトル。 |
| | pattern | 検索するパターン。文字列または正規表現を指定できます。 |
| | replacement | patternに一致した部分を置き換える新しい文字列。 |
| 戻り値 | 指定されたパターンに一致するすべての部分が置き換えられた新しい文字列を返します。入力が文字列ベクトルの場合、戻り値も同じ長さの文字列ベクトルになり、各要素は対応する入力文字列に対する置き換え後の結果を含みます。 | |

### ●文字列データに対して置き換え処理を行う

次に示すのは、処理の対象を文字列データにする例です。

▼文字列データに対して置き換え処理を行う

```
library(tidyverse)
# 置換を行う文字列
text <- "She sells sea shells by the sea shore."
# 'sea'を'ocean'にする(すべての一致する箇所を置き換え)
replaced_text <- str_replace_all(text, "sea", "ocean")
# 結果を出力
print(replaced_text)
```

▼出力

```
[1] "She sells ocean shells by the ocean shore."
```

この例では、str_replace_all()関数を使用して、文字列text内のすべての"sea"を"ocean"に置き換えています。

# Tips 161 文字列ベクトルに対して複数の置き換え処理を行う

ここが
ポイント
です！ > str_replace_all()

▶Level ●●○○

次に示すのは、処理の対象を文字列ベクトルにして、複数の置き換え処理を行う例です。

▼文字列ベクトルに対して置き換え処理を行う

```
library(tidyverse)
# 文字列ベクトル
texts <- c("I like apple and banana.",
           "apple and banana are my favorite fruits.",
           "Do you want an apple or a banana?")

# 'apple'を'orange'に、'banana'を'grape'に置換
replaced_texts <- str_replace_all(texts,
                                  c("apple" = "orange", "banana" = "grape"))

# 置換後のテキストを出力
print(replaced_texts)
```

▼出力

```
[1] "I like orange and grape."
[2] "orange and grape are my favorite fruits."
[3] "Do you want an orange or a grape?"
```

このプログラムでは、str_replace_all()関数に文字列ベクトルtextsと置換ルールを示す名前付きベクトル：

```
c("apple" = "orange", "banana" =
"grape")
```

を渡しています。ベクトルtextsの各要素（文字列）に対して、「"apple"を"orange"に置き換え」および「"banana"を"grape"に置き換え」の処理が行われます。

結果として、ベクトルtextsの各要素の"apple"が"orange"に、"banana"が"grape"に置換された新しい文字列ベクトルが出力されます。

# 162 正規表現とは

**ここが
ポイント
です!**　正規表現、パターンマッチング、メタ文字、
文字クラス

▶Level ●●●

　**正規表現**（Regular Expression：Regex）
は、文字列の検索、置換、分析を行うために
使用される強力なツールです。その実体は、
特定のパターンに一致する文字列を検索す
るための短いコードであり、テキスト処理で
広く利用されています。

### ●正規表現の基本的な概念

　正規表現の目的は**パターンマッチング**を
行うことです。パターンマッチングとは、あ
るパターン（正規表現のルールに基づいて
作成された文字列）を用いてテキストを検
索し、そのパターンに一致する部分を見つ
け出すプロセスを指します。正規表現を使用
することで、次のようなタスクを効率的に行
うことができます。

・**検索**
　文字列内から特定のパターンに一致する
　部分を見つける。

・**検証**
　入力されたデータが特定のフォーマット
　や条件に合致しているかどうか確認する
　（例：メールアドレスや電話番号の形式）。

・**抽出**
　文字列から特定の情報（例：日付、URL、
　メールアドレス）を抽出する。

・**置換**
　文字列内の特定のパターンに一致する部
　分を他のテキストで置き換える。

### ●正規表現のパターンに用いられる要素

　正規表現のパターンに用いられる要素は
次の通りです。

・**リテラル文字**
　通常の文字のこと。リテラル文字は文字自
　身に一致します。例えば、aはaに一致し
　ます。

・**メタ文字**
　正規表現において特別な意味を持つ文字
　のことを「メタ文字」と呼びます。例えば
　ドット「.」は任意の単一文字に一致しま
　す。

・**文字クラス**
　[ ]内の任意の単一文字に一致します。例
　えば[abc]とすると、a、bまたはcに一致
　します。

・**量指定子**
　直前の要素の繰り返しを指定します。

**▼量指定子**

| 量指定子 | 説明 |
| --- | --- |
| * | 0回以上 |
| + | 1回以上 |
| ? | 0回または1回 |
| {n} | n回 |
| {n,} | 少なくともn回 |
| {n,m} | n回以上m回以下 |

### ・位置指定子

文字列内の特定の位置に一致。

#### ▼位置指定子

| 位置指定子 | 説明 |
|---|---|
| ^ | 文字列の開始位置 |
| $ | 文字列の終了位置 |

### ・エスケープ

メタ文字をリテラル文字として扱うために\（バックスラッシュ）を使用します。例えば「\.」は、リテラル文字の「.」に一致します。

### ・グループ化

()を使用して、複数の要素を1つの単位として扱います。

### ●正規表現で使われるメタ文字

正規表現における「メタ文字」は、文字列検索やパターンマッチングの際に特定のルールや操作を指定するために使用される、特別な意味を持つ文字のことです。正規表現では、次表のメタ文字が使われます。

#### ▼正規表現で使われるメタ文字

| メタ文字 | 説明 |
|---|---|
| .（ドット） | 任意の単一の文字に一致します。 |
| ^ | 文字列の開始を表します。このメタ文字に続くパターンは、文字列の先頭でのみ一致します。 |
| $ | 文字列の終了を表します。このメタ文字の手前のパターンは、文字列の末尾でのみ一致します。 |
| * | 直前の文字の0回以上の繰り返しに一致します。 |
| + | 直前の文字の1回以上の繰り返しに一致します。 |
| ? | 直前の文字の0回または1回の出現に一致します。 |
| [ ] | 文字クラスを定義します。文字クラスとは、[ ]で囲まれた文字のセットのことで、その中の任意の単一文字に一致させるために使用します。例えば[abc]は、a、bまたはcに一致します。 |
| -（ハイフン） | 文字クラス内で使用された場合、文字の範囲を指定します。例えば[a-z]は、任意の小文字に一致します。 |
| ^ | 文字クラスの最初に置かれた場合、否定の文字クラスを定義します。例えば[^a]は、a以外の任意の文字に一致します。 |

| メタ文字 | 説明 |
|---|---|
| () | キャプチャグループを定義します。( )内のパターンに一致する部分を記憶し、あとで参照することができます。 |
| \| | 論理的な「OR」を表します。A\|BはAまたはBに一致します。 |
| \ (バックスラッシュ) | エスケープ文字です。メタ文字をリテラル文字として扱いたい場合や、特殊なシーケンス (例: \dで任意の数字に一致) を表すために使用します。 |
| {} | 量指定子です。直前の文字の指定された回数の繰り返しに一致します。例えば、a{2}はaaに一致し、a{2,4}はaa、aaaまたはaaaaに一致します。 |

## ●文字クラス

　正規表現における「文字クラス」は、[ ]で囲まれた文字のセットであり、その中の任意の単一文字に一致させるために使用します。

### ▼文字クラスの例

| 文字クラス | 説明 |
|---|---|
| [abc] | a、bまたはcのいずれか1文字に一致します。 |
| [a-z] | 任意の小文字の英字に一致します。 |
| [A-Z] | 任意の大文字の英字に一致します。 |
| [0-9] | 任意の1桁の数字に一致します。 |
| [a-zA-Z] | 任意の英字 (大文字または小文字) に一致します。 |
| [^abc] | a、b、c以外の任意の1文字に一致します (否定の文字クラス)。 |

　正規表現では、バックスラッシュ「\」に続く特定の文字によって表される特殊な文字クラスが定義されています。

### ▼特殊な文字クラス

| \ を用いた特殊な文字クラス | 説明 |
|---|---|
| \d　(Rでは\\dと記述) | 任意の数字 ([0-9]と同等) に一致します。 |
| \D　(Rでは\\Dと記述) | 数字以外の任意の文字 ([^0-9]と同等) に一致します。 |
| \w　(Rでは\\wと記述) | 任意の単語文字 (英数字およびアンダースコア、つまり [a-zA-Z0-9_] と同等) に一致します。 |
| \W　(Rでは\\Wと記述) | 単語文字以外の任意の文字 ([^a-zA-Z0-9_]と同等) に一致します。 |
| \s　(Rでは\\sと記述) | 任意の空白文字 (スペース、タブ、改行など) に一致します。 |
| \S　(Rでは\\Sと記述) | 空白文字以外の任意の文字に一致します。 |

　Rの正規表現で\dのような特殊文字列を表現する際は、バックスラッシュ (\) を2個 (\\) にする必要があります。これは、R言語の文字列リテラルの解釈ルールによるものです。文字列内でバックスラッシュ (\) を使用する場合、それをエスケープ文字として扱うため、実際にバックスラッシュ自体を表現したい場合は、2回繰り返して\\と書く必要があるのです。

tidyverseを用いた文字列や日付データの処理

## ●正規表現を使用できるstringrパッケージの関数

stringrパッケージでは、以下の関数が正規表現によるパターンマッチングに対応しています。

・str_detect(string, pattern)
文字列が特定のパターンを含むかどうかを検出します。論理値 (TRUE/FALSE) を返します。

・str_extract(string, pattern)
文字列から特定のパターンに最初に一致した部分を抽出します。

・str_extract_all(string, pattern)
文字列から特定のパターンに一致したすべての部分を抽出します。

・str_replace(string, pattern, replacement)
文字列内の特定のパターンを別の文字列で置換します。

・str_replace_all(string, pattern, replacement)
文字列内のすべてのパターンを指定された別の文字列で置き換えます。

・str_match(string, pattern)
文字列から特定のパターンに一致する部分を抽出し、抽出された各部分を含む行列を返します。

## Tips 163 正規表現のパターンを作る

▶Level ●●●

ここがポイントです！　正規表現のパターン

正規表現とは、「売上額」のような通常の文字 (リテラル文字) と、**メタ文字**と呼ばれる特殊な意味を持つ記号を組み合わせた文字列のことです。正規表現の柔軟さや複雑さは、メタ文字の種類の多さによるものです。ここでは、正規表現を使ったパターン作りの基本を紹介します。

### ●ふつうの文字列

メタ文字を含まない、「月別販売額」などの単なる文字列は、単純にその文字列にマッチします。ひらがなとカタカナの違い、空白のあり／なしなども厳密にチェックされます。また、言葉の意味は考慮されないため、単純なパターンは思わぬ文字列にもマッチすることがあります。

▼パターン文字

| 正規表現 | マッチする文字列 | マッチしない文字列 |
|---|---|---|
| 月末 | 月末の集計額 | 月[空白]末 |
| | 4月の月末 | 月・末 |
| | 3月末において | 月曜 |
| | | げつまつ |
| | | 今月の末 |

## ●この中のどれか

メタ文字「｜」を使うと、「AまたはB」という具合に、いくつかのパターンを候補にできます。「売上高」「売上額」「販売額」などの似た意味の言葉をまとめて反応させるためのパターンや、「総計」「そうけい」「ソウケイ」などの漢字／ひらがな／カタカナの表記の違いをまとめるためのパターンなどに使うと便利です。

▼複数のパターンにマッチさせる

| 正規表現 | マッチする文字列 | マッチしない文字列 |
|---|---|---|
| 総計｜そうけい｜ソウケイ | 総計 | 総合計 |
| | そうけい | 総ケイ |
| | ソウケイ | 総：合計 |

## ●アンカー

**アンカー**は、パターンの位置を指定するメタ文字のことです。アンカーを使うと、「対象の文字列のどこにパターンが現れなければならないか」を指定できます。指定できる位置はいくつかありますが、行の先頭「^」と行末「$」がよく使われます。文字列に複数の行が含まれている場合は、1つの対象の中に複数の行頭／行末があることになりますが、たいていのプログラムでは行ごとに文字列を処理するので、「^」を文字列の先頭、「$」を文字列の末尾にマッチするメタ文字と考えてほぼ問題ありません。

単に文字列だけをパターンにすると、意図しない文字列にもマッチしてしまうという問題がありましたが、先頭にあるか末尾にあるかを限定できるアンカーを効果的に使えば、うまくパターンマッチさせることができます。

▼アンカー

| 正規表現 | マッチする文字列 | マッチしない文字列 |
|---|---|---|
| ^当月 | 当月の売上 | 3月当月 |
| | 当月から | 2024年の当月 |
| | 当月末 | 「当月」 |
| 当月$ | 3月当月 | 当月の売上 |
| | 2024年の当月 | 当月から |
| | 2024年：当月 | 当月末 |

## ●どれか1文字

いくつかの文字を[ ]で囲むことで、「これらの文字の中でどれか1文字」という表現ができます。例えば「[。、]」は、「。」か「、」のどちらか句読点1文字、という意味です。アンカーと同じように、直後に句読点があることを指定して、マッチする対象を絞り込むテクニックとして使えるでしょう。また「[？?]」のように、全角／半角表記の違いを吸収する用途にも使えます。

tidyverseを用いた文字列や日付データの処理

#### ▼どれか1文字にマッチさせる

| 正規表現 | マッチする文字列 | マッチしない文字列 |
|---|---|---|
| 今月[のは] | 今月の | 今月における |
| | 今月は | 今月では |
| | 今月の売上 | 今月末 |
| 今月[〜ー…：] | 今月〜来月 | （今月） |
| | 今月－2024年 | 〜今月 |
| | 2024年の今月… | ：今月 |
| | 今月：来月 | －今月 |

### ●何でも1文字

「.」は何でも1文字にマッチするメタ文字です。普通の文字はもちろんのこと、スペースやタブなどの目に見えない文字にもマッチします。1つだけでは役に立ちそうにありませんが、「...」(何か3文字あったらマッチ)

のように連続して使ったり、次に紹介する繰り返しのメタ文字と組み合わせたりして「何でもいいので何文字かの文字列がある」というパターンを作るのに使います。

#### ▼何でも3文字にマッチさせる

| 正規表現 | マッチする文字列 | マッチしない文字列 |
|---|---|---|
| 今月... | 今月の売上 | 今月末の集計 |
| | 今月末の計 | 今月から |
| | 今月、□計 | 今月末 |

（□は全角スペース）

### ●繰り返し

繰り返しを意味するメタ文字を置くことで、直前の文字が連続することを表現できます。ただし、繰り返しが適用されるのは直前の1文字だけです。1文字以上のパターンを繰り返すには、後述するカッコでまとめてから繰り返しのメタ文字を適用します。

「+」は1回以上の繰り返しを意味します。つまり「w+」は"w"にも"ww"にも"www"にもマッチします。

「*」は0回以上の繰り返しを意味します。「0回以上」であるところがポイントで、繰り返す対象の文字が一度も現れなくてもマッチします。つまり「w*」は"w"や"www"に

マッチしますが、"123"や""（空文字列）や"総合計"の文字列などにもマッチします。要するに、ある文字が「あってもなくてもかまわないし連続していてもかまわない」ことを意味します。

繰り返し回数を限定したいときは「{m}」を使います。mは回数を表す整数です。また、「{m,n}」とすると「m回以上、n回以下」という繰り返し回数の範囲まで指定でき、「{m,}」のようにnを省略することもできます。「+」は「{1,}」と、「*」は「{0,}」と同じ意味です。

## ▼繰り返しを指定してマッチさせる

| 正規表現 | マッチする文字列 | マッチしない文字列 |
|---|---|---|
| 月＋ | 月月 | 月末 |
| | 月月曜日 | 月次 |
| | | 月毎 |
| ＾当月＊ | 当月 | 8月当月 |
| | 当日 | ：当月 |
| 月{3,} | 月月月 | 月月 |
| | 年年年月月月日日日 | 月：月の月曜日 |

### ●あるかないか

「?」を使うと、直前の1文字が「あっても なくてもいい」ことを表すことができます。 繰り返しのメタ文字と同じく、カッコを使う ことで1文字以上のパターンに適用するこ ともできます。

## ▼あるかないかを指定してマッチさせる

| 正規表現 | マッチする文字列 | マッチしない文字列 |
|---|---|---|
| 完了[。！]?$ | 完了 | 完了前 |
| | 月末で完了 | 完了後 |
| | 月初めで完了。 | 月の完了！予測 |
| | 集計完了！ | －完了－ |

### ●パターンをまとめる

カッコ「( )」を使うことで、1文字以上の パターンをまとめることができます。まとめ たパターンは、グループとしてメタ文字の影 響を受けます。例えば「(abc)＋」は「abcと いう文字列が1つ以上ある」文字列にマッチ します。メタ文字「|」を使うと複数のパター ンを候補として指定できますが、「|」の対象 範囲を限定させるときにもカッコを使いま す。

例えば「＾さよなら|バイバイ|じゃまたね $」というパターンは、「＾さよなら」「バイバ イ」「じゃまたね$」の3つの候補を指定した ことになります。アンカーの場所に注意して ください。このとき、カッコを使って「＾(さ よなら|バイバイ|じゃまたね)$」とすれば、 「＾さよなら$」「＾バイバイ$」「＾じゃまた ね$」を候補にできます。

▼パターンをまとめる

| 正規表現 | マッチする文字列 | マッチしない文字列 |
|---|---|---|
| (当然\|とうぜん)で | それは当然です | 当然の結果 |
| | とうぜんです | 当・然 |
| | 当然である結果 | とーぜん |
| (未定)+ | 未定未定 | 未：定 |
| | 来月は未定である | 未完了 |

## Tips 164 メールアドレスを検出する

▶Level ●●●

**ここがポイントです！** str_detect()関数による メールアドレスの検出

次に示すのは、メールアドレスを検出する基本的な正規表現のパターンです。

▼メールアドレスを検出する正規表現のパターン

```
"[A-Za-z0-9._%+-]+@[A-Za-z0-9.-]+\\.[A-Za-z]{2,}"
```

【注意】
　この正規表現パターンは基本的なもので、一般的なメールアドレスの形式にはほぼ対応しますが、すべてのメールアドレスのパターンや特殊なケースを網羅しているわけではありません。スペースあるいは(),.:;<>@[]などの特殊文字が許可されているアドレスについては、検出できません。

次に示すのは、文字列ベクトルの要素にメールアドレスが含まれているかどうかを調べる例です。

▼メールアドレスを検出する

```
library(tidyverse)
# サンプルの文字列ベクトルを定義します
strings <- c("user@example.com",
             "no-email-here",
             "another-user@example.org")
# メールアドレスの基本的なパターン
email_pattern <- "[A-Za-z0-9._%+-]+@[A-Za-z0-9.-]+\\.[A-Za-z]{2,}"
# str_detect()を使用して、ベクトル要素がメールアドレスの
```

```
# パターンに一致するかどうかを検出する
matches <- str_detect(strings, email_pattern)
# 結果を出力
print(matches)
```

▼出力
```
[1] TRUE
[2] FALSE
[3] TRUE
```

このプログラムでは、str_detect()関数を使用して、各文字列が電子メールアドレスとして定義されたパターンに一致するかどうかを検出しています。結果は論理値のベクトルとして返され、「各要素が対応する文字列がパターンに一致するかどうか」を示します（TRUEは一致、FALSEは不一致）。

## Tips 165　メールアドレスを抽出する

▶Level ●●●

**ここがポイントです！** str_extract_all()関数によるメールアドレスの抽出

次に示すのは、メールアドレスを検出する基本的な正規表現のパターンを用いて、文字列ベクトルの要素に含まれるすべてのメールアドレスを抽出する例です。

▼メールアドレスを抽出する
```
library(tidyverse)

# サンプルの文字列ベクトルを定義します
strings <- c("Please contact us at support@example.com for assistance.",
             "Send your feedback to feedback@example.org, thank you!",
             "No email address here.")
# メールアドレスの基本的なパターン
email_pattern <- "[A-Za-z0-9._%+-]+@[A-Za-z0-9.-]+\\.[A-Za-z]{2,}"
# str_extract_all()を使用して、各文字列からメールアドレスを抽出
extracted_emails <- str_extract_all(strings, email_pattern)
# 抽出されたメールアドレスを出力
print(extracted_emails)
```

▼出力

```
[[1]]
[1] "support@example.com"
[[2]]
[1] "feedback@example.org"
[[3]]
character(0)                    ← リストの第3要素は空のベクトル
```

このプログラムは、文字列ベクトル内の各要素を走査し、それぞれの要素からメールアドレスに一致するすべての部分を抽出します。str_extract_all()関数は戻り値としてリストを返し、リストの各要素は、対応する文字列から抽出されたメールアドレスのベクトルです。文字列ベクトルの要素にメールアドレスが含まれていない場合は、戻り値のリストの対応する要素は空のベクトルになります。

## Tips 166 電話番号を抽出する

**ここがポイントです！** str_extract_all()関数による電話番号の抽出

▶Level ●●●

国内の一般的な固定電話番号と東京の固定電話番号として、

・パターン1: xxx-xxx-xxxx
・パターン2: xxx(xxx)xxxx
・パターン3: xx(xxxx)xxxx
・パターン4: xx-xxxx-xxxx

という4つのパターン（ここでxは数字を示す）を検出する正規表現のパターンは次のようになります。

▼国内の電話番号を検出する正規表現のパターン

```
"\\b(\\d{3}-\\d{3}-\\d{4}|\\d{3}\\(\\d{3}\\)\\d{4}|\\d{2}\\(\\
d{4}\\)\\d{4}|\\d{2}-\\d{4}-\\d{4})\\b"
```

\\bは単語の境界を意味し、数字が他の文字と隣接していないことを保証します。このパターンを用いて、文字列ベクトルから電話番号の部分を抽出するプログラムを作成してみます。

▼文字列ベクトルから電話番号の部分を抽出する

```
library(tidyverse)

# サンプルの文字列ベクトルを定義
strings <- c("Call me at 123-456-7890.",
             "Contact us at 005(456)7890 or 005(654)3210.",
             "Our Japan office number is 03(1234)5678.",
             "Reach our branch at 03-1234-5678.",
             "This string does not contain a phone number.")

# 電話番号のパターン
# パターン1： xxx-xxx-xxxx
# パターン2： xxx(xxx)xxxx
# パターン3： xx(xxxx)xxxx
# パターン4： xx-xxxx-xxxx
phone_pattern <- "\\b(\\d{3}-\\d{3}-\\d{4}|\\d{3}\\(\\d{3}\\)\\d{4}|\\
d{2}\\(\\d{4}\\)\\d{4}|\\d{2}-\\d{4}-\\d{4})\\b"

# str_extract_all()を使用して、各文字列から電話番号を抽出
extracted_numbers <- str_extract_all(strings, phone_pattern)

# 抽出された電話番号を表示
print(extracted_numbers)
```

▼出力

```
[[1]]
[1] "123-456-7890"
[[2]]
[1] "005(456)7890" "005(654)3210"
[[3]]
[1] "03(1234)5678"
[[4]]
[1] "03-1234-5678"
[[5]]
character(0)
```

# 電話番号の表記ゆれを統一する

ここが
ポイント
です！

**str_replace()関数によるフォーマットの書き換え**

ここでは例として、

```
123-456-7890
```

のような形式で記述された電話番号を

```
123(456)7890
```

の形式に書き換える（置き換える）プログラムを作成してみます。

▼電話番号のフォーマットを変更する

```r
library(tidyverse)

# サンプルの文字列を定義
text <- c("Contact me at 001-456-7890.",
          "Contact me at 123-456-7890 or visit our website.")

# 電話番号のパターン(キャプチャグループを使用してフォーマット)
phone_pattern <- "(\\d{3})-(\\d{3})-(\\d{4})"
# 電話番号をカッコで囲んだフォーマットに置き換える     例：123(456)7890
replaced_text <- str_replace(text, phone_pattern, "\\1(\\2)\\3")
# 置き換えられたテキストを表示
print(replaced_text)
```

▼出力

```
[1] "Contact me at 001(456)7890."
[2] "Contact me at 123(456)7890 or visit our website."
```

# Tips 168

## 日付データを抽出する

**ここがポイントです！** **str_extract_all()関数による日付データの抽出**

▶Level ●●●

日付データの検出と抽出を行うには、str_extract_all()関数を使用して、特定の日付パターンに一致するすべての部分をテキストから抽出します。一般的な日付フォーマットには様々な形式がありますが、ここでは次の3パターンに対応することにします。

・YYYY-MM-DD（例: 2024-01-01）
・DD/MM/YYYY（例: 01/01/2024）
・MM-DD-YYYY（例: 01-01-2024）

これらのフォーマットに一致する日付を抽出するための正規表現パターンは次のようになります。

▼日付データにマッチングさせるためのパターン

```
\\b(\\d{4}-\\d{2}-\\d{2}|\\d{2}/\\d{2}/\\d{4}|\\d{2}-\\d{2}-\\d{4})\\b
```

異なる日付フォーマットに対応するため、メタ文字「|」を使用して複数のパターンを組み合わせた正規表現を作成しています。\\bは単語の境界を表し、日付が単語として独立していることを確認するためのものです。

▼str_extract_all()関数を使用して日付データを抽出する

```
library(tidyverse)
# サンプルのテキストを定義
text <- "The event dates are 2024-01-01, 02/02/2024, and 03-03-2024."
# 日付のパターン（YYYY-MM-DD, DD/MM/YYYY, MM-DD-YYYY）
date_pattern <- "\\b(\\d{4}-\\d{2}-\\d{2}|\\d{2}/\\d{2}/\\d{4}|\\
d{2}-\\d{2}-\\d{4})\\b"
# str_extract_all()を使用して、テキストから日付を抽出
extracted_dates <- str_extract_all(text, date_pattern)
# 抽出された日付を表示
print(extracted_dates)
```

▼出力

```
[1] "2024-01-01" "02/02/2024" "03-03-2024"
```

**Tips**
# 169

## バラバラの日付データの
## フォーマットを統一する

▶Level ●●●

**ここが
ポイント
です！**
> **str_replace_all() 関数による
> 日付データの書き換え**

複数の日付フォーマットを検出し、それら
を1つの統一されたフォーマットに置き換
えるプログラムを作成します。ここでは、次
のような日付フォーマットを検出して、それ
らをYYYY-MM-DDのフォーマットに置き
換えることにします。

▼検出する日付フォーマット

```
YYYY-MM-DD
DD/MM/YYYY
MM-DD-YYYY
```

stringrパッケージのstr_replace_all()関
数を使用して、文字列内の日付フォーマット
を検出し、置き換えを行ってみます。

▼日付データのフォーマットを統一されたものに置き換える

```r
library(tidyverse)
# サンプルの文字列ベクトルを定義
strings <- c("The event was on 2024-01-01",
             "Another event was on 22/02/2024",
             "The final event was on 03-23-2024")
# 日付フォーマットのパターンと置き換えルールを定義
patterns <- c("\\b(\\d{4})-(\\d{2})-(\\d{2})\\b",   # YYYY-MM-DD
              "\\b(\\d{2})/(\\d{2})/(\\d{4})\\b",    # DD/MM/YYYY
              "\\b(\\d{2})-(\\d{2})-(\\d{4})\\b")    # MM-DD-YYYY
# 置き換えるフォーマット(YYYY-MM-DD)
replacement <- c("\\3-\\2-\\1", "\\3-\\2-\\1", "\\3-\\1-\\2")
# 各パターンについて置き換えを実行
for (pattern in patterns) {
  strings <- str_replace_all(strings, pattern, replacement)
}
# 置き換え後の文字列を表示
print(strings)
```

▼出力

```
[1] "The event was on 2024-01-01"
[2] "Another event was on 2024-02-22"
[3] "The final event was on 2024-03-23"
```

このプログラムでは、まず異なる日付
フォーマットのパターンを定義し、それぞれ
に対してstr_replace_all()関数を使用して、
指定されたフォーマット(この場合は
YYYY-MM-DD)への置き換えを行います。

置き換えルールreplacementでは、キャプ
チャグループ"\\3-\\2-\\1"を使用して、元
の日付部分を新しいフォーマットに再構成
しています。

# Tips 170 URLの検出と抽出

▶Level ●●●

> ここが
> ポイント
> です!

## str_extract_all()関数による URLの抽出

テキストデータからURLを見つけ出すためには、正規表現を使用してhttpまたはhttpsで始まる文字列を検索します。

▼URLにマッチングさせるためのパターン

```
"https?://[^\\s]+"
```

▼文字列ベクトルに埋め込まれたURLを抽出する例

```
library(tidyverse)

# サンプルの文字列ベクトルを定義
strings <- c(
  "Check out https://www.example.com for more information.",
  "Visit at http://example.org or https://twitter.com/example",
  "No URL here.")

# URLの正規表現パターン
url_pattern <- "https?://[^\\s]+"
# str_extract_all()を使用して、各文字列からURLを抽出
extracted_urls <- str_extract_all(strings, url_pattern)
# 抽出されたURLを表示
print(extracted_urls)
```

▼出力

```
[[1]]
[1] "https://www.example.com"
[[2]]
[1] "http://example.org"
[2] "https://twitter.com/example"
[[3]]
character(0)
```

tidyverseを用いた文字列や日付データの処理

## 大文字小文字を区別せずに特定のパターンを含む文字列を検出する

ここがポイントです！ **regex()関数によるregexオブジェクトの生成**

　stringrパッケージのregex()関数は、正規表現を使って文字列操作を行う際に、正規表現のパターンを詳細に制御するオプションを提供します。regex()関数は、正規表現のパターンに制御用のオプションを加

えたregexオブジェクトを戻り値として返すので、stringrにおける様々な関数（str_detect()、str_replace()、str_extract()など）の引数に指定してパターンマッチングを行う——という使い方をします。

### ・regex()関数

　正規表現のパターンをより詳細に制御するオプションを付加したregexオブジェクトを生成します。

| 書式 | regex(pattern, ignore_case = FALSE, multiline = FALSE, comments = FALSE, dotall = FALSE) | |
|---|---|---|
| パラメーター | pattern | 検索またはマッチングを行うための正規表現のパターンを指定します。 |
| | ignore_case | 大文字と小文字を区別しない場合はTRUEに設定します。デフォルトはFALSEです。 |
| | multiline | 複数行にまたがる文字列を扱う場合にTRUEに設定します。このオプションがTRUEの場合、^と$はそれぞれ文字列の開始と終了だけでなく、行の開始と終了にもマッチします。デフォルトはFALSEです。 |
| | comments | 正規表現内で空白や#から始まるコメントを無視する場合にTRUEに設定します。デフォルトはFALSEです。 |
| | dotall | このオプションがTRUEの場合、ドット「.」が改行文字にもマッチするようになります。デフォルトはFALSEです。 |
| 戻り値 | 指定した正規表現パターンに、ignore_case、multiline、comments、dotallなどのオプションの設定を含んだregexオブジェクトを返します。 | |

　regex()関数の使用例として、「大文字小文字を区別せずに特定のパターンを含む文字列を検出する」例を次に示します。

▼大文字小文字を区別せずに、特定のパターンを含む文字列を検出する

```
library(tidyverse)
# 文字列ベクトル
texts <- c("Hello World", "hello world", "HELLO WORLD")
# 'hello'という単語を大文字小文字を区別せずに検索する
# regexオブジェクトを生成
pattern <- regex("hello", ignore_case = TRUE)
# パターンにマッチするかどうかを検出
matches <- str_detect(texts, pattern)
# 結果を出力
print(matches)
```

▼出力

```
[1] TRUE TRUE TRUE
```

　この例では、regex()関数で「ignore_case = TRUE」を指定することで、大文字小文字を区別せずに"hello"という単語を検索しています。結果として、指定したパターンにすべてのテキストがマッチすることが示されました。

**Tips 172**

▶Level ●●●

ここが
ポイント
です!

# 文字列の行単位でパターンマッチさせる

## regex()関数のmultilineオプション

　regex()関数のmultilineオプションをTRUEに設定すると、複数行のテキストデータに対して、行単位でパターンマッチングを行うregexオブジェクトを生成することができます。

　この方法を使えば、メタ文字の^と$はそれぞれ文字列の開始と終了ではなく、行の開始と終了にマッチするようになります。次のプログラムでは、「multiline = TRUE」オプションを使用して、複数行にわたるテキスト内でパターンが行の開始にマッチするようにしています。

tidyverseを用いた文字列や日付データの処理

## ▼行単位でパターンマッチングを行う

```
library(tidyverse)
# 複数行のテキスト
text <- "This is some text.
2024-03-01 Happy New Year.
Another line of text.
2024-02-14 Valentine's Day."

# 日付のパターン(YYYY-MM-DD)を検索するためのregexオブジェクトを作成
pattern <- regex("^\\d{4}-\\d{2}-\\d{2}", multiline = TRUE)
# 行単位でパターンにマッチングした部分を抽出
matches <- str_extract_all(text, pattern)
# 結果を出力
print(matches)
```

## ▼出力

```
[[1]]
[1] "2024-03-01" "2024-02-14"
```

regex()関数を使用して、YYYY-MM-DD
形式の日付にマッチする正規表現パターン：

```
"^\\d{4}-\\d{2}-\\d{2}"
```

を作成します。ここでの「^」は行の開始を
示し、「\\d{4}-\\d{2}-\\d{2}」は「4桁の数
字、ハイフン、2桁の数字、ハイフン、2桁の
数字の並び」を示します。「multiline =
TRUE」オプションにより、複数行にわたる
テキスト内の各行の開始でこのパターンが
検索されます。

# Tips 173

lubridateパッケージによる
日付・時刻データ操作の概要

▶Level ●●○

**ここがポイントです！** lubridateパッケージ、Date型、POSIXct型

tidyverseのlubridateは、R言語で日付と時刻のデータを扱うためのパッケージです。日付と時刻のデータの操作を簡単にし、より直感的で理解しやすくすることを目的としています。

## ● Date型とPOSIXct型

R言語での日付と時刻の基本のデータ型として、Date型とPOSIXct型があります。

### ・Date型

・Date型は日付のみを扱うためのデータ型です。時刻の情報（時、分、秒）は含まれません。

・Date型のオブジェクトには、1970-01-01からの経過日数が格納されます。正の値は1970-01-01以降の日付を、負の値はそれ以前の日付を表します。

・日付のみを扱う分析や計算に適しています。例えば、誕生日や特定のイベントの日付など、時刻を伴わない日付情報を扱う場合に使用します。

### ・POSIXct型

・POSIXct型は日付と時刻の両方を扱うためのデータ型です。この形式は世界標準時刻（UTC）を基準にした精確な時刻を表現することができます。

・POSIXctは日付と時刻を1970-01-01 00:00:00 UTCからの経過秒数として数値で表します。

・時刻帯（タイムゾーン）の情報を扱うことができるので、異なる時刻帯にまたがる日付と時刻の計算や比較が可能です。

## ● lubridateで何ができるのか

lubridateを使用することで、以下のような処理ができます。

### ・日付と時刻の解析

文字列形式で提供される日付と時刻をDate型やPOSIXct型に変換します。

### ・日付と時刻の作成

特定の日付や時刻を作成するための関数が用意されています。

### ・日付と時刻を個別に抽出

年、月、日、曜日など、日付や時刻から特定の成分を抽出するための関数が含まれています。

### ・日付と時刻の加算と減算

日付や時刻に期間を加算したり、逆に引いたりすることができます。これにより、期間の計算が行えます。

### ・期間、間隔および持続時間の扱い

期間（日単位の経過時間）、間隔（正確な開始時刻と終了時刻の間の経過時間）、持続時間（秒単位の経過時間）という、時間の経過を表すための3つの異なる概念を導入しています。これらを使って、時間の計算や比較をより柔軟に行うことができます。

### ・日付と時刻の書式設定と変換

日付と時刻のデータを異なる形式で出力するための関数が用意されています。

tidyverseを用いた文字列や日付データの処理

## Tips 174 文字列を日付・時刻データに変換する

▶Level ●●○

ここがポイントです！ > ymd(), mdy(), dmy(), ymd_hms(), mdy_hms(), dmy_hms()

日付・時刻データへの変換を行うには、ymd(), mdy(), dmy(), ymd_hms(), mdy_hms(), dmy_hms()などの関数を使用します。これらの関数は、それぞれ年月日 (ymd)、月日年 (mdy)、日月年 (dmy) の順番で日付を解析し、さらに時刻が含まれる場合は時、分、秒の順 (hms) で解析します。

### • ymd()関数

"年月日"の形式で表される文字列や数値を日付オブジェクト (Date) に変換します。

| 書式 | ymd(..., tz = "UTC", quiet = FALSE) | |
|---|---|---|
| パラメーター | ... | 日付と時刻の文字列、数値、またはこれらを格納したベクトルを指定します。 |
| | tz | 日付オブジェクトに変換する際のタイムゾーンを指定します。デフォルトは "UTC" ですが、必要に応じて異なるタイムゾーン（例えば "America/New_York" や "Asia/Tokyo" など）を指定できます。 |
| | quiet | 警告メッセージを表示するかどうかを指定します。TRUEに設定すると、解析できない日付があっても警告メッセージが表示されません。デフォルトはFALSEで、解析できない日付がある場合には警告が表示されます。 |
| 戻り値 | 入力された年月日を変換したDateオブジェクトを返します。 | |

### • ymd_hms()関数

"年月日 時分秒"の形式で表される文字列をPOSIXct型の日付・時刻オブジェクトに変換します。

| 書式 | ymd_hms(..., tz = "UTC", quiet = FALSE, truncate = 0) | |
|---|---|---|
| パラメーター | ... | 日付と時刻の文字列、数値、またはこれらを格納したベクトルを指定します。 |
| | tz | 日付オブジェクトに変換する際のタイムゾーンを指定します。デフォルトは "UTC" ですが、必要に応じて異なるタイムゾーン（例えば "America/New_York" や "Asia/Tokyo" など）を指定できます。 |
| | quiet | 警告メッセージを表示するかどうかを指定します。TRUEに設定すると、解析できない日付があっても警告メッセージが表示されません。デフォルトはFALSEで、解析できない日付がある場合には警告が表示されます。 |

| パラメーター | truncate | truncateは、入力された文字列が指定した形式より短い場合に、どの程度の要素が欠けていてもよいかを示します。例えば、truncate = 3の場合、"年月日"までの情報があれば時刻の情報がなくてもエラーにならずに解析が進みます。 |
|---|---|---|
| 戻り値 | | POSIXct型の日付・時刻オブジェクトを返します。 |

　次の例では、ymd()関数を使用して、文字列のデータを日付データ (Date) に変換しています。

▼異なる形式の文字列を日付データに変換する

```
library(tidyverse)

# 日付を格納したベクトルを作成
days <- c("20240223", # 年月日の連続した文字列
          "2024/3/1", # 年/月/日の形式の文字列
          "24/5/5")   # 年は下2桁のみ
# 日付データへ変換
date_example <- ymd(days)
print(date_example)
```

▼出力

```
[1] "2024-02-23" "2024-03-01" "2024-05-05"
```

　ymd()関数の3つの文字は、それぞれ年 (y)、月 (m)、日 (d) を表しているので、数字が年月日の順で並んでいれば、数字以外の文字を無視して処理します。

▼xx年xx月xx日の形式の文字列を日付データに変換する

```
# xx年xx月xx日の形式の文字列を格納したベクトルを作成
days <- c("2024年11月10日",
          "2024年度11月10日")
# 日付データへ変換
date <- ymd(days)
print(date)
```

▼出力

```
[1] "2024-11-10" "2024-11-10"
```

　次に示すコードは、時刻を含むデータ (POSIXct) へ変換する例です。

### ▼時刻を含むデータへの変換

```
# 年/月/日 時:分:秒の形式の文字列から日付・時刻データへ変換
datetime_example <- ymd_hms("2024/02/23 12:34:56")
print(datetime_example)
```

### ▼出力

```
[1] "2024-02-23 12:34:56 UTC"
```

### ●UTC（協定世界時）

　処理結果を見てもわかるように、変換後のタイムゾーンはUTCが基本です。UTCとは「協定世界時（Coordinated Universal Time）」の略称で、世界の標準時刻を定義するために使用されます。日本で使われる「JST（日本標準時）」は、UTCよりも9時間進んでいます。多くの場合、タイムゾーンがUTCであっても問題はないのですが、「朝の9時に集計」のように特定の時刻について扱う場合などは、タイムゾーンを変更することがあります。

**さらにワンポイント**

**lubridateパッケージを個別に読み込む**

　lubridateパッケージを個別に読み込む場合は、

```
library(lubridate)
```

と記述してください。

### ▼時刻を含むデータへの変換において、タイムゾーンをJST（"Asia/Tokyo"）にする

```
# 年/月/日 時:分:秒の形式の文字列から日付・時刻データへ変換
# タイムゾーンを"Asia/Tokyo"にする
datetime_example <- ymd_hms("2024/02/23 12:34:56",
                            tz = "Asia/Tokyo")
print(datetime_example)
```

### ▼出力

```
[1] "2024-02-23 12:34:56 JST"
```

# Tips 175

## フォーマットを指定して日付・時刻データに変換する

▶Level ● ● ●

ここが
ポイント
です！

> parse_date_time()

parse_date_time()関数は、変換元の文字列のフォーマットを指定してPOSIXct型のオブジェクトに変換します。特に複数の異なる形式の日付や時刻を含む文字列を処理する際に便利です。

**・parse_date_time()関数**

複雑または標準外の日付と時刻の形式を持つ文字列をPOSIXct形式に変換するために使用されます。

| 書式 | parse_date_time(x, orders, tz = "UTC", locale = Sys.getlocale("LC_TIME"), truncated = 0) | |
|---|---|---|
| パラメーター | x | 解析する日付と時刻の文字列または文字列ベクトル。 |
| | orders | 解析する日付と時刻の形式を指定する文字列または文字列ベクトル。複数の異なる形式を指定することができます。各形式は、年（Y）、月（m）、日（d）、時（H）、分（M）、秒（S）などの指定子を組み合わせて表現します。 |
| | tz | 日付オブジェクトに変換する際のタイムゾーンを指定します。デフォルトは "UTC" ですが、必要に応じて異なるタイムゾーン（例えば "America/New_York" や "Asia/Tokyo" など）を指定できます。 |
| | locale | 日付と時刻の文字列のロケールを指定します。これは、特定の言語や地域における日付と時刻の形式を正しく解析するために使用されます。デフォルトではシステムのロケール設定を使用します。 |
| | truncate | truncateは、入力された文字列が指定した形式より短い場合に、どの程度の要素が欠けていてもよいかを示します。例えば「truncate = 3」の場合、"年月日"までの情報があれば、時刻の情報がなくてもエラーにならずに解析が進みます。 |
| 戻り値 | POSIXct型の日付・時刻オブジェクトを返します。 | |

**▼orders オプションで使用する指定子**

| 指定子 | 説明 |
|---|---|
| Y | 4桁の年 |
| y | 2桁の年 |
| m | 月 |
| d | 日 |

| 指定子 | 説明 |
|---|---|
| H | 時間（24時間制） |
| M | 分 |
| S | 秒 |
| p | AM/PM（am/pm） |

▼単一の日付形式を解析する例

```
library(tidyverse)
dt1 <- parse_date_time("2024-3-28 15-30-45",
                       orders = "Y-m-d H-M-S")
print(dt1)
```

▼出力

```
[1] "2024-03-28 15:30:45 UTC"
```

▼複数の異なる形式を持つ日付を解析する例

```
dt2 <- parse_date_time(c("20240328", "2024/03/28 15:30"),
                       orders = c("Ymd", "Y/m/d H:M"))
print(dt2)
```

▼出力

```
[1] "2024-03-28 00:00:00 UTC" "2024-03-28 15:30:00 UTC"
```

▼AM/PMの区別がある時刻を持つ日付を解析

```
dt3 <- parse_date_time("2024-11-1 01:10 PM",
                       orders = "YmdHMp")
print(dt3)
```

▼出力

```
[1] "2024-11-01 13:10:00 UTC"
```

ここでは、

```
"2024-11-1 01:10 PM"
```

に対して、

```
orders = "YmdHMp"
```

を指定しています。

-(ハイフン) や:(コロン) を省略していますが、処理にあたって数字以外の文字は無視されるので、解析は正しく行われます。もちろん、

```
orders = "Y-m-d H:M p"
```

のように文字列のフォーマットに合わせてもOKです。

# 日付・時刻データの成分を個別に取り出す

**Tips**
**176**

▶Level ●●○

ここが
ポイント
です！

> **year()、month()、day()、hour()、minute()、second()**

lubridateパッケージには、日付 (Date) や日時 (POSIXct) のオブジェクトから、それぞれ年、月、日などの成分を個別に抽出する関数が用意されています。

**• year()関数**

日付や日時のオブジェクトから年の成分を抽出します。

| 書式 | year(x) | |
| --- | --- | --- |
| パラメーター | x | 日付や日時のオブジェクト。 |
| 戻り値 | 指定された日付の年を表す整数。 | |

**• month()関数**

日付や日時のオブジェクトから月の成分を抽出します。

| 書式 | month(x, label = FALSE, abbr = TRUE, locale = Sys.getlocale("LC_TIME")) | |
| --- | --- | --- |
| パラメーター | x | 日付や日時のオブジェクト。 |
| | label | デフォルトではFALSE。TRUEに設定すると、月の名前 (例：January, February) を文字列で返します。 |
| | abbr | label = TRUEの場合に適用されます。デフォルトではTRUEで、月の省略形 (例：Jan, Feb) を返します。FALSEに設定すると、省略されない形で月の名前を返します。 |
| | locale | 文字列のロケールを指定します。label = TRUEの場合にのみ影響します。デフォルトのSys.getlocale("LC_TIME")は、現在のシステムのロケール設定における時間と日付に関連する部分 ("LC_TIME") を取得する関数呼び出しです。ロケールとは、言語、国、およびその他の地域設定に関連する数値のフォーマット、通貨のフォーマット、時間と日付のフォーマットのことです。日本語環境の場合、Sys.getlocale("LC_TIME")のコードを実行すると、「"Japanese_Japan.utf8"」が返されます。 |
| 戻り値 | label = FALSEの場合は月を表す整数 (1～12)、label = TRUEの場合は月の名前またはその省略形を表す文字列が、因子型 (factor型) のオブジェクトとして返されます。 | |

tidyverseを用いた文字列や日付データの処理

- **day()関数**
  日付や日時のオブジェクトから日の成分を抽出します。

| 書式 | day(x) | |
|---|---|---|
| パラメーター | x | 日付や日時のオブジェクト。 |
| 戻り値 | 指定された日付の日を表す整数。 | |

- **hour()関数**
  日付・時刻オブジェクト (POSIXct) から「時」を表す整数を抽出します。

| 書式 | hour(x) | |
|---|---|---|
| パラメーター | x | 日付・時刻オブジェクト (POSIXct)。 |
| 戻り値 | 指定された時刻の「時」を表す整数 (0〜23)。 | |

- **minute()関数**
  日付・時刻オブジェクト (POSIXct) から「分」を表す整数を抽出します。

| 書式 | minute(x) | |
|---|---|---|
| パラメーター | x | 日付・時刻オブジェクト (POSIXct)。 |
| 戻り値 | 指定された時刻の「分」を表す整数 (0〜59)。 | |

- **second()関数**
  日付・時刻オブジェクト (POSIXct) から「秒」を表す整数を抽出します。

| 書式 | second(x) | |
|---|---|---|
| パラメーター | x | 日付・時刻オブジェクト (POSIXct)。 |
| 戻り値 | 指定された時刻の「秒」を表す数値。この値は小数点以下の値を含むことができます (「30.5」秒など)。 | |

### ●年、月、日を抽出する

指定した日付データから、年、月、日を個別に抽出してみます。

▼特定の日付を解析し、その年、月、日を抽出

```
library(tidyverse)
# 日付を設定
date <- ymd("2024-05-24")
# 年を抽出
```

```r
year_extracted <- year(date)
# 月を抽出
month_extracted <- month(date)
# 日を抽出
day_extracted <- day(date)
# 結果を表示
print(paste("Year:", year_extracted))
print(paste("Month:", month_extracted))
print(paste("Day:", day_extracted))
```

▼出力

```
[1] "Year: 2024"
[1] "Month: 5"
[1] "Day: 24"
```

● 時、分、秒を抽出する

指定した日付・時刻データから、時、分、秒を個別に抽出してみます。

▼特定の日付・時刻データを解析し、その時、分、秒を抽出

```r
library(tidyverse)
# 日時を設定
datetime <- ymd_hms("2024-05-24 14:30:45")
# 時を抽出
hour_extracted <- hour(datetime)
# 分を抽出
minute_extracted <- minute(datetime)
# 秒を抽出
second_extracted <- second(datetime)

# 結果を表示
print(paste("Hour:", hour_extracted))
print(paste("Minute:", minute_extracted))
print(paste("Second:", second_extracted))
```

▼出力

```
[1] "Hour: 14"
[1] "Minute: 30"
[1] "Second: 45"
```

tidyverseを用いた文字列や日付データの処理

# 月の成分を月名で抽出する

> ここが
> ポイント
> です！

**month()関数のlabelオプション、abbrオプション**

## ●月の成分を月名で抽出する

month()関数の引数で、

```
label = TRUE（月の名前で取得）
abbr = FALSE（月の名前を省略形にしない）
```

を設定すると、システムのロケールが日本語環境の場合、月の成分を「1月」や「2月」のような形式で抽出することができます。

ただし、戻り値が因子型（factor型）のオブジェクトになるので、as.character()関数で文字列に変換することが必要です。

### ▼月の成分を月名で抽出する

```
library(tidyverse)
# 日付を設定
date <- ymd("2024-02-24")
# 月の名前を取得(label = TRUE, abbr = FALSE)
# 取得したあと、文字列に変換
month_name <- as.character(month(date, label = TRUE, abbr = FALSE))
# 結果を表示
print(month_name)
```

### ▼出力

```
[1] "2月"
```

## ●月の成分を英語名で抽出する

month()関数のlocaleオプションで、

```
locale="C"
```

を指定すれば、英語の月名を取得することができます。

これは、「locale="C"」がC言語の標準ロケールを指定しているためです。C言語の標準ロケールは、英語として定義されているので、「locale="C"」を指定すると、英語ロケールを使用して月の名前を生成します。この場合も、戻り値は因子型（factor型）のオブジェクトになるので、文字列への変換処理が必要になります。

▼月の成分を英語名で抽出する

```
# 日付を設定
date <- ymd("2024-02-24")
# 月の英語名を取得(label = TRUE, abbr = FALSE, locale="C")
# 取得したあと、文字列に変換
month_name <- as.character(month(date, label = TRUE, abbr = FALSE,
locale="C"))
# 結果を表示
print(month_name)
```

▼出力

```
[1] "February"
```

**さらに ワンポイント**

**month()関数**

month()関 数 で は、localeオプ ションのデフォルトが、

```
locale = Sys.getlocale("LC_TIME")
```

となっていて、現在のシステムのロケールが 設定されるようになっています。

日本語環境の場合、Sys.getlocale("LC_ TIME")の 戻 り 値 は「"Japanese_Japan. utf8"」になります。

tidyverseのmonth()関数を使う際は、以 下に注意してください。

**・入力の型**

month()関数は、Date、POSIXct、POSIXlt の型の日付や時刻を受け取ります。これらの 型以外のデータを渡すとエラーが発生します。

**・タイムゾーン**

POSIXctやPOSIXlt型のデータを使用す る場合、そのデータのタイムゾーンに注意す る必要があります。デフォルトではローカル のタイムゾーンが使用されますが、必要に応 じて明示的に指定することができます。

**・欠損値の取り扱い**

入力データに欠損値が含まれる場合、その 欠損値はそのまま処理されます。必要に応じ て欠損値を事前に処理する必要があります。

# Tips 178 日付データの曜日を知る

▶Level ●●● 〔ここがポイントです！〕 **wday()関数**

lubridateパッケージのwday()関数は、日付や日時のオブジェクトから曜日を抽出します。日曜日を1とする曜日に対応する数値を返すほかに、曜日の名前（文字列）を返すこともできます。

### ● wday()関数

日付や日時のオブジェクトから曜日を抽出します。

| 書式 | wday(x, week_start = 1, label = FALSE, abbr = TRUE, locale = Sys.getlocale("LC_TIME")) | |
|---|---|---|
| パラメーター | x | 日付（Date）や日時（POSIXct）のオブジェクト。 |
| | week_start | 週の開始曜日を指定する数値。デフォルトは1で、日曜日を週の最初の日とします。月曜日始まりにしたい場合は、2を指定します。 |
| | label | 曜日の出力を数値ではなく、ラベル（曜日の名前）で返すかどうかを指定します。デフォルトはFALSEで、数値が返されます。TRUEに設定すると、曜日の名前が返されます。 |
| | abbr | デフォルトのTRUEの場合、曜日の名前を省略形で返します。 |
| | locale | 文字列のロケールを指定します。label = TRUEの場合にのみ影響します。デフォルトのSys.getlocale("LC_TIME")は、現在のシステムのロケール設定における時間と日付に関連する部分（"LC_TIME"）を取得する関数呼び出しです。ロケールとは、言語、国、およびその他の地域設定に関連する数値のフォーマット、通貨のフォーマット、時間と日付のフォーマットのことです。日本語環境の場合、Sys.getlocale("LC_TIME")のコードを実行すると、「"Japanese_Japan.utf8"」が返されます。 |
| 戻り値 | label = FALSEの場合（デフォルト）、wday()関数は指定された日付の曜日に対応する数値を返します。デフォルトの設定（week_start = 1）では、日曜日が1、月曜日が2、…、土曜日が7となります。<br>label = TRUEの場合、曜日の名前またはその省略形を表す文字列が、因子型（factor型）のオブジェクトとして返されます。 | |

次に示すのは、日付データから

・曜日を表す数値
・日本語の曜日名
・英語の曜日名

を取得する例です。

▼日付データから曜日を表す数値、曜日名、英語の曜日名を取得する

```
library(tidyverse)

# 日付を設定
date <- ymd("2024-05-24")

# 曜日を数値(日曜日を1とする)で取得(デフォルト)
wday_num <- wday(date)
# 結果を表示
print(wday_num)

# 月の名前を取得(label = TRUE, abbr = FALSE)
weekday_name <- wday(date, label = TRUE, abbr = FALSE)
# 結果を表示
print(paste("Weekday Name:", weekday_name))

# 曜日の英語名を取得(label = TRUE, abbr = FALSE, locale="C")
weekday_name_en <- wday(date, label = TRUE, abbr = FALSE, locale = "C")
# 結果を表示
print(paste("Weekday Name:", weekday_name_en))
```

▼出力

```
[1] 6
[1] "Weekday Name: 金曜日"
[1] "Weekday Name: Friday"
```

**曜日名を取得する場合の処理**

　曜日名を取得する場合は、因子型(factor型)のオブジェクトとして返されますが、上記の例ではpaste()関数で連結してから

print()関数で出力するため、as.character()関数で文字列に変換する処理は行っていません。paste()関数は引数に指定された要素を文字列(character)として扱うためです。

tidyverseを用いた文字列や日付データの処理

# 数年後／数年前の日付を取得する

ここが
ポイント
です！ **years()関数**

lubridateパッケージのyears()関数は、指定した数の年を表す期間オブジェクトを作成します。この関数を利用して、日付データに対して年単位の加算や減算を行うことができます。

・**年を加算するときの書式**

日付オブジェクト %m+% years(加算する数)

・**年を減算するときの書式**

日付オブジェクト %m-% years(減算する数)

●**%m+% と %m−%**

%m+% と %m−% は、月や年などの不規則な期間を加減算する場合に、日付の正確な計算を行うために重要です。これらの演算子を使用することで、うるう年や月末の日付といった複雑なケースを適切に扱うことができます。

・**%m+% 演算子**

日付や日時のオブジェクトに、特定の期間（年、月、日、時間等）を加算するために使用します。

「date %m+% years(1)」は、date に1年を加算した日付を返します。

・**%m−% 演算子**

日付や日時のオブジェクトから、特定の期間を減算するために使用します。

「date %m−% years(1)」は、dateから1年を減算した日付を返します。

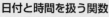

さらに
ワンポイント **日付と時間を扱う関数**

%m+% と %m−% は、日付と時間の操作に関連するlubridateパッケージの演算子です。lubridateは、日付と時刻のデータを扱うための直感的で便利な関数を提供するtidyverseに含まれるパッケージの1つです。

これらの演算子は、特に月を加算または減算する際に、日付のオーバーフローを適切に処理するために設計されています。

## ●日付の年を加算／減算する

次に示すのは、2023年1月1日の日付に対して、年を加算／減算する例です。

▼日付に対して年を加算／減算する

```
library(tidyverse)

# 日付データの作成（例として2023年1月1日を使用）
date <- ymd("2023-01-01")

# 日付に年を加算
date_plus_years <- date %m+% years(1)
print(date_plus_years)
# 日付から年を減算
date_minus_years <- date %m-% years(1)
print(date_minus_years)
```

▼出力

```
[1] "2024-01-01"
[1] "2022-01-01"
```

## ●うるう年の計算例

うるう年の2024年2月29日の日付を用いて、1年後の日付と1年前の日付を求めてみます。

▼うるう年の計算例

```
# 日付データの作成（うるう年の2024年2月29日を使用）
date <- ymd("2024-02-29")

# 日付に年を加算
date_plus_years <- date %m+% years(1)
print(date_plus_years)
# 日付から年を減算
date_minus_years <- date %m-% years(1)
print(date_minus_years)
```

▼出力

```
[1] "2025-02-28"
[1] "2023-02-28"
```

2025年も2023年もうるう年ではないので、日付が「02-28」になっていることが確認できます。

## ●複数の日付データに対して年を加算／減算する

次に示すのは、ベクトルに格納した複数の日付データに対して、年を加算および減算する例です。

▼ベクトルに格納した複数の日付データに対して、年を加算および減算する

```r
library(tidyverse)

# 複数の日付を設定
dates <- ymd(c("2023-01-01", "2024-02-29", "2025-03-15"))

# 2年を期間オブジェクトとして作成
period_of_2_years <- years(2)
# 日付に2年を加算
dates_after_2_years <- dates %m+% period_of_2_years
print("2年後の日付:")
print(dates_after_2_years)

# 日付から2年を減算
dates_before_2_years <- dates %m-% period_of_2_years
print("2年前の日付:")
print(dates_before_2_years)
```

▼出力

```
[1] "2年後の日付:"
[1] "2025-01-01" "2026-02-28" "2027-03-15"
[1] "2年前の日付:"
[1] "2021-01-01" "2022-02-28" "2023-03-15"
```

ここでの例では、期間オブジェクトを生成してから加算や減算を行っていますが、

```r
dates_after_2_years <- dates
%m+% years(2)
```

のようにしてもOKです。

**Tips**

# 180

▶Level ● ●

ここが
ポイント
です！

# 日付データに月数を
加算／減算する

## months()関数

lubridateパッケージのmonths()関数は、指定した「月数」を表す期間オブジェクトを作成します。この関数を利用して日付データに対して月数の加算や減算を行うことができます。

この場合も、%m+% および %m−% 演算子を用いることで、月末の日付を適切に扱うことができます。

・1月31日に1か月を加算すると、2月28日または29日（うるう年の場合）になります。同様に、3月31日に1か月を減算すると、2月28日または29日になります。
・月の終わりが30日と31日の場合を考慮し、月末の日付を適切に扱います。

▼月の加算／減算の例

```
library(tidyverse)
# いくつかの日付を設定（うるう年や月の終わりが異なるケースを含む）
dates <- ymd(c("2023-01-31",
               "2024-01-31", # うるう年
               "2023-03-31",
               "2024-03-31", # うるう年
               "2024-05-31"))

# 月を加算／減算するための期間オブジェクトの作成
months_to <- months(1)

# 月を加算
dates_after_adding <- dates %m+% months_to
print("1か月後の日付:")
print(dates_after_adding)

# 月を減算
dates_after_subtracting <- dates %m-% months_to
print("1か月前の日付:")
print(dates_after_subtracting)
```

▼出力

```
[1] "1か月後の日付:"
[1] "2023-02-28" "2024-02-29" "2023-04-30" "2024-04-30" "2024-06-30"
[1] "1か月前の日付:"
[1] "2022-12-31" "2023-12-31" "2023-02-28" "2024-02-29" "2024-04-30"
```

# Tips 181 日付データに日数を加算／減算する

▶Level ●●○

ここがポイントです！ > days()関数

lubridateパッケージのdays()関数は、指定した「日数」を表す期間オブジェクトを作成します。この関数を利用して、日付データに対して日数の加算や減算を行うことができます。

この場合も、%m+% および %m-% 演算子を用いることで、月末の日付やうるう年の日付を適切に扱うことができます。

・うるう年の考慮：例えば、2024年2月28日に1日を加算すると、うるう年の2月29日になります。

・月末の日付の考慮：月の終わりが30日または31日の場合も適切に扱われます。例えば、1月31日に1日を加算すると、2月1日になります。

▼日数の加算／減算の例

```
library(tidyverse)

# いくつかの日付を設定(うるう年や月末を考慮)
dates <- ymd(c("2023-02-28",
               "2024-02-28", # うるう年
               "2023-03-01",
               "2024-03-01", # うるう年
               "2024-04-30",
               "2024-05-30"))
# 日数を加算／減算するための期間オブジェクトを作成
days_to <- days(1)
# 日数を加算
dates_after_adding <- dates %m+% days_to
print("1日後の日付:")
print(dates_after_adding)
# 日数を減算
dates_after_subtracting <- dates %m-% days_to
print("1日前の日付:")
print(dates_after_subtracting)
```

▼出力

```
[1] "1日後の日付:"
[1] "2023-03-01" "2024-02-29" "2023-03-02" "2024-03-02" "2024-05-01" "2024-05-31"
[1] "1日前の日付:"
[1] "2023-02-27" "2024-02-27" "2023-02-28" "2024-02-29" "2024-04-29" "2024-05-29"
```

# Tips 182

日付・時刻データに時間、分、秒を加算／減算する

▶Level ●●○

**ここがポイントです!** hours()、seconds()、minutes()

lubridateパッケージのhours()関数、seconds()関数、minutes()関数は、指定した「時間」「分」「秒」を表す期間オブジェクトをそれぞれ作成します。この関数を利用して、日付・時刻データに対して時間や分、秒の加算や減算を行うことができます。

この場合も、%m+% および %m-% 演算子を用いることで、月末の日付やうるう年の日付を適切に扱うことができます。

・うるう年の考慮：例えば、2024年2月28日23時に1時間を加算すると、うるう年の2月29日0時になります。
・月末の日付の考慮：月の終わりが30日または31日の場合も適切に扱われます。例えば、1月30日23時に1時間を加算すると、1月31日0時になります。

▼時間、分、秒を加算／減算する例

```
library(tidyverse)

# 基準の日時を設定
datetime <- ymd_hms("2024-02-28 23:00:00")
print("基準の日時:")
print(datetime)

# 時間、分、秒を加算する期間オブジェクトの作成
hours_to <- hours(1)
minutes_to <- minutes(30)
seconds_to <- seconds(45)

# 時間、分、秒を加算
datetime_after_adding <- datetime %m+% hours_to %m+% minutes_to %m+% seconds_to
print("加算後の日時:")
print(datetime_after_adding)

# 時間、分、秒を減算
datetime_after_subtracting <- datetime %m-% hours_to %m-% minutes_to %m-% seconds_to
print("減算後の日時:")
print(datetime_after_subtracting)
```

▼出力

```
[1] "基準の日時:"
[1] "2024-02-28 23:00:00 UTC"
[1] "加算後の日時:"
[1] "2024-02-29 00:30:45 UTC"
[1] "減算後の日時:"
[1] "2024-02-28 21:29:15 UTC"
```

tidyverseを用いた文字列や日付データの処理

**281**

# 開始日から終了日までの日数や時間を知る

ここがポイントです！ interval(start, end)

lubridateパッケージのinterval()関数は、2つの日付または時刻を引数としてとり、それらの間の時間的な間隔を表す「Intervalオブジェクト」を生成します。

### ● interval()関数

時間的な間隔を表す「Intervalオブジェクト」を生成します。

| 書式 | interval(start, end) | |
|---|---|---|
| パラメーター | start | 間隔の開始を表す日付や時刻。 |
| | end | 間隔の終了を表す日付や時刻。 |
| 戻り値 | 間隔を表すIntervalオブジェクト。このオブジェクトは、開始時刻と終了時刻の両方を含み、その期間の長さを秒単位で表します。Intervalオブジェクトから実際の日数や時間などを抽出するには、as.numeric()関数を使用します。 | |

intervalオブジェクトから実際の期間を抽出するには、as.numeric()関数を使います。この場合、unitsオプションを設定することで、異なる単位で抽出が行えます。

- units = "days"（日単位）
- units = "hours"（時間単位）
- units = "seconds"（分単位）
- units = "minutes"（秒単位）

以下は、interval(start, end)関数を使用して、2024年1月1日から2024年3月1日までの間隔を計算する例です。

#### ▼2024年1月1日から2024年3月1日までの間隔を計算する

```
library(tidyverse)

# 間隔の開始日と終了日を設定
start_date <- ymd("2024-01-01")
end_date <- ymd("2024-03-01")

# start_dateとend_dateの間の間隔を計算
interval_obj <- interval(start_date, end_date)
```

```
# 間隔を表示
print(interval_obj)

# 間隔の長さを日数で表示
interval_length_days <- as.numeric(interval_obj, units = "days")
print(paste("Interval length in days:", interval_length_days))

# 間隔の長さを時間で表示
interval_length_hours <- as.numeric(interval_obj, units = "hours")
print(paste("Interval length in hours:", interval_length_hours))

# 間隔の長さを分で表示
interval_length_seconds <- as.numeric(interval_obj, units = "seconds")
print(paste("Interval length in seconds:", interval_length_seconds))
```

▼出力

```
[1] 2024-01-01 UTC--2024-03-01 UTC
[1] "Interval length in days: 60"
[1] "Interval length in hours: 1440"
[1] "Interval length in seconds: 5184000"
```

## Tips 184 間隔 (Intervalオブジェクト) の開始時刻と終了時刻を取得する

**ここがポイントです！** int_start(interval)、
int_end(interval)

▶Level ● ● ○ ○

lubridateパッケージのint_start()関数とint_end()関数は、間隔 (Intervalオブジェクト) の開始時刻と終了時刻をそれぞれ取得します。

### • int_start()関数

| 書式 | int_start(interval) |
|---|---|
| パラメーター | interval | 開始時刻を取得したい間隔 (Intervalオブジェクト)。 |
| 戻り値 | 間隔の開始時刻をPOSIXctオブジェクトとして返します。 |

### • int_end()関数

| 書式 | int_end(interval) |
|---|---|
| パラメーター | interval | 終了時刻を取得したい間隔 (Intervalオブジェクト)。 |
| 戻り値 | 間隔の終了時刻をPOSIXctオブジェクトとして返します。 |

tidyverseを用いた文字列や日付データの処理

　次に示すのは、int_start()関数と int_end()関数を使用して、特定の期間の開始時刻と終了時刻を取得する例です。

▼Intervalオブジェクトから開始時刻と終了時刻を取得する

```r
library(tidyverse)

# 間隔の開始日と終了日を設定
start_date <- ymd_hms("2024-01-01 00:00:00")
end_date <- ymd_hms("2024-03-01 23:59:59")

# start_dateとend_dateの間の間隔を作成
my_interval <- interval(start_date, end_date)
# 間隔を表示
print(my_interval)

# 間隔の開始時刻を取得
interval_start <- int_start(my_interval)
# 間隔の終了時刻を取得
interval_end <- int_end(my_interval)
# 間隔の開始時刻と終了時刻を表示
print(paste("Interval starts at:", interval_start))
print(paste("Interval ends at:", interval_end))
```

▼出力

```
[1] 2024-01-01 UTC--2024-03-01 23:59:59 UTC
[1] "Interval starts at: 2024-01-01"
[1] "Interval ends at: 2024-03-01 23:59:59"
```

# 間隔（Intervalオブジェクト）の長さを測定する

**Tips 185** ▶Level ●●○○

**ここがポイントです！** int_length() 関数

lubridateパッケージのint_length()関数は、指定された間隔（Intervalオブジェクト）の長さを計算します。この関数は、間隔の開始時刻と終了時刻の差を秒単位で返します。

・int_length() 関数

| 書式 | int_length(interval) | |
|---|---|---|
| パラメーター | interval | 長さを計算したい間隔（Intervalオブジェクト）。 |
| 戻り値 | 指定された間隔の長さを秒単位で表す数値を返します。 | |

▼開始時刻と終了時刻の間隔の長さを取得する例

```
library(tidyverse)

# 間隔の開始日と終了日を設定
start_date <- ymd_hms("2024-01-01 00:00:00")
end_date <- ymd_hms("2024-01-02 00:00:00")

# start_dateとend_dateの間の間隔を作成
my_interval <- interval(start_date, end_date)
# 間隔を表示
print(my_interval)

# 間隔の長さを計算（秒単位）
interval_length <- int_length(my_interval)
# 間隔の長さを表示
print(paste("Interval length in seconds:", interval_length))
# 間隔の長さを日数で表示
interval_length_days <- interval_length / (60 * 60 * 24)
print(paste("Interval length in days:", interval_length_days))
```

▼出力

```
[1] 2024-01-01 UTC--2024-01-02 UTC
[1] "Interval length in seconds: 86400"
[1] "Interval length in days: 1"
```

# 186

## 2つの間隔（Intervalオブジェクト）が重なっているかどうかを判定する

▶Level ●●

ここが
ポイント
です！

**int_overlaps()関数**

lubridateパッケージのint_overlaps()関数は、2つの間隔（Intervalオブジェクト）が重なっているかどうかを判定します。

### ・int_overlaps()関数

| 書式 | int_overlaps(interval1, interval2) | |
|------|------|------|
| パラメーター | interval1 | 判定したい1つ目の間隔（Intervalオブジェクト）。 |
| | interval2 | 判定したい2つ目の間隔（Intervalオブジェクト）。 |
| 戻り値 | 2つの間隔が少なくとも一部分でも重なっている場合は TRUE、そうでない場合は FALSE を返します。 | |

▼2つの間隔（Intervalオブジェクト）が重なっているかどうかを判定する

```
library(tidyverse)

# 間隔1の開始日と終了日を設定
start_date1 <- ymd_hms("2024-01-01 00:00:00")
end_date1 <- ymd_hms("2024-01-15 00:00:00")
# 間隔2の開始日と終了日を設定
start_date2 <- ymd_hms("2024-01-10 00:00:00")
end_date2 <- ymd_hms("2024-01-20 00:00:00")
# 2つの間隔を作成
interval1 <- interval(start_date1, end_date1)
interval2 <- interval(start_date2, end_date2)

# 2つの間隔が重なっているかどうかを判定
overlaps <- int_overlaps(interval1, interval2)
# 結果を表示
print(paste("overlap?:", overlaps))
```

▼出力

```
[1] "overlap?: TRUE"
```

# Tips 187

▶Level ●●○

## 指定した日付や時刻が間隔（Interval オブジェクト）内に含まれるか判定する

**ここがポイントです！** ▷ **%within% 演算子**

lubridateパッケージの%within%演算子は、「ある日付や時刻が、特定の間隔（Intervalオブジェクト）内に含まれるかどうか」を判定します。この演算子を使用することで、特定のポイントが期間内に位置するかどうかの論理的なチェックを行うことができます。

### • %within% 演算子

| | |
|---|---|
| 書式 | point %within% interval |
| point | 判定したい日付や日時のオブジェクト。 |
| interval | 対象の間隔を表すIntervalオブジェクト。 |
| 演算結果 | point が interval 内に存在する場合は TRUE、そうでない場合は FALSE を返します。 |

▼指定した日付や時刻が間隔（Intervalオブジェクト）に含まれるか判定する

```
library(tidyverse)

# 間隔の開始日と終了日を設定
start_date <- ymd("2024-01-01")
end_date <- ymd("2024-12-31")
# 間隔を作成
my_interval <- interval(start_date, end_date)
# 間隔を表示
print(my_interval)

# 判定したい日付
test_date <- ymd("2024-06-15")
# 判定したい日付を表示
print(test_date)

# test_dateがmy_interval内にあるかどうかを判定
is_within <- test_date %within% my_interval
# 結果を表示
print(is_within)
```

tidyverseを用いた文字列や日付データの処理

▼出力

```
[1] 2024-01-01 UTC--2024-12-31 UTC
[1] "2024-06-15"
[1] TRUE
```

## Tips 188　期間の長さを指定してInterval オブジェクトを生成する

ここが
ポイント
です！

**as.interval() 関数**

▶Level ●●○

lubridateパッケージのas.interval()関数
は、間隔（Interval）の開始日と持続時間を指
定して、Intervalオブジェクトを生成します。

・**as.interval() 関数**

時間的な間隔を表す「Intervalオブジェク
ト」を生成します。

| 書式 | as.interval(dur, start_date) | |
|---|---|---|
| パラメーター | dur | 期間を表す持続時間（Periodオブジェクト）。 |
| | start_date | 間隔の開始日を表す日付。 |
| 戻り値 | 指定された持続時間と開始日に基づいて生成された間隔（Intervalオブジェクト）。 | |

▼開始日と持続時間を指定してIntervalオブジェクトを生成する

```
library(tidyverse)

# 開始日を設定
start_date <- ymd("2024-01-01")
# 30日間の持続時間（Durationオブジェクト）を生成
duration_days <- days(30)
# 開始日から30日間の間隔を作成
my_interval <- as.interval(duration_days, start_date)
# 生成された間隔を表示
print(my_interval)
```

▼出力

```
[1] 2024-01-01 UTC--2024-01-31 UTC
```

さらに
ワンポイント

**持続時間を加算する**

この結果は、as.interval()関数が、
持続時間（Duration）を開始日に加算する際
の日数の計算方法に基づいています。

2024年1月1日から30日間の持続時間
を加算する場合、実際には2024年1月1日
を1日目と数え、そこから30日を加えること
になります。その結果、終了日は2024年1
月31日になります。

# tidyverseを用いた
# モダンな
# データフレーム操作

# 189 tidyデータとは

▶Level ●●●

ここが
ポイント
です！ tidy data

tidyデータ (tidy data) は、データ分析を容易にするためにデータを整理するための概念で、一般的な原則のセットです。Hadley Wickhamによって提唱されたこの概念は、データの整理と分析をよりシンプルにするためのガイドラインを提供します。

● tidyデータの原則

tidyデータは以下の3つの基本原則に基づいています。

❶各変数が1つの列を形成する

データセット内の各変数は、それぞれ独自の列に配置されます。変数は観測されたデータポイントの属性を表します (例：年齢、性別、所得など)。

❷各観測値が1つの行を形成する

各行は独立した観測結果を表し、行内の各列の値はその観測の変数の値です。

❸各観測単位のタイプが1つのテーブルを形成する

関連する観測値の集まりは同じテーブルに格納されます。異なるタイプの観測単位は異なるテーブルに分けられるべきです。

・テーブルとは

テーブルは、行と列の形式で情報を整理したデータの集合です。一般的にデータベースシステムにおいて使われる用語で、各列が特定の属性を表し、各行が個々のレコードを表します。

・データフレームとは

データフレームは、異なる型のデータを列ごとに格納できるテーブル形式のデータ構造です。各列は異なるデータ型を持つことができ、例えば数値、文字列、論理値などが混在していてもかまいません。Rのようなプログラミング言語で作成されるテーブルがすなわちデータフレームと考えてよいでしょう。

● tidyではないデータ

次ページに示すコードは、tidyではないデータの例です。Rのdata.frame()関数で、従来の形式のデータフレームを作成しています。

・data.frame()関数

データフレームを作成します。

| 書式 | data.frame(..., row.names = NULL, check.rows = FALSE, check.names = TRUE, fix.empty.names = TRUE) | |
|---|---|---|
| パラメーター | ... | 列を構成するベクトル、リスト、またはデータフレームなど、任意の数の引数を指定します。列名は、引数の名前から自動的に取得されますが、c(name = value)の形式で明示的に指定することもできます。 |
| | row.names | 行名を指定するためのベクトルです。デフォルトでは、行名は自動的に割り当てられますが、この引数を使用してカスタムの行名を設定することができます。 |
| | check.rows | TRUEに設定されている場合、関数は入力された行が一貫性があるかどうかをチェックします。つまり、すべての列が同じ長さを持っている必要があります。 |
| | check.names | TRUEに設定されている場合、列名が有効な変数名かどうかがチェックされ、必要に応じて修正されます。 |
| | fix.empty.names | TRUEに設定されている場合、空の列名は適切な名前に修正されます。 |
| 戻り値 | data.frameオブジェクトとして返されます。 | |

#### ▼ tidyではないデータの例

```
traditional_df <- data.frame(
  Student_ID = c("A-1", "B-2", "C-3"),
  MathScore = c(90, 85, 78),
  ScienceScore = c(85, 90, 92)
)
```

ソースコードを実行したあと、**Environment**ペインで「traditional_df」をクリックすると、Sourseペインの位置にtraditional_dfの内容が表示されます。

#### ▼ traditional_dfの内容

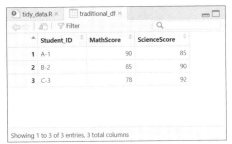

一般的なテーブルの形式で、学生IDごとに行データとしてまとめられています。各列は教科ごとの得点を示しています。ただし、tidyデータの原則の2番目、「各観測値が1つの行を形成する」に違反しています。つまり、1つの行には1つのデータが入っていなくてはなりません。

#### ● tidyなデータ

tidyなデータの例として、data.frame()関数でデータフレームを作成してみます。

▼tidyなデータの例

```
tidy_df <- data.frame(
  Student_ID = c("A-1", "B-2", "C-3", "A-1", "B-2", "C-3"),
  Test = c("Math", "Math", "Math", "Science", "Science", "Science"),
  Score = c(90, 85, 78, 85, 90, 92)
)
```

ソースコードを実行したあと、**Environ ment**ペインで「tidy_df」をクリックすると、**Source**ペインの位置にtidy_dfの内容が表示されます。

▼tidy_dfの内容

| | Student_ID | Test | Score |
|---|---|---|---|
| 1 | A-1 | Math | 90 |
| 2 | B-2 | Math | 85 |
| 3 | C-3 | Math | 78 |
| 4 | A-1 | Science | 85 |
| 5 | B-2 | Science | 90 |
| 6 | C-3 | Science | 92 |

Showing 1 to 6 of 6 entries, 3 total columns

Student_IDが何度も繰り返されて冗長のように思えますが、このようなtidyなデータにはどんなメリットがあるのでしょうか。

● tidy data形式のメリット

tidy data形式では、データセットを「各変数が1列を形成し、各観測が1行を形成する」という構造に整理します。具体的には、先のデータフレームtidy_dfのように、Student_IDが何度も繰り返されることで、各科目ごとのスコアが1つの行として表され、データが「長い形式」になります。このようなtidy data形式には、いくつかの重要なメリットがあります。

❶ 汎用性のあるデータ分析

tidy data形式は、様々なデータ分析手法や統計モデルにとって、入力データとして最も適している形式です。データがこの形式に整理されていれば、ggplot2やdplyrなどのtidyverseパッケージ群を効率的に使用することができます。

❷ データの操作と加工の容易さ

tidy data形式では、データのフィルタリング、集約、変換といった操作が容易になります。例えば、「特定のStudent_IDのスコアを抽出する」、「特定のテストについての平均スコアを計算する」といった操作が、簡単に実行できます。

❸ 可視化の容易さ

tidy data形式は、データの可視化にも非常に適しています。各行が個々の観測を表し、各列が変数を表すため、ggplot2などの可視化ツールを用いて、データの傾向やパターンを表現するグラフを簡単に作成できます。

❹ データの統合の容易さ

異なるデータソースから得られたデータを統合する場合、tidy data形式は統合作業を容易にします。データが同じ形式で整理されていれば、異なるデータセットを結合する際に、一致する変数や観測値を簡単に識別できます。

❺ 冗長性の排除

先の例ではStudent_IDの繰り返しが冗長に見えるかもしれませんが、この形式により、データが正規化され、各行が独立した情報を持つようになります。これは、データの一貫性と整合性を保ちやすくする上で重要です。

# 190 横長形式のデータを縦長形式にする

**Tips**

▶Level ●●○○

**ここがポイントです！** tidyrパッケージのpivot_longer()関数

tidyrパッケージのpivot_longer()関数は、一般的な横長形式のデータを縦長形式に変換します。具体的には、データフレーム内の列を「各観測値が1つの行を形成する」という原則に従って、新しい列に再編成するので、tidy dataの原則に従ってデータを整理することができます。

「縦長形式に変換する（長い形式に変換する）」という表現は、データフレームの複数の列に分散している列データを、1つの列にまとめることで、各行が1つの観測値をより明確に表現する形式に再構成する操作のことを示しています。

**• pivot_longer()関数**

データフレーム内の1つまたは複数の列を長く伸ばし、新しい列に再編成します。

*tidyverseを用いたモダンなデータフレーム操作*

| | pivot_longer(data, cols, names_to = "name", values_to = "value", names_prefix = NULL, names_sep = NULL, names_pattern = NULL, values_drop_na = FALSE, values_ptypes = list(), ...) | |
|---|---|---|
| パラメーター | data | 変換するデータフレームまたはtibbleオブジェクト。 |
| | cols | 長い形式に変換する対象の列を指定します。列名、列番号などを指定します。 |
| | names_to | 縦長形式に変換したあとの新しい列名を指定します。 |
| | values_to | 縦長形式に変換したあとの新しい列に対応して、その値を格納する列が新設されるので、その列名を指定します。 |
| | names_prefix | オプションで、列名から削除する接頭辞を指定します。例えば、列名がyear_2020, year_2021のように年を示すプレフィックスyear_で始まっている場合、names_prefix="year_"を指定することで、このプレフィックスを削除し、単に2020, 2021という列名にすることができます。 |
| | names_sep | 列名を分割するためのセパレーターを指定します。指定された場合、names_toに複数の名前を指定して、分割された部分を異なる列に割り当てることができます。例えば、列名がyear_2020やyear_2021のように「年_値」の形式である場合、names_sepを"_"に設定して年と値を分割し、それぞれを別の列に格納することができます。 |
| | names_pattern | 列名を分割するための正規表現を指定します。names_sepと同様に、names_toに複数の名前を指定して、マッチした部分を異なる列に割り当てることができます。 |

| | | |
|---|---|---|
| パラメーター | values_drop_na | TRUEに設定されている場合、NA値を持つ行を結果から除外します。 |
| | values_ptypes | 変換後のデータフレームの列のデータ型を指定するために使用されます。これは特に、データが変換される際に期待するデータ型を明示的に設定したい場合や、自動的な型推論による問題を回避したい場合に便利です。例えば、数値データが文字列として読み込まれてしまったり、日付データが適切に認識されない場合などに、values_ptypesを使用してデータ型を指定できます。<br>Score列のデータ型を整数型 に指定する例：<br>values_ptypes = list(Score = integer()) |
| 戻り値 | | 指定された列を長い形式に再編成した新しいデータフレームとして、tibbleオブジェクトを返します。 |

▼横長形式のデータフレームを縦長形式のtidyデータに変換する

```
library(tidyverse)

# traditional_dfデータフレームの作成
traditional_df <- data.frame(
  Student_ID = c("A-1", "B-2", "C-3"),
  MathScore = c(90, 85, 78),
  ScienceScore = c(85, 90, 92)
)
# データフレームを表示
print(traditional_df)

# pivot_longer()関数を使用してtidy data形式に変換
tidy_df <- pivot_longer(
  traditional_df,
  cols = c(MathScore, ScienceScore),  # 長い形式に変換する列を指定
  names_to = "Subject",   # 縦長形式に変換したあとの新しい列名
  values_to = "Score"     # 縦長形式に変換したあとの新しい列の値を格納する列の名前
)
#変換後のデータフレームを表示
print(tidy_df)
```

**さらに　ワンポイント**

**個別にtidyrパッケージを読み込む**

ここでは、冒頭でlibrary(tidyverse)のようにtidyverseを読み込んでいますが、個別にtidyrパッケージを読み込む場合は「library(tidyr)」と記述します。

▼出力

```
  Student_ID MathScore ScienceScore
1       A-1        90           85
2       B-2        85           90
3       C-3        78           92
# A tibble: 6 × 3
  Student_ID Subject       Score
  <chr>      <chr>         <dbl>
1 A-1        MathScore        90
2 A-1        ScienceScore     85
3 B-2        MathScore        85
4 B-2        ScienceScore     90
5 C-3        MathScore        78
6 C-3        ScienceScore     92
```

Column **大規模なデータセットをtidyデータに変換するメリット**

tidyverseにおけるtidyデータへの変換では、例えばAmes Housingデータセットのような大規模なデータセットの場合、行数が大幅に増加することもありえます。tidyデータの原則に従うと、各観測値が独立した行を持ち、各変数が独立した列を持つようにデータを整形するためです。

そのため、大規模なデータセットに対してtidyデータ形式を適用する際は、パフォーマンスやメモリ使用量に注意を払う必要があります。

tidyverseの関数は非常に効率的に設計されているとはいえ、大規模なデータセットでは、データの変換や操作に時間がかかる場合もあります。

解決策として、全データセットをtidyデータ化する前に、小規模なサンプルに対して処理を行い、結果を評価することが考えられます。また、データセット全体を使うのではなく、分析に必要な部分のデータのみを扱うことも有効です。

# データフレーム「tibble」とは何か

**Tips 191**

▶Level ●●○

ここがポイントです！ tibbleパッケージ、tibbleオブジェクト

先のTipsでは、data.frame()関数で作成したデータフレームを、tidyrパッケージのpivot_longer()関数でtidyなデータ形式に変換しました。このとき、戻り値として返されたのが**tibbleオブジェクト**です。

### ●「モダンなデータフレーム」を実現するtibbleオブジェクト

tibbleはRの伝統的なデータフレームにいくつかの改良を加えたもので、データ分析とデータ操作の作業をより簡単かつ直感的に行うことができます。tibbleは、tidyverseのtibbleパッケージによって提供されます。

### ・Rのデータフレームとの違い
### ・データの表示

tibbleは表示方法が改良されており、大量のデータを扱う場合でも読みやすい形式で出力されます。Rのデータフレームでは、データセット全体がコンソールに出力されることがあり、大きなデータでは扱いづらい場合があります。

### ・列名の扱い

Rのデータフレームでは、不正な名前（例えば空白を含む名前）を持つ列を作成すると、自動的に名前が変更されます。tibbleでは、ほぼすべての文字列を列名としてそのまま使用できます。

### ・サブセッティングの挙動

tibbleでは、単一の列を抽出した場合もtibbleオブジェクトが返されます。Rのデータフレームでは、単一の列を抽出するとベクトルが返されます。

### ・自動的な文字列変換の抑制

Rのデータフレームでは、異なる型のオブジェクトを組み合わせると、自動的に最も包括的な型に変換されることがあります（例えば、数値と文字列の列が混在するとすべてが文字列に変換される）。tibbleでは、このような自動変換は行われず、各列のデータ型が保持されます。

tibble型のデータフレームは、従来の（Rの）データフレームをより柔軟に扱うためのモダンな代替手段を提供することから、**モダンなデータフレーム**と呼ばれます。

### ●tibbleパッケージの概要

tidyverseに含まれるパッケージに、tidyとtableの概念を組み合わせた**tibbleパッケージ**があります。tibbleは、データフレームをより柔軟に扱うためのモダンな代替手段を提供します。tibbleパッケージには以下の関数が用意されています。

### ・tibble()
新しいtibbleを作成します。
### ・as_tibble()
他のRオブジェクト（例えばデータフレーム）をtibbleに変換します。
### ・glimpse()
データの概要をコンパクトに表示します。列名、列の型、最初の数行を確認できます。
### ・add_row()、add_column()
tibbleに行または列を追加します。

・enframe()、deframe()

名前付きベクトルやリストをtibbleに変換したり、その逆の操作を行います。

# 新規のtibble形式データフレームを作成する

**Tips 192**

▶Level ●●○

ここがポイントです！ **tibbleパッケージのtibble()関数**

tibbleパッケージのtibble()関数は、tibble形式データフレームを作成します。

・**tibble()関数**

tibble形式のデータフレームを作成します。

| 書式 | tibble(…, .name_repair = "check_unique") | | |
|---|---|---|---|
| パラメーター | … | | 列を作成するための名前付き引数。各引数はベクトルやリストなど、列にしたいデータを指定します。名前付き引数の名前が列名になります。 |
| | .name_repair | | 列名の修復方法を指定する引数です。これは、データフレームを作成する際に列名が不適切である場合（例えば、「重複した名前が存在する」、「標準的でない文字が含まれている」など）に役立ちます。name_repairオプションには以下の値を指定できます。<br>"check_unique": 列名が一意であることを確認し、そうでない場合はエラーを発生させます。デフォルトの値です。<br>"minimal": 列名に対して何もしません。列名が不適切であっても修正を試みることはしません。<br>"unique": 列名が一意になるように自動的に修正します。重複している列名には連番が付加されます。<br>"universal": すべての列名が有効な変数名であり、かつ一意になるように修正します。不適切な文字はアンダースコアに置換され、必要に応じて連番が付加されます。 |
| 戻り値 | 指定されたデータから作成されたtibbleオブジェクトを返します。 | | |

▼ベクトルデータからtibble形式データフレームを作成する

```
# tibbleパッケージを読み込む代わりにtidyverseを読み込む
library(tidyverse)

# 新しいtibbleを作成
new_tibble <- tibble(
  Date = as.Date(c('2024-01-01', '2024-01-02', '2024-01-03')), # 日付
  Temperature = c(22.5, 23.0, 21.8), # 温度(実数)
  Weather = c("Sunny", "Cloudy", "Rain") # 天気(文字列)
)
```

tidyverseを用いたモダンなデータフレーム操作

```
# 作成したtibbleを表示
print(new_tibble)
```

▼出力

```
# A tibble: 3 × 3
  Date       Temperature Weather
  <date>           <dbl> <chr>
1 2024-01-01        22.5 Sunny
2 2024-01-02        23   Cloudy
3 2024-01-03        21.8 Rain
```

**Tips 193**

▶Level ● ● ●

# レガシーなデータフレームを tibble形式に変換する

**ここがポイントです！** tibbleパッケージのas_tibble()関数

as_tibble()関数を用いると、他のRオブジェクト（例えば、既存のデータフレーム）をtibbleに変換することができます。ただし、この変換プロセスはデータの構造を「tidy data」形式に変更するわけではありません。データが「tidy」な形式に従っているかどうかは、そのデータの元の形式と内容に依存します。as_tibble()はあくまでオブジェクトの型をtibble型に変更するための関数です。

ただし、tibbleオブジェクトは、tidyverseの他のパッケージ（dplyr、ggplot2など）と統合されたデータ構造なので、tidyverseを使用するワークフローにおいては、as_tibble()を頻繁に利用することになります。

• **as_tibble()関数**

他のRオブジェクト（例えば、ベクトル、リスト、データフレームなど）をtibbleオブジェクトに変換します。

| 書式 | as_tibble(x, .name_repair = "check_unique") | |
|---|---|---|
| パラメーター | x | 変換されるオブジェクト。ベクトル、リスト、行列 (マトリックス)、データフレームなどが該当します。 |
| | .name_repair | 列名の修復方法を指定する引数です。これは、データフレームを作成する際に列名が不適切である場合 (例えば、「重複した名前が存在する」、「標準的でない文字が含まれている」 など) に役立ちます。name_repairオプションには以下の値を指定できます。<br>"check_unique": 列名が一意であることを確認し、そうでない場合はエラーを発生させます。デフォルトの値です。<br>"minimal": 列名に対して何もしません。列名が不適切であっても修正を試みることはしません。<br>"unique": 列名が一意になるように自動的に修正します。重複している列名には連番が付加されます。<br>"universal": すべての列名が有効な変数名であり、かつ一意になるように修正します。不適切な文字はアンダースコアに置換され、必要に応じて連番が付加されます。 |
| 戻り値 | 指定されたオブジェクトから変換されたtibbleオブジェクトを返します。 | |

▼従来のRのデータフレームをtibble型のデータフレームに変換する

```r
library(tidyverse)

# traditional_dfデータフレームの作成
traditional_df <- data.frame(
  Student_ID = c("A-1", "B-2", "C-3"),
  MathScore = c(90, 85, 78),
  ScienceScore = c(85, 90, 92)
)
# データフレームを表示
print(traditional_df)

# データフレームをtibbleに変換
tib <- as_tibble(traditional_df)
# 変換されたtibbleを表示
print(tib)
```

▼出力 (上部がRのデータフレーム、下部がtibble型に変換されたデータフレーム)

```
  Student_ID MathScore ScienceScore
1        A-1        90           85
2        B-2        85           90
3        C-3        78           92
# A tibble: 3 × 3
  Student_ID MathScore ScienceScore
  <chr>          <dbl>        <dbl>
1 A-1               90           85
2 B-2               85           90
3 C-3               78           92
```

tidyverseを用いたモダンなデータフレーム操作

# 194

# tibble型データフレームに行データを追加する

▶Level ● ● ○

ここが**ポイント**です！ tibbleパッケージのadd_row()関数

tibbleパッケージのadd_row()関数は、既存のtibble型データフレームに1行または複数行を追加します。

・add_row()関数

既存のtibbleの最後に新しい行を追加します。

| 書式 | add_row(.data, ..., .before = NULL, .after = nrow(.data)) | |
|---|---|---|
| パラメーター | .data | 行を追加する対象のtibbleオブジェクト。 |
| | ... | 追加する行のtibble型のデータ。または追加する行について、名前付き引数で列名を指定して値を渡します。 |
| | .before | 追加する行を挿入する位置を指定します。この引数に指定した行の前に新しい行が挿入されます。指定しない場合（デフォルトはNULL）は、.afterが使用されます。 |
| | .after | 追加する行を挿入する位置を指定します。この引数に指定した行のあとに新しい行が挿入されます。デフォルトでは、tibbleの最後に行が追加されます。 |
| 戻り値 | 新しい行が追加されたtibbleです。元のtibbleを変更せず、新しいtibbleを返します。 | |

▼既存のtibble型データフレームに行データを追加する

```
library(tidyverse)

# tibbleを作成
my_tibble <- tibble(
  ID = 1:3,
  Name = c("Hanako", "Taro", "Nana"),
  Age = c(25, 30, 35)
)
# tibbleを表示
print(my_tibble)


# 行データを作成
new_row <- tibble(ID = 4, Name = "Rina", Age = 40)
# add_row()を使って新しい行を既存のtibbleに追加
my_tibble <- add_row(my_tibble, new_row)
# 更新されたtibbleを表示
print(my_tibble)
```

▼出力
```
# A tibble: 3 × 3
     ID Name      Age
  <int> <chr>    <dbl>
1     1 Hanako    25
2     2 Taro      30
3     3 Nana      35


# A tibble: 4 × 3
     ID Name      Age
  <dbl> <chr>    <dbl>
1     1 Hanako    25
2     2 Taro      30
3     3 Nana      35
4     4 Rina      40
```

この例では、tibble()関数でtibble型の行データを作成してから追加しましたが、追加する行データは必ずしもtibble型である必要はありません。add_row()関数は、列名を指定して直接値を渡すことで、新しい行を追加することが可能です。追加する値は、ベクトルや単一の値で指定でき、add_row()はそれらの値から新しい行を作成して既存のtibbleに追加します。

▼add_row()を使って新しい行を追加
```r
library(tidyverse)

# 既存のtibbleを作成
my_tibble <- tibble(
  ID = 1:3,
  Name = c("Hanako", "Taro", "Nana"),
  Age = c(25, 30, 35)
)

# add_row()を使って新しい行を追加(tibble型でなくてもよい)
my_tibble <- add_row(my_tibble, ID = 4, Name = "Rina", Age = 40)

# 結果を表示
print(my_tibble)
```

▼出力
```
# A tibble: 4 × 3
     ID Name      Age
  <dbl> <chr>    <dbl>
1     1 Hanako    25
2     2 Taro      30
3     3 Nana      35
4     4 Rina      40
```

tidyverseを用いたモダンなデータフレーム操作

**301**

# tibble型データフレームに列データを追加する

ここがポイントです！ tibbleパッケージのadd_column()関数

▶Level ●●

tibbleパッケージのadd_column()関数は、既存のtibble型データフレームに1列または複数列を追加します。

・add_column()関数

新しい列を既存のデータフレームに追加します。

| 書式 | add_column(.data, ..., .before = NULL, .after = NULL) | |
|---|---|---|
| パラメーター | .data | 列を追加する対象のtibbleオブジェクト。 |
| | ... | 追加する列データ。名前付き引数として列名と値のペアを指定します。 |
| | .before | 新しい列を追加する位置を指定するオプション。指定した列の前に新しい列が追加されます。列名または列番号を指定できます。 |
| | .after | .beforeと同様に、新しい列を追加する位置を指定しますが、指定した列のあとに新しい列が追加される点が異なります。 |
| 戻り値 | 新しい列が追加されたtibbleオブジェクトを返します。元のtibbleを変更するのではなく、列が追加された新しいtibbleオブジェクトを返します。 | |

▼既存のtibble型データフレームに列データを追加する

```
library(tidyverse)

# 既存のtibbleを作成
my_tibble <- tibble(
  ID = 1:3,
  Name = c("Alice", "Syohei", "Machiko"),
  Age = c(25, 30, 35)
)
# tibbleを表示
print(my_tibble)

# Salary列をAge列のあとに追加
my_tibble <- add_column(my_tibble, Salary = c(500000, 600000, 550000),
.after = "Age")
# 結果を表示
print(my_tibble)
```

▼出力

```
# A tibble: 3 × 3
     ID Name      Age
  <int> <chr>   <dbl>
1     1 Alice      25
2     2 Syohei     30
3     3 Machiko    35
```

```
# A tibble: 3 × 4
     ID Name      Age Salary
  <int> <chr>   <dbl>  <dbl>
1     1 Alice      25 500000
2     2 Syohei     30 600000
3     3 Machiko    35 550000
```

**Tips 196**

# ベクトルやリストをtibble型データフレームに変換する

ここがポイントです！ tibbleパッケージのenframe()関数

▶Level ●●○

tibbleパッケージのenframe()関数は、ベクトルやリストをtibble型データフレームに変換します。

・enframe()関数

| 書式 | enframe(x, name = NULL, value = NULL) | |
|---|---|---|
| パラメーター | x | 変換したいベクトルやリスト。 |
| | name | tibbleの「名前用」の列の名前。デフォルトはNULLで、この場合は自動的に "name" という名前が使用されます。 |
| | value | tibbleの「値」の列の名前。デフォルトはNULLで、この場合は自動的に "value" という名前が使用されます。 |
| 戻り値 | ベクトルやリストをデータフレームの列として変換後のtibbleオブジェクト。 | |

▼名前付きベクトルをtibble型データフレームに変換する

```
library(tidyverse)

# 名前付きベクトルを作成
named_vector <- c(Alice = 25, Syohei = 30, Machiko = 35)
# enframe()を使って名前付きベクトルをtibbleに変換
tibble_from_vector <- enframe(named_vector)
# 結果を表示
print(tibble_from_vector)
```

▼出力

```
# A tibble: 3 × 2
  name      value
  <chr>     <dbl>
1 Alice        25
2 Syohei       30
3 Machiko      35
```

次のように、nameオプションやvalueオプションを使って、列名を指定することができます。

▼名前付きベクトルをtibble型データフレームに変換する際に列名を指定する（先のコードの続き）

```
# name,valueを指定して列名を設定
tibble_custom_name <- enframe(
named_vector, name = "Person", value = "Age")
# 結果を表示
print(tibble_custom_name)
```

▼出力

```
# A tibble: 3 × 2
  Person    Age
  <chr>     <dbl>
1 Alice        25
2 Syohei       30
3 Machiko      35
```

## Tips 197 tibble型データフレームを名前付きベクトルに変換する

**ここがポイントです！** tibbleパッケージのdeframe()関数

▶Level ● ● ○

tibbleパッケージのdeframe()関数は、tibbleを名前付きベクトルに変換します。この関数は、tibbleの最初の列を名前、2番目の列を値として扱います。

• deframe()関数

tibbleの最初の列を名前の列とし、2番目の列を値の列として扱います。この処理は基本的に2列のtibbleに適用されることを意図しているので、tibbleが3列以上ある場合、deframe()は最初の2列のみを使用し、残りの列は無視します。

| 書式 | deframe(x) | |
|---|---|---|
| パラメーター | x | 変換したいtibbleデータ。 |
| 戻り値 | 名前付きベクトル。tibbleの最初の列がベクトルの名前、2番目の列がベクトルの値として設定されます。 | |

▼2列のtibble型データフレームを名前付きベクトルに変換する

```
library(tidyverse)

# tibbleを作成
tibble_data <- tibble(name = c("Alice", "Bob", "Charlie"), value =
c(25, 30, 35))
# tibbleを表示
print(tibble_data)

# deframe()を使ってtibbleから名前付きベクトルに変換
vector_from_tibble <- deframe(tibble_data)
# 結果を表示
print(vector_from_tibble)
```

▼出力（上部がtibble型データフレーム、下部が変換後の名前付きベクトル）

```
# A tibble: 3 × 2
  name    value
  <chr>   <dbl>
1 Alice      25
2 Bob        30
3 Charlie    35


  Alice      Bob Charlie
     25       30      35
```

## Tips 198

# tidyrパッケージの概要

▶Level ●●○○

**ここがポイントです!** tidyverseのtidyrパッケージ

tidyverseに含まれるtidyrパッケージは、データを整理するためのパッケージで、データを「tidy」な形式（tidy data）に整理することを目的としています。tidy dataとは、各変数が列、各観測値が行、各種類の観測単位がテーブルとして構成されるデータの形式のことを指します。

● tidyrパッケージの関数群

tidyrパッケージの主な関数を紹介します。

・pivot_longer()
複数の列をまとめて、長い形式のデータに変換します。

・pivot_wider()
長い形式のデータを幅広い形式に変換します。

・separate()
1つの列を複数の列に分割します。

・unite()
複数の列を1つに結合します。

・drop_na()
NA（欠損値）を含む行を削除します。

・fill()
NA（欠損値）を前後の値で埋めます。

・replace_na()
NA（欠損値）を特定の値で置き換えます。

・extract()
正規表現を使って、文字列から新たな変数を作成します。

これらの関数を使うことで、データを分析しやすい形に整理したり、データの前処理をしたりできます。tidyrはデータクリーニングやデータ前処理の作業を効率化する強力なツールです。

## Tips 199

# データをtidy形式に変換したり解除したりする

▶Level ●●○○

**ここがポイントです!** pivot_longer()、pivot_wider()

ここでは、一般的なテーブル形式のデータ（1件のレコードが複数のデータを持つ）をtidy形式のデータ（tidy data）に変換する方法と、tidy形式のデータを横長のデータに変換する方法について見ていきます。

● tidy形式データの作成

tidyrパッケージのpivot_longer()関数は、一般的な横長形式（wide形式）のデータを縦長形式（long形式）に変換します。具体的には、データフレーム内の列を「各観測値

が1つの行を形成する」という原則に従って、新しい列に再編成するので、tidy dataの原則に従ってデータを整理することができます。「縦長形式に変換する（長い形式に変換する）」という表現は、「データフレームの複数の列に分散している列データを、1つの列にまとめることで、各行が1つの観測値をより明確に表現する形式に再構成する操作」を指しています。つまり、キーと値のペアが縦長に並んでいる形式のデータにします。

### ・pivot_longer()関数

データフレーム内の1つまたは複数の列を統合し、キーと値を表現する新しい列に再編成します。

| 書式 | pivot_longer(data, cols, names_to = "name", values_to = "value", names_prefix = NULL, names_sep = NULL, names_pattern = NULL, values_drop_na = FALSE, values_ptypes = list(), ...) | |
|---|---|---|
| パラメーター | data | 変換するデータフレームまたはtibbleオブジェクト。 |
| | cols | 長い形式に変換する対象の列を指定します。列名、列番号などを指定します。 |
| | names_to | 縦長形式に変換したあとの新しい列名を指定します。 |
| | values_to | 縦長形式に変換したあとの新しい列に対応して、その値を格納する列が新設されるので、その列名を指定します。 |
| | names_prefix | オプションで、列名から削除する接頭辞を指定します。例えば、列名がyear_2020、year_2021のように年を示すプレフィックスyear_で始まっている場合、names_prefix="year_"を指定することで、このプレフィックスを削除し、単に2020、2021という列名にすることができます。 |
| | names_sep | 列名を分割するためのセパレーターを指定します。指定された場合、names_toに複数の名前を指定して、分割された部分を異なる列に割り当てることができます。例えば、列名がyear_2020やyear_2021のように、年_値の形式となっている場合、names_sepを"_"に設定して年と値を分割し、それぞれを別の列に格納することができます。 |
| | names_pattern | 列名を分割するための正規表現を指定します。names_sepと同様に、names_toに複数の名前を指定して、マッチした部分を異なる列に割り当てることができます。 |
| | values_drop_na | TRUEに設定されている場合、NA値を持つ行を結果から除外します。 |
| | values_ptypes | 変換後のデータフレームの列のデータ型を指定するために使用されます。これはデータが、特に変換される際に期待するデータ型を明示的に設定したい場合や、自動的な型推論による問題を回避したい場合に便利です。例えば、数値データが文字列として読み込まれてしまったり、日付データが適切に認識されない場合などに、values_ptypesを使用してデータ型を指定できます。Score列のデータ型を整数型に指定する例： values_ptypes = list(Score = integer()) |
| 戻り値 | 指定された列を長い形式に再編成した新しいデータフレームとして、tibbleオブジェクトを返します。 | |

▼データフレームのデータを「tidy data」に変換する

```
library(tidyverse)

# データフレームを作成
data <- data.frame(
  id = 1:4,
  year_2022 = c(2, 4, 3, 1),
  year_2023 = c(5, 6, 7, 8),
  year_2024 = c(9, 10, 11, 12)
)
# データフレームを表示
print(data)

# pivot_longer()を用いてデータを長い形式に変換
long_data <- pivot_longer(
  data,
  cols = starts_with("year"),
  names_to = "year",
  names_prefix = "year_",
  values_to = "value"
)
# 結果を表示
print(long_data)
```

▼出力（上段が変換前のデータフレーム、下段が変換後のtibble型データフレーム）

```
  id year_2022 year_2023 year_2024
1  1         2         5         9
2  2         4         6        10
3  3         3         7        11
4  4         1         8        12


# A tibble: 12 × 3
      id year  value
   <int> <chr> <dbl>
 1     1 2022      2
 2     1 2023      5
 3     1 2024      9
 4     2 2022      4
 5     2 2023      6
 6     2 2024     10
 7     3 2022      3
 8     3 2023      7
 9     3 2024     11
10     4 2022      1
11     4 2023      8
12     4 2024     12
```

●**縦長形式のtidyデータを横長形式に変換する**

pivot_wider()関数は、縦長形式（long形式）のデータを横長形式（wide形式）に変換します。この関数は、主に次のような状況で使われます。

・**カテゴリデータの分析**

あるカテゴリに基づいて観測値が並んでいる場合（例えば、アンケートの回答や商品のカテゴリなど）、それぞれのカテゴリを別の列として展開して分析しやすくします。

・**時系列データの整理**

時間に関連するデータを扱う際に、異なる時点の観測値が行に並んでいる場合、これらを列に展開して、各時点を個別の変数として表現することで、時間ごとの変化を分析しやすくなります。

・**データの可視化準備**

データをグラフ化する際に、データを特定の形式に整理する必要がある場合があります。例えば、各カテゴリの値を比較する棒グラフを描くためには、データを横長形式に変換することがあります。

・**pivot_wider()関数**

縦長形式のデータを横長形式に変換します。1つの列にまとまっている複数の観測値を複数の列に展開します。

| 書式 | | pivot_wider(data, names_from, values_from, names_prefix = NULL, names_sep = NULL, names_glue = NULL, values_fill = NULL, values_fn = NULL, ...) |
|---|---|---|
| パラメーター | data | 変換するデータフレームまたはtibbleオブジェクト。 |
| | names_from | 新しい列名として使用する列。この列の値から列名が作成されます。 |
| | values_from | 新しい列に入る値を含む列。通常は、names_fromで指定された各値に対応する観測値です。 |
| | names_prefix | 新しい列名の前に追加するプレフィックスを指定します。 |
| | names_sep | names_fromが複数の列を含む場合に、生成される列名のパーツを結合するためのセパレーターを指定します。 |
| | names_glue | 列名を生成するためのglue式を指定します。より複雑な列名を作成する場合に使用します。glue式は、文字列内にRコードの評価結果を埋め込むための表現方法で、glueパッケージによって提供される機能です。glue式を使うことで、変数の値や計算結果を文字列の中に直接挿入することが可能になります。 |
| | values_fill | 欠損値を置換するためのリスト。特定の列に対して欠損値に入れる値を指定できます。 |
| | values_fn | 集約関数をリスト形式で指定します。values_fromに重複がある場合に、どのように値を集約するかを定義します。集約関数にはmean（平均）、sum（合計）、length（個数）、min（最小値）、max（最大値）などがあります。 |
| 戻り値 | | 指定された列から新しい列を作成し、縦長形式から横長形式に変換した新しいtibbleオブジェクトを返します。 |

▼縦長形式のデータをpivot_wider()関数で横長形式のデータに変換する

```r
library(tidyverse)
# 縦長形式のデータフレームを作成
long_data <- data.frame(
  id = c("A1", "A1", "B1", "B1"),
  year = c("2018", "2019", "2018", "2019"),
  value = c(2, 3, 4, 5)
)
# データフレームを表示
print(long_data)


# pivot_wider()を用いてデータを横長形式に変換
wide_data <- pivot_wider(
  long_data,
  names_from = year,
  values_from = value
)
# 結果を表示
print(wide_data)
```

▼出力（上段が変換前のデータフレーム、下段が横長形式への変換後のtibble型データフレーム）

```
  id year value
1 A1 2018     2
2 A1 2019     3
3 B1 2018     4
4 B1 2019     5

# A tibble: 2 × 3
  id    `2018` `2019`
  <chr>  <dbl>  <dbl>
1 A1         2      3
2 B1         4      5
```

● pivot_wider()関数のnames_sepオプションの使い方

pivot_wider()関数のnames_sepオプションは、names_fromで指定された複数の列から新しい列名を生成する際に、列名のパーツを結合するためのセパレーターを指定します。names_fromオプションで複数の列を指定している場合において、指定されたセパレーターでnames_fromの値を結合して、新しい列名を生成します。

次の例では、変換前のデータにあるyearとcategoryの2つの列を組み合わせて、幅広い形式のデータセットの列名を生成しています。

▼pivot_wider()関数のnames_sepオプション

```r
library(tidyverse)

# データフレームを作成
long_data <- data.frame(
  id = c(1, 1, 2, 2, 1, 1, 2, 2),
  year = c("2022", "2022", "2022", "2022", "2023", "2023", "2023",
"2023"),
  category = c("A", "B", "A", "B", "A", "B", "A", "B"),
  value = c(2, 3, 4, 5, 6, 7, 8, 9)
)
```

```
# データフレームを表示
print(long_data)

# pivot_wider()を使用してデータを横長形式に変換
# names_fromに複数の列を指定し、names_sepオプションでセパレーターとして"_"を指定
wide_data <- pivot_wider(
  long_data,
  names_from = c(year, category),
  values_from = value,
  names_sep = "_"
)
# 結果を表示
print(wide_data)
```

▼出力（上段が変換前のデータフレーム、下段が横長形式への変換後のtibble型データフレーム）

| | id | year | category | value |
|---|---|---|---|---|
| 1 | 1 | 2022 | A | 2 |
| 2 | 1 | 2022 | B | 3 |
| 3 | 2 | 2022 | A | 4 |
| 4 | 2 | 2022 | B | 5 |
| 5 | 1 | 2023 | A | 6 |
| 6 | 1 | 2023 | B | 7 |
| 7 | 2 | 2023 | A | 8 |
| 8 | 2 | 2023 | B | 9 |

```
# A tibble: 2 × 5
```

| | id | `2022_A` | `2022_B` | `2023_A` | `2023_B` |
|---|---|---|---|---|---|
| | <dbl> | <dbl> | <dbl> | <dbl> | <dbl> |
| 1 | 1 | 2 | 3 | 6 | 7 |
| 2 | 2 | 4 | 5 | 8 | 9 |

tidyverseを用いたモダンなデータフレーム操作

# 複数の列データを１つの列に結合する

**ここがポイントです！** tidyr パッケージの unite() 関数

tidyr パッケージの unite() 関数は、複数の列を１つの列に結合します。データの前処理や整形の際に、特定の複数の列を１つの列としてまとめたい場合に便利です。

- **unite() 関数**

データフレーム内の複数の列を１つの列に結合します。

| 書式 | unite(data, col, ..., sep = "_", remove = TRUE, na.rm = FALSE) | |
|---|---|---|
| パラメーター | data | 処理対象のデータフレームまたは tibble オブジェクト。 |
| | col | 結合する最初の列を指定します。ここで指定した列の名前が新しく作成される列の名前になります。結合後の列に新規の列名を付けたいときは、存在しない列名を指定します。 |
| | ... | col 以外の結合する列を指定します。 |
| | sep | 結合する際に、元の列データの間に挿入される文字列。デフォルトは "_" です。 |
| | remove | 結合後に元の列を削除するかどうか。デフォルトは TRUE で、結合された列は削除されます。 |
| | na.rm | NA 値を削除するかどうか。TRUE の場合、NA 値を持つ要素は結合時に無視されます。 |
| 戻り値 | 指定された複数の列を結合した新しいデータフレームまたは tibble 型データフレームを返します。 | |

▼データフレームの3列のデータを1列に結合する

```
library(tidyverse)

# データフレームを作成
data <- data.frame(
  id = c("A-1", "B-1", "C-1"),
  year = c(2021, 2022, 2023),
  month = c(1, 2, 3),
  day = c(10, 20, 30)
)
# データフレームを表示
print(data)

# unite()を用いて年、月、日の列を結合
data_united <- unite(data, date, year, month, day, sep = "-")
# 結果を表示
print(data_united)
# データフレームをtibbleに変換
tib <- as_tibble(data_united)
# 結果を表示
print(tib)
```

▼出力（上段が変換前のデータフレーム、中段が3列を1列に結合したデータフレーム、下段がtibble
型への変換後のデータフレーム）

```
   id year month day
1 A-1 2021     1  10
2 B-1 2022     2  20
3 C-1 2023     3  30


   id        date
1 A-1 2021-1-10
2 B-1 2022-2-20
3 C-1 2023-3-30
```

```
# A tibble: 3 × 2
  id     date
  <chr>  <chr>
1 A-1    2021-1-10
2 B-1    2022-2-20
3 C-1    2023-3-30
```

Tips
**201**

# NA（欠損値）を含む行を除去する

▶Level ●● ○

ここがポイントです！ ▶ **tidyrパッケージのdrop_na()関数**

tidyrパッケージのdrop_na()関数は、データフレームまたはtibble型データフレームから、NA（欠損値）を含む行を除去します。欠損値があると分析に支障をきたす場合に、データのクリーニングや前処理として使うと便利です。

・**drop_na()関数**

データフレームまたはtibbleからNA（欠損値）を含む行を除去します。

| 書式 | drop_na(data, ...) | |
|------|------|------|
| パラメーター | data | 処理対象のデータフレームまたはtibbleオブジェクト。 |
| | ... | 特定の列だけに注目してNAを除去したい場合に、列名を指定します。指定しない場合は、データのすべての列が対象になります。 |
| 戻り値 | NAを含む行を除去した新しいデータフレームまたはtibbleを返します。 | |

▼データフレームからNA（欠損値）を含む行データを除去する

```
library(tidyverse)

# tibble形式のサンプルデータフレームを作成
data <- tibble(
  id = 1:5,
  value1 = c(NA, 2, 3, NA, 5),
  value2 = c(1, NA, 3, 4, 5)
)
# 処理前のデータフレームを表示
print(data)

# drop_na()を用いてNAを含む行を除去
data_cleaned <- drop_na(data)
# 結果を表示
print(data_cleaned)
```

▼出力（上部が処理前のデータフレーム、下部が処理後のデータフレーム）

```
# A tibble: 5 × 3
     id value1 value2
  <int>  <dbl>  <dbl>
1     1    NA       1
2     2     2      NA
3     3     3       3
4     4    NA       4
5     5     5       5


# A tibble: 2 × 3
     id value1 value2
  <int>  <dbl>  <dbl>
1     3     3       3
2     5     5       5
```

# NA（欠損値）を前方または後方の値で埋める

▶Level ● ●

**ここがポイントです！** tidyr パッケージの fill() 関数

tidyr パッケージの fill() 関数は、データフレームまたは tibble 型データフレーム内のNA（欠損値）を、前方または後方の値で埋め（置き換え）ます。時系列データや連続した観測値があるデータセットで、欠損値を近くの値で補完する場合に便利です。

**• fill() 関数**

データフレームまたは tibble の NA（欠損値）を、前方または後方の値で埋め（置き換え）ます。

| 書式 | fill(data, ..., .direction) | |
|---|---|---|
| パラメーター | data | 処理対象のデータフレームまたは tibble オブジェクト。 |
| | ... | NA 値を埋める列を指定します。 |
| | .direction | 値を埋める方向を指定します。"down"は上から下へ（前方補完）、"up"は下から上へ（後方補完）、"downup"は最初に下へ補完したあと上へ、"updown"は最初に上へ補完したあと下へ、です。 |
| 戻り値 | 指定された列の NA を補完した新しいデータフレームまたは tibble 型データフレームを返します。 | |

▼データフレーム内のNA（欠損値）を前方の値で埋める（置き換える）

```r
library(tidyverse)

# tibble形式のサンプルデータフレームを作成
data <- tibble(
  id = 101:105,
  value = c(NA, 2, NA, 4, NA)
)
# 処理前のデータフレームを表示
print(data)

# fill()を用いてNAを前方補完
data_filled <- fill(data, value, .direction = "down")
# 結果を表示
print(data_filled)
```

▼出力（左が処理前のデータフレーム、右が処理後のデータフレーム）

```
# A tibble: 5 × 2              # A tibble: 5 × 2
      id value                       id value
   <int>  <dbl>                   <int>  <dbl>
1    101    NA               1    101    NA
2    102     2               2    102     2
3    103    NA               3    103     2
4    104     4               4    104     4
5    105    NA               5    105     4
```

.directionオプションに"down"を指定して、上から下へ（前方補完）で置き換えしたので、結果を見るとvalue列の1行目にNAが残っています。この場合、.directionオプションに"updown"を指定すると、「最初に上へ補完したあと下へ」となり、1行目のNAが後方（次行）の値で埋められます。

▼fill()を用いてNAを最初に上へ補完後したあと下へ向かって補完

```
data_filled <- fill(data, value, .direction = "updown")
# 結果を表示
print(data_filled)
```

▼出力

```
   <int>  <dbl>
1    101     2
2    102     2
3    103     4
4    104     4
5    105     4
```

## Tips 203

# NA（欠損値）を指定した値で置き換える

▶Level ●●○

**ここがポイントです！** tidyrパッケージのreplace_na()関数

tidyrパッケージのreplace_na()関数は、データフレームまたはtibble型データフレーム内のNA（欠損値）を、指定した値で置き換えます。データの前処理やクリーニングの過程で、欠損値を特定のデフォルト値で埋めたい場合に便利です。

## • replace_na()関数

データフレームまたはtibbleのNA（欠損値）を、指定した値で埋め（置き換え）ます。

| 書式 | replace_na(data, replace) | |
|---|---|---|
| パラメーター | data | 処理対象のデータフレームまたはtibbleオブジェクト。 |
| | replace | NA値を置き換えるための値を含むリスト。リストの名前は置き換える列の名前と一致する必要があります。 |
| 戻り値 | 指定された列のNAを指定した値で置き換えた、新しいデータフレームまたはtibble型データフレームを返します。 | |

▼データフレーム内のNA（欠損値）を指定した値で置き換える

```
library(tidyverse)

# tibble形式のサンプルデータフレームを作成
data <- tibble(
  id = 1:5,
  value = c(NA, 2, NA, 4, NA),
  category = c("A", NA, "B", NA, "C")
)
# 処理前のデータフレームを表示
print(data)

# replace_na()を用いてvalue列のNAを0に置き換え
# category列のNAをUnknown"に置き換え
data_replaced <- replace_na(data, list(value = 0, category = "Unknown"))
# 結果を表示
print(data_replaced)
```

▼出力（左が処理前のデータフレーム、右が処理後のデータフレーム）

```
# A tibble: 5 × 3              # A tibble: 5 × 3
    id value category              id value category
  <int> <dbl> <chr>             <int> <dbl> <chr>
1   1    NA   A              1   1    0    A
2   2    2    NA             2   2    2    Unknown
3   3    NA   B              3   3    0    B
4   4    4    NA             4   4    4    Unknown
5   5    NA   C              5   5    0    C
```

tidyverseを用いたモダンなデータフレーム操作

# Tips 204

dplyr パッケージの概要

▶Level ●●●

**ここがポイントです！** tidyverse の dplyr パッケージ

tidyverseに含まれるdplyrは、R言語でデータ操作を行うためのパッケージです。データの加工や分析に役立つ関数を提供していて、特にデータフレームを扱う際の作業を簡単かつ効率的に行えるように設計されています。

●パイプ演算子 (%>%)

パイプ演算子 (%>%) は、dplyrパッケージをはじめとするtidyverseのパッケージで広く使われる演算子であり、左側の式の結果を右側の式の最初の引数として渡す機能があります。これにより、複数のデータ操作を連鎖させて、データ加工のプロセスを直列に並べることができます。

▼パイプ演算子 (%>%) の基本的な使い方

・関数が1つの場合

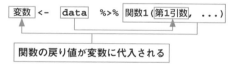

・関数を連続して使う場合

式の中の「data」は、データフレームやtibble型データフレームです。「関数1」「関数2」はデータに適用する関数で、これらの関数は第1引数にパイプ演算子 (%>%) の左側の式の結果をとります。%>%は、左側の結果を右側の関数の第1引数として渡す機能があるので、「複数の関数を連続して適用し、最後の関数の戻り値 (データフレーム) を取得する」という使い方ができます。

▼実例

```
library(dplyr)
library(ggplot2)    # mpgデータセットを読み込むため

mpg %>%
    filter(cty > 20) %>%    # 都市部燃費が20を超える車を選択
    select(manufacturer, model, cty, hwy) %>%   # manufacturer, model,
cty, hwy列のみを選択
    arrange(desc(cty))    # 都市部燃費で降順に並べ替え
```

このコードでは、mpgデータセット（車種別の燃費データ、Tips205参照）から、次の処理を順に行っています。

・都市部での燃費（cty）が20 MPG（マイル／ガロン）を超える車両を選択
・製造メーカー（manufacturer）、車種（model）、都市部での燃費（cty）、高速道路での燃費（hwy）の列を抜き出す
・都市部での燃費でデータを降順に並べ替え

このように、パイプ演算子（%>%）を用いることで、複数のデータ操作を連鎖させて、データ加工のプロセスを直列に並べることができます。従来のネストされた関数呼び出しでは、ソースコードを読む際に内側の関数から順に理解する必要がありましたが、パイプ演算子を使用すると、データが処理される順序を直感的に追うことができます。

● dplyrパッケージの主な関数

・filter()
　条件に合う行データを抽出します。
・select()
　特定の列データを選択します。
・mutate()
　既存の列を変更したり、新しい列を追加します。
・summarize()
　データの要約統計量を計算します。
・arrange()
　行を並べ替えます。
・group_by()
　1つ以上の列に基づいてデータをグループ化します。
・join()
　異なるデータフレームを結合します（left_join, right_join, inner_join, full_joinなど）。

tidyverseを用いたモダンなデータフレーム操作

# データセット「mpg」について

ここが
ポイント
です！ 学習用データセット

Rでは、学習用として様々なデータセット（多くが従来型またはtibble型のデータフレームです）が配布されています。ここでは、前のTipsで出てきて、このあとのTipsでも題材として使用するmpgデータセットについて紹介します。

## ●mpgデータセットの概要

tidyverseのggplot2パッケージにおいて提供されるデータセット「mpg」は、1999年から2008年までにアメリカで販売された車種の燃費データを集めたもので、tibble型のデータフレームに収録されています。データセットには、以下の燃費（MPG〈マイル/ガロン〉）、排気量、シリンダー枚などの車両の仕様と性能指標が記録されていて、データ視覚化やデータ分析の学習教材として使われています。

## ・mpgデータセットの内容（列データ）

- ・manufacturer……自動車メーカー
- ・model……車種名
- ・displ……排気量（リットル）
- ・year……製造年
- ・cyl……シリンダー数
- ・trans……トランスミッションの種類
- ・drv……駆動輪（f ＝ 前輪駆動, r ＝ 後輪駆動, 4 ＝ 四輪駆動）
- ・cty……市街地での燃費（燃料1ガロンあたりの走行可能距離〈マイル〉）
- ・hwy……高速道路での燃費（燃料1ガロンあたりの走行可能距離〈マイル〉）
- ・fl……燃料の種類
- ・class……車両のクラス（例: SUV、compactなど）

## ●mpgデータセットを読み込んでみる

mpgデータセットは、ggplot2パッケージを読み込めば、すぐに使うことができます。ここでは、ggplot2の代わりにtidyverseを読み込んで、mpgデータセットをConsoleに出力してみます。

▼mpgデータセットを表示する

```
# library(ggplot2)の代わりにtidyverseを読み込む
library(tidyverse)
# mpgデータセットを表示
print(mpg)
```

▼出力

```
# A tibble: 234 × 11
   manufacturer model   displ year   cyl trans drv    cty   hwy fl    class
   <chr>        <chr>   <dbl> <int> <int> <chr> <chr> <int> <int> <chr> <chr>
 1 audi         a4        1.8  1999     4 auto… f        18    29 p     comp…
 2 audi         a4        1.8  1999     4 manu… f        21    29 p     comp…
 3 audi         a4        2    2008     4 manu… f        20    31 p     comp…
 4 audi         a4        2    2008     4 auto… f        21    30 p     comp…
 5 audi         a4        2.8  1999     6 auto… f        16    26 p     comp…
 6 audi         a4        2.8  1999     6 manu… f        18    26 p     comp…
 7 audi         a4        3.1  2008     6 auto… f        18    27 p     comp…
 8 audi         a4 qu…    1.8  1999     4 manu… 4        18    26 p     comp…
 9 audi         a4 qu…    1.8  1999     4 auto… 4        16    25 p     comp…
10 audi         a4 qu…    2    2008     4 manu… 4        20    28 p     comp…
# ℹ 224 more rows
# ℹ Use `print(n = ...)` to see more rows
```

　コメントを見ると、234行、11列の tibble型データフレームであることが確認できます。Consoleの表示の関係上、冒頭10件のデータのみが出力されています。[Environment]ペインで[Package:ggplot2]を選んでから[mpg]をクリックすると、専用の画面が開いて全データを確認できます。

さらに
ワンポイント

**冒頭のデータを表示する**
　head()関数を使って、

```
print(head(mpg))
```

とすると、冒頭のデータのみ（6件程度）を Consoleに表示することができます。

▼ [Environment]ペインで「mpg」の表示をクリックしたときに表示される画面

| | manufacturer | model | displ | year | cyl | trans | drv | cty | hwy | fl | class |
|---|---|---|---|---|---|---|---|---|---|---|---|
| 1 | audi | a4 | 1.8 | 1999 | 4 | auto(l5) | f | 18 | 29 | p | compact |
| 2 | audi | a4 | 1.8 | 1999 | 4 | manual(m5) | f | 21 | 29 | p | compact |
| 3 | audi | a4 | 2.0 | 2008 | 4 | manual(m6) | f | 20 | 31 | p | compact |
| 4 | audi | a4 | 2.0 | 2008 | 4 | auto(av) | f | 21 | 30 | p | compact |
| 5 | audi | a4 | 2.8 | 1999 | 6 | auto(l5) | f | 16 | 26 | p | compact |
| 6 | audi | a4 | 2.8 | 1999 | 6 | manual(m5) | f | 18 | 26 | p | compact |
| 7 | audi | a4 | 3.1 | 2008 | 6 | auto(av) | f | 18 | 27 | p | compact |
| 8 | audi | a4 quattro | 1.8 | 1999 | 4 | manual(m5) | 4 | 18 | 26 | p | compact |
| 9 | audi | a4 quattro | 1.8 | 1999 | 4 | auto(l5) | 4 | 16 | 25 | p | compact |
| 10 | audi | a4 quattro | 2.0 | 2008 | 4 | manual(m6) | 4 | 20 | 28 | p | compact |
| 11 | audi | a4 quattro | 2.0 | 2008 | 4 | auto(s6) | 4 | 19 | 27 | p | compact |
| 12 | audi | a4 quattro | 2.8 | 1999 | 6 | auto(l5) | 4 | 15 | 25 | p | compact |
| 13 | audi | a4 quattro | 2.8 | 1999 | 6 | manual(m5) | 4 | 17 | 25 | p | compact |
| 14 | audi | a4 quattro | 3.1 | 2008 | 6 | auto(s6) | 4 | 17 | 25 | p | compact |
| 15 | audi | a4 quattro | 3.1 | 2008 | 6 | manual(m6) | 4 | 15 | 25 | p | compact |
| 16 | audi | a6 quattro | 2.8 | 1999 | 6 | auto(l5) | 4 | 15 | 24 | p | midsize |
| 17 | audi | a6 quattro | 3.1 | 2008 | 6 | auto(s6) | 4 | 17 | 25 | p | midsize |
| 18 | audi | a6 quattro | 4.2 | 2008 | 8 | auto(s6) | 4 | 16 | 23 | p | midsize |
| 19 | chevrolet | c1500 suburban 2wd | 5.3 | 2008 | 8 | auto(l4) | r | 14 | 20 | r | suv |
| 20 | chevrolet | c1500 suburban 2wd | 5.3 | 2008 | 8 | auto(l4) | r | 11 | 15 | e | suv |
| 21 | chevrolet | c1500 suburban 2wd | 5.3 | 2008 | 8 | auto(l4) | r | 14 | 20 | r | suv |
| 22 | chevrolet | c1500 suburban 2wd | 5.7 | 1999 | 8 | auto(l4) | r | 13 | 17 | r | suv |
| 23 | chevrolet | c1500 suburban 2wd | 6.0 | 2008 | 8 | auto(l4) | r | 12 | 17 | r | suv |
| 24 | chevrolet | corvette | 5.7 | 1999 | 8 | manual(m6) | r | 16 | 26 | p | 2seater |
| 25 | chevrolet | corvette | 5.7 | 1999 | 8 | auto(l4) | r | 15 | 23 | p | 2seater |
| 26 | chevrolet | corvette | 6.2 | 2008 | 8 | manual(m6) | r | 16 | 26 | p | 2seater |
| 27 | chevrolet | corvette | 6.2 | 2008 | 8 | auto(s6) | r | 15 | 25 | p | 2seater |
| 28 | chevrolet | corvette | 7.0 | 2008 | 8 | manual(m6) | r | 15 | 24 | p | 2seater |
| 29 | chevrolet | k1500 tahoe 4wd | 5.3 | 2008 | 8 | auto(l4) | 4 | 14 | 19 | r | suv |
| 30 | chevrolet | k1500 tahoe 4wd | 5.3 | 2008 | 8 | auto(l4) | 4 | 11 | 14 | e | suv |

Showing 1 to 30 of 234 entries, 11 total columns

※紙面の都合で上位30件までを表示しています。

tidyverseを用いたモダンなデータフレーム操作

## ●mpgデータセットの要約統計量を見る

sumary()関数を使うと、データセットの「要約統計量」を確認することができます。

### ・ summary()関数

| 書式 | summary(object) | |
|---|---|---|
| パラメーター | object | 要約統計量を計算するRオブジェクト。 |
| 戻り値 | 関数の戻り値はオブジェクトのタイプに依存します。<br>・データフレームの場合：<br>　各列の要約統計量（数値列の場合は最小値、第1四分位数、中央値、平均、第3四分位数、最大値、欠損値の数など）が返されます。<br>・ベクトル（数値型）の場合：<br>　最小値、第1四分位数、中央値、平均、第3四分位数、最大値が返されます。<br>・因子（カテゴリ変数）の場合：<br>　カテゴリのレベルごとの頻度（カウント）と割合が返されます。 | |

### ▼mpgデータセットの要約統計量を表示

```
summary(mpg)
```

### ▼出力

```
 manufacturer          model               displ            year     
 Length:234         Length:234          Min.   :1.600    Min.   :1999  
 Class :character   Class :character    1st Qu.:2.400    1st Qu.:1999  
 Mode  :character   Mode  :character    Median :3.300    Median :2004  
                                        Mean   :3.472    Mean   :2004  
                                        3rd Qu.:4.600    3rd Qu.:2008  
                                        Max.   :7.000    Max.   :2008  
      cyl            trans               drv                cty       
 Min.   :4.000   Length:234         Length:234          Min.   : 9.00  
 1st Qu.:4.000   Class :character   Class :character    1st Qu.:14.00  
 Median :6.000   Mode  :character   Mode  :character    Median :17.00  
 Mean   :5.889                                          Mean   :16.86  
 3rd Qu.:8.000                                          3rd Qu.:19.00  
 Max.   :8.000                                          Max.   :35.00  
      hwy             fl               class          
 Min.   :12.00   Length:234         Length:234        
 1st Qu.:18.00   Class :character   Class :character  
 Median :24.00   Mode  :character   Mode  :character  
 Mean   :23.44                                        
 3rd Qu.:27.00                                        
 Max.   :44.00                                        
```

数値が格納されている列について、Min.（最小値）、1st Qu.（第1四分位数）、Median（中央値）、Mean（平均）、3rd Qu.（第3四分位数）、Max.（最大値）がそれぞれ表示されています。

**データセットを小さい方から並べたとき**

「第1四分位数 (Q1)」は、データセットを小さい方から順に並べたときに、全データの下から25%の位置にある値です。言い換えると、データセットを四等分したときの最初の分割点であり、下位25%のデータがこの値以下で、上位75%のデータがこの値以上になります。

「第3四分位数 (Q3)」は、データセットを小さい方から順に並べたときに、全データの上から25%の位置にある値です。言い換えると、データセットを四等分したときの3番目の分割点であり、下位75%のデータがこの値以下で、上位25%のデータがこの値以上になります。

なお、「第2四分位数 (Q2)」は中央値 (Median) と同じです。

## Tips 206 条件を指定して行データを抽出する

▶Level ●●●

**ここがポイントです！** dplyrパッケージのfilter()関数

dplyrパッケージのfilter()関数は、データフレームやtibble型データフレームから特定の条件に合う行のみを抽出します。dplyrパッケージにおいて、最も基本となる強力な機能を提供する関数です。

• **filter()関数**

データフレームから条件に合致する行だけを抽出します。

| 書式 | filter(.data, ..., .preserve = FALSE) | | |
|---|---|---|---|
| パラメーター | .data | 処理対象のデータフレームまたはtibble型データフレーム。パイプ演算子を用いる場合は引数にしないで、<br><br>.data %>% filter( ... )<br><br>のように記述します。この場合、filter( ... )の引数には第2引数の抽出条件以下を記述します。 | |
| | ... | 抽出条件を指定する引数。複数の条件を指定することができ、論理演算子 (&でAND、\|でOR) を使用して組み合わせることが可能です。 | |
| | preserve | グループ化されたtibble型データフレームの場合、空のグループを結果に含めるかどうかを指定します。デフォルトはFALSEで、空のグループを削除します。 | |
| 戻り値 | 指定された条件に合う行のみを含む新しいデータフレームやtibble型データフレームです。元のデータセットから条件に合致する行だけが選択されます。 | | |

tidyverseを用いたモダンなデータフレーム操作

## ●filter()関数の条件式のパターン

filter()関数の条件式では、次表のような比較演算子が用いられます。

▼filter()関数の条件式のパターン

| 条件 | 意味 |
|------|------|
| 列 == 値 | 列データが値と等しい。 |
| 列 != 値 | 列データが値と等しくない（値以外である）。 |
| 列 > 値 | 列データが値より大きい。 |
| 列 < 値 | 列データが値より小さい。 |
| 列 >= 値 | 列データが値以上。 |
| 列 <= 値 | 列データが値以下。 |

filter()関数では、条件をカンマ (,) で区切ることで複数の条件を設定できますが、論理演算子を使うことで、1つの条件式において複数の条件を組み合わせることができます。

▼filter()関数で複数の条件を組み合わせる場合の論理演算子

| 論理演算子 | 処理内容 | 意味 |
|-----------|---------|------|
| & | 論理積（AND） | すべての条件が真である場合に真。 |
| \| | 論理和（OR） | どれか1つの条件が真である場合に真。 |

## ●mpgデータセットから「排気量2.0リットル以下」の車種を抽出する

次に示すのは、mpgデータセットから「排気量が2.0リットル以下」という条件を1つだけ設定して、抽出する例です。

▼mpgデータセットから排気量が2.0リットル以下の行データを抽出

```
# dplyr、ggplot2を個別ではなくtidyverseとして読み込む
library(tidyverse)
# 排気量が2.0以下の車種を抽出
filtered_mpg1 <- mpg %>%
  filter(displ <= 2.0)
# 結果を表示
print(filtered_mpg1)
```

```
# A tibble: 43 × 11
   manufacturer model   displ  year   cyl trans drv     cty   hwy fl
   <chr>        <chr>   <dbl> <int> <int> <chr> <chr>  <int> <int> <chr>
 1 audi         a4        1.8  1999     4 auto… f         18    29 p
 2 audi         a4        1.8  1999     4 manu… f         21    29 p
 3 audi         a4        2    2008     4 manu… f         20    31 p
 4 audi         a4        2    2008     4 auto… f         21    30 p
 5 audi         a4 qu…    1.8  1999     4 manu… 4         18    26 p
 6 audi         a4 qu…    1.8  1999     4 auto… 4         16    25 p
 7 audi         a4 qu…    2    2008     4 manu… 4         20    28 p
 8 audi         a4 qu…    2    2008     4 auto… 4         19    27 p
 9 honda        civic     1.6  1999     4 manu… f         28    33 r
10 honda        civic     1.6  1999     4 auto… f         24    32 r
# ℹ 33 more rows
# ℹ 1 more variable: class <chr>
# ℹ Use `print(n = ...)` to see more rows
```

43件の行データが抽出されます。Environmentペインで「filtered_mpg1」をクリックすると、Sourceペインで、抽出されたすべての行データを確認できます。

● 2008年製造の4気筒車のみを抽出

次に示すのは、mpgデータセットから「製造年 (year) が2008」、「シリンダー数 (cyl) が4」という2つの条件を設定して抽出する例です。

▼mpgデータセットから「2008年製造の4気筒車」のみを抽出

```
filtered_mpg2 <- mpg %>%
  filter(year == 2008, cyl == 4)
# 結果を表示
print(filtered_mpg2)
```

▼出力（全36件中冒頭から10件まで）

```
# A tibble: 36 × 11
   manufacturer model   displ  year   cyl trans drv     cty   hwy fl
   <chr>        <chr>   <dbl> <int> <int> <chr> <chr>  <int> <int> <chr>
 1 audi         a4        2    2008     4 manu… f         20    31 p
 2 audi         a4        2    2008     4 auto… f         21    30 p
 3 audi         a4 qu…    2    2008     4 manu… 4         20    28 p
 4 audi         a4 qu…    2    2008     4 auto… 4         19    27 p
 5 chevrolet    malibu    2.4  2008     4 auto… f         22    30 r
 6 honda        civic     1.8  2008     4 manu… f         26    34 r
 7 honda        civic     1.8  2008     4 auto… f         25    36 r
 8 honda        civic     1.8  2008     4 auto… f         24    36 c
 9 honda        civic     2    2008     4 manu… f         21    29 p
10 hyundai      sonata    2.4  2008     4 auto… f         21    30 r
# ℹ 26 more rows
# ℹ 1 more variable: class <chr>
# ℹ Use `print(n = ...)` to see more rows
```

## ●SUVかつ市街地燃費が20MPG以上の車種を抽出

次に示すのは、mpgデータセットから「車両のクラス（class）がSUV」、「市街地での燃費（cty）が20MPG（1ガロンあたりの走行可能距離〈マイル〉）以上」という2つの条件を設定して抽出する例です。

▼mpgデータセットから「SUVで市街地燃費が 20MPG 以上」の行データを抽出

```
filtered_mpg3 <- mpg %>%
    filter(class == "suv", cty >= 20)
# 結果を表示
print(filtered_mpg3)
```

▼出力（データ件数2件）

```
# A tibble: 2 × 11
  manufacturer model   displ year  cyl trans drv    cty   hwy fl    class
  <chr>        <chr>   <dbl> <int> <int> <chr> <chr> <int> <int> <chr> <chr>
1 subaru       forest…  2.5  2008    4 manu… 4      20    27 r     suv
2 subaru       forest…  2.5  2008    4 auto… 4      20    26 r     suv
# ℹ 1 more variable: class <chr>
```

## ●論理演算子を用いた例

次に示すのは論理演算子の使用例です。

▼論理演算子による条件の組み合わせ

```
# 「市街地燃費が14MPG以下でシリンダー数が6
# または高速道路での燃費が9MPG以下」を抽出
filtered_mpg4 <- mpg %>%
    filter(cty <= 14 & cyl == 6 | hwy <= 9)
# 結果を表示
print(filtered_mpg4)
```

▼出力

```
# A tibble: 14 × 11
   manufacturer model         displ year  cyl  trans     drv  cty  hwy fl  class
   <chr>        <chr>         <dbl> <int> <int> <chr>    <chr> <int> <int> <chr> <chr>
 1 dodge        caravan 2wd    3.3  2008    6 auto(14)  f     11    17 e  minivan
 2 dodge        dakota pickup 4wd 3.7 2008  6 auto(14)  4     14    18 r  pickup
 3 dodge        dakota pickup 4wd 3.9 1999  6 auto(14)  4     13    17 r  pickup
 4 dodge        dakota pickup 4wd 3.9 1999  6 manual(m5) 4    14    17 r  pickup
 5 dodge        durango 4wd    3.9  1999    6 auto(14)  4     13    17 r  suv
   ......
14 nissan       pathfinder 4wd 4    2008    6 auto(15)  4     14    20 p  suv
```

## Tips 207
データフレームの特定の列を
抽出する

▶Level ● ● ●

**ここがポイントです！** dplyrパッケージのselect()関数

dplyrパッケージのselect()関数は、データフレームから特定の列を選択するために使用されます。分析や可視化の際、特定の変数（列データ）に焦点を当てたいときは特に便利です。また、不要な変数を除外すること

で、データセットのサイズを減らす目的で使用することもできます。

- **select()関数**
  データフレームから特定の列を選択します。

| 書式 | select(.data, ...) | | |
|---|---|---|---|
| パラメーター | .data | 処理対象のデータフレームまたはtibble型データフレーム。パイプ演算子を用いる場合は引数にしないで、<br><br>.data %>% select( ... )<br><br>のように記述します。この場合、select( ... )の引数には第2引数以降を記述します。 | |
| | ... | 選択したい列名。列名は直接指定するか、列選択のヘルパー関数──starts_with()、ends_with()、contains()、matches()、everything()など──を使用して指定できます。 | |
| 戻り値 | 選択された列のみを含む新しいデータフレームまたはtibble型データフレームが返されます。元のデータセットから指定された列だけが選択され、その順序で新しいデータセットが作成されます。 | | |

### ●列を指定して抽出する
次に示すのは、mpgデータセットから「model（車種名）」と「cyl（シリンダー数）」の列のみを抽出する例です。

▼mpgデータセットから「model（車種名）」と「cyl（シリンダー数）」の列のみを抽出

```r
library(tidyverse)

# modelとcylのみを選択
selected_data <- mpg %>% select(model, cyl)
# 結果を表示
print(selected_data)
```

▼出力（234件中冒頭10件を表示）

```
# A tibble: 234 × 2
   model          cyl
   <chr>        <int>
 1 a4               4
 2 a4               4
 3 a4               4
 4 a4               4
 5 a4               6
 6 a4               6
 7 a4               6
 8 a4 quattro       4
 9 a4 quattro       4
10 a4 quattro       4
# i 224 more rows
# i Use `print(n = ...)` to see more rows
```

## ●指定した列を除外する

select()関数の引数で列名を指定する際に、列名の冒頭にマイナス（−）を付けると、その列が除外されます。

次に示すのは、mpgデータセットから「year（製造年）」、「trans（トランスミッションの種類）」、「fl（燃料の種類）」の列を除外した残りの列を抽出する例です。

▼mpgデータセットから「year（製造年）」、「trans（トランスミッションの種類）」、
「fl（燃料の種類）」の列を除外する

```
# 特定の列を除外する
selected_data_except <- mpg %>% select(-year, -trans, -fl)
# 結果を表示
print(selected_data_except)
```

▼出力（234件中冒頭10件を表示）

```
# A tibble: 234 × 8
   manufacturer model        displ   cyl drv     cty   hwy class
   <chr>        <chr>        <dbl> <int> <chr> <int> <int> <chr>
 1 audi         a4             1.8     4 f        18    29 compact
 2 audi         a4             1.8     4 f        21    29 compact
 3 audi         a4             2       4 f        20    31 compact
 4 audi         a4             2       4 f        21    30 compact
 5 audi         a4             2.8     6 f        16    26 compact
 6 audi         a4             2.8     6 f        18    26 compact
 7 audi         a4             3.1     6 f        18    27 compact
 8 audi         a4 quattro     1.8     4 4        18    26 compact
 9 audi         a4 quattro     1.8     4 4        16    25 compact
10 audi         a4 quattro     2       4 4        20    28 compact
# i 224 more rows
# i Use `print(n = ...)` to see more rows
```

**Tips 208**

▶Level ●●○

# 特定の文字で始まる列を抽出する

ここが
ポイント
です！

> select() 関数で使用可能なヘルパー関数

select()関数の引数で列を選択する際に、以下のヘルパー関数を使用できます。

▼select()関数で使用可能なヘルパー関数

| ヘルパー関数名 | 機能 | 使用例 |
|---|---|---|
| starts_with() | 指定した接頭辞で始まる列を選択します。 | starts_with("prefix") |
| ends_with() | 指定した接尾辞で終わる列を選択します。 | ends_with("suffix") |
| contains() | 指定したテキストを含む列を選択します。 | contains("text") |
| matches() | 指定した正規表現にマッチする列を選択します。 | matches("^start") |
| num_range() | 一定の数値範囲に含まれる列名を選択します。この関数は、特定のパターンのあとに数値が続く列名（例えばx1, x2, x3など）を選択するのに便利です。 | num_range("x", 1:3) |
| last_col() | データフレームの最後の列を選択します。オプションでオフセットを指定して、最後から数えて特定の位置にある列を選択することもできます。 | last_col()<br>last_col(offset = 2) |
| everything() | すべての列を選択します。他の選択基準と組み合わせて使うことで、特定の列を先頭に移動させた上で、残りのすべての列を選択する際に便利です。 | select(data,<br>　　　starts_with("priority"),<br>　　　everything()) |
| where() | 「列の属性に基づいて列を選択するための条件式」を引数として受け取ります。この関数内で使用される条件式は、列を表す引数に対して評価され、真（TRUE）を返す列のみが選択されます。 | where(条件式) |

### ●「d」で始まる列のみを選択

次に示すのは、mpgデータセットから「d」で始まる列のみを抽出する例です。

▼mpgデータセットから「d」で始まる列のみを抽出する

```
library(tidyverse)

# 接頭辞が「d」で始まる列のみを選択
selected_data_prefix <- mpg %>% select(starts_with("d"))
# 結果を表示
print(selected_data_prefix)
```

▼出力（234件中冒頭10件を表示）

```
# A tibble: 234 × 2
   displ drv
   <dbl> <chr>
 1   1.8 f
 2   1.8 f
 3   2   f
 4   2   f
 5   2.8 f
 6   2.8 f
 7   3.1 f
 8   1.8 4
 9   1.8 4
10   2   4
# i 224 more rows
# i Use `print(n = ...)` to see more rows
```

**Tips 209**

▶Level ●●○

ここがポイントです！

# 数値型（または文字列型）の列のみを抽出する

> ヘルパー関数 where()

select()関数のヘルパー関数の1つであるwhere()は、列のデータ型やその他の属性に基づいて条件を指定し、その条件を満たす列のみを抽出することができます。

where()関数は、

```
where(条件式)
```

のように、列の属性に基づいて列を選択するための条件式を引数として受け取ります。条件式のほか、TRUE／FALSEを返すis.numeric()のような関数も引数に指定できます。

●mpgデータセットから数値型の列のみを抽出する

select()関数とwhere()ヘルパー関数を組み合わせた例として、is.numeric()関数を用いて、列データが数値型の列のみを抽出してみます。

▼mpgデータセットから数値型の列のみを抽出する

```
library(tidyverse)

numeric_cols <- mpg %>%
  select(where(is.numeric))
# 結果の表示
print(numeric_cols)
```

▼出力

```
# A tibble: 234 × 5
   displ  year   cyl   cty   hwy
   <dbl> <int> <int> <int> <int>
 1   1.8  1999     4    18    29
 2   1.8  1999     4    21    29
 3     2  2008     4    20    31
 4     2  2008     4    21    30
 5   2.8  1999     6    16    26
 6   2.8  1999     6    18    26
 7   3.1  2008     6    18    27
 8   1.8  1999     4    18    26
 9   1.8  1999     4    16    25
10     2  2008     4    20    28
# ℹ 224 more rows
# ℹ Use `print(n = ...)` to see more rows
```

● mpgデータセットから文字列型の列のみ
を抽出する

　select()関数とwhere()ヘルパー関数を
組み合わせた例として、is.character()関数
を用いて、列データが文字列型（character
型）の列のみを抽出してみます。

▼ mpgデータセットから文字列型
（character型）の列のみを抽出する

```
character_cols <- mpg %>%
   select(where(is.character))
# 結果の表示
print(character_cols)
```

▼出力

```
# A tibble: 234 × 6
   manufacturer model      trans       drv   fl    class
   <chr>        <chr>      <chr>       <chr> <chr> <chr>
 1 audi         a4         auto(l5)    f     p     compact
 2 audi         a4         manual(m5)  f     p     compact
 3 audi         a4         manual(m6)  f     p     compact
 4 audi         a4         auto(av)    f     p     compact
 5 audi         a4         auto(l5)    f     p     compact
 6 audi         a4         manual(m5)  f     p     compact
 7 audi         a4         auto(av)    f     p     compact
 8 audi         a4 quattro manual(m5)  4     p     compact
 9 audi         a4 quattro auto(l5)    4     p     compact
10 audi         a4 quattro manual(m6)  4     p     compact
# ℹ 224 more rows
# ℹ Use `print(n = ...)` to see more rows
```

tidyverseを用いたモダンなデータフレーム操作

## 特定の列データを基準にして 行データを「昇順」で並べ替える

**Tips 210**

▶Level ●●●

**dplyr パッケージの arrange() 関数**

dplyrパッケージのarrange()関数は、データフレームやtibble型データフレームの行データを、指定された列の値に基づいて並べ替えます。特定の列の値で昇順や降順に並べ替えて、データの検査をしたい場合に便利です。

- **arrange() 関数**

  指定された列の値に基づいて行データを並べ替えます。

| 書式 | arrange(.data, ..., .by_group = FALSE) | |
|------|------|------|
| パラメーター | .data | 処理対象のデータフレームまたはtibble型データフレーム。パイプ演算子を用いる場合は引数にしないで、<br><br>.data %>% arrange( ... )<br><br>のように記述します。この場合、arrange( ... )の引数には第2引数以降を記述します。 |
| | ... | 並べ替えの基準となる列名。複数の列を指定することができ、先に記述した列の方が優先度の高い基準（キー）となって、並べ替えが行われます。デフォルトでは昇順に並べ替えられますが、desc()関数を用いることで降順の指定も可能です。 |
| | .by_group | グループ化されたtibble型データフレームを扱う際に、グループごとに並べ替えを行うかどうかを指定します。デフォルトはFALSEです。 |
| 戻り値 | 指定された列の値に基づいて並べ替えられた新しいデータフレームまたはtibble型データフレームが返されます。元のデータセットは変更されず、並べ替えられた新しいデータセットが作成されます。 | |

### ●市街地燃費 (cty) で昇順に並べ替える

次に示すのは、mpgデータセットの「cty（市街地での燃）」費（燃料1ガロンあたりの 走行可能距離〈マイル〉）の列を基準にして、昇順で行データを並べ替える例です。

▼mpgデータセットの「cty」列の走行可能距離を基準にして昇順で並べ替える

```
library(tidyverse)

# 市街地での燃費(cty)で昇順に並べ替え
arranged_mpg1 <- mpg %>%
  arrange(cty)
# 結果を表示
print(arranged_mpg1)
```

▼出力（234件中冒頭10件を表示）

```
# A tibble: 234 × 11
   manufacturer model  displ year  cyl trans drv     cty   hwy fl
   <chr>        <chr>  <dbl> <int> <int> <chr> <chr> <int> <int> <chr>
 1 dodge        dakot… 4.7   2008    8 auto… 4         9    12 e
 2 dodge        duran… 4.7   2008    8 auto… 4         9    12 e
 3 dodge        ram 1… 4.7   2008    8 auto… 4         9    12 e
 4 dodge        ram 1… 4.7   2008    8 manu… 4         9    12 e
 5 jeep         grand… 4.7   2008    8 auto… 4         9    12 e
 6 chevrolet    c1500… 5.3   2008    8 auto… r        11    15 e
 7 chevrolet    k1500… 5.3   2008    8 auto… 4        11    14 e
 8 chevrolet    k1500… 5.7   1999    8 auto… 4        11    15 r
 9 dodge        carav… 3.3   2008    6 auto… f        11    17 e
10 dodge        dakot… 5.2   1999    8 manu… 4        11    17 r
# ℹ 224 more rows
# ℹ 1 more variable: class <chr>
# ℹ Use `print(n = ...)` to see more rows
```

## Tips 211

▶Level ●●○

# 特定の列データを基準にして行データを「降順」で並べ替える

ここがポイントです！ ▶desc()関数

arrange()関数の引数として、並べ替えの基準となる列名を指定する際に、desc()関数の引数として指定することで、降順での並べ替えにすることが可能です。

● 高速道路燃費（hwy）で降順に並べ替え

次に示すのは、mpgデータセットの「hwy（高速道路における燃費）」（燃料1ガロンあたりの走行可能距離〈マイル〉）の列を基準にして、降順で行データを並べ替える例です。

▼ mpgデータセットの「hwy」列の走行可能距離を基準にして降順で並べ替える

```
library(tidyverse)

# 高速道路燃費(hwy)で降順に並べ替え
arranged_mpg1 <- mpg %>%
  arrange(desc(hwy))
# 結果を表示
print(arranged_mpg1)
```

tidyverseを用いたモダンなデータフレーム操作

## ▼出力（234件中冒頭10件を表示）

```
# A tibble: 234 × 11
   manufacturer model   displ  year   cyl trans drv     cty   hwy fl
   <chr>        <chr>   <dbl> <int> <int> <chr> <chr> <int> <int> <chr>
 1 volkswagen   jetta     1.9  1999     4 manu… f        33    44 d
 2 volkswagen   new b…    1.9  1999     4 manu… f        35    44 d
 3 volkswagen   new b…    1.9  1999     4 auto… f        29    41 d
 4 toyota       corol…    1.8  2008     4 manu… f        28    37 r
 5 honda        civic     1.8  2008     4 auto… f        25    36 r
 6 honda        civic     1.8  2008     4 auto… f        24    36 c
 7 toyota       corol…    1.8  1999     4 manu… f        26    35 r
 8 toyota       corol…    1.8  2008     4 auto… f        26    35 r
 9 honda        civic     1.8  2008     4 manu… f        26    34 r
10 honda        civic     1.6  1999     4 manu… f        28    33 r
# ℹ 224 more rows
# ℹ 1 more variable: class <chr>
# ℹ Use `print(n = ...)` to see more rows
```

## ●製造メーカー（manufacturer）で昇順、排気量（displ）で降順に並べ替え

次に示すのは、2つの列を組み合わせて、昇順と降順で並べ替える例です。

## ▼製造メーカー(manufacturer)で昇順、排気量(displ)で降順に並べ替え

```
arranged_mpg2 <- mpg %>%
  arrange(manufacturer, desc(displ))
# 結果を表示
print(arranged_mpg2)
```

## ▼出力（234件中冒頭10件を表示）

```
# A tibble: 234 × 11
   manufacturer model   displ  year   cyl trans drv     cty   hwy fl
   <chr>        <chr>   <dbl> <int> <int> <chr> <chr> <int> <int> <chr>
 1 audi         a6 qu…    4.2  2008     8 auto… 4        16    23 p
 2 audi         a4        3.1  2008     6 auto… f        18    27 p
 3 audi         a4 qu…    3.1  2008     6 auto… 4        17    25 p
 4 audi         a4 qu…    3.1  2008     6 manu… 4        15    25 p
 5 audi         a6 qu…    3.1  2008     6 auto… 4        17    25 p
 6 audi         a4        2.8  1999     6 auto… f        16    26 p
 7 audi         a4        2.8  1999     6 manu… f        18    26 p
 8 audi         a4 qu…    2.8  1999     6 auto… 4        15    25 p
 9 audi         a4 qu…    2.8  1999     6 manu… 4        17    25 p
10 audi         a6 qu…    2.8  1999     6 auto… 4        15    24 p
# ℹ 224 more rows
# ℹ 1 more variable: class <chr>
# ℹ Use `print(n = ...)` to see more rows
```

このプログラムでは、まずmanufacturer列に基づいて昇順に並べ替えたあと、同じメーカー内でdispl（排気量）列の値に基づいて降順に並べ替えています。これにより、メーカーごとに排気量が大きい車種から順に並べることができています。

## Tips 212 高速道路と市街地の燃費の差を示す新しい列を追加する

▶Level ●●●

**ここがポイントです！** dplyrパッケージのmutate()関数

dplyrパッケージのmutate()関数は、既存のデータフレームに新しい列を追加したり、既存の列を変更する処理を行います。

• **mutate()関数**

既存のデータフレームに新しい列を追加したり、既存の列を変更します。

| 書式 | mutate(.data, …, .keep = "all") | | |
|---|---|---|---|
| パラメーター | .data | 処理対象のデータフレームまたはtibble型データフレーム。パイプ演算子を用いる場合は引数にしないで、<br><br>.data %>% mutate( … )<br><br>のように記述します。この場合、mutate( … )の引数には第2引数以降を記述します。 | |
| | … | 新しい列を生成するための式や、既存の列を変更するための式。複数の変更を同時に行うこともできます。 | |
| | .keep | mutate()が返す結果にどの列を保持するかを制御します。デフォルトは"all"で、すべての既存の列と新しい列を保持します。ほかに"used"（計算に使用された列のみ保持）や"unused"（計算に使用されなかった列のみ保持）が設定できます。 | |
| 戻り値 | 新しい列が追加されたり既存の列が変更されたりした、新しいデータフレームまたはtibble型データフレームが返されます。元のデータセットは変更されず、変更が加えられた新しいデータセットが作成されます。 | | |

### ●高速道路燃費（hwy）と市街地燃費（cty）の差を示す列を追加する

次に示すのは、mpgデータセットの高速道路燃費（hwy）と市街地燃費（cty）の差を計算し、hwy_ctyという新しい列をデータセットに追加するプログラムです。

▼高速道路燃費(hwy)と市街地燃費(cty)の差を示す列を追加する

```
library(tidyverse)

# hwyとctyの差を示す新しい列(hwy_cty)を追加
mpg_hwy_cty <- mpg %>%
  mutate(hwy_cty = hwy - cty)
# 結果の冒頭6件を表示
print(head(mpg_hwy_cty))
```

▼出力

```
# A tibble: 6 × 12
```

| | manufacturer | model | displ | year | cyl | trans | drv | cty | hwy | fl | class | hwy_cty |
|---|---|---|---|---|---|---|---|---|---|---|---|---|
| | <chr> | <chr> | <dbl> | <int> | <int> | <chr> | <chr> | <int> | <int> | <chr> | <chr> | <int> |
| 1 | audi | a4 | 1.8 | 1999 | 4 | auto(l5) | f | 18 | 29 | p | compact | 11 |
| 2 | audi | a4 | 1.8 | 1999 | 4 | manual(m5) | f | 21 | 29 | p | compact | 8 |
| 3 | audi | a4 | 2 | 2008 | 4 | manual(m6) | f | 20 | 31 | p | compact | 11 |
| 4 | audi | a4 | 2 | 2008 | 4 | auto(av) | f | 21 | 30 | p | compact | 9 |
| 5 | audi | a4 | 2.8 | 1999 | 6 | auto(l5) | f | 16 | 26 | p | compact | 10 |
| 6 | audi | a4 | 2.8 | 1999 | 6 | manual(m5) | f | 18 | 26 | p | compact | 8 |

● 総合燃費の列を追加する

　次に示すプログラムでは、mpgデータセットの高速道路燃費(hwy)と市街地燃費(cty)の平均値を計算し、総合燃費を示すcombinedという新しい列をデータセットに追加しています。

▼高速道路燃費(hwy)と市街地燃費(cty)の平均を示す列combinedを追加する

```
mpg_combined <- mpg %>%
  mutate(combined = (cty + hwy) / 2)
# 結果の一部を表示
print(head(mpg_combined))
```

▼出力

```
# A tibble: 6 × 12
```

| | manufacturer | model | displ | year | cyl | trans | drv | cty | hwy | fl | class | combined |
|---|---|---|---|---|---|---|---|---|---|---|---|---|
| | <chr> | <chr> | <dbl> | <int> | <int> | <chr> | <chr> | <int> | <int> | <chr> | <chr> | <dbl> |
| 1 | audi | a4 | 1.8 | 1999 | 4 | auto(l5) | f | 18 | 29 | p | compact | 23.5 |
| 2 | audi | a4 | 1.8 | 1999 | 4 | manual(m5) | f | 21 | 29 | p | compact | 25 |
| 3 | audi | a4 | 2 | 2008 | 4 | manual(m6) | f | 20 | 31 | p | compact | 25.5 |
| 4 | audi | a4 | 2 | 2008 | 4 | auto(av) | f | 21 | 30 | p | compact | 25.5 |
| 5 | audi | a4 | 2.8 | 1999 | 6 | auto(l5) | f | 16 | 26 | p | compact | 21 |
| 6 | audi | a4 | 2.8 | 1999 | 6 | manual(m5) | f | 18 | 26 | p | compact | 22 |

## Tips 213 燃費の単位をキロメートル／リットルに変換する列を追加する

▶Level ● ● ○

**ここがポイントです！** dplyr パッケージの mutate() 関数

mpgデータセットの高速道路燃費(hwy)と市街地燃費(cty)は、燃料1ガロンあたりの走行可能距離（マイル）を示します。このマイル／ガロンからキロメートル／リットルに変換し、燃料1リットルあたりの走行可能距離（キロメートル）を示す列を追加してみます。

次に示すのは、ctyとhwyの値をマイル／ガロンからキロメートル／リットルに変換し、それぞれcty_km_l、hwy_km_lという新しい列を追加するプログラムです。

▼観測値の単位を日本向けに変換した列を追加する

```
library(tidyverse)
# hwyとctyをキロメートル/リットルに変換(1マイル = 1.60934 km、1ガロン = 3.78541リットル)
mpg_km_l <- mpg %>%
  mutate(cty_km_l = cty * 1.60934 / 3.78541,
         hwy_km_l = hwy * 1.60934 / 3.78541)

# 結果の一部を表示
head(mpg_km_l)
```

▼出力

```
# A tibble: 6 × 13
```

| | manufacturer | model | displ | year | cyl | trans | drv | cty | hwy | fl | class | cty_km_l | hwy_km_l |
|---|---|---|---|---|---|---|---|---|---|---|---|---|---|
| | <chr> | <chr> | <dbl> | <int> | <int> | <chr> | <chr> | <int> | <int> | <chr> | <chr> | <dbl> | <dbl> |
| 1 | audi | a4 | 1.8 | 1999 | 4 | auto(l5) | f | 18 | 29 | p | compact | 7.65 | 12.3 |
| 2 | audi | a4 | 1.8 | 1999 | 4 | manual(m5) | f | 21 | 29 | p | compact | 8.93 | 12.3 |
| 3 | audi | a4 | 2 | 2008 | 4 | manual(m6) | f | 20 | 31 | p | compact | 8.50 | 13.2 |
| 4 | audi | a4 | 2 | 2008 | 4 | auto(av) | f | 21 | 30 | p | compact | 8.93 | 12.8 |
| 5 | audi | a4 | 2.8 | 1999 | 6 | auto(l5) | f | 16 | 26 | p | compact | 6.80 | 11.1 |
| 6 | audi | a4 | 2.8 | 1999 | 6 | manual(m5) | f | 18 | 26 | p | compact | 7.65 | 11.1 |

Tips
214
▶Level ● ● ○

# 列データの並び順を変える

**ここがポイントです！** dplyr パッケージの relocate() 関数

dplyr パッケージの relocate() 関数は、データフレームまたは tibble 型データフレームの列を再配置します。主に、分析や報告のためにデータを読みやすく整理する場合に使用されます。

・**relocate() 関数**

データフレームの列を特定の順序で再配置します。

| 書式 | | relocate(.data, …, .before = NULL, .after = NULL) |
|---|---|---|
| パラメーター | .data | 処理対象のデータフレームまたは tibble 型データフレーム。パイプ演算子を用いる場合は、<br><br>.data %>% relocate( … )<br><br>のように記述します。 |
| | … | 順序を変更したい列名。列名は直接指定するか、列を選択するヘルパー関数を使用して指定できます。 |
| | .before | 指定した列の前に列を移動します。ここで指定する列名は、移動先の基準となる列です。 |
| | .after | 指定した列のあとに列を移動します。ここで指定する列名は、移動先の基準となる列です。 |
| 戻り値 | | 列の順序が変更された新しいデータフレームや tibble 型データフレームです。元のデータセットは変更されず、列の順序が変更された新しいデータセットが生成されます。 |

●**manufacturer と model の列をデータフレームの左端に移動**

mpg データセットの model（車種名）と manufacturer（自動車メーカー）の列データフレームの左端から並ぶようにします（並べ替えます）。なお、先頭位置に移動する場合は、before や after を指定する必要はありません。

▼manufacturer と model の列をデータフレームの左端に移動する

```
library(tidyverse)

# manufacturer と model の列を最前面に移動
mpg_relocated1 <- mpg %>%
  relocate(model,manufacturer)
# 結果を表示（冒頭6件まで）
print(head(mpg_relocated1))
```

▼出力

```
# A tibble: 6 × 11
  model manufacturer displ year  cyl trans      drv    cty  hwy fl    class
  <chr> <chr>        <dbl> <int> <int> <chr>     <chr> <int> <int> <chr> <chr>
1 a4    audi          1.8  1999    4 auto(l5)   f      18   29 p     compact
2 a4    audi          1.8  1999    4 manual(m5) f      21   29 p     compact
3 a4    audi          2    2008    4 manual(m6) f      20   31 p     compact
4 a4    audi          2    2008    4 auto(av)   f      21   30 p     compact
5 a4    audi          2.8  1999    6 auto(l5)   f      16   26 p     compact
6 a4    audi          2.8  1999    6 manual(m5) f      18   26 p     compact
```

### ●class列をデータフレームの最後尾に移動

次に示すのは、mpgデータセットのyear（製造年）列をデータフレームの最後尾（右端）に移動する例です。最後尾の指示にはヘルパー関数last_cot()を使用しています。

▼class列をデータフレームの最後尾（右端）に移動する

```
mpg_relocated2 <- mpg %>%
  relocate(class, .after = last_col())
# 結果を表示（冒頭6件まで）
print(head(mpg_relocated2))
```

▼出力

```
# A tibble: 6 × 11
  manufacturer model displ  cyl trans      drv     cty  hwy fl    class   year
  <chr>        <chr> <dbl> <int> <chr>     <chr>  <int> <int> <chr> <chr>  <int>
1 audi         a4     1.8    4   auto(l5)   f      18   29 p     compact 1999
2 audi         a4     1.8    4   manual(m5) f      21   29 p     compact 1999
3 audi         a4     2      4   manual(m6) f      20   31 p     compact 2008
4 audi         a4     2      4   auto(av)   f      21   30 p     compact 2008
5 audi         a4     2.8    6   auto(l5)   f      16   26 p     compact 1999
6 audi         a4     2.8    6   manual(m5) f      18   26 p     compact 1999
```

### ●displとyearの列をcylの直後に移動

次に示すのは、複数の列をまとめて指定した列の直後に移動する例です。

▼displ（排気量）とyear（製造年）の列をcyl（シリンダー数）の直後に移動

```
mpg_relocated3 <- mpg %>%
  relocate(c(displ, year), .after = cyl)
# 結果を表示（冒頭6件まで）
print(head(mpg_relocated3))
```

▼出力

```
# A tibble: 6 × 11
  manufacturer model   cyl displ  year trans      drv     cty   hwy fl    class
  <chr>        <chr> <int> <dbl> <int> <chr>      <chr> <int> <int> <chr> <chr>
1 audi         a4        4   1.8  1999 auto(l5)   f        18    29 p     compact
2 audi         a4        4   1.8  1999 manual(m5) f        21    29 p     compact
3 audi         a4        4   2    2008 manual(m6) f        20    31 p     compact
4 audi         a4        4   2    2008 auto(av)   f        21    30 p     compact
5 audi         a4        6   2.8  1999 auto(l5)   f        16    26 p     compact
6 audi         a4        6   2.8  1999 manual(m5) f        18    26 p     compact
```

**Tips**
**215**

▶Level ● ● ○

# データセット全体の要約統計量を求める

ここが
ポイント
です！

**dplyr パッケージの summarize() 関数**

dplyrパッケージのsummarize()関数は、データフレームやtibble型データフレームのグループ化されたサブセットに対して、要約統計量を計算します（グループ化についてはTips219参照）。グループ化されていない場合は、データセット全体に対して統計量を計算します。

・**summarize() 関数**
データフレームの要約統計量を計算します。

| 書式 | summarize(.data, ..., .groups = "drop_last") | |
|---|---|---|
| パラメーター | .data | 処理対象のデータフレームまたはtibble型データフレーム。パイプ演算子を用いる場合は、<br><br>.data %>% summarize( ... )<br><br>のように記述します。 |
| | ... | 計算したい要約統計量の式。複数の統計量を計算することができ、それぞれに名前を付けることが可能です。多くの場合、要約統計量を求める専用の関数が使用されます。 |
| | groups | グループ化されたデータフレームの出力時のグループ化の扱いを指定します。デフォルトの"drop_last"は、最後のグループ化レベルを除外します。ほかに"drop"（すべてのグループ化を解除）、"keep"（すべてのグループ化を保持）があります。 |
| 戻り値 | 計算された要約統計量を含む新しいデータフレームまたはtibble型データフレームを返します。グループ化されている場合は、各グループに対して計算された統計量が含まれます。グループ化されていない場合は、データセット全体に対する統計量が1行のデータフレームとして返されます。 | |

## ●summarize()関数で要約統計量を求める際に使用される主な関数

summarize()関数で要約統計量を求める際に、以下のような関数が使われます。なお、na.rmはNA〈欠損値〉を除外するかどうかを指定するもので、TRUEならば除外します（デフォルトはFALSE）。

- 平均値：mean()
- ・与えられた数値の平均値を計算します。
- ・例：summarize(average =
    mean(value, na.rm = TRUE))
- 合計：sum()
- ・与えられた数値の合計を計算します。
- ・例: summarize(total =
    sum(value, na.rm = TRUE))
- 最小値：min()
- ・与えられた数値の最小値を計算します。
- ・例：summarize(minimum =
    min(value, na.rm = TRUE))

- 最大値：max()
- ・与えられた数値の最大値を計算します。
- ・例：summarize(maximum =
    max(value, na.rm = TRUE))
- 中央値：median()
- ・与えられた数値の中央値を計算します。
- ・例：summarize(median_value =
    median(value, na.rm = TRUE))
- 標準偏差：sd()
- ・与えられた数値の標準偏差を計算します。
- ・例：summarize(std_dev =
    sd(value, na.rm = TRUE))
- 分散：var()
- ・与えられた数値の分散を計算します。
- ・例：summarize(variance =
    var(value, na.rm = TRUE))
- 個数：n()
- ・与えられたデータの数（要素数）を返します（NAを含む）。
- ・例：summarize(count = n())

## ●全体の平均燃費（市街地と高速道路）を求める

mpgデータセットのcty（市街地での燃費）、hwy（高速道路での燃費）の平均をそれぞれ求めてみます。

▼都市部燃費（cty）と高速道路燃費（hwy）の全体平均を計算

```
library(tidyverse)

avg_fuel_efficiency <- mpg %>%
  summarize(avg_cty = mean(cty, na.rm = TRUE),
            avg_hwy = mean(hwy, na.rm = TRUE))
# 結果を表示
print(avg_fuel_efficiency)
```

tidyverseを用いたモダンなデータフレーム操作

▼出力

```
# A tibble: 1 × 2
  avg_cty avg_hwy
    <dbl>   <dbl>
1    16.9    23.4
```

●排気量（displ）の最大値と最小値を求める

mpgデータセットのdispl（排気量）の最大値と最小値を求めてみます。

▼排気量（displ）の最大値と最小値を求める

```
max_min_displ <- mpg %>%
   summarize(max_displ = max(displ, na.rm = TRUE),
             min_displ = min(displ, na.rm = TRUE))
# 結果を表示
print(max_min_displ)
```

▼出力

```
# A tibble: 1 × 2
  max_displ min_displ
      <dbl>     <dbl>
1         7       1.6
```

## Tips 216 大規模なデータセットを tidyデータに変換してみる

▶Level ●●●

**ここがポイントです！** Ames Housingデータセット

「Ames Housing」データセットは、アイオワ州エイムズにある住宅の販売に関する情報を集めたデータセットで、不動産価格予測のための機械学習モデル構築などの学習教材としてよく使用されます。本書でもこのあとのTipsでAmes Housingデータセットを用いた分析を行うので、ここでは簡単にデータセットの概要のみを紹介します。

●Ames Housingデータセットの特徴

・データセットには、2006年から2010年までの期間にエイムズで販売された住宅の詳細が含まれています。

・変数の数が80以上あり、これには住宅の物理的な特性（例：屋根のタイプ、建設年、床面積など）や環境特性（例：街の区画、近隣の条件など）、さらには実際の販売価格のデータが含まれます。

・約2,900の販売記録があり、各記録には販売された住宅の詳細な情報が含まれています。

● AmesHousing パッケージのインストール

Ames Housingデータセットは、Ames Housing パッケージで提供されます。事前にConsoleペインに次のコマンドを入力してインストールを行ってください。

▼AmesHousing パッケージのインストール

```
install.packages("AmesHousing")
```

● Ames Housingデータセットをtidyデータに変換してみる

まずはAmes Housingデータセットをデータフレームに読み込んで、出力してみます。

▼Ames Housingデータセットをデータフレームに読み込んで、出力してみる

```
library(tidyverse)
library(AmesHousing)

# データを読み込む
df <- make_ames()
# データセットを出力
print(df)
```

▼出力

```
# A tibble: 2,930 × 81
```

| MS_SubClass | MS_Zoning | Lot_Frontage | Lot_Area | Street | Alley | Lot_Shape | Land_Contour | Utilities | Lot_Config |
|---|---|---|---|---|---|---|---|---|---|
| <fct> | <fct> | <dbl> | <int> | <fct> | <fct> | <fct> | <fct> | <fct> | <fct> |
| 1 One_Story_1946_an… | Resident… | 141 | 31770 | Pave | No_A… | Slightly… | Lvl | AllPub | Corner |
| 2 One_Story_1946_an… | Resident… | 80 | 11622 | Pave | No_A… | Regular | Lvl | AllPub | Inside |
| 3 One_Story_1946_an… | Resident… | 81 | 14267 | Pave | No_A… | Slightly… | Lvl | AllPub | Corner |
| 4 One_Story_1946_an… | Resident… | 93 | 11160 | Pave | No_A… | Regular | Lvl | AllPub | Corner |
| 5 Two_Story_1946_an… | Resident… | 74 | 13830 | Pave | No_A… | Slightly… | Lvl | AllPub | Inside |
| 6 Two_Story_1946_an… | Resident… | 78 | 9978 | Pave | No_A… | Slightly… | Lvl | AllPub | Inside |
| 7 One_Story_PUD_194… | Resident… | 41 | 4920 | Pave | No_A… | Regular | Lvl | AllPub | Inside |
| 8 One_Story_PUD_194… | Resident… | 43 | 5005 | Pave | No_A… | Slightly… | HLS | AllPub | Inside |
| 9 One_Story_PUD_194… | Resident… | 39 | 5389 | Pave | No_A… | Slightly… | Lvl | AllPub | Inside |
| 10 Two_Story_1946_an… | Resident… | 60 | 7500 | Pave | No_A… | Regular | Lvl | AllPub | Inside |

大規模なデータセットなのですべてを出力することはできませんが、データ数が2,930件、変数（特徴量）の数が81であることが確認できます。Ames Housingデータセットは、基本的には「tidyデータ」の原則に従っています。これは、各行が個別の観測を表し、各列が観測に関する変数（例えば、住宅の特徴や販売価格など）を表しているためです。

・各変数は独自の列を持つ。
・各観測は独自の行を持つ。
・各観測単位の型は独自のテーブルを形成する。

というtidyデータの原則を満たしているので、このデータセットは「tidy」な形式であると考えられます。ただし、「tidy」データかどうかは分析の目的にも依存するため、データセットをさらに加工する必要があるかもしれません。

次に示すプログラムは、dplyrパッケージのgroup_by()とsummarize()関数を使用して、「Sale_Condition」のカテゴリごとに「Sale_Price」の平均値を計算し、結果を販売価格の平均で昇順に並べ替えます。na.rm = TRUEは、計算時に欠損値（NA）を無視することを示しています。

tidyverseを用いたモダンなデータフレーム操作

▼データセットを販売価格の平均で昇順に並べ替えてみる

```
# 「Sale Condition」に基づいて販売価格(Sale Price)の平均を計算
df_tidy <- df %>%
  group_by(Sale_Condition) %>%
  summarize(Average.Price = mean(Sale_Price, na.rm = TRUE)) %>%
  arrange(Average.Price)
# 結果を出力
print(df_tidy)
```

▼出力

```
# A tibble: 6 × 2
  Sale_Condition Average.Price
  <fct>                  <dbl>
1 AdjLand              108917.
2 Abnorml              140396.
3 Family               157489.
4 Alloca               161844.
5 Normal               175568.
6 Partial              273374.
```

## Tips 217 大規模なデータセットを縦長データに変換する

▶Level ●●●

**ここがポイントです！** Ames Housingデータセット、pivot_longer()

Ames Housingデータセットは元々tidyなデータ形式ですが、長い形式に変換することで、分析やデータの可視化を行う際に、データの取り扱いが容易になるというメリットがあります。

**・データの一貫性と柔軟性の向上**

長い形式では、各行が単一の観測値を表し、関連する変数が列によって表されます。これにより、特定の種類の分析やデータの集約、特に複数の変数にわたる比較や傾向の分析が容易になります。例えば、住宅の特徴（築年数、床面積など）ごとに販売価格の分布を比較したい場合、長い形式に変換すると、これらの比較が簡単に行えるようになります。

**・データの可視化の柔軟性**

ggplot2のような可視化ツールは、長い形式のデータを扱うことに最適化されているので、複数の変数にわたるトレンドやパターンを1つのプロット（描画）で可視化できます。例えば、時間経過に伴う特定の住宅特徴の影響を探るためのラインプロットや、複数のカテゴリ変数に基づいたヒストグラムなどが挙げられます。

**・メモリ効率の改善**

場合によっては、長い形式が広い形式よりもメモリ効率がよいことがあります。

## ●広い形式から長い形式への変換

例えば、次のようなデータフレームがあったとします。

▼データフレームの例

| Sale_Type | Sale_Condition | Sale_Price |
|-----------|----------------|------------|
| Con       | Normal         | 200000     |
| New       | Partial        | 250000     |

これを長い形式のデータに変換すると、次のようなデータフレームになります。

▼長い形式に変換

| Sale_Property  | Value   |
|----------------|---------|
| Sale_Type      | Con     |
| Sale_Condition | Normal  |
| Sale_Price     | 200000  |
| Sale_Type      | New     |
| Sale_Condition | Partial |
| Sale_Price     | 250000  |

この変換によって、各行が単一の観測値を表すようになり、データの扱いがより柔軟になることが期待できます。

## ● Ames Housingデータセットを長い形式のデータに変換してみる

tidyverseパッケージの一部であるtidyrからpivot_longer()関数を使用して、データフレームの一部の列を広い形式から長い形式に変換してみることにします。

▼広い形式から長い形式へ変換するコード

```
df_long <- pivot_longer(
  df_char, cols = starts_with("Sale_"), names_to = "Sale_Property",
values_to = "Value")
```

このコードでは、以下のステップを実行します。

・cols = starts_with("Sale_")

starts_with("Sale_")を用いて、列名が"Sale_"で始まるすべての列を選択します。これらが、長い形式に変換される対象の列となります。

・names_to = "Sale_Property"

"Sale_"で始まる列名を持つ複数の列が、単一の列Sale_Propertyに統合されます。この新しい列には、元々の列名(例: "Sale_Type"、"Sale_Condition"など)が含まれます。

・values_to = "Value"

元々"Sale_"で始まる列に含まれていた値は、Valueという名前の新しい列に格納されます。

▼Ames Housingデータセットを長い形式のデータに変換する

```
library(tidyverse)
library(AmesHousing)

# データを読み込む
df <- make_ames()
# pivot_longer()を使用してデータセットを長い形式に変換する際に
# 統合される列がすべて同じデータ型である必要があるため
# Sale_Price列を文字列型に変換しておく
df_char <- df %>%
    mutate(Sale_Price = as.character(Sale_Price))
# 広い形式から長い形式へ変換
df_long <- pivot_longer(df_char,
                        cols = starts_with("Sale_"),
                        names_to = "Sale_Property",
                        values_to = "Value")
# 結果を出力
print(df_long)
```

▼出力

```
# A tibble: 8,790 × 80
   MS_SubClass          MS_Zoning Lot_Frontage Lot_Area Street Alley Lot_Shape Land_Contour Utilities Lot_Config
   <fct>                <fct>            <dbl>    <int> <fct>  <fct> <fct>     <fct>        <fct>     <fct>
 1 One_Story_1946_an… Resident…          141    31770 Pave   No_A… Slightly… Lvl          AllPub    Corner
 2 One_Story_1946_an… Resident…          141    31770 Pave   No_A… Slightly… Lvl          AllPub    Corner
 3 One_Story_1946_an… Resident…          141    31770 Pave   No_A… Slightly… Lvl          AllPub    Corner
 4 One_Story_1946_an… Resident…           80    11622 Pave   No_A… Regular   Lvl          AllPub    Inside
 5 One_Story_1946_an… Resident…           80    11622 Pave   No_A… Regular   Lvl          AllPub    Inside
 6 One_Story_1946_an… Resident…           80    11622 Pave   No_A… Regular   Lvl          AllPub    Inside
 7 One_Story_1946_an… Resident…           81    14267 Pave   No_A… Slightly… Lvl          AllPub    Corner
 8 One_Story_1946_an… Resident…           81    14267 Pave   No_A… Slightly… Lvl          AllPub    Corner
 9 One_Story_1946_an… Resident…           81    14267 Pave   No_A… Slightly… Lvl          AllPub    Corner
10 One_Story_1946_an… Resident…           93    11160 Pave   No_A… Regular   Lvl          AllPub    Corner
```

　結果、2,930 × 81の形状が8,790 × 80となっており、行数が大幅に増加し、長い形式のデータに変換されています。

# Tips 218

## 縦長に変換したデータを元の幅広データに戻す

ここが
ポイント
です！

### Ames Housing データセット、pivot_wider()

先のTipsでは、Ames Housingデータセットを縦長形式に変換しましたが、pivot_wider()関数を使って元の幅広のデータに戻すことができます。

▼縦長のデータを元の幅広データに戻す

```
# 長い形式から広い形式へ変換
df_wide <- pivot_wider(df_long,
                       names_from = Sale_Property,
                       values_from = Value)

# 結果を出力
print(df_wide)
```

▼出力

```
1
  MS_SubClass          MS_Zoning Lot_Frontage Lot_Area Street Alley Lot_Shape Land_Contour Utilities Lot_Config
  <fct>                <fct>            <dbl>    <int> <fct>  <fct> <fct>     <fct>        <fct>     <fct>
1 One_Story_1946_an… Resident…          141    31770 Pave   No_A… Slightly… Lvl          AllPub    Corner
2 One_Story_1946_an… Resident…           80    11622 Pave   No_A… Regular   Lvl          AllPub    Inside
3 One_Story_1946_an… Resident…           81    14267 Pave   No_A… Slightly… Lvl          AllPub    Corner
  ……以下省略……
```

元の2,930 × 81の形状に戻っています。ここでは、次の処理を行っています。

・names_from = Sale_Property

Sale_Property列に含まれる値を新しい列名として使用します。つまり、Sale_Propertyに格納されている各ユニークな値（例：Sale_Type、Sale_Conditionなど）が、df_wideの新しい列名となります。

・values_from = Value

Sale_Propertyに対応するValueの値が、新しい列に格納されます。これにより、Value列に含まれていたデータが、それぞれ適切なSale_Propertyに基づく新しい列に展開されます。

▶Level ● ● ○

# Tips 219 データフレームのデータを特定のグループに分けて集計する

**ここがポイントです！** > dplyr パッケージの group_by() 関数

dplyrパッケージのgroup_by()関数は、データフレームやtibble型データフレームの行データについて、1つ以上のカテゴリに基づいてデータのグループを作成（グループ化）します。データを特定の基準によってグループ化し、それぞれのグループに対し

て集約操作——ummarize()を使った集計——を行う際に使うと便利です。

• **group_by() 関数**

データフレームを、指定された列を基準にグループ化します。

| 書式 | group_by(.data, ..., .add = FALSE, .drop = TRUE) | |
|------|------|------|
| パラメーター | .data | 処理対象のデータフレームまたはtibble型データフレーム。パイプ演算子を用いる場合は引数にしないで、<br><br>.data %>% group_by( ... )<br><br>のように記述します。 |
| | ... | グループ化の基準となる列名。1つ以上の列を指定することができます。 |
| | .add | 既存のグループ化に追加するかどうかを制御します。FALSEの場合（デフォルト）、新しいグループ化が既存のグループ化を上書きします。TRUEの場合、指定された列に基づいて既存のグループ化に追加されます。 |
| | .drop | グループ化の操作によって生成される因子のレベルについて、データに存在しないレベルを削除するかどうかを制御します。デフォルトはTRUEで、存在しないレベルは削除されます。 |
| 戻り値 | 指定された列に基づいてグループ化された新しいデータフレームまたはtibble型データフレームが返されます。グループ化されたデータセットは、後続の操作——例えば、summarize()——に渡され、後続の操作が各グループに対して個別に適用されるようになります。 | |

## ●車種のクラス別に市街地燃費の平均と高速道路における燃費の平均を計算する

mpgデータセットのclass（車両のクラス）でクラス（SUVやcompactなど）ごとにグループ化し、それぞれのグループごとのcty（市街地での燃費）とhwy（高速道路での燃費）の平均を求めてみます。

▼class（車両のクラス）でグループ化し、cty（市街地での燃費）とhwy（高速道路での燃費）の平均を求める

```
library(tidyverse)

# 車種のクラス別に平均市街地燃費(cty)と平均高速道路燃費(hwy)を計算
avg_fuel_efficiency_by_class <- mpg %>%
  group_by(class) %>%
  summarize(
    avg_cty = mean(cty, na.rm = TRUE),
    avg_hwy = mean(hwy, na.rm = TRUE)
  )
# 結果を表示
print(avg_fuel_efficiency_by_class)
```

▼出力

```
# A tibble: 7 × 3
  class      avg_cty avg_hwy
  <chr>        <dbl>   <dbl>
1 2seater       15.4    24.8
2 compact       20.1    28.3
3 midsize       18.8    27.3
4 minivan       15.8    22.4
5 pickup        13      16.9
6 subcompact    20.4    28.1
7 suv           13.5    18.1
```

● 車種のクラス別に最大排気量を求める

上の例と同様にmpgデータセットのclass（車両のクラス）でグループ化し、今度はそれぞれのグループのdispl（排気量）の最大値を求めてみます。

▼車種のクラス別に最大排気量を求める

```
max_displ_by_class <- mpg %>%
  group_by(class) %>%
  summarize(
    max_displ = max(displ, na.rm = TRUE)
  )
# 結果を表示
print(max_displ_by_class)
```

tidyverseを用いたモダンなデータフレーム操作

▼出力

```
# A tibble: 7 × 2
  class        max_displ
  <chr>           <dbl>
1 2seater          7
2 compact          3.3
3 midsize          5.3
4 minivan          4
5 pickup           5.9
6 subcompact       5.4
7 suv              6.5
```

## ●自動車メーカー別に車種の数をカウントする

mpg データセットの manufacturer（自動車メーカー）でグループ化し、メーカーごとに車種の数を求めてみます。

▼自動車メーカー別に車種の数をカウントする

```
car_count_by_manufacturer <- mpg %>%
  group_by(manufacturer) %>%
  summarize(
    car_count = n()
  )
# 結果を表示
print(car_count_by_manufacturer)
```

▼出力

```
# A tibble: 15 × 2
   manufacturer car_count
   <chr>            <int>
 1 audi              18
 2 chevrolet         19
 3 dodge             37
 4 ford              25
 5 honda              9
 6 hyundai           14
 7 jeep               8
 8 land rover         4
 9 lincoln            3
10 mercury            4
11 nissan            13
12 pontiac            5
13 subaru            14
14 toyota            34
15 volkswagen        27
```

**350**

## Tips 220 ▶Level ●●○

# 2つのデータセットを結合する関数群

**ここがポイントです！** dplyrパッケージのxxxx_join()関数

dplyrには、異なるデータフレームを結合するための関数が用意されています。

### ●データセットを結合する関数

以下、xとyは結合するデータフレームを示し、by = "key"は結合に使用するキー（列名）を示します。

| 関数 | 説明 |
| --- | --- |
| inner_join(x, y, by = "key") | xとyの両方にマッチするキーを持つ行のみを保持します。 |
| left_join(x, y, by = "key") | xのすべての行と、yにマッチするキーの行を保持します。yにマッチしないxの行は残りますが、yの列はNAで埋められます。 |
| right_join(x, y, by = "key") | yのすべての行と、xにマッチするキーの行を保持します。xにマッチしないyの行は残りますが、xの列はNAで埋められます。 |
| full_join(x, y, by = "key") | xとyの両方にあるすべての行を保持します。マッチしない行はNAで埋められます。 |
| semi_join(x, y, by = "key") | xの中で、yにマッチするキーを持つ行のみを保持します。 |
| anti_join(x, y, by = "key") | xの中で、yにマッチしないキーを持つ行のみを保持します。 |

## Tips 221 ▶Level ●●○

# 2つのデータフレームに共通する列データを基準にして結合する

**ここがポイントです！** dplyrパッケージのinner_join()関数

dplyrパッケージのinner_join()関数は、2つのデータフレームを結合します。結合する際に、両方のデータフレームに共通のキー（または列）の値をもとにして、マッチする行のみを結果として返します。

### ・inner_join()関数

2つのデータフレームを結合し、共通のキー（列）に基づいてマッチする行のみを保持します。

| 書式 | | inner_join(x, y, by = NULL, copy = FALSE, suffix = c(".x", ".y"), ...) |
|---|---|---|
| パラメーター | x | 結合するデータフレームで、xは左側のデータフレームとして扱われます。パイプ演算子を用いる場合は引数にしないで、<br><br>x %>% inner_join(y, ... )<br><br>のように記述します。 |
| | y | 結合するデータフレームです。yが右側のデータフレームとして扱われます。 |
| | by | 結合のキー（列名）を指定します。by = "key"の形で1つのキーを指定でき、by = c("key1", "key2")の形で複数のキーを指定することもできます。また、by = NULL（デフォルト）の場合は、xとyで共通の列名が自動的にキーとして使用されます。異なる名前のキーを持つデータフレームを結合する場合は、by = c("x_key" = "y_key")のように指定できます。 |
| | copy | デフォルトはFALSEです。copy = TRUEは、データフレームが異なるソースから来ていて、自動的に結合できない場合に、データを暗黙的にコピーして結合を可能にします。例えば、一方のデータフレームがデータベースから来ており、もう一方がローカルのRセッション内にある場合、copy = TRUEを指定することで、データベースからのデータフレームを自動的にRセッション内にコピーして結合を行うことができます。結合操作のために必要なデータが一時的にコピーされますが、このコピーは内部的に行われるため、直接アクセスすることはできません。 |
| | suffix | 両方のデータフレームに存在し、結合キーとして使用されていない同名の列がある場合に、列名の後ろに追加する接尾辞を指定します。デフォルトはc(".x", ".y")です。 |
| 戻り値 | | 結合されたデータフレームが返されます。このデータフレームには、指定された結合キーに基づいて、入力された2つのデータフレームxとyの両方に存在する行のみが含まれます。結合キーに一致する行が複数ある場合は、それらの組み合わせのすべてが結果のデータフレームに含まれます。 |

● 基本的なデータフレームの結合例

　次のプログラムでは、id列をキーとしてtibble1とtibble2を結合します。結果として、id列が両方のtibbleに存在する行（idが2と3の行）のみが含まれます。

▼「id」列をキーにして結合する

```
library(tidyverse)
```

```
# tibbleデータフレームの作成
tibble1 <- tibble(
  id = c(1, 2, 3),
  name = c("Hanako", "Taro", "Alice")
)
```

```
# データフレームを表示
print(tibble1)
```

```
tibble2 <- tibble(
  id = c(2, 3, 4),
  age = c(25, 30, 35)
)
# データフレームを表示
print(tibble2)
```

```
# idをキーとしてtibbleを結合
joined_tibble1 <- tibble1 %>%
  inner_join(tibble2, by = "id")
# 結果を表示
print(joined_tibble1)
```

▼出力

```
# A tibble: 3 × 2
     id name
  <dbl> <chr>
1     1 Hanako
2     2 Taro
3     3 Alice
# A tibble: 3 × 2
     id   age
  <dbl> <dbl>
1     2    25
2     3    30
3     4    35
```

```
# A tibble: 2 × 3
     id name    age
  <dbl> <chr> <dbl>
1     2 Taro     25
2     3 Alice    30
```

### ●異なるキー名でのtibble結合

内容は同じでも異なるキー名を持つ2つのキー（列名）を指定して、データフレームを結合する例です。次のプログラムでは、tibble1のemployee_idとtibble2のidを結合用のキーとして使用し、対応する行を結合します。

▼"employee_id"と"id"の列をキーにして結合する

```
library(tidyverse)

# データフレームの作成
tibble1 <- tibble(
  employee_id = c(1, 2, 3),
  employee_name = c("Hanako", "Taro", "Alice")
)
# データフレームを表示
print(tibble1)

tibble2 <- tibble(
  id = c(2, 3, 4),
  salary = c(50000, 60000, 70000)
)
# データフレームを表示
print(tibble2)

# employee_idとidをキーとして結合
joined_tibble2 <-  tibble1 %>%
  inner_join(tibble2, by = c("employee_id" = "id"))
# 結果を表示
print(joined_tibble2)
```

tidyverseを用いたモダンなデータフレーム操作

**▼出力**

```
# A tibble: 3 × 2
  employee_id employee_name
        <dbl> <chr>
1           1 Hanako
2           2 Taro
3           3 Alice
# A tibble: 3 × 2
     id salary
  <dbl>  <dbl>
1     2  50000
2     3  60000
3     4  70000
# A tibble: 2 × 3
  employee_id employee_name salary
        <dbl> <chr>          <dbl>
1           2 Taro           50000
2           3 Alice          60000
```

### ●複数のキーで結合する

次に示すのは、複数のキーを使用して2
つのデータフレームを結合する例です。この
プログラムでは、idとdepartmentの両方
をキーとして使用し、両方のキーが一致する
行のみが結果として返されます。

**▼複数のキーを使用して2つのデータフレームを結合する**

```
library(tidyverse)

# tibbleデータフレームの作成
tibble1 <- tibble(
  id = c(1, 2, 3),
  department = c("HR", "Tech", "Marketing"),
  name = c("Hanako", "Taro", "Alice")
)
# データフレームを表示
print(tibble1)

tibble2 <- tibble(
  id = c(2, 3, 4),
  department = c("Tech", "Marketing", "Finance"),
  email = c("bob@example.com", "charlie@example.com", "david@example.com")
)
# データフレームを表示
print(tibble2)

# idとdepartmentをキーとしてtibbleを結合
```

```
joined_tibble3 <-    tibble1 %>%
    inner_join(tibble2, by = c("id", "department"))
# 結果を表示
print(joined_tibble3)
```

▼出力

```
# A tibble: 3 × 3
      id department name
   <dbl> <chr>      <chr>
1      1 HR         Hanako
2      2 Tech       Taro
3      3 Marketing  Alice
# A tibble: 3 × 3
      id department email
   <dbl> <chr>      <chr>
1      2 Tech       bob@example.com
2      3 Marketing  charlie@example.com
3      4 Finance    david@example.com
# A tibble: 2 × 4
      id department name   email
   <dbl> <chr>      <chr>  <chr>
1      2 Tech       Taro   bob@example.com
2      3 Marketing  Alice  charlie@example.com
```

**Tips 222**

# 2つのデータフレームを「左結合」する

▶Level ●●

**ここがポイントです！** > dplyr パッケージの left_join() 関数

dplyrパッケージのleft_join()関数は、2つのデータフレームを**左結合**します。左結合では、左側のデータフレームのすべての行が結果に含まれ、右側のデータフレームの行は、共通のキーが存在する場合のみ結果に含まれます。

右側のデータフレームにキーが存在しない場合、結果のデータフレームでは該当する列がNAで埋められます。主に、データセットに関連する追加情報を持つ別のデータセットを統合する場合に使用されます。

tidyverseを用いたモダンなデータフレーム操作

## • left_join()関数

2つのデータフレームを「左結合」します。

| 書式 | left_join(x, y, by = NULL, copy = FALSE, suffix = c(".x", ".y"), ...) | | |
|------|------|------|------|
| パラメーター | x | 結合するデータフレームで、xは左側のデータフレームとして扱われます。パイプ演算子を用いる場合は引数にしないで、<br><br>x %>% left_join(y, ... )<br><br>のように記述します。 | |
| | y | 結合するデータフレームです。yが右側のデータフレームとして扱われます。 | |
| | by | 結合のキー（列名）を指定します。by = "key"の形で1つのキーを指定でき、by = c("key1", "key2")の形で複数のキーを指定することもできます。また、by = NULL（デフォルト）の場合は、xとyで共通の列名が自動的にキーとして使用されます。異なる名前のキーを持つデータフレームを結合する場合は、by = c("x_key" = "y_key")のように指定できます。 | |
| | copy | デフォルトはFALSEです。copy = TRUEは、データフレームが異なるソースから来ていて、自動的に結合できない場合に、データを暗黙的にコピーして結合を可能にします。例えば、一方のデータフレームがデータベースから来ており、もう一方がローカルのRセッション内にある場合、copy = TRUEを指定することで、データベースからのデータフレームを自動的にRセッション内にコピーして結合を行うことができます。結合操作のために必要なデータが一時的にコピーされますが、このコピーは内部的に行われるため、直接アクセスすることはできません。 | |
| | suffix | 両方のデータフレームに存在し、結合キーとして使用されていない同名の列がある場合に、列名の後ろに追加する接尾辞を指定します。デフォルトはc(".x", ".y")です。 | |
| 戻り値 | 結合されたデータフレームが返されます。このデータフレームには、左側のデータフレーム（x）のすべての行が含まれ、右側のデータフレーム（y）からは、xとyで共通のキーに基づいてマッチした行のみが含まれます。yにキーが存在しない場合、その行のyの列はNAで埋められます。 | | |

## ●「左結合」の例

次のプログラムでは、employeesとsalariesという2つのtibble型データフレームを、emp_id列をキーとして左結合します。employeesデータフレームのすべての行が結果に含まれ、salariesデータフレームの対応するemp_idが存在する場合には、そのsalaryが結果に追加されます。emp_idがsalariesに存在しない場合（この例ではemp_idが1と4の場合）、salary列はNAで表示されます。

▼データフレームemployeesにデータフレームsalariesを左結合する

```r
library(tidyverse)

# データフレームの作成
employees <- tibble(
  emp_id = c(1, 2, 3, 4),
  emp_name = c("Alice", "Taro", "Nanako", "Yosuke")
)
# データフレームを表示
print(employees)

salaries <- tibble(
  emp_id = c(2, 3, 5),
  salary = c(50000, 60000, 55000)
)
# データフレームを表示
print(salaries)

# left_joinを使用して左結合
result <- employees %>%
  left_join(salaries, by = "emp_id")
# 結果を表示
print(result)
```

▼出力

```
# A tibble: 4 × 2
  emp_id emp_name
   <dbl> <chr>
1      1 Alice
2      2 Taro
3      3 Nanako
4      4 Yosuke
# A tibble: 3 × 2
  emp_id salary
   <dbl>  <dbl>
1      2  50000
2      3  60000
3      5  55000
# A tibble: 4 × 3
  emp_id emp_name salary
   <dbl> <chr>     <dbl>
1      1 Alice        NA
2      2 Taro      50000
3      3 Nanako    60000
4      4 Yosuke       NA
```

tidyverseを用いたモダンなデータフレーム操作

# 223 2つのデータフレームを「右結合」する

Tips

▶Level ●●○

**ここがポイントです！** dplyrパッケージのright_join()関数

　dplyrパッケージのright_join()関数は、2つのデータフレームを**右結合**します。右結合では、右側のデータフレーム（y）のすべての行が結果に含まれ、左側のデータフレーム（x）の行は、共通のキーが存在する場合のみ結果に含まれます。左側のデータフレームにキーが存在しない場合、結果のデータフレームでは該当する列がNAで埋められます。

**・right_join()関数**

　2つのデータフレームを「右結合」します。

| 書式 | right_join(x, y, by = NULL, copy = FALSE, suffix = c(".x", ".y"), ...) |
|---|---|
| 戻り値 | 結合されたデータフレームが返されます。このデータフレームには、右側のデータフレーム（y）のすべての行が含まれ、左側のデータフレーム（x）からは、xとyで共通のキーに基づいてマッチした行のみが含まれます。xにキーが存在しない場合、その行のxの列はNAで埋められます。 |

※パラメーターはleft_join()関数と共通のため、割愛します。

## ●「右結合」の例

　次のプログラムでは、departmentsとemployeesという2つのデータフレームをdept_id列をキーとして右結合しています。employeesデータフレームのすべての行が結果に含まれ、departmentsデータフレームの対応するdept_idが存在する場合には、その情報が結果に追加されます。dept_idがdepartmentsに存在しない場合（この例ではすべての従業員に対応する部門が存在しますが、そうでなかったとき）、部門関連の列はNAで表示されます。

▼データフレームdepartmentsとemployeesを、dept_id列をキーとして右結合

```r
library(tidyverse)

# データフレームの作成
departments <- tibble(
  dept_id = c(1, 2, 3),
  dept_name = c("Human Resources", "Technology", "Marketing")
)
# データフレームを表示
print(departments)

employees <- tibble(
  emp_id = c(1, 2, 3, 4),
  emp_name = c("Alice", "Taro", "Nana", "Yosuke"),
  dept_id = c(2, 3, 1, 3)
)
# データフレームを表示
print(employees)

# right_joinを使用し右結合
result <-  departments %>%
  right_join(employees, by = "dept_id")
# 結果を表示
print(result)
```

▼出力

```
# A tibble: 3 × 2
  dept_id dept_name
    <dbl> <chr>
1       1 Human Resources
2       2 Technology
3       3 Marketing
# A tibble: 4 × 3
  emp_id emp_name dept_id
   <dbl> <chr>      <dbl>
1      1 Alice          2
2      2 Taro           3
3      3 Nana           1
4      4 Yosuke         3
# A tibble: 4 × 4
  dept_id dept_name       emp_id emp_name
    <dbl> <chr>            <dbl> <chr>
1       1 Human Resources      3 Nana
2       2 Technology           1 Alice
3       3 Marketing            2 Taro
4       3 Marketing            4 Yosuke
```

tidyverseを用いたモダンなデータフレーム操作

# 2つのデータフレームを「全結合」する

## ここがポイントです！ dplyr パッケージの full_join() 関数

dplyr パッケージの full_join() 関数は、2つのデータフレームを**全結合**します。全結合では、両方のデータフレームのすべての行が結果に含まれます。共通のキーでマッチする行は結合され、マッチしない行はそれぞれのデータフレームからNA値で補われた列とともに結果に含まれます。

・full_join() 関数

2つのデータフレームを「全結合」します。

| 書式 | full_join(x, y, by = NULL, copy = FALSE, suffix = c(".x", ".y"), ...) | |
|---|---|---|
| パラメーター | x | 結合するデータフレームで、xは左側のデータフレームとして扱われます。パイプ演算子を用いる場合は引数にしないで、<br>x %>% full_join(y, ... )<br>のように記述します。 |
| | y | 結合するデータフレームです。yが右側のデータフレームとして扱われます。 |
| | by | 結合に使用するキー（列名）。キーは文字列または文字列のベクトルで指定します。NULL（デフォルト）の場合、xとyで共通の列名がキーとして自動的に使用されます。列名が異なる場合にはc("x_key" = "y_key")のように指定することで、異なる名前のキーで結合を行うことができます。 |
| | copy | デフォルトはFALSEです。TRUEに設定すると、結合の前にデータをコピーします。これは、結合するデータフレームが異なるデータソースの場合に有用です。 |
| | suffix | 両方のデータフレームに存在し、結合キーとして使用されていない同名の列がある場合に、列名の後ろに追加する接尾辞を指定します。デフォルトはc(".x", ".y")です。 |
| 戻り値 | 全結合されたデータフレームが返されます。データフレームには、左側のデータフレーム（x）と右側のデータフレーム（y）の両方からすべての行が含まれ、共通のキーでマッチする行は結合され、マッチしない行はNAで補われます。 | |

● 「全結合」の例

次のプログラムでは、データフレーム departments と employees を、dept_id 列をキーとして全結合しています。departments と employees のすべての行が結果に含まれますが、キーがマッチしない場合、該当する列はNAで埋められます。この例では、「dept_id = 4」はdepartmentsには存在せず、また「dept_id = 1」はemployeesには存在しないので、それぞれNAで埋められます。

▼データフレーム departments と employees を、dept_id 列をキーとして全結合

```r
library(tidyverse)

# tibbleデータフレームの作成
departments <- tibble(
  dept_id = c(1, 2, 3),
  dept_name = c("Human Resources", "Technology", "Marketing")
)
# データフレームを表示
print(departments)

employees <- tibble(
  emp_id = c(1, 2, 4),
  emp_name = c("Alice", "Taro", "Yosuke"),
  dept_id = c(2, 3, 4)
)
# データフレームを表示
print(employees)

# full_joinを使用して全結合
result <- departments %>%
  full_join(employees, by = "dept_id")
# 結果を表示
print(result)
```

▼出力

```
# A tibble: 3 × 2
  dept_id dept_name
    <dbl> <chr>
1       1 Human Resources
2       2 Technology
3       3 Marketing
# A tibble: 3 × 3
  emp_id emp_name dept_id
   <dbl> <chr>      <dbl>
1      1 Alice          2
2      2 Taro           3
3      4 Yosuke         4
# A tibble: 4 × 4
  dept_id dept_name       emp_id emp_name
    <dbl> <chr>            <dbl> <chr>
1       1 Human Resources    NA NA
2       2 Technology          1 Alice
3       3 Marketing           2 Taro
4       4 NA                  4 Yosuke
```

# キーが存在する行に絞り込む

**ここが ポイント です！** dplyrパッケージのsemi_join()関数

dplyrパッケージのsemi_join()関数は、2つのデータフレーム間で**セミ結合**を行うために使用されます。セミ結合は、「第1のデータセット (x) の中から、第2のデータセット (y) にキーが存在する行のみを選択する」という特殊なタイプの結合です。このタイプの結合では、第2のデータフレームの列は結果には含まれないので、「あるデータフレーム内の特定の行が別のデータセットに存在するかどうかでフィルタリングする」用途で使用することになります。

### • semi_join()関数

2つのデータフレーム間で「セミ結合」を行います。セミ結合は、第1のデータフレーム (x) の中で、第2のデータフレーム (y) にキーが存在する行のみを選択する（絞り込む）タイプの結合です。

| 書式 | semi_join(x, y, by = NULL, copy = FALSE, ...) | | |
|---|---|---|---|
| パラメーター | x | xは左側（第1）のデータフレームとして扱われます。パイプ演算子を用いる場合は引数にしないで、<br>x %>% semi_join(y, ... )<br>のように記述します。 | |
| | y | yは右側（第2）のデータフレームとして扱われます。 | |
| | by | 結合に使用するキー（列名）。キーは文字列または文字列のベクトルで指定します。NULL（デフォルト）の場合、xとyで共通の列名がキーとして自動的に使用されます。列名が異なる場合にはc("x_key" = "y_key")のように指定することで、異なる名前のキーで結合を行うことができます。 | |
| | copy | デフォルトはFALSEです。TRUEに設定すると、結合の前にデータをコピーします。これは、結合するデータフレームが異なるデータソースの場合に有用です。 | |
| 戻り値 | 第1のデータセット（x）から選択された行のみを含む新しいデータフレームが返されます。この結果には、第2のデータセット（y）に存在するキーを持つ行のみが含まれますが、yの列は結果には含まれません。 | | |

## ●「セミ結合」の例

次のプログラムでは、employeesとdepartmentsという2つのtibbleデータフレームを使用して、employeesの行のうち、「dept_idがdepartmentsに存在する行」のみを選択します。結果として、「dept_id = 4」を持つ従業員（Yosuke）は、このdept_idがdepartmentsに存在しないため、結果から除外されます。

## ▼キーが存在する行を絞り込む

```r
library(tidyverse)

# データフレームの作成
employees <- tibble(
  emp_id = c(1, 2, 3, 4),
  emp_name = c("Alice", "Taro", "Nana", "Yosuke"),
  dept_id = c(2, 3, 2, 4)
)
# データフレームを表示
print(employees)

departments <- tibble(
  dept_id = c(1, 2, 3),
  dept_name = c("Human Resources", "Technology", "Marketing")
)
# データフレームを表示
print(departments)

# semi_joinを使用してemployeesを絞り込む
result <- employees %>%
  semi_join(departments, by = "dept_id")
# 結果を表示
print(result)
```

## ▼出力

```
# A tibble: 4 × 3
  emp_id emp_name dept_id
   <dbl> <chr>      <dbl>
1      1 Alice          2
2      2 Taro           3
3      3 Nana           2
4      4 Yosuke         4
# A tibble: 3 × 2
  dept_id dept_name
    <dbl> <chr>
1       1 Human Resources
2       2 Technology
3       3 Marketing
# A tibble: 3 × 3
  emp_id emp_name dept_id
   <dbl> <chr>      <dbl>
1      1 Alice          2
2      2 Taro           3
3      3 Nana           2
```

Tips

226

# キーが存在しない行に絞り込む

▶Level ●●○

**ここが
ポイント
です！** dplyrパッケージのanti_join()関数

dplyrパッケージのanti_join()関数は、2
つのデータフレーム間で**アンチ結合**を行い
ます。アンチ結合では、第1のデータフレー
ム（x）の中から、第2のデータフレーム（y）
にキーが存在しない行のみが選択されます。
これにより、第1のデータセットを第2の
データセットには存在しないユニークな行
に絞り込むことができます。

・anti_join()関数

2つのデータフレーム間で「アンチ結合」
を行います。アンチ結合は、第1のデータフ
レーム（x）を、第2のデータフレーム（y）
にキーが存在しない行のみに絞り込みます。

| 書式 | anti_join(x, y, by = NULL, copy = FALSE, ...) |
| --- | --- |
| 戻り値 | 第1のデータセット（x）から選択された行のみを含む新しいデータフレームを返します。この結果には、第2のデータセット（y）に存在しないキーを持つ行のみが含まれます。 |

※パラメーターはsemi_join()関数と共通なので割愛しています。

## ●「アンチ結合」の例

次に示すプログラムでは、データフレーム
employeesとdepartmentsを使用して、
「departmentsに存在しないdept_idを持
つemployeesの行」のみを選択するように
しています。

▼employeesの行を、departmentsに存在しないdept_idの行のみに絞り込む

```
library(tidyverse)

# データフレームの作成
employees <- tibble(
  emp_id = c(1, 2, 3, 4),
  emp_name = c("Alice", "Taro", "Nana", "Yosuke"),
  dept_id = c(2, 3, 2, 4)
)
# データフレームを表示
print(employees)

departments <- tibble(
```

```
  dept_id = c(1, 2, 3),
  dept_name = c("Human Resources", "Technology", "Marketing")
)
# データフレームを表示
print(departments)

# anti_joinを使用して絞り込みを行う
result <- employees %>%
  anti_join(departments, by = "dept_id")
# 結果を表示
print(result)
```

▼出力

```
# A tibble: 4 × 3
  emp_id emp_name dept_id
   <dbl> <chr>      <dbl>
1      1 Alice          2
2      2 Taro           3
3      3 Nana           2
4      4 Yosuke         4
# A tibble: 3 × 2
  dept_id dept_name
    <dbl> <chr>
1       1 Human Resources
2       2 Technology
3       3 Marketing
# A tibble: 1 × 3
  emp_id emp_name dept_id
   <dbl> <chr>      <dbl>
1      4 Yosuke         4
```

employeesの行のうち、「dept_idがde
partmentsに存在しない行」のみがresult
に含まれます。この例では、departments
に「dept_id = 4」が存在しないため、この
dept_idを持つ従業員 (Yosuke) のみが結
果に含まれています。

**Tips**

# 227

# CSVファイルを
# データフレームに読み込む

▶Level ●●○○

ここが
ポイント
です！

readrパッケージのread_csv()関数

**CSV** (Comma-Separated Values) **ファイル**は、テキストベースのファイル形式の一種で、表形式のデータを格納するために広く使用されています。CSVファイルで は、データの各列がカンマ (,) で区切られるのが基本ですが、タブやセミコロンが使用されることもあります。

## ●readrパッケージのread_csv()関数

readrパッケージは、データをインポートするためのパッケージで、tidyverseのパッケージ群に含まれています。

## ・read_csv()関数

readrパッケージのread_csv()関数は、CSVファイルを読み込んで、tibble型データフレームに変換します。

| | | |
|---|---|---|
| 書式 | | read_csv(file, col_names = TRUE, col_types = NULL,<br>　　　　locale = default_locale(),<br>　　　　na = c("", "NA"), quoted_na = TRUE, quote = "\"",<br>　　　　comment = "", trim_ws = TRUE, skip = 0, n_max = Inf,<br>　　　　guess_max = min(1000, n_max), progress = show_progress(),<br>　　　　skip_empty_rows = TRUE, ... ) |
| パラメーター | file | 読み込むファイルのパスを指定します。<br>・相対パスを指定する場合は、ワーキングディレクトリを基点にして設定します。<br>・プロジェクトを作成して作業している場合は、プロジェクトのルートディレクトリが現在のワーキングディレクトリとして設定されるので、プロジェクトのルートディレクトリを基点にした相対パスを設定します。 |
| | col_names | 列名として使用するベクトルを指定します。デフォルトのTRUEの場合は、ファイルの最初の行が列名として使用されます。 |
| | col_types | 列のデータ型を指定します。自動で推論させる場合はNULL（デフォルト）、指定する場合は列のデータ型を表す文字列のベクトル〔例：c("numeric", "skip", "text")〕。 |
| | locale | 読み込みに使用する地域設定。日付の形式や文字エンコーディングなどを制御します。 |
| | na | naオプションは、読み込むCSVファイル内で欠損値（NA値）として扱う文字列を指定するために使用されます。<br>デフォルトのna = c("", "NA")では、空文字列("")と文字列"NA"の両方をデータ内の欠損値として認識します。 |
| | quoted_na | 引用符で囲まれたNA値を認識するかどうかを指定します。デフォルトはTRUE（認識する）です。 |

| | | |
|---|---|---|
| パラメーター | quote | quoteオプションは、フィールド値を囲むために使用される引用符（クォート）の文字を指定するために使用されます。デフォルトでは、<br><br>quote = "\""<br><br>が設定されていて、これはダブルクォート（"）がフィールドの値を囲むために使用されていることを意味します。 |
| | comment | コメントとして認識する文字。この文字以降の行末までをコメントと見なします。 |
| | trim_ws | 文字列の前後の空白を削除するかどうか。デフォルトはTRUE（前後の空白を削除する）です。 |
| | skip | 読み込みを開始する前にスキップする行数を指定します。デフォルトは0です。 |
| | n_max | 読み込む最大の行数を指定します。デフォルトはInf（無限大）です。つまり、ファイル全体を読み込むことになります。 |
| | guess_max | CSVファイルを読み込む際に、列のデータ型を自動推論するために使用するサンプル行の最大数を指定するオプションです。具体的には、データ型を推論する際に使用する行数の上限を設定します。デフォルトの<br><br>guess_max = min(1000, n_max)<br><br>は、次のように扱われます。<br>・ファイルから読み込む行の総数（n_max）が1000行以下の場合、その行数を使用します。<br>・ファイルから読み込む行の総数が1000行を超える場合、最初の1000行のみを使用してデータ型を推論します。 |
| | progress | 読み込みの進行状況を表示するかどうかを指定します。デフォルトの<br><br>progress = show_progress()<br><br>では、ファイル読み込みの進行状況が表示されます。FALSEを設定すると、進行状況は表示されません。 |
| | skip_empty_rows | 空の行をスキップするかどうかを指定します。デフォルトはTRUE（スキップする）です。 |
| 戻り値 | | 読み込んだデータを格納したtibble型データフレームが返されます。 |

　パラメーター（オプション）の数が多くて戸惑ってしまいますが、基本的にファイルパスとロケール（文字コードのエンコーディング方式）を指定すればOKです。

tidyverseを用いたモダンなデータフレーム操作

●CSVファイルをデータフレームに読み込む

右の画面は、題材とする「sales_utf8. csv」をRStudioで開いたところです。Filesペインでファイル名をクリックし、View Fileを選択すると、画面が開いてファイルの内容が表示されます。

▼題材の「sales_utf8.csv」

この「sales_utf8.csv」をデータフレームに読み込んでみます。

▼UTF-8でエンコーディングされたCSVファイルを読み込む

```
library(tidyverse)

data1 <- read_csv("chap06/06_06/sales_utf8.csv",
                  locale = locale(encoding = "UTF-8"))
# データフレームを表示
print(data1)
```

▼出力

```
# A tibble: 20 × 2
   StoreName     Sales_1000yen
   <chr>         <dbl>
 1 初台店         2024
 2 幡谷店         2164
 3 吉祥寺店       6465
 4 笹塚店         2186
 5 明大前店       2348
 6 下高井戸店     1981
 7 桜上水店       2256
 8 千歳烏山店     3177
 9 仙川店         1861
10 下高井戸店     3249
11 つつじヶ丘店   2464
12 調布店         1975
13 聖蹟桜ヶ丘店   2496
14 高幡不動店     3246
15 八幡山店       2465
16 上北沢店       1654
17 下北沢店       2654
18 府中店         3321
19 新宿店         6612
20 永福町店       3189
```

例では、プロジェクトフォルダー「sample」以下「chap06」➡「06_06」フォルダー内にソースファイル「read_csv.R」を作成し、同じフォルダー内に「sales_utf8.csv」が保存されていることを前提としています。したがって、ワーキングディレクトリ「sample」を基点とした相対パスを使っています。

```
data1 <- read_csv("chap06/06_06/sales_utf8.csv",
                  locale = locale(encoding = "UTF-8"))
```

システムのルートディレクトリを基点とする絶対パスを指定すれば問題はないのですが、相対パスを指定する際は、現在のワーキングディレクトリがどこにあるか注意してください。また、CSVファイルがUTF-8で保存されているので、

```
locale = locale(encoding = "UTF-8")
```

としています。ただし、RStudioはデフォルトのエンコーディング方式がUTF-8なので、この記述を省略しても大丈夫です。

### ●Shift-JISでエンコーディングされたCSVファイルをデータフレームに読み込む

Windows標準のShift-JISでエンコーディングされたCSVファイルを読み込んでみましょう。プログラムにおいてShift-JISを指定する際は「CP932」となります。

▼Shift-JIS(CP932)でエンコーディングされたCSVファイルを読み込む

```
data2 <- read_csv("chap06/06_06/sales_cp932.csv",
                  locale = locale(encoding = "CP932"))
# データフレームを表示
print(data2)
```

▼出力

```
# A tibble: 20 × 2
   StoreName    Sales_1000yen
   <chr>               <dbl>
 1 初台店               2024
 2 幡谷店               2164
 3 吉祥寺店             6465
 4 笹塚店               2186
 5 明大前店             2348
 6 下高井戸店           1981
 7 桜上水店             2256
 8 千歳烏山店           3177
 9 仙川店               1861
10 下高井戸店           3249
11 つつじヶ丘店         2464
12 調布店               1975
13 聖蹟桜ヶ丘店         2496
14 高幡不動店           3246
15 八幡山店             2465
16 上北沢店             1654
17 下北沢店             2654
18 府中店               3321
19 新宿店               6612
20 永福町店             3189
```

### メッセージを表示させないようにする

CSVファイルを読み込む際に、

```
i Use `spec()` to retrieve the full column specification for this data.
i Specify the column types or set `show_col_types = FALSE` to quiet this message.
```

というメッセージが出力される場合があります。1つ目のメッセージは、「spec()関数を使用して、read_csv()によって推論された列のデータ型の完全な仕様を取得できる」ことを示しています。2つ目のメッセージは、「列の型を明示的に指定するか、またはread_csv()関数内で『show_col_types = FALSE』を設定することにより、このメッセージを非表示にできる」ことを示しています。

この場合、メッセージに従って、

```
data1 <- read_csv("chap06/06_06/sales_utf8.csv",
                  locale = locale(encoding = "UTF-8"), show_col_types = FALSE)
```

のように「 show_col_types = FALSE」の記述を追加すると、メッセージが表示されないようになります。

**Tips**
## 228

# Excelブックを
# データフレームに読み込む

▶Level ● ● ○

**ここが ポイント です！**　readxlパッケージのread_excel()関数

readxlパッケージは、Excelファイル（.xlsおよび.xlsx形式）を読み込むために設計されたパッケージです。

●**readxlパッケージのインストール**

readxlパッケージは、次の手順でインストールしてください。

❶RStudioの**Packages**ペインを開き、**Install**ボタンをクリックします。

❷Install Packagesダイアログが開くので、**Packages（Separate multiple...）**の欄に「readxl」と入力して**Install**ボタンをクリックします。

▼[Install Packages]ダイアログ

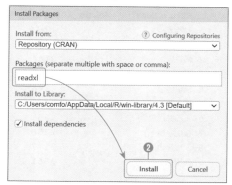

● Excel ブックをデータフレームに読み込む

　Rのソースファイルと同じディレクトリに、「sales.xlsx」が保存されています。

▼「sales.xlsx」

|  | A | B | C |
|---|---|---|---|
| 1 | StoreName | Sales_1000yen |  |
| 2 | 初台店 | 2024 |  |
| 3 | 幡谷店 | 2164 |  |
| 4 | 吉祥寺店 | 6465 |  |
| 5 | 笹塚店 | 2186 |  |
| 6 | 明大前店 | 2348 |  |
| 7 | 下高井戸店 | 1981 |  |
| 8 | 桜上水店 | 2256 |  |
| 9 | 千歳烏山店 | 3177 |  |
| 10 | 仙川店 | 1861 |  |
| 11 | 下高井戸店 | 3249 |  |
| 12 | つつじヶ丘店 | 2464 |  |
| 13 | 調布店 | 1975 |  |
| 14 | 聖蹟桜ヶ丘店 | 2496 |  |
| 15 | 高幡不動店 | 3246 |  |
| 16 | 八幡山店 | 2465 |  |
| 17 | 上北沢店 | 1654 |  |
| 18 | 下北沢店 | 2654 |  |
| 19 | 府中店 | 3321 |  |
| 20 | 新宿店 | 6612 |  |
| 21 | 永福町店 | 3189 |  |
| 22 |  |  |  |

　readxlパッケージのread_excel()関数で、データフレームに読み込みます。

▼ Excel ブックをデータフレームに読み込む

```
library(readxl)

# .xlsxファイルを読み込む
data <- read_
excel("chap06/06_06/sales.xlsx")
# データフレームを表示
print(data)
```

▼出力

```
# A tibble: 20 × 2
   StoreName    Sales_1000yen
   <chr>                <dbl>
 1 初台店                2024
 2 幡谷店                2164
 3 吉祥寺店              6465
 4 笹塚店                2186
 5 明大前店              2348
 6 下高井戸店            1981
 7 桜上水店              2256
 8 千歳烏山店            3177
 9 仙川店                1861
10 下高井戸店            3249
11 つつじヶ丘店          2464
12 調布店                1975
13 聖蹟桜ヶ丘店          2496
14 高幡不動店            3246
15 八幡山店              2465
16 上北沢店              1654
17 下北沢店              2654
18 府中店                3321
19 新宿店                6612
20 永福町店              3189
```

tidyverseを用いたモダンなデータフレーム操作

# read_excel() 関数の書式を確認する

**ここがポイントです！** read_excel() 関数

readxlパッケージのread_excel()関数は、Excelファイル (.xlsxまたは.xls形式) を読み込んでRのデータフレームに変換します。read_excel()関数の基本的な書式は次の通りです。

## • read_excel() 関数

| | | |
|---|---|---|
| 書式 | read_excel(<br>　path, sheet = 1, range = NULL, col_names = TRUE, col_types = NULL,<br>　na = "", skip = 0, n_max = Inf, guess_max = min(1000, n_max),<br>　progress = readxl_progress(), .name_repair = "unique") | |
| パラメーター | path | 読み込むExcelファイルのパス。 |
| | sheet | 読み込むシートの名前または番号。デフォルトは1 (最初のシート)。 |
| | range | 読み込むセル範囲。特定の範囲のデータのみを読み込みたい場合に指定します。 |
| | col_names | 最初の行を列名として使用するかどうか。デフォルトはTRUE。 |
| | col_types | 列のデータ型を指定します。自動で推論させる場合はNULL (デフォルト)、指定する場合は例のデータ型を表す文字列のベクトル〔例：c ("numeric","skip","text")〕 |
| | na | NA値として扱う文字列を指定します。 |
| | skip | 読み込みを開始する前にスキップする行数。 |
| | n_max | 読み込む最大の行数。 |
| | guess_max | 列の型を自動推論する際に使用する最大の行数。 |
| | progress | プログレスバーを表示するかどうか (大きなファイルを読み込む場合に有用)。 |
| | .name_repair | 列名の修正方法を指定します。デフォルトの"unique"は重複を避けるという意味。 |
| 戻り値 | 指定されたExcelシートの内容を含むtibble型データフレームを返します。 | |

第**7**章

230〜249

# 統計的仮説検定

# データの平均からの距離「偏差」を求める

ここがポイントです！

> 偏差 ＝ 対象の値 － 平均値

　「データ全体の中心から見て、そのデータはどれくらい離れているものなのか」を知るために、**偏差**という統計量を使います。個々のデータが全体の中心からどれくらい離れているのか、具体的な数値で表したのが偏差です。

## ●偏差を求める

　ある自動車ディーラー30店舗の車種A、車種Bの販売台数をまとめた「sales.csv」をデータフレームに読み込んで、車種Aと車種Bの偏差を求めます。

▼偏差を求める式

> 偏差 ＝ 対象の値 － 平均値

　データの中心は「平均」です。偏差を求める場合は「平均値が中心である」と考えます。

▼「sales.csv」をデータフレームに読み込んで、車種ごとの偏差を求める

```
library(tidyverse)

# ワーキングディレクトリ以下chap07/07_01/sales.csvを読み込む
df <- read_csv("chap07/07_01/sales.csv")

# 車種Aと車種Bの偏差を求める
df_dev <- df %>%
  mutate(
    deviation_model_A = model_A - mean(model_A),  # 車種Aの偏差の計算
    deviation_model_B = model_B - mean(model_B)   # 車種Bの偏差の計算
  )
# 結果を表示
print(df_dev)
```

　「sales.csv」はUTF-8でエンコーディングされているので、read_csv()関数のオプションは省略しています。
　結果を出力するようにしましたが、ここでは全体を見るために、**Environment**ペインで「df_dev」をクリックして**Source**ペインに表示される内容を掲載します。

▼データフレーム「df_dev」

| | Dealer | model_A | model_B | deviation_model_A | deviation_model_B |
|---|---|---|---|---|---|
| 1 | dealer_1 | 51 | 82 | -19 | 2 |
| 2 | dealer_2 | 63 | 78 | -7 | -2 |
| 3 | dealer_3 | 63 | 80 | -7 | 0 |
| 4 | dealer_4 | 90 | 76 | 20 | -4 |
| 5 | dealer_5 | 48 | 82 | -22 | 2 |
| 6 | dealer_6 | 72 | 86 | 2 | 6 |
| 7 | dealer_7 | 48 | 80 | -22 | 0 |
| 8 | dealer_8 | 69 | 86 | -1 | 6 |
| 9 | dealer_9 | 87 | 80 | 17 | 0 |
| 10 | dealer_10 | 87 | 77 | 17 | -3 |
| 11 | dealer_11 | 84 | 82 | 14 | 2 |
| 12 | dealer_12 | 75 | 80 | 5 | 0 |
| 13 | dealer_13 | 78 | 74 | 8 | -6 |
| 14 | dealer_14 | 81 | 86 | 11 | 6 |
| 15 | dealer_15 | 57 | 70 | -13 | -10 |
| 16 | dealer_16 | 87 | 80 | 17 | 0 |
| 17 | dealer_17 | 75 | 84 | 5 | 4 |
| 18 | dealer_18 | 57 | 82 | -13 | 2 |
| 19 | dealer_19 | 48 | 76 | -22 | -4 |
| 20 | dealer_20 | 57 | 82 | -13 | 2 |
| 21 | dealer_21 | 69 | 74 | -1 | -6 |
| 22 | dealer_22 | 81 | 78 | 11 | -2 |
| 23 | dealer_23 | 54 | 78 | -16 | -2 |
| 24 | dealer_24 | 90 | 74 | 20 | -6 |
| 25 | dealer_25 | 78 | 82 | 8 | 2 |
| 26 | dealer_26 | 66 | 80 | -4 | 0 |
| 27 | dealer_27 | 66 | 80 | -4 | 0 |
| 28 | dealer_28 | 72 | 89 | 2 | 9 |
| 29 | dealer_29 | 78 | 78 | 8 | -2 |
| 30 | dealer_30 | 69 | 84 | -1 | 4 |

車種A（model_A）については偏差の絶対値が大きくなっていて、平均値からデータが散らばっていることがわかります。これに対し、車種B（model_B）の絶対値は小さく、平均のまわりにデータが集まっていることがわかります。

## Tips 231 偏差を二乗した「偏差平方」を平均して「分散」を求める

**ここがポイントです！** ▶Level ●●○

**sum（偏差²）/ データの個数**

前回のTipsで求めた車種Aの偏差の絶対値は大きめの値が多く、バラツキの小さい車種Bの偏差の絶対値は小さめの値が多くなっています。「販売台数−平均値」の値を平均することを考えます。

**リスト1 まずは車種Aの偏差を合計する**

```
(-19)+(-7)+(-7)+20+(-22)+2+(-22)+(-1)+17+17+14+5+8+11
  +(-13)+17+5+(-13)+(-22)+(-13)+(-1)+11+(-16)+20+8+(-4)+(-4)+2+8+(-1) = 0
```

このように「販売台数−平均値」で求めた偏差には正や負の値があるので、互いに打ち消し合ってしまい、すべて加えると0になります。そこで「偏差の値を二乗してプラスの値にする」という方法をとります。

## ●偏差平方の平均が「分散」

このような(販売台数−平均値)²のことを**偏差平方**と呼びます。偏差平方の平均を計算すれば、全体が平均値のまわりに集まっているかどうかを数値で知ることができます。これを**分散**と呼びます。分散は、$\sigma^2$($\sigma$はシグマの小文字)と表します。

### ・分散 $\sigma^2$ を求める式

$n$ 個のデータ 　　 : $\{x_1, x_2, x_3, \cdots, x_n\}$
$n$ 個のデータの平均 : $\bar{x}$

$$分散\ \sigma^2 = \frac{(x_1-\bar{x})^2+ (x_2-\bar{x})^2+ (x_3-\bar{x})^2+\cdots+ (x_n-\bar{x})^2}{n\langle データの個数\rangle}$$

## ●偏差をもとにして分散を求める

分散を求めれば、「データ全体が平均からどれくらいズレているものなのか」を数値で知ることができます。前回のTipsで求めた偏差をもとにして分散を求めてみます。それぞれの車種について、偏差平方の合計をデータ数で割れば、分散がわかります。

**リスト2**　「sales.csv」をデータフレームに読み込んで、車種ごとの分散を求める

```
library(tidyverse)

# ワーキングディレクトリ以下chap07/07_01/sales.csvを読み込む
df <- read_csv("chap07/07_01/sales.csv")

# 車種Aと車種Bの偏差を求める
df_dev <- df %>%
  mutate(
    deviation_model_A = (model_A - mean(model_A)),  # 車種Aの偏差の計算
    deviation_model_B = (model_B - mean(model_B))   # 車種Bの偏差の計算
  )
# 車種Aの分散を求める
dis_A <- sum(
  df_dev$deviation_model_A^2) / nrow(df)
# 結果を表示
print(dis_A)

# 車種Bの分散を求める
dis_B <- sum(
  df_dev$deviation_model_B^2) / nrow(df)
# 結果を表示
print(dis_B)
```

▼出力
```
[1] 168.8
[1] 17
```

プログラム中に「df_dev$deviation_model_A」という記述があります。この中の$記号は、データフレームから特定の列を選択するために使用される演算子です。df_devはデータフレーム名で、deviation_model_Aはそのデータフレーム内の列の名前です。したがって、df_dev$deviation_model_Aはデータフレームdf_devからdeviation_model_Aという名前の列を選択

し、その列のデータをベクトルとして取得することを意味します。

車種Aの分散は「168.8」、車種Bの分散はそれよりも小さい「17」となりました。このことから、「車種Aの販売台数の散らばり具合は大きく、車種Bの販売台数は平均値のまわりに集まっている」ことが見てとれます。

Tips **232**

# 不偏分散を求める

> ここがポイントです！ var() 関数

▶Level ● ● ●

統計学では、調査の対象となるすべてのデータのことを**母集団**と呼びます。そこから一部のデータを取り出すのが**抽出**（または**サンプリング**）、抽出したデータが**標本**（**サンプル**）、標本の数が**標本の大きさ**（または**サンプルサイズ**）です。

ある小学校で6年生の身長と体重を計測したデータがあるとすると、それは「日本全国の6年生」という母集団から抽出したサンプルであると考えます。「サンプルデータの背後には必ず母集団があり、常に母集団を推測することでデータの真の姿を捉えよう」というのが統計的な考え方の基本です。

### ●サンプルの平均は母集団の平均に比べて小さくなる傾向がある

データを集計するということは、考え方として「母集団からサンプルを取り出す」ことを意味しますが、「サンプルの分散（標本分散）を求めると、母集団の分散（母分散）よりも小さな値になる」という性質があります。そこで、標本分散と母分散のズレをなくすため、標本分散に代わる値として考え

出されたのが**不偏分散**です。不偏分散は「Unbiased variance」の頭文字をとって$u^2$の記号で表します（文献によっては$s^2$と表されることもあります）。

### •不偏分散を求める式

$$不偏分散\ u^2 = \frac{(x_1-\bar{x})^2 + (x_2-\bar{x})^2 + \cdots + (x_n-\bar{x})^2}{n-1}$$

（$n$は標本の数、$\bar{x}$は標本平均）

不偏分散は、分母にする標本の数（データの個数）から1を引きます。こうすることで、偏差の平方和を割ったときの値が小さくなりすぎないようにしています。

### ●不偏分散を一発で求めるvar()関数

Rには不変分散を求めるvar()関数があります。分散の計算では平均値、各データの偏差平方、その合計…と計算していく必要がありましたが、var()関数はデータを指定するだけで、不偏分散を求めてくれます。そもそも統計で使うのは分散ではなく不偏分散だ

という考えから、Rには不偏分散を求める関数のみが用意されています。

### • var()関数

データセットの分散（不偏分散）を計算します。

| 書式 | var(x, y = NULL, na.rm = FALSE) | |
|---|---|---|
| パラメーター | x | 数値のベクトルや行列など、分散を計算するためのデータを指定します。 |
| | y | オプションで、もう1つのベクトルまたは行列を指定します。xとyがともに指定された場合、var()はxとyの共分散を計算します。デフォルトではNULLが指定されており、この場合はxの分散のみが計算されます。 |
| | na.rm | NA（欠損値）を除外して分散を計算するかどうかを指定します。TRUEに設定すると、NA値を無視して分散を計算します。デフォルトはFALSEです。 |
| 戻り値 | 指定したデータセットの不偏分散を返します。 | |

自動車ディーラー30店舗の車種Aと車種Bの販売数を記録した「sales.csv」のデータをデータフレームに読み込んで、不偏分散を求めてみます。

▼「sales.csv」をデータフレームに読み込んで、車種ごとの不偏分散を求める

```r
library(tidyverse)

# ワーキングディレクトリ以下chap07/07_01/sales.csvを読み込む
df <- read_csv("chap07/07_01/sales.csv")

# 車種A(model_A)の不偏分散を求める
var_A <- var(df$model_A)
# 結果の表示
print(var_A)
# 車種B(model_B)の不偏分散を求める
var_B <- var(df$model_B)
# 結果の表示
print(var_B)
```

▼出力

```
[1] 174.6207
[1] 17.58621
```

前回のTipsで求めた分散は、
車種A　168.8
車種B　17

でしたが、今回求めた不偏分散は、
車種A　174.6207
車種B　17.58621
となり、分散より大きめになっていることが確認できました。

## Tips
# 233

▶Level ● ● ○

# 標準偏差を求める

**ここがポイントです！** 偏差の値の単位を元のデータの単位に換算して「標準偏差」を求める

分散を求めるときに偏差を二乗して偏差平方にしたので、元の単位とは変わってしまっています。これまでのTipsで使用している自動車ディーラー30店舗の売上では、データの単位は「台」でしたが、平均からの差（偏差）を二乗して求めた分散の単位はもはや「台」ではありません。分散は平均のまわりのバラツキ具合を表す値として都合がよいのですが、次の2つの問題があります。

- **値が大きくなりすぎる**
- **単位が「元の単位²」になっている**

そこで、分散にルート（√）を付けて平方根を求めます。偏差を二乗した偏差平方を元に戻そうという試みです。こうして求めた値を**標準偏差**と呼びます。標準偏差は「σ」（シグマの小文字）という文字で表します。

- **標準偏差**

平均値からの離れ具合（偏差平方）を平均した値（分散）の平方根を求めることで、単位を元のデータと揃えた値です。

$$標準偏差〈\sigma〉= \sqrt{分散〈\sigma^2〉}$$

ただし、統計で使用するのは不偏分散ですので、不偏分散から求めた標本標準偏差（u）を使います。

$$標本標準偏差〈u〉= \sqrt{不偏分散〈u^2〉}$$

標本標準偏差（u）は、sd()関数で求めます。対象の数値ベクトルを引数に指定するだけで、直接、標本標準偏差が求められます。

- **sd()関数**

データセットの標準偏差（標本標準偏差）を計算します。

| 書式 | sd(x, na.rm = FALSE) | |
|---|---|---|
| パラメーター | x | 数値のベクトルや行列など、標準偏差を計算するためのデータを指定します。 |
| | na.rm | NA（欠損値）を除外して分散を計算するかどうかを指定します。TRUEに設定すると、NA値を無視して分散を計算します。デフォルトはFALSEです。結果として、デフォルトでは欠損値が含まれるとsd()関数はNAを返します。 |
| 戻り値 | 指定したデータセットの標本標準偏差を返します。 | |

自動車ディーラー30店舗の車種Aと車種Bの販売数を記録した「sales.csv」をデータフレームに読み込んで、標本標準偏差を求めてみます。

▼「sales.csv」をデータフレームに読み込んで、車種ごとの標本標準偏差を求める

```
library(tidyverse)

# ワーキングディレクトリ以下chap07/07_01/sales.csvを読み込む
df <- read_csv("chap07/07_01/sales.csv")

# 車種A(model_A)の標本標準偏差を求める
var_A <- sd(df$model_A)
# 結果の表示
print(var_A)

# 車種B(model_B)の標本標準偏差を求める
var_B <- sd(df$model_B)
# 結果の表示
print(var_B)
```

▼出力

```
[1] 13.21441
[1] 4.193591
```

Tips

# 234

▶Level ●●○

ここが
ポイント
です！

## 度数分布表を作る

> hist(数値ベクトル, plot = FALSE)

　データの分布状況を調べる手法に**度数分布**というものがあります。度数分布は、データの最小値付近から最大値付近までを**階級**と呼ばれる区間で等間隔に区切り、各階級に含まれるデータの個数（度数）を表したもので、これをまとめた表のことを**度数分布表**と呼びます。

　このような度数分布表をもとに作成されるグラフが**ヒストグラム**です。ヒストグラムを作れば、データがどのように分布しているか、どのあたりに集中しているか、といったことが一目でわかります。

### ●すべて「おまかせ」で度数分布表を作成してみる

　度数分布を調べるには、まずは階級の範囲（これを「**階級の幅**」と呼びます）を決めることが必要です。例えば100〜300の範囲に分布しているデータであれば、階級の幅を「10」くらいにして、その刻みで度数を調べることになるでしょう。

　Rのhist()関数は、引数に指定したデータをもとに（内部で）度数分布表を作成し、これをもとにヒストグラムを作成してくれます。階級の幅も独自のアルゴリズムによって決定されるので、指定するのは分析の対象になるデータだけ、という手軽さです。

### • hist()関数

　ヒストグラムを作成せずに、度数分布表のみを作成するときの書式です。

| 書式 | hist(数値ベクトル, plot = FALSE) |
|---|---|
| 戻り値 | 次の要素を持つhistogramクラス型のオブジェクトで、その実体は名前付きのリストです。<br>breaks：階級の境界を示すn+1個の値。<br>counts：階級に含まれるデータの個数（度数）。<br>density：階級ごとの相対度数。<br>mids：階級の中央値。<br>xname：xの名前の文字列。<br>equidist：論理値。breaksの間隔がすべて等しいかどうかを示します。 |

　実際には、引数に指定するオプションがかなり多くあるのですが、それらについてはヒストグラムを作成するTips236で紹介します。

　ここでは、カンマ区切りのCSVファイル「access.csv」に保存されているデータから、度数分布表のみを作成してみます。

統計的仮説検定

▼「access.csv」をデータフレームに読み込ん
だところ

| | day | accesses |
|---|---|---|
| **1** | 1 | 354 |
| **2** | 2 | 351 |
| **3** | 3 | 344 |
| **4** | 4 | 362 |
| | 5 | 327 |
| **25** | 25 | |
| **26** | 26 | 319 |
| **27** | 27 | 359 |
| **28** | 28 | 308 |
| **29** | 29 | 323 |
| **30** | 30 | 338 |

▼「access.csv」を読み込んで度数分布表を取得する

```
library(tidyverse)

# ワーキングディレクトリ以下chap07/07_02/access.csvを読み込む
df <- read_csv("chap07/07_02/access.csv")

# 度数分布に関するデータを取得
freq <- hist(df$accesses, plot = FALSE)

print("階級: ")
print(freq$breaks)

print("階級ごとの度数: ")
print(freq$counts)

print("階級ごとの相対度数: ")
print(freq$density)
```

▼出力

```
[1] "階級: "
[1] 300 310 320 330 340 350 360 370 380 390
[1] "階級ごとの度数: "
[1] 1 1 4 5 5 7 5 1 1
[1] "階級ごとの相対度数: "
[1] 0.003333333 0.003333333 0.013333333 0.016666667 0.016666667 0.023333333
    0.016666667 0.003333333 0.003333333
```

hist()関数では相対度数（density）を、その階級の幅と観測されたデータの個数に基づいて計算しますが、相対度数の累積が1になるようにスケーリングするというものではなく、単に各階級の相対度数を計算して表示するだけです。このため、ここで求めた相対度数を合計すると1ではなく、0.1になることに注意してください。

## ●階級の幅

階級の境界値を見ると、300〜390の範囲を10刻みにしており、階級の幅が10になっていることがわかります。「下限値が300で階級幅が10」のように設定され、各階級に含まれるデータの個数（度数）が調べられるわけですが、hist()関数のデフォルト「right = TRUE」の場合、それぞれの階級の値の範囲は次のようになります。

**リスト2　階級の範囲**

階級の境界値

| | |
|---|---|
| 300 | 階級の幅は「10」なのでここは「301〜310」 |
| 310 | ここは「311〜320」 |
| 320 | ここは「321〜330」 |
| ・ | |
| ・ | |

300のところは「300 ＜ 階級に含まれる値 ≦ 310」のように扱われます。「右閉じ左開き区間」です。

各階級の度数を見ると、350から360にかけての度数が最も多く（度数は7）なっています。

## ●相対度数

「階級に含まれるデータの数（度数）が、データ全体の個数（度数の合計）に占める割合」を表したのが**相対度数**です。

### ・相対度数を求める式

$$相対度数 = \frac{対象とする階級の度数}{度数の合計}$$

## Tips 235

## 相対度数分布表を作る

▶Level ●●○

**ここがポイントです！** cumsum(hist関数の戻り値 $density)

ここで作成する**相対度数分布表**では、階級に含まれる度数と相対度数、さらに累積相対度数を表にします。累積相対度数は、階級の度数とその階級に至るまでの相対度数を足し上げたものです。

## ●累積相対度数を求める

累積合計は、cumsum()関数で求めることができます。

## • cumsum()関数

引数に指定した要素の累積合計を求めます。引数に指定した値が複数の値を含むベクトルであれば、先頭の要素から順番に累積合計を求め、これらの値を返します。

| 書式 | cumsum(数値ベクトル) |

カンマ区切りのCSVファイル「access.csv」に保存されているデータから、相対度数分布表を作成してみます。

### ▼ 「access.csv」を読み込んで相対度数分布表を作成する

```
library(tidyverse)

# ワーキングディレクトリ以下chap07/07_02/access.csvを読み込む
df <- read_csv("chap07/07_02/access.csv")

# 度数分布に関するデータを取得
freq <- hist(df$accesses, plot = FALSE)

# 度数分布表を作る
freq_tibble <- tibble(
  "階級値" = freq$mids,
  "度数" = freq$counts,
  "相対度数" = freq$density,
  "累積相対度数" = cumsum(freq$density)
)
# 結果を表示
print(freq_tibble)
```

### ▼出力

```
# A tibble: 9 × 4
     階級値    度数    相対度数    累積相対度数
    <dbl>  <int>    <dbl>        <dbl>
1     305      1  0.00333       0.00333
2     315      1  0.00333       0.00667
3     325      4  0.0133        0.02
4     335      5  0.0167        0.0367
5     345      5  0.0167        0.0533
6     355      7  0.0233        0.0767
7     365      5  0.0167        0.0933
8     375      1  0.00333       0.0967
9     385      1  0.00333       0.1
```

相対度数をそのまま足し上げると1になります。相対度数はデータ全体の度数を1としたときの割合なので、すべての相対度数を足すと全体の割合の1になるわけです。

階級値5（341〜350）の累積相対度数は0.533です。これは、「アクセス数350以下の日が全体の約半分を占めている」ことを示しています。

## Tips 236

# データの分布状況を
# グラフにする

▶Level ●●○

**ここが
ポイント
です！** ▷ hist(数値ベクトル, right = FALSE)

度数分布表をもとに作成されるグラフが**ヒ
ストグラム**です。ヒストグラムを作れば、
データがどのように分布しているか、どのあ
たりに集中しているか、といったことが一目
でわかります。

・ hist()関数

与えられたデータからヒストグラムを作
成します。

| 書式 | hist(x,<br>　　　breaks = "Sturges",<br>　　　freq = NULL,<br>　　　probability = !freq,<br>　　　include.lowest = TRUE,<br>　　　right = TRUE,<br>　　　density = NULL,<br>　　　angle = 45,<br>　　　col = NULL,<br>　　　border = NULL,<br>　　　main = paste("Histogram of ", xname),<br>　　　xlim = range(breaks),<br>　　　ylim = NULL,<br>　　　xlab = xname,<br>　　　ylab = yname,<br>　　　axes = TRUE,<br>　　　plot = TRUE,<br>　　　labels = FALSE,<br>　　　nclass = NULL,<br>　　　...<br>　　　) | |
|---|---|---|
| パラメーター | x | ヒストグラムの対象にする数値ベクトル。 |
| | breaks = "Sturges" | 以下のうちのどれか1つです。<br>・ヒストグラムの階級間の分割点を与えるベクトル<br>・階級の数を与える単一の数<br>・階級の数を計算するアルゴリズムを与える文字列（デフォルトの"Sturges"もその1つ）<br>・階級の数を計算する関数 |
| | freq = NULL | TRUEであればヒストグラムは結果のcounts成分である度数を表示します。<br>FALSEであればdensity成分である確率密度がプロットされ、グラフの棒の総面積は1になります。breaksが等間隔である（probabilityが指定されない）ときのデフォルトはTRUE。 |
| | probability = !freq | !freq のエイリアス（S言語との互換性のため）。 |

385

| | | |
|---|---|---|
| パラメーター | include.lowest =TRUE | right = FALSEのとき、TRUEであれば、breaksに等しいx[i]は右の棒に含められます。right = TRUEのとき、FALSEであれば、breaksに等しいx[i]は左の棒に含められます。デフォルトのright = TRUE, include.lowest = TRUEだと区間が開き区間(区切り値)になるので、right = FALSEだけを設定して、左閉じ右開き区間[区切り値]にするようにします。 |
| | right = TRUE | TRUEであれば、ヒストグラムの階級は右閉じ左開き区間になります。FALSEであれば、ヒストグラムの階級は左閉じ右開き区間になります。 |
| | density = NULL | 陰影斜線の密度(インチあたりの線数)。デフォルトのNULL(もしくは負値)では 斜線は引かれません。 |
| | angle = 45 | 陰影斜線の傾きを度単位の角度(反時計回り)で指定します。 |
| | col = NULL | 棒を塗りつぶす色を指定します。デフォルトのNULLでは塗りつぶしは行われません。 |
| | border = NULL | 棒の枠の色を指定します。デフォルトのNULLでは標準前景色と同じ色になります。 |
| | main = paste("Histogram of ", xname) | Histogramのタイトルを設定します。 |
| | xlim = range(breaks) ylim = NULL | x軸、y軸の値の範囲。x軸の範囲指定xlimはヒストグラムの定義には使われず、plot=TRUEの際のプロットで使われることに注意。 |
| | xlab = xname ylab = yname | x軸、y軸のタイトルを設定します。 |
| | axes = TRUE | デフォルトのTRUEでは、プロットの際に軸が描かれます。 |
| | plot = TRUE | デフォルトのTRUEでは、ヒストグラムを描画します。FALSEの場合は、breaks と counts のリストだけが返されます。 |
| | labels = FALSE | TRUEを設定すると、棒の上部にラベルが追加されます。 |
| | nclass = NULL | 整数値。S(-PLUS)言語との互換用のためのオプションです。 |
| | ... | plot=TRUEのとき、plot.histogram()に渡される追加の引数を指定します。 |
| 戻り値 | | 次の要素を持つhistogramクラス型のオブジェクトで、その実体は名前付きのリストです。<br>breaks:階級の境界を示すn+1個の値。<br>counts:階級に含まれるデータの個数(度数)。<br>density:階級ごとの相対度数。<br>mids:階級の中央値。<br>xname:xの名前の文字列。<br>equidist:論理値。breaksの間隔がすべて等しいかどうかを示します。 |

　「30日間のアクセス状況」(access.csv)をもとに「ヒストグラム」を作成して視覚化してみることにします。

## ●すべて「おまかせ」でヒストグラムを作成してみる

hist()関数は、引数に指定したデータをもとに (内部で) 度数分布表を作成し、これをもとにヒストグラムを作成します。階級の幅も独自のアルゴリズムによって決定するので、指定するのは分析の対象になるデータだけ、という手軽さです。

▼「access.csv」を読み込んでヒストグラムを作成する

```
library(tidyverse)

# ワーキングディレクトリ以下chap07/07_02/access.csvを読み込む
df <- read_csv("chap07/07_02/access.csv")
# ヒストグラムを作成
hist(df$accesses, right = FALSE)
```

ソースコードを実行すると、**Plots**ペインにヒストグラムが表示されます。

作成されたヒストグラムを見ると、300〜390の範囲を10刻み、つまり、階級の幅を10として各階級の度数を棒の長さで表しています。

「right = FALSE」を指定しているので、階級の幅は300〜309、310〜319、...のように設定されます。

350から359の階級の度数が最も多く（度数は6）、ここを頂点にして全体的に山形のようにも見える分布になっています。

▼ [Plots] ペインに表示されたヒストグラム

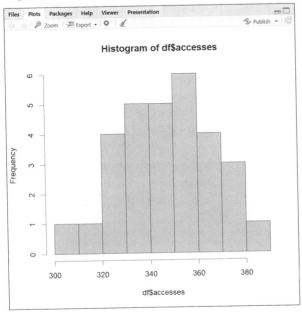

# Tips 237

そのデータは「優秀」なのか「並」なのかを知る

▶Level ●●●

**ここがポイントです！**

$$\text{標準化得点} = \frac{(\text{データ} - \text{平均})\langle\text{偏差}\rangle}{\text{標本標準偏差}\langle u \rangle}$$

偏差は、データから平均値を引いた値ですので、偏差を調べれば、そのデータが「普通の値」なのか「ほかとは違う特殊な値」なのかわかりそうです。今回は、「データの特殊性」を見分ける方法について見ていきます。

### ●売上台数「95」は他と比べて優秀なのかどうか、標準化を使って知る

自動車ディーラー30店舗における、新型車AとBの販売台数をまとめた「sales.csv」をデータフレームに読み込んだところです。

**リスト1** 「sales.csv」をデータフレームに読み込んで出力

```
# A tibble: 6 × 3
  Dealer   model_A model_B
  <chr>      <dbl>   <dbl>
1 dealer_1      51      82
2 dealer_2      63      78
3 dealer_3      63      80
4 dealer_4      90      76
5 dealer_5      48      82
6 dealer_6      72      86
```

この表には記載されていない別のディーラーの売上が、車種A、Bともに「95台」であったとします。この売上台数はほかの店舗と比べて優秀なのかどうか、数値を用いて評価します。そのためには、「そのデータの偏差を標準偏差で割る」ことで、そのデータの偏差の標準偏差に対する割合を求めます。このことを**標準化**と呼びます。

#### ・標準化

「特定のデータの偏差が標準偏差の何個ぶんか」を求めます。サンプルとして考えるので、標準偏差としては不偏分散$u^2$から求めた標本標準偏差$u$を使います。

$$\text{標準化得点} = \frac{(\text{データ} - \text{平均})\langle\text{偏差}\rangle}{\text{標本標準偏差}\langle u \rangle}$$

偏差を標準偏差で割るので、標準偏差を「1」とした割合がわかります。つまり、「平均から標準偏差何個ぶん離れているか」を知ることができます。このようにして求めた値は**標準化得点**と呼ばれます。

### ●車種Aと車種Bの販売台数をすべて標準化する

車種Aと車種Bの販売台数をすべて標準化します。

**リスト2**　車種Ａ（model_A）と車種Ｂ（model_B）の販売台数を標準化する

```
library(tidyverse)

# ワーキングディレクトリ以下chap07/07_03/sales.csvを読み込む
df <- read_csv("chap07/07_03/sales.csv")
# 冒頭6件を出力
print(head(df))

# 車種Aと車種Bの販売台数を標準化
standardized_sales <- df %>%
  mutate(
    modelA_std = (model_A - mean(model_A)) / sd(model_A),
    modelB_std = (model_B - mean(model_B)) / sd(model_B)
  )
# 標準化された変数の最初の数行を表示
print(head(standardized_sales))
```

▼出力（標準化後のデータフレームのみ掲載）

```
# A tibble: 6 × 5
  Dealer    model_A model_B modelA_std modelB_std
  <chr>       <dbl>   <dbl>      <dbl>      <dbl>
1 dealer_1       51      82      -1.44      0.477
2 dealer_2       63      78     -0.530     -0.477
3 dealer_3       63      80     -0.530      0
4 dealer_4       90      76       1.51     -0.954
5 dealer_5       48      82      -1.66      0.477
6 dealer_6       72      86      0.151      1.43
```

　すべての販売台数が標準化されました。
では、「95台」という値を車種Aと車種Bで
それぞれ標準化してみます。

▼95を車種Aと車種Bのデータで標準化

```
# 95を車種Aのデータで標準化
print(
  (95 - mean(df$model_A)) / sd(df$model_A)
)

# 95を車種Bのデータで標準化
print(
  (95 - mean(df$model_B)) / sd(df$model_B)
)
```

▼出力

```
[1] 1.891874
[1] 3.576887
```

「95台」という販売数は、車種Aにおいては平均から標準偏差の約1.89個ぶん離れ、車種Bでは約3.57個ぶん離れています。

車種Bにおける「95台」は、車種Aの場合よりもおよそ2倍も離れている特別な値、つまり「なかなか達成できない売上台数」であることがわかりました。

**さらにワンポイント**

標準化得点というのは、標準偏差に対する「データに含まれる変量の偏差」の割合です。そのため、標準化係数の平均を求めると「0」になり、標準化係数の標準偏差は「1」になるという特性があります。逆にいえば、「平均0、標準偏差1になるように変換したものが標準化得点」だということです。

## Tips 238 平均からの離れ具合でデータの特殊性を知る

▶Level ●●●

**ここがポイントです！** 標準偏差±1の範囲内は68%、標準偏差±2の範囲外は上下各2%

観測されたデータをすべて標準化することで、そのデータはよくありがちな「平凡なデータ」なのか、それともめったにない「特殊なデータ」なのかを判断できます。

### ●標準偏差を「尺度」にする

ある店舗の来店者数を30日間、毎日モニターした結果があります。

「平均値 + 標準偏差」と「平均値 − 標準偏差」の範囲の中に「データ全体の68%が含まれる」という法則があります。これは数学的な裏付けがなされていて、このことを**「データの中心の傾向」**と呼びます。来客数のデータから標準偏差を求め、これをもとにすべてのデータを標準化してみることにしましょう。

▼「visitors.csv」をデータフレームに読み込んで冒頭6件を表示したところ

```
# A tibble: 6 × 2
    day visitors
  <dbl>    <dbl>
1     1       46
2     2       57
3     3       61
4     4       67
5     5       56
6     6       74
```

## ▼すべてのデータを標準化する

```
library(tidyverse)

# ワーキングディレクトリ以下chap07/07_03/visitors.csvを読み込む
df <- read_csv("chap07/07_03/visitors.csv")
# 冒頭6件を出力
print(head(df))

# 来店者数を標準化
standardized <- df %>%
  mutate(
    visitors_std = (visitors - mean(visitors)) / sd(visitors))
# 標準化後のデータフレームを表示
print(head(standardized))
```

| | day | visitors | visitors_std |
|---|---|---|---|
| 1 | 1 | 46 | -0.75601281 |
| 2 | 2 | 57 | 0.32400549 |
| 3 | 3 | 61 | 0.71673941 |
| 4 | 4 | 67 | 1.30584030 |
| 5 | 5 | 56 | 0.22582201 |
| 6 | 6 | 74 | 1.99312467 |
| 7 | 7 | 41 | -1.24693021 |
| 8 | 8 | 43 | -1.05056325 |
| 9 | 9 | 64 | 1.01128986 |
| 10 | 10 | 54 | 0.02945504 |
| 11 | 11 | 46 | -0.75601281 |
| 12 | 12 | 51 | -0.26509540 |
| 13 | 13 | 64 | 1.01128986 |
| 14 | 14 | 31 | -2.22876503 |
| 15 | 15 | 42 | -1.14874673 |
| 16 | 16 | 57 | 0.32400549 |
| 17 | 17 | 56 | 0.22582201 |
| 18 | 18 | 68 | 1.40402378 |
| 19 | 19 | 43 | -1.05056325 |
| 20 | 20 | 59 | 0.52037245 |
| 21 | 21 | 48 | -0.55964584 |
| 22 | 22 | 61 | 0.71673941 |
| 23 | 23 | 43 | -1.05056325 |
| 24 | 24 | 48 | -0.55964584 |
| 25 | 25 | 51 | -0.26509540 |
| 26 | 26 | 62 | 0.81492290 |
| 27 | 27 | 69 | 1.50220726 |
| 28 | 28 | 49 | -0.46146236 |
| 29 | 29 | 58 | 0.42218897 |
| 30 | 30 | 42 | -1.14874673 |

標準偏差は「10.18501」、平均は「53.7」です。小数点以下を四捨五入して平均を54、標準偏差を10とすると、68%のデータが、平均値の54人±標準偏差10人の範囲である「44〜64」人の間に入ることになります。

1日目の来客数は46人です。これは数として見れば、平均よりも8人少ないことになりますが、標準化得点は−0.756です。標準偏差±1個ぶんの範囲に収まっているので、68%の確率で出現する「平均的な離れ方をしているデータ」➡「ふつうの（特殊ではない）データ」だと判断できます。

一方、4日目の67人の標準化得点は約1.306です。標準偏差1個ぶんを超えているので、「特殊なデータ」➡「いつもより来客数が多い」と判断できます。

7日目の「41人」の標準化得点を見ると約−1.247ですので、「いつもより来客数が少ない」と判断できます。

◀ [Environment]ペインで「standardized」をクリックし、標準化後のデータフレームを表示したところ

統計的仮説検定

## ●標準偏差±1個ぶんの範囲内であれば、平凡なデータだと判断できる

以上のように、「標準偏差±1個程度の範囲内に収まるデータであれば特殊なデータではない（普通のデータ）」と判断し、「標準偏差±2個程度になると特殊なデータである」と判断する方法が、広く使われています。

このようなことがいえるのは、「平均プラス標準偏差1個ぶん」と「平均マイナス標準偏差1個ぶん」の範囲に全体の約68%のデータが存在することが、数学（確率論）的に証明されているからです。

また、「平均のプラス側とマイナス側に標準偏差2個ぶん」の範囲には、データの96%のデータが存在するとされているので、この範囲を超えるデータは特殊である、つまり例えばプラス側に標準偏差2個ぶんを上回っていれば「2%しか存在しない希少なもの」だと判断できます。

### ▼標準化得点でデータの特殊性を知る

| 標準化得点 | データ全体に占める割合 |
|---|---|
| ±1以内 | 全体の約68%に含まれる平凡な値 |
| +1 < 標準化係数 < 2 | 全体の14%〔(96%−68%)÷2〕に含まれる値 |
| −1 > 標準化係数 > −2 | 全体の14%〔(96%−68%)÷2〕に含まれる値 |
| +1 < 標準化係数 | 全体の約2%〔(100%−96%)÷2〕に含まれる特殊な値 |
| −1 > 標準化係数 | 全体の約2%〔(100%−96%)÷2〕に含まれる特殊な値 |

続けて次のコードを入力し、来店者数の標準偏差と平均を求めておきましょう。

### ▼標準偏差と平均を求める

```
print(sd(df$visitors))
print(mean(df$visitors))
```

### ▼出力

```
[1] 10.18501
[1] 53.7
```

# Tips 239

## 「偏差値」を求める

▶Level ●●●

**ここがポイントです！** （得点－平均点）/ 標準偏差 × 10 ＋ 50

模擬試験などでよく使われる**偏差値**は、その人の点数が受験者全体の中でどのくらいの位置にいるかを表した数値です。次に示すのは、あるクラスにおいて実施したテストの結果です。それぞれの得点をもとに偏差値を計算してみます。

### ▼「score.csv」をデータフレームに読み込んで冒頭6件を表示

```
# A tibble: 6 × 2
    No score
  <dbl> <dbl>
1     1    87
2     2    87
3     3    84
4     4    75
5     5    78
6     6    81
```

### ・偏差値

偏差値の計算では、すべての得点の平均と標準偏差をもとに、各人の得点を標準化したあと、これを10倍して50を足します。

### ・偏差値の求め方

$$偏差値 = \frac{得点x - 平均点\mu}{標準偏差u} \times 10 + 50$$

得点$x$を標準化し、これを10倍して50を足したものが偏差値です。「平均$\mu$、標準偏差$u$の試験結果において$x$点をとった人は、平均50、標準偏差10のテストであれば何点とれているか」を割り出したものです。標準化した値を10倍するのは、結果が1.2とか－0.8となるよりは、12や－8の方がわかりやすいからです。また、最後に50を足すのは、偏差値の値をマイナスにしないためです。例えば10倍する前の値が「－1.5」の場合、これは「標準偏差×1.5だけ劣っている」ということになりますが、テストの点数に見えません。そこで、10倍して50を足すことで「－1.5×10+50=35」にするというわけです。平均値ぴったりの点数なら、理論上では偏差値「50」です。ただし、Rのsd()関数では不偏分散を用いた標本標準偏差を使うので、ぴったり50にはなりません。

## ●偏差値を求める

「score.csv」をデータフレームに読み込んで、すべての得点について偏差値を求めてみます。

▼偏差値を求める

```r
library(tidyverse)

# ワーキングディレクトリ以下chap07/07_03/score.csvを読み込む
df <- read_csv("chap07/07_03/score.csv")
# 冒頭6件を出力
print(head(df))

# 得点から偏差値を求める
df_deviation <- df %>%
  mutate(
    deviation = (score - mean(score)) / sd(score) * 10 + 50
    )
# 偏差値を追加したデータフレームを表示
print(df_deviation)
```

▼ [Environment]ペインで「df_deviation」をクリックし、偏差値のデータフレームを表示したところ

| No | score | deviation | No | score | deviation |
|---|---|---|---|---|---|
| 1 | 87 | 62.86474 | 16 | 87 | 62.86474 |
| 2 | 87 | 62.86474 | 17 | 54 | 37.89201 |
| 3 | 84 | 60.59449 | 18 | 90 | 65.13499 |
| 4 | 75 | 53.78375 | 19 | 78 | 56.05400 |
| 5 | 78 | 56.05400 | 20 | 66 | 46.97300 |
| 6 | 81 | 58.32424 | 21 | 66 | 46.97300 |
| 7 | 51 | 35.62176 | 22 | 72 | 51.51350 |
| 8 | 63 | 44.70275 | 23 | 78 | 56.05400 |
| 9 | 63 | 44.70275 | 24 | 75 | 53.78375 |
| 10 | 90 | 65.13499 | 25 | 57 | 40.16226 |
| 11 | 48 | 33.35151 | 26 | 48 | 33.35151 |
| 12 | 72 | 51.51350 | 27 | 57 | 40.16226 |
| 13 | 48 | 33.35151 | 28 | 69 | 49.24325 |
| 14 | 69 | 49.24325 | 29 | 81 | 58.32424 |
| 15 | 57 | 40.16226 | 30 | 69 | 49.24325 |

# Tips 240 標本とサンプリング

▶Level ●●●

**ここがポイントです！** 母集団、標本

　分析で扱うデータには、「すべてのデータ」と「一部のデータ」の2種類があります。もちろん、データはすべて揃っていた方が精度の高い結果を得られますが、すべての

データを調べるのは無理なことがほとんどですし、統計では「観測したデータの背後には必ず母集団がある」という考え方をします。

## ▼母集団と標本に関する用語

| 用語 | 意味 |
|------|------|
| 母集団 | 調査の対象となるすべてのデータ |
| サンプリング（抽出） | 母集団から一部のデータを抽出すること |
| サンプル（標本） | 抽出したデータ |
| サンプルサイズ（標本の大きさ） | 標本の数 |

## ▼平均、分散、標準偏差に関する用語

| 用語 | 意味 |
|------|------|
| 母平均（$\mu$） | 母集団の平均 |
| 母分散（$\sigma^2$） | 母集団の分散 |
| 母標準偏差（$\sigma$） | 母集団の標準偏差 |
| 標本平均（$\bar{x}$） | 標本の平均 |
| 標本分散（$u^2$ または $s^2$） | 標本の不偏分散 |
| 標本標準偏差（$u$ または $s$） | 不偏分散から求めた標準偏差 |

## ●全数調査と標本調査

　母集団すべてについて調査することを**全数調査**と呼びます。これに対して、母集団から取り出した一部の標本について調査することを**標本調査**と呼びます。統計では、「観測されたデータの背後には必ず母集団がある」ことを前提に分析するので、分析対象のデータは標本調査による標本です。

## ●無作為抽出（ランダムサンプリング）

　製品の抜き取り検査のように、母集団から無作為に標本を取り出すような抽出方法を**無作為抽出（ランダムサンプリング）**と呼びます。無作為抽出には、取り出した標本を母集団に戻して抽出を続ける**復元抽出**と、一度取り出したものは戻さずに抽出を続ける**非復元抽出**がありますが、母集団の数に対して標本の数が十分小さければ、抽出されるデータにはほとんど違いがないことがわかっています。

# 大数の法則、中心極限定理を実践する

ここがポイントです！ 「標本平均の平均」をとり続けて母平均を推定する

## ●大数の法則と中心極限定理

母集団からランダムサンプリングを何度も繰り返し、標本の相対度数分布グラフを描くと、取り出す回数が限りなく大きい回数であれば、そこで描かれるグラフが元のデータの相対度数分布のグラフと同じになる——ということを示した**大数の法則**があります。さらに、「元のデータの分布の形に

よらず、十分な個数の標本の平均の相対度数分布は正規分布に従う」という**中心極限定理**があります。

ある工場で手作りジュースを瓶詰めしたときの内容量を50本ぶん計測したデータがあります。

▼ 「capacity_inspection.csv」をデータフレームに読み込んで表示したところ
（capacity列の単位は「ml（ミリリットル）」）

| | No. | capacity | | | |
|---|---|---|---|---|---|
| 1 | 1 | 185 | 26 | 26 | 195 |
| 2 | 2 | 182 | 27 | 27 | 190 |
| 3 | 3 | 193 | 28 | 28 | 180 |
| 4 | 4 | 198 | 29 | 29 | 165 |
| 5 | 5 | 190 | 30 | 30 | 193 |
| 6 | 6 | 175 | 31 | 31 | 187 |
| 7 | 7 | 196 | 32 | 32 | 180 |
| 8 | 8 | 192 | 33 | 33 | 161 |
| 9 | 9 | 179 | 34 | 34 | 198 |
| 10 | 10 | 187 | 35 | 35 | 164 |
| 11 | 11 | 171 | 36 | 36 | 184 |
| 12 | 12 | 167 | 37 | 37 | 176 |
| 13 | 13 | 174 | 38 | 38 | 161 |
| 14 | 14 | 163 | 39 | 39 | 191 |
| 15 | 15 | 195 | 40 | 40 | 171 |
| 16 | 16 | 176 | 41 | 41 | 197 |
| 17 | 17 | 197 | 42 | 42 | 174 |
| 18 | 18 | 159 | 43 | 43 | 196 |
| 19 | 19 | 190 | 44 | 44 | 190 |
| 20 | 20 | 189 | 45 | 45 | 180 |
| 21 | 21 | 167 | 46 | 46 | 168 |
| 22 | 22 | 171 | 47 | 47 | 169 |
| 23 | 23 | 179 | 48 | 48 | 186 |
| 24 | 24 | 187 | 49 | 49 | 179 |
| 25 | 25 | 196 | 50 | 50 | 175 |

このデータを母集団と見なし、ランダムに抽出した5個のサンプルから、その日に瓶詰めを終えたすべての瓶の内容量の平均を推定します。

このように無作為に抽出した標本の平均をとることを何度か繰り返し、その平均をとると、標本平均と母平均には「普遍性の関係」が生まれます。「母集団が大きくて母平均を求めることができなくても、標本平均を何度か調べれば母平均にかなり近い値がわかる」というのが、「大数の法則」や「中心極限定理」の考え方です。

### ●5個のサンプルの平均をとることを100回繰り返し、その平均で推定する

Rにはランダムサンプリングを行うためのsample()関数があります。

### ・標本平均の平均を求める式
### ▼分散を求める式

$$標本平均の平均 = \frac{標本平均_1 + 標本平均_2 + \cdots + 標本平均_n}{n \langle 標本を抽出した回数 \rangle}$$

### ・sample()関数

指定したデータからランダムにサンプリングします。

| 書式 | sample(x, size, replace = FALSE, prob = NULL) | |
|---|---|---|
| パラメーター | x | ランダムサンプリングするデータを格納したベクトル。 |
| | size | ランダムサンプリングする個数を指定します。 |
| | replace = FALSE | 復元抽出を行うかどうか指定します。TRUEで行います。 |
| | prob = NULL | ベクトルxのそれぞれのデータが抽出される確率を格納したベクトル。デフォルトはNULL。 |

抽出元のデータを指定し、抽出する個数（サンプルサイズ）を指定するだけで、サンプリングの結果をベクトルで返します。復元抽出を行う場合はreplace = TRUEを指定します。

統計的仮説検定

▼capacity列から5個のデータをランダムサンプリングして平均を求める（これを100回繰り返す）

```r
library(tidyverse)

# ワーキングディレクトリ以下chap07/07_04/capacity_inspection.csvを読み込む
df <- read_csv("chap07/07_04/capacity_inspection.csv")

# 空の数値型vectorを用意
sample_m <- as.numeric(NULL)

# 処理を100回繰り返す
for (i in 1:100){
  sample    <- sample(        # サンプルを抽出する
    df$capacity,              # capacity列から抽出
    5,                        # サンプルサイズは5
    replace = FALSE           # 復元抽出は行わない
  )
  # 抽出したサンプルの平均をベクトルに追加
  sample_m <- c(sample_m, mean(sample))
}

# サンプル平均100個の平均を求める
s_mean <- mean(sample_m)
# 元のデータの平均
p_mean <- mean(df$capacity)
# それぞれの平均を出力
print(s_mean)
print(p_mean)

# サンプル平均100回の結果をヒストグラムにする
hist(sample_m, freq = FALSE, col="red")
```

▼出力

```
[1] 181.244
[1] 181.36
```

プログラムを実行したところ、100通りのサンプル平均の平均は「181.244」となりました（プログラムを実行するタイミングによって異なる結果になります）。元のcapacity列の平均は「181.36」ですので、ほぼ同じ値になっています。このような性質を持つ標本のことを「**普遍性がある**」といいます。

「標本平均と母平均の関係には普遍性がある」ので、何通りかの標本を採取してその都度標本平均を求め、その平均を求めることは、母平均を求めていることとほぼ同じになります。

ただし、不偏性があるといっても、プログラムを実行するタイミングによっては、標本平均の平均は母平均に近い場合もあれば、179や184といった離れた値にもなることもあります。先ほどのソースコードでは、サンプル平均をヒストグラムにして出力するようにしています。

▼サンプルサイズ5の平均を100回求めたときのヒストグラムの例

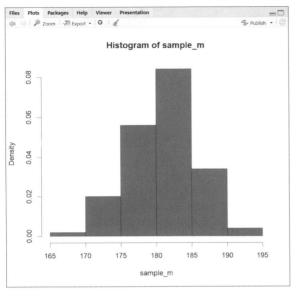

**Tips**
**242**
▶Level ●●●

# 大標本を使って母集団の平均を幅付きで推定する

ここがポイントです！

**z値を用いた区間推定**

　次のデータは、とある工場で製造された清涼飲料水1本当たりの内容量を50回（50本ぶん）測定した結果です。この測的結果をもとに、工場で製造される平均の内容量を幅付きで推定します。

▼「capacity_inspection.csv」をデータフレームに読み込んで表示したところ
（capacity列の単位は「ml（ミリリットル）」）

| | No. | capacity | | | |
|---|---|---|---|---|---|
| 1 | 1 | 185 | 26 | 26 | 195 |
| 2 | 2 | 182 | 27 | 27 | 190 |
| 3 | 3 | 193 | 28 | 28 | 180 |
| 4 | 4 | 198 | 29 | 29 | 165 |
| 5 | 5 | 190 | 30 | 30 | 193 |
| 6 | 6 | 175 | 31 | 31 | 187 |
| 7 | 7 | 196 | 32 | 32 | 180 |
| 8 | 8 | 192 | 33 | 33 | 161 |
| 9 | 9 | 179 | 34 | 34 | 198 |
| 10 | 10 | 187 | 35 | 35 | 164 |
| 11 | 11 | 171 | 36 | 36 | 184 |
| 12 | 12 | 167 | 37 | 37 | 176 |
| 13 | 13 | 174 | 38 | 38 | 161 |
| 14 | 14 | 163 | 39 | 39 | 191 |
| 15 | 15 | 195 | 40 | 40 | 171 |
| 16 | 16 | 176 | 41 | 41 | 197 |
| 17 | 17 | 197 | 42 | 42 | 174 |
| 18 | 18 | 159 | 43 | 43 | 196 |
| 19 | 19 | 190 | 44 | 44 | 190 |
| 20 | 20 | 189 | 45 | 45 | 180 |
| 21 | 21 | 167 | 46 | 46 | 168 |
| 22 | 22 | 171 | 47 | 47 | 169 |
| 23 | 23 | 179 | 48 | 48 | 186 |
| 24 | 24 | 187 | 49 | 49 | 179 |
| 25 | 25 | 196 | 50 | 50 | 175 |

●区間推定で母集団の平均を予測する

区間推定では、母集団の性質を表す平均や分散、比率などの値が含まれる範囲を求めます。この範囲のことを**信頼区間**と呼びます。さらに、信頼区間がどの程度の確率で母集団を言い当てているのかを**信頼度**で示します。

・**信頼区間**
区間推定の対象となる母集団の平均や分散などの値の範囲です。

・**信頼度（信頼係数）**
信頼区間がどの程度の確率で母集団を言い当てているのかを示します。

当然のことですが、信頼区間を広げれば広げるほど、当たる可能性は高くなります。しかし、値の範囲が広すぎては、データ自体があいまいなものになってしまい、これでは母集団を言い当てているとはいえなくなってしまいます。一方で、信頼区間の範囲を狭くすれば、より具体的に母集団を示すことになるのですが、この場合は当たる可能性が低くなってしまいます。

そこで、区間推定を行う場合は「信頼度95％」がよく使われます。「信頼度はできるだけ高く、なおかつ信頼区間の範囲はできるだけ狭く」という観点で見た場合、95％が最もバランスのとれた信頼度であるというのが、多く使われる理由です。

## ●信頼度95%で母平均を区間推定する

　信頼区間は、設定する信頼度によって異なります。母平均の信頼区間は、信頼度に基づいた累積確率の範囲ですので、範囲の両端、つまり範囲の下限と上限の境界の累積確率に対する確率変数の値で示されます。

▼信頼区間の範囲が広い場合

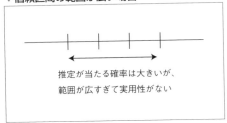

推定が当たる確率は大きいが、
範囲が広すぎて実用性がない

▼信頼区間の範囲が狭い場合

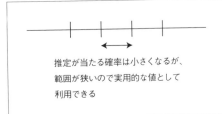

推定が当たる確率は小さくなるが、
範囲が狭いので実用的な値として
利用できる

　次図は、確率密度関数のグラフを用いて、信頼度と信頼区間の関係を示したものです。

▼信頼度に対応する信頼区間

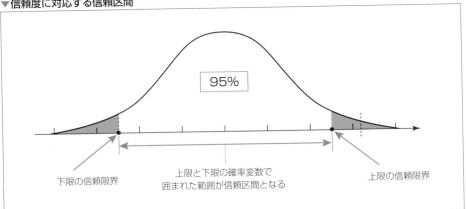

95%

下限の信頼限界

上限と下限の確率変数で
囲まれた範囲が信頼区間となる

上限の信頼限界

統計的仮説検定

---

**さらに
ワンポイント**

**危険率**

　「信頼度95%」とは、「当たる可能性が95%」であることを示していますが、これは「外れる可能性が5%」だということでもあります。このような「外れる可能性」のことを**危険率**と呼びます。信頼度95%の区間推定は、常に「推定が5%外れる」ことを前提にした解析手法です。

●標本の分布に関する法則

確率の世界では、起こりうる事象を$E$とすると、$E$が起こりうる確率を$P(E)$のように表します。統計では、事象を表す変数を$X$としたとき、$X$が起こりうる確率を

$$P(X)$$

のように表します。この$X$のことを**確率変数**と呼びます。

・確率変数

確率変数$X$は、定められた確率に従って具体的な値をとります。

正規分布について考えると、分布する事象、つまり確率変数$X$は飛びとびの値ではなく連続した値をとる「連続型の確率変数」です。このことから、確率変数$X$の確率は確率密度関数$f(X)$で求められます。

▼正規分布の確率密度関数

$$f(x) = \frac{1}{\sqrt{2\pi\sigma^2}}\, e^{-\frac{(x-\mu)^2}{2\sigma^2}}$$

一方、平均$\mu$を0、標準偏差$\sigma$を1にすると、標準正規分布の確率密度関数は

▼標準正規分布の確率密度関数

$$f(x) = \frac{1}{\sqrt{2\pi}}\, e^{-\frac{x^2}{2}}$$

になります。標準化することで正規分布の$\mu$を0、$\sigma$を1にすることができますが、「確率変数$X$から標準正規分布の確率変数を標準化によって求める」ことを特に**z変換**と呼びます。

・離散型確率変数$X$の標準化（z変換）

確率変数$X$が正規分布に従うとき、

$$Z_i = \frac{X_i - \mu_i}{\sigma_x}$$

と置くと、統計量$Z$は標準正規分布$N(0,\ 1)$に従います。

標本の分布には、次の法則があります。

・標本平均の分布の法則

平均$\mu$、分散$\sigma^2$の正規分布に従う母集団から、サンプルサイズ$n$個の標本を抽出したとき、その標本平均の分布は、

$$\bar{x} \sim N\left(\mu,\ \frac{\sigma^2}{n}\right)$$

となります。

この法則において標本平均の分布は

$$\left(\mu,\ \frac{\sigma^2}{n}\right)$$

に従うので、

$$Z = \frac{\bar{x} - \mu}{\sigma}$$

でz変換（標準化）した

$$Z = \frac{\dfrac{\bar{x} - \mu}{\sigma}}{\sqrt{n}}$$

> $Z_i = \dfrac{\bar{X}_i - \mu}{\sigma_x}$ の$\sigma$を$\dfrac{\sigma^2}{n}$に置き換えて$\dfrac{\sigma}{\sqrt{n}}$にしました

の統計量$Z$は、次のように標準正規分布に従うことが導かれます。

### • 標本平均の分布の法則から標準化された統計量Zは標準正規分布に従う

$$\bar{x} \sim N\left(\mu, \frac{\sigma^2}{n}\right) \text{ のとき、} Z = \frac{\bar{x} - \mu}{\frac{\sigma}{\sqrt{n}}} \approx N(0, 1)$$

　式の中の「〜」は「従う」ことを意味します。$\mu$と$\sigma$は母集団の平均と標準偏差を用いています。しかし、サンプルサイズが大きければ、標本の分散ではなく不偏分散$u^2$を使うのが一般的です。このことは、データの背後に母集団があることを前提にする統計的な考え方とも一致します。

　式の中の記号「≈」は「近似的に従う」ことを意味します。問題は「標本のサイズがどのくらいであれば大きいといえるか」ということですが、一般的に30以上であれば大標本とされているので、これを目安とするのがよいでしょう。標本サイズが小さい（30より小さい）ときは、標準化された確率変数は「自由度$n-1$の$t$分布に従う」とされています。

### ● 母平均の信頼区間の関係式

　確率変数$X$の確率$P(a \leq X \leq b)$が90%、95%、99%のように与えられたとき、それに対応する区間$[a, b]$を信頼度0.9＝90%、0.95＝95%、0.99＝99%の信頼区間と呼びます。この信頼区間を求めることが区間推定なので、信頼係数0.95＝95%で求めた信頼区間は、例えば「100回の試行を行ったとき、95回の結果は信頼区間内に納まるが、5回くらいの結果は信頼区間$[a, b]$内に納まることが期待できない」ということです。信頼率は「$1 - \alpha$」で表し、$\alpha$のことを**有意水準**と呼びます。

　先の

$$Z = \frac{\bar{x} - \mu}{\frac{\sigma}{\sqrt{n}}} \approx N(0, 1)$$

の式に基づいて、母平均の信頼区間の関係式を導いていきます。

$$1 - \alpha = P\left(-Z_{\alpha/2} \leq Z \leq Z_{\alpha/2}\right)$$

$$\Rightarrow P\left(-Z_{\alpha/2} \leq \frac{\bar{x} - \mu}{\frac{\sigma}{\sqrt{n}}} \leq Z_{\alpha/2}\right)$$

$$\Rightarrow P\left(\bar{x} - Z_{\alpha/2}\frac{\sigma}{\sqrt{n}} \leq \mu \leq \bar{x} + Z_{\alpha/2}\frac{\sigma}{\sqrt{n}}\right)$$

　この式の中の次に示す不等式が与えている区間が、有意水準$\alpha$（信頼係数＝$1-\alpha$）における母平均の信頼区間です。$\alpha/2$としてあるのは、有意水準（$\alpha$）95％の場合は100％から95％を引いた残りの5％（信頼係数）を2で割った2.5％にすることを示しています。

　不等式の中の$z_{\alpha/2}$は、正規分布の分位点関数qnorm()で、有意水準$\alpha$を引数にすることで求められます。

　$\bar{x}$、$n$、$\sigma$はそれぞれ標本平均、サンプルサイズ、母集団の標準偏差です。母集団の標準偏差が既知であるならば、母平均の信頼区間を簡単に求めることができます。もちろん、母集団の標準偏差なんて未知であることがほとんどですから、サンプルサイズが大きいことを利用して、「標本の不偏分散」あるいは「不偏分散から求めた標本標準偏差」を母分散の代わりに用いることで対処します。

**・有意水準$\alpha$（信頼係数$1-\alpha$）における母平均の信頼区間**

$$\bar{x} - z_{\alpha/2}\frac{\sigma}{\sqrt{n}} \leqq \mu \leqq \bar{x} + z_{\alpha/n}\frac{\sigma}{\sqrt{n}}$$

**・qnorm()関数**

　正規分布の分位数（quantile）を計算するために使用されます。この関数は、与えられた確率に対応する正規分布の値を求めるために利用され、正規分布の逆累積分布関数として機能します。

| 書式 | qnorm(p, mean = 0, sd = 1, lower.tail = TRUE, log.p = FALSE) | |
|---|---|---|
| パラメーター | p | 確率値。この関数は、この確率に相当する正規分布の分位数を返します。0から1の間の値をとります。 |
| | mean | 分布の平均値。デフォルトは0です。 |
| | sd | 分布の標準偏差。デフォルトは1です。 |
| | lower.tail | 論理値（TRUEまたはFALSE）を指定します。TRUEの場合、確率pは左側（下側）の尾部に対応する分位数を返します。FALSEの場合は、右側（上側）の尾部に対応する分位数を返します。デフォルトはTRUEです。 |
| | log.p | 論理値（TRUEまたはFALSE）を指定します。TRUEの場合、pは対数スケールで提供されると解釈されます。デフォルトはFALSEです。 |
| 戻り値 | 指定された確率pに対応する正規分布の分位数を返します。 | |

**▼「capacity_inspection.csv」のサンプルサイズ50で母平均を区間推定する**

```
library(tidyverse)
```

```
# ワーキングディレクトリ以下chap07/07_04/capacity_inspection.csvを読み込む
df <- read_csv("chap07/07_04/capacity_inspection.csv")
```

```
# 標本平均と標本標準偏差
mean_data <- mean(df$capacity)
```

```
sd_data <- sd(df$capacity)

# 標本サイズ
n <- length(df$capacity)

# 95%信頼区間のz値
z_value <- qnorm(0.975)

# 信頼区間の計算
margin_of_error <- z_value * (sd_data / sqrt(n))
lower_bound <- mean_data - margin_of_error
upper_bound <- mean_data + margin_of_error

# 結果の表示
cat("95% Confidence Interval: [", lower_bound, ", ", upper_bound, "]\n")
```

▼出力

```
95% Confidence Interval: [ 178.1432 , 184.5768 ]
```

▼[Environment]ペインに表示された結果

| Environment | History | Connections | Tutorial |
|---|---|---|---|

📂 💾 📥 Import Dataset ▾ | 🔵 260 MiB ▾ | 🖌

R ▾ | 🌐 Global Environment ▾

```
Data
 df                50 obs. of 2 variables
Values
  lower_bound      178.143221010405
  margin_of_error  3.21677898959454
  mean_data        181.36
  n                50L
  sd_data          11.6053471138374
  upper_bound      184.576778989595
  z_value          1.95996398454005
```

▼信頼度95%のときの信頼区間

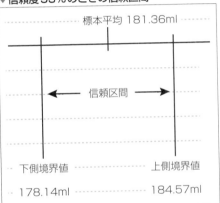

標本平均 181.36ml

信頼区間

下側境界値　　　　　　上側境界値
178.14ml　　　　　　　184.57ml

　50個のサンプルを分析に使用した結果、「1本あたりの内容量の平均は95%の確率で178.14mlから184.57mlまでの中に存在する」ことがわかりました（小数点以下第2位で切り捨て）。

　これを図で表すと、次のようになります。

統計的仮説検定

## Tips 243 inferパッケージを利用して区間推定を行う

▶Level ●●●

**ここがポイントです！** tidymodelsのinferパッケージ

「tidymodels」は、R言語で機械学習モデルを開発、評価および適用するための一連のパッケージをまとめたフレームワークです（Tips256参照）。このフレームワークには、データの前処理、モデルの訓練、ハイパーパラメーターの調整、モデルの評価、および予測など、機械学習のワークフロー全体をサポートする機能がまとめられています。tidymodelsはtidyverseの哲学に従って設計されており、一貫した構文とデータ操作のための便利なツールを提供します。

● tidymodelsの「infer」パッケージ

tidymodelsに含まれる「infer」パッケージは、統計的仮説検定や信頼区間の推定など、統計的推測のプロセスを実施するために設計されています。tidyverseの%>%演算子と統合されていて、tidyverseにおけるパイプライン処理に対応しています。

● 区間推定に使用する関数

ここでは、以下の関数を用いて区間推定を行います。

・specify()関数

統計的推論のプロセスにおいて、分析する変数やその関係を指定するための関数です。後続の処理——例えば、hypothesize()、generate()、calculate()、visualize()など——における分析の基盤を設定するために用います。

| 書式 | specify(data, response = NULL, ..., keep = "all") | |
|---|---|---|
| パラメーター | data | 処理対象のデータフレーム。 |
| | response | 目的変数を指定します。この変数は後続の関数で目的変数として使用されます。 |
| | ... | 解析に必要な説明変数（特徴量）を指定することができます。 |
| | keep | 必要な変数を保持する方法を指定するオプション。デフォルトでは、"all"が指定されており、指定されたすべての変数が保持されます。 |
| 戻り値 | 目的変数設定後、tibble型データフレームを返します。 | |

## ・generate()関数

inferパッケージのgenerate()関数は、分析データのサンプリングを行うために使用されます。

| 書式 | generate(reps = 1000, type = "bootstrap", order = NULL) | |
|---|---|---|
| パラメーター | reps | 生成するリサンプリングまたはシミュレーションの繰り返し回数。デフォルトは1000です。 |
| | type | 生成するサンプルのタイプ。"bootstrap"(ブートストラップサンプル)、"permute"(順列サンプル)、"simulate"(シミュレーションサンプル)などがあります。 |
| | order | シミュレーションタイプが"simulate"の場合に使用するオプション。"random"(ランダムオーダー)や"sequence"(順序付けられたオーダー)などが指定できます。 |
| 戻り値 | | 指定されたタイプと回数に基づいてサンプリングされたデータを格納した、tibble型データフレームを返します。このデータフレームは、後続のcalculate()関数で統計量を計算したり、visualize()関数で結果を可視化するために使用されます。 |

### ・ブートストラップ法

ブートストラップ法は、元のデータセットからランダムにリサンプリング(置き換えあり)を行い、多数の標本(ブートストラップサンプル)を生成する手法です。これらのブートストラップサンプルは、母集団からの標本抽出を模倣するものと考えることができ、それぞれの標本に対して統計量(例えば平均、中央値、比率など)を計算し、元の標本統計量の推定値に対する信頼区間やその他の推論結果を得る目的で利用されます。

### ・シミュレーションベースの推論

シミュレーションベースの推論は、データ生成過程をコンピューター上で模倣し、そのプロセスから得られるデータで統計的推論を行います。

### ・calculate()関数

inferパッケージのcalculate()関数は、specify()とgenerate()関数によって設定された統計的推論プロセスにおいて、特定の統計量を計算するために使用されます。この関数は、生成されたリサンプリングまたはシミュレーションデータに基づき、統計量(例えば、平均、差の平均、比率、相関係数など)や検定統計量を計算します。

| 書式 | calculate(stat = "mean", order = NULL) | |
|---|---|---|
| パラメーター | stat | 計算する統計量。<br>・"mean"（平均）<br>・"median"（中央値）<br>・"sum"（合計）<br>・"difference in means"（平均の差）<br>・"difference in proportions"（比率の差）<br>・"correlation"（相関係数）<br>など、様々な統計量が指定できます。 |
| | order | statオプションで"difference in means"や"difference in proportions"などを指定して差を計算する際に、「どのグループを先に引くか」を指定するための引数。例えば、order = c("first", "second")は、最初のグループから2番目のグループを引くことを意味します。 |
| 戻り値 | 指定された統計量の計算結果を含むtibble型データフレームを返します。このデータフレームは、統計的推論の結論を導くための分析や、visualize()関数による結果の可視化に使用されます。 | |

### • get_ci()関数

　inferパッケージのget_ci()関数は、統計的推論プロセスにおいて、計算された統計量に基づく信頼区間を求めるために使用されます。specify()、generate()、calculate()関数による分析の流れの最終ステップとして機能し、信頼区間を提供します。

| 書式 | get_ci(level = 0.95, type = "percentile") | |
|---|---|---|
| パラメーター | level | 信頼区間の信頼水準。デフォルトは0.95で、95%の信頼区間を意味します。 |
| | type | 信頼区間を求める方法。デフォルトは"percentile"で、パーセンタイルを利用して信頼区間を推定します。パーセンタイルとは、統計学における尺度の1つで、「あるデータが全体の中でどの位置にあるか」をパーセンテージで表したものです。例えば、集合の要素数が100なら首位は1%、ビリは100%です。"percentile"のほかに、"se"（標準誤差をもとにした近似法）、"basic"（基本的なブートストラップ信頼区間）、"bca"（バイアス補正および加速補正を行う方法）などが指定できます。 |
| 戻り値 | 計算された統計量に対する信頼区間を含むtibble型データフレームを返します。これには、信頼区間の下限と上限が含まれます。 | |

## ● inferパッケージによる区間推定

前回のTipsに引き続き、「capacity_
inspection.csv」を利用して、inferパッ
ケージによる区間推定を行ってみます。

▼「capacity_inspection.csv」を読み込んで母平均を区間推定する

```
library(tidymodels)
library(tidyverse)  # この記述はなくても可

# ワーキングディレクトリ以下chap07/07_04/capacity_inspection.csvを読み込む
df <- read_csv("chap07/07_04/capacity_inspection.csv")

# capacityの平均に対する95%信頼区間を推定
result <- df %>%
  specify(response = capacity) %>%
  generate(reps = 1000, type = "bootstrap") %>%
  calculate(stat = "mean") %>%
  get_ci(level = 0.95)   # 95%信頼区間を得る

# 結果を表示
print(result)
```

▼出力

```
# A tibble: 1 × 2
  lower_ci upper_ci
     <dbl>    <dbl>
1     178.     185.
```

結果を見ると、

「1本あたりの内容量の平均は、95%の確率
で178mlから185mlまでの間に存在する」

ということがわかりました。

## Tips 244

# 「仮説検定」とは何か

▶Level ●●●

**ここがポイントです！** 2群のデータにおける平均の差の検定

### ●統計的仮説検定とは

統計的仮説検定には、主に次の検定が含まれます。

・平均値の差の検定
・比率の差の検定
・分散の検定
・相関の検定

ここでは、「2つの平均値の間に統計的に有意な差があるかどうか」を判断する仮説検定について見ていきます。「2つの平均値の差」の検定は、主に次のような目的で行われます。

#### ・比較と差異の検証

異なるグループや条件下での測定値の平均に差がある場合、それは偶然の範囲内で起こったものか、それとも実際に差が存在するのかを評価します。例えば、新しい治療法の効果、教育プログラムの成果、製品改良の結果などを検証する際に重要です。

#### ・理論の検証

特定の理論や仮説が現実のデータによって支持されるかどうかを検証します。科学的研究では、理論を提案するだけでなく、実験や観察によってその理論をテストすることが求められます。

2群のデータの平均の差について統計的仮説検定を行うことで、研究者や意思決定者はデータに基づいた科学的・客観的な判断を行うことができ、それによってより効果的な製品の開発などに役立てます。

### ●仮説検定の手順

仮説検定の一般的な手順について紹介します。

①仮説の設定
・帰無仮説：
　統計的に意味のある差（有意な差）が存在しないことを示す仮説です。
・対立仮説：
　統計的に意味のある差（有意な差）が存在することを示す仮説です。

②有意水準（$\alpha$）の設定
　一般的には「$\alpha = 0.05$」が用いられます。これは、帰無仮説を誤って棄却するリスクが5%であることを意味します。

③適切な統計検定の選択
　データの種類、分布、サンプルサイズ、分析の目的に基づいて、適切な統計検定の手法を選択します（t検定、ANOVA、カイ二乗検定など）。

④検定統計量の計算
　選択した検定に基づいて検定統計量を計算します。検定統計量は、仮説検定において使用される数値で、サンプルデータから計算される統計値です。例えばt検定では、「t値」が検定統計量として使用されます。この値は、2つのサンプル間の平均値の差を、その差の標準誤差で割ったものです。t値は「サンプル間の差が偶然によるものかどうか」を評価するために使われます。

⑤P値の計算

　検定統計量からP値を計算し、帰無仮説を棄却するかどうかを判断します。P値は、帰無仮説が真である場合に、実験や観測から得られた統計量（t値など）と同じかそれ以上に極端な値を得る確率です。

⑥結論の導出

・P値が有意水準$\alpha$より小さい場合：
　帰無仮説を棄却し、対立仮説を受け入れます。
・P値が$\alpha$より大きい場合：
　帰無仮説を棄却できず、統計的に有意な証拠が得られないと結論付けます。

### ●t検定とは

　t検定は、「2つの平均値の間に統計的に有意な差があるかどうか」を判断するための統計手法です。これは、「2つのサンプルが同じ母集団からとられたものか、あるいは異なる母集団に属しているか」を評価する際に使用されます。t検定には、次の3つのタイプがあります。

#### ・1標本t検定

　「1つのサンプルの平均値が既知の平均値（あるいは理論値）と異なるかどうか」をテストします。

#### ・独立2標本t検定

　「2つの独立したグループの平均値が統計的に異なるかどうか」をテストします。これには等分散と不等分散（ウェルチのt検定）の両方のバリエーションがあります。

#### ・対応のある（対になった）t検定

　同じ対象から得られた2つのサンプル（例えば、前後の測定）について、平均値が統計的に異なるかどうかをテストします。

### ●t値（検定統計量t）について

　t値（または統計量t）は、2つの平均値の差の大きさを、その差の標準誤差で割った値です。これは、サンプルの平均値が互いにどの程度異なるか、そしてその差が偶然によるものではないかどうかを評価するために使用されます。t値は次の式で計算されます。

#### ・1標本t検定の場合

$$t = \frac{\bar{x} - \mu}{\left(\frac{s}{\sqrt{n}}\right)}$$

　$\bar{x}$はサンプル平均、$\mu$は母平均、$s$はサンプルの標準偏差、$n$はサンプルサイズです。

#### ・独立2標本t検定の場合

$$t = \frac{\bar{x}_1 - \bar{x}_2}{\sqrt{\frac{s_1^2}{n_1} + \frac{s_2^2}{n_2}}}$$

　$\bar{x}_1$と$\bar{x}_2$は2つのサンプル平均、$s_1^2$と$s_2^2$はそれぞれの標本分散、$n_1$と$n_2$はそれぞれのサンプルサイズです。

#### ・対応のあるt検定の場合

$$t = \frac{\bar{d}}{\left(\frac{s_d}{\sqrt{n}}\right)}$$

　$\bar{d}$は差の平均値、$s_d$は差の標準偏差、$n$は対（ペア）の数です。「対の数」とは、ペアになっている観測値の組の数を指します。例えば、それぞれのサンプルサイズが10の場合、対の数$n$は10になります。

統計的仮説検定

7

t値が大きければ大きいほど、2つのグループ間の差が統計的に有意であることを示します。t値を用いて計算されるP値が、あらかじめ定められた有意水準（例えば0.05）よりも小さい場合、帰無仮説（2つのグループ間に差がないという仮説）を棄却します。

● P値とは

P値（確率値）は、統計的仮説検定において、帰無仮説が真である場合に、実験や観測から得られた統計量（t値など）と同じかそれ以上に極端な値を得る確率です。つまり、P値は帰無仮説のもとで得られた結果（またはより極端な結果）が偶然によるものである確率を示します。P値が小さいほど、観測されたデータが帰無仮説に反する強力な証拠であることを意味し、統計的に有意な差があることを示唆します。

● 「自由度」とは

t検定の場合、計算されたt値と自由度（$df$）を用いてP値を求めることができます。自由度は、統計量を計算する際に、データがどれだけ「自由」に変動できるかを表し、簡単にいうと「自由に動くことができる」観測値の数です。

・1標本t検定の場合：
自由度は、サンプルサイズから1を引いたものになります。つまり「$df = n - 1$」です。

・独立2標本t検定の場合：
自由度の計算は少し複雑で、2つのサンプルのサイズと分散に依存します。等分散を仮定する場合、自由度は2つのサンプルサイズの合計から2を引いたものになります。つまり「$df = n_1 + n_2 - 2$」です。分散が等しくないと仮定するt検定（ウェルチのt検定）の場合、自由度はサンプルサイズとサンプルの分散を用いた、より複雑な式で計算されます。

・対応あるt検定の場合：
自由度は、ペアの数から1を引いたものになります。つまり「$df = n - 1$」、$n$はペアの数です。

Tips
# 245
2つの平均値が対応のないことを仮定してt検定を実施する

▶ Level ● ● ●

ここがポイントです！ ▷ t.test() 関数

Rの t.test() 関数は、2つのサンプル間で平均値に差があるかどうかを検定するための関数です。1標本のt検定、対応ありの2標本のt検定（スチューデントのt検定）、対応なしの2標本のt検定（ウェルチのt検定）を実行することができます。

## • t.test() 関数

2つのサンプル間で平均値に差があるか
どうかを検定します。

| 書式 | t.test(x, y = NULL,<br>　　　alternative = c("two.sided", "less", "greater"),<br>　　　mu = 0, paired = FALSE, var.equal = FALSE,<br>　　　conf.level = 0.95, …) | |
|---|---|---|
| パラメーター | x, y | 比較する2つの数値データセット。yが提供されない場合、xを1標本<br>検定用のデータとして使用します。 |
| | alternative | 使用する仮説検定のタイプ。"two.sided" は両側検定、"less" は片側<br>検定 (x < y)、"greater" は片側検定 (x > y)。デフォルトで"two.<br>sided" (両側検定) が実行されます。 |
| | mu | 平均の差の帰無仮説の値。1標本検定の場合に使用します。 |
| | paired | TRUEに設定すると、対応のあるt検定 (スチューデントのt検定) を<br>行います。デフォルトは FALSE です。 |
| | var.equal | TRUEに設定すると、2つの群の分散が等しいと仮定して検定を行い<br>ます。デフォルトはFALSEで、対応のないt検定 (ウェルチのt検定)<br>が行われます。 |
| | conf.level | 信頼区間の信頼度を設定します。デフォルトは 0.95 です。 |
| 戻り値 | 検定結果を含むリストを返します。このリストには次の要素が含まれます。<br>statistic: t値。<br>parameter: 検定に使用される自由度。<br>p.value: P値。帰無仮説が正しいと仮定した場合に、観測された結果が得られる確率。<br>conf.int: 平均の差の信頼区間。<br>estimate: サンプルデータの平均値、または平均値の差。<br>null.value: 帰無仮説の平均値 (または平均値の差)。<br>alternative: 使用された代替仮説のタイプ。<br>method: 使用されたt検定の種類 (例: "Welch Two Sample t-test")。<br>data.name: 検定に使用されたデータの名前。 | |

### ●mpgデータセットの「SUVとコンパクトカーの高速道路燃費の平均に差があるか」を検定する

mpgデータセットにおいて、class列 (車両のタイプ) がSUVとcompact (コンパクトカー) のデータについて、それぞれの「高速道路の燃費(hwy)」の平均値に統計的に有意な差があるかどうかを、t.test()関数で検定してみます。

▼「SUVとコンパクトカーの高速道路燃費の平均に差があるか」をt検定で調べる

```
library(tidyverse)

# SUV とコンパクトカーのデータを抽出
suv <- subset(mpg, class == "suv", select = hwy)
compact <- subset(mpg, class == "compact", select = hwy)
```

```
# t検定を実行
t_test_result <- t.test(suv, compact)
```

```
# 結果の表示
print(t_test_result)
```

▼出力

```
        Welch Two Sample t-test

data:  suv and compact
t = -15.204, df = 85.214, p-value < 2.2e-16
alternative hypothesis: true difference in means is not equal to 0
95 percent confidence interval:
 -11.498565  -8.839115
sample estimates:
mean of x mean of y
 18.12903  28.29787
```

　結果を見ると、P値は「2.2e−16」と、小数点以下15桁まで0が並んでそのあとに22がくるという極小の値になりました。有意水準5％（0.05）よりはるかに小さな値な

ので、帰無仮説は棄却され、「2つの平均値には統計的に有意な差がある」と結論付けます。

**Tips 246**

▶Level ●●●

# inferパッケージを用いて2つの平均値の差を検定する

ここがポイントです！ inferパッケージのhypothesize()関数

　inferパッケージのhypothesize()関数は、統計的仮説検定における帰無仮説を設定するために使用されます。

・inferパッケージのhypothesize()関数
　統計的仮説検定における帰無仮説を設定します。

| 書式 | | hypothesize(data, null) |
|---|---|---|
| パラメーター | data | specify()関数を使用し、応答変数と説明変数を指定した結果として得られるinferオブジェクトです。このオブジェクトは、hypothesize()関数によって操作され、帰無仮説が適用されます。 |
| | null | 帰無仮説を文字列で指定します。この引数は、分析の目的によって異なりますが、一般的な値には "independence"（2変数が独立している）や "point"（特定のパラメーターがある値に等しい）などがあります。 |

| 戻り値 | 元のデータに帰無仮説の情報を付加したinferオブジェクトです。このオブジェクトは、さらにgenerate()、calculate()、get_p_value()などの関数で処理され、仮説検定の結果を導き出すために使用されます。戻り値には、仮説検定を行うために必要なすべての情報が含まれており、後続の分析ステップで使用されます。 |
|---|---|

データセットの2つの変数が独立しているかどうかを検定する場合、次のように使用します。

▼ hypothesize()関数の使用例

```
result <- data %>%
  specify(response = 応答変数, explanatory = 説明変数) %>%
  hypothesize(null = "independence")
```

● mpgデータセットの「SUVとコンパクトカーの高速道路燃費の平均に差があるか」を検定する

mpgデータセットにおいて、class列（車両のタイプ）がSUVとcompact（コンパクトカー）のデータについて、それぞれの「高速道路の燃費(hwy)」の平均値に統計的に有意な差があるかどうかを検定してみます。

▼ 「SUVとコンパクトカーの高速道路燃費の平均に差があるか」を調べる

```
library(tidyverse)    # データ操作のため
library(tidymodels)   # 仮説検定のため

# mpgデータセットからSUVとcompactのみをフィルタリング
mpg_filtered <- mpg %>%
  filter(class %in% c("suv", "compact"))

# 実際の観測統計量(SUVとコンパクトのhwyの平均値の差)を計算
obs_stat <- mpg_filtered %>%
  specify(response = hwy, explanatory = class) %>%
  calculate(stat = "diff in means", order = c("suv", "compact"))

# 仮説検定の実行
result <- mpg_filtered %>%
  specify(response = hwy, explanatory = class) %>%  # hwyを応答変数、classを
説明変数とする
  hypothesize(null = "independence") %>%            # 帰無仮説:classとhwyは独立
  generate(reps = 1000, type = "permute") %>%       # 1000回の置換サンプリング
  calculate(stat = "diff in means", order = c("suv", "compact")) # SUV
とコンパクト間の平均差を計算

# P値の計算(実際の観測統計量を使用)
```

```
p_value <- result %>%
  get_p_value(obs_stat = obs_stat$stat, direction = "two-sided") # 両側
検定
```

```
# P値の表示
print(p_value)
```

▼出力

```
# A tibble: 1 × 1
  p_value
    <dbl>
1       0
```

P値は0なので、2群の平均値には統計的な有意差があると判断されます。なお、P値が極小であるため、

```
Please be cautious in
reporting a p-value of 0......
```

という警告が表示されることがあります。

●コード解説1

```
obs_stat <- mpg_filtered %>%
  specify(response = hwy, explanatory = class) %>%
  calculate(stat = "diff in means", order = c("suv", "compact"))
```

この部分は、mpgデータセットのフィルタリングされたSUVとコンパクトカーのデータに対して、統計量 (この場合は2つのグループ間の平均値の差) を以下のステップで計算しています。

① specify(response = hwy, explanatory = class)

specify()関数で、解析のために応答変数 (response) と説明変数 (explanatory) を指定します。「response = hwy」は、高速道路での燃費 (hwy列) を応答変数として使用することを意味します。「explanatory = class」は、車両のクラス (class列) が説明変数であることを意味します。

② calculate(stat = "diff in means", order = c("suv", "compact"))

calculate()関数は、指定された統計量を計算します。この場合、「stat = "diff in means"」は2つのグループ (SUVとコンパクトカー) の平均値の差を計算することを意味します。「order = c("suv", "compact")」では、平均の差を計算する際のグループの順序を指定しています。結果、suvの平均からcompactの平均を引く計算が行われます。

## ●コード解説2

```
result <- mpg_filtered %>%
  specify(response = hwy, explanatory = class) %>% # hwyを応答変数、classを
説明変数とする
  hypothesize(null = "independence") %>%          # 帰無仮説：classとhwyは独立
  generate(reps = 1000, type = "permute") %>%     # 1000回の置換サンプリング
  calculate(stat = "diff in means", order = c("suv", "compact")) # SUV
とコンパクト間の平均差を計算
```

この部分は、「mpgデータセットのSUVとコンパクトカーのクラスにおける高速道路での燃費 (hwy) の平均値に、統計的に有意な差があるかどうか」を検定するためのものです。このプロセスは、次のステップで構成されています。

### ① specify(response = hwy, explanatory = class)

解析のために応答変数 (この場合はhwy) と説明変数 (この場合はclass) を指定します。

### ② hypothesize(null = "independence")

帰無仮説を設定しています。この場合、「null = "independence"」は「車のクラス (SUVとコンパクト) と高速道路での燃費 (hwy) が統計的に独立している」つまり「クラスが燃費に影響を与えない」という仮説です。

### ③ generate(reps = 1000, type = "permute")

帰無仮説のもとでのデータの分布を模倣するために、1000回の置換型ランダムサンプリングを行います。このステップでは、観測データのクラスラベルをランダムに再割り当てして、データが帰無仮説のもとでどのように振る舞うかを模擬します。

### ④ calculate(stat = "diff in means", order = c("suv", "compact"))

それぞれのサンプリング結果 (ランダム化されたデータセット) に対して、SUVとコンパクトカーの間の燃費の平均値の差を計算します。

以上の処理を通じて、変数resultには、帰無仮説のもとでの1000回のランダム化テストによって得られた、平均差の統計量の分布が格納されます。この分布を、実際のデータから計算された平均差の統計量 (obs_statで計算された値) と比較することで、帰無仮説を支持または棄却するための証拠を評価することができます。

続く処理において、この分析結果から得られるP値を計算し、統計的に有意な差が観察されるかどうかを判断します。P値が、あらかじめ定められた有意水準 (例えば0.05) よりも小さい場合は、帰無仮説を棄却し、「車のクラスが高速道路での燃費に統計的に有意な影響を与える」と結論付けます。

## ●コード解説3

```
p_value <- result %>%
    get_p_value(obs_stat = obs_stat$stat, direction = "two-sided")
```

このコードでは、統計的仮説検定の結果からP値を計算しています。具体的には、実際に観測された統計量（obs_stat$statに格納されている値）と、帰無仮説のもとで生成された統計量の分布（resultオブジェクトに含まれる）を比較しています。

### ① obs_stat = obs_stat$stat

実際のデータから計算された統計量（この場合は、2つのグループ間の平均の差）を指定しています。

### ② direction = "two-sided"

両側検定を行うことを指示しています。両側検定では、観測された統計量が分布の両端（つまり、非常に高い値または非常に低い値）にある場合に、有意な結果と見なされます。これにより、平均の差が正または負のどちらか一方の方向だけでなく、どちらの方向においても有意な差を検出することができます。

### ・inferパッケージのget_p_value()関数

「帰無仮説のもとで観測された統計量が偶然によって生じる確率」を表すP値を計算します。

| 書式 | get_p_value(x, obs_stat, direction = "two-sided") | | |
|---|---|---|---|
| パラメーター | x | generate()関数によって生成されたサンプリング分布を含む、inferパイプラインオブジェクトです。このオブジェクトには、specify()、hypothesize()、generate()およびcalculate()関数を経て、必要な統計量の分布を生成するための処理を行った結果が含まれます。 | |
| | obs_stat | 実際に観測された統計量です。この値は、実データから計算され、生成されたサンプリング分布と比較されます。 | |
| | direction | 検定の方向を指定します。"two-sided"、"greater"、"less"のいずれかを指定できます。"two-sided"は、観測された統計量が分布の両端に珍しい場合に有意と見なされる両側検定を意味します。"greater"は観測された統計量が分布の右端（より大きい値）にある場合に有意と見なされる片側検定、"less"は左端（より小さい値）にある場合に有意と見なされる片側検定を意味します。 | |
| 戻り値 | 計算されたP値を含むtibble型データフレーム（またはデータフレーム）が返されます。 | | |

Tips
# 247
# 3以上のグループの平均値が有意に異なるかどうかを検定する

▶Level ●●●

ここが
ポイント
です！ 分散分析、F値

分散分析（ANOVA：Analysis of Variance）は、「3つ以上のグループの平均値が統計的に有意に異なるかどうか」を検定するための統計手法です。この手法では、複数のグループ間でのデータの変動（分散）を分析することによって、グループ間に有意な差異が存在するかを判断します。具体的には、グループ内の変動とグループ間の変動を比較することで、グループ間の平均値に差があるかどうかを検証します。

### ●分散分析の主な手法
・**一元配置分散分析（One-way ANOVA）**
1つの要因（独立変数）の異なる水準（グループ）間で、従属変数の平均値に有意な差があるかどうかを検定します。

・**二元配置分散分析（Two-way ANOVA）**
2つの要因の交互作用を含め、それぞれの要因の異なる水準間で、従属変数の平均値に有意な差があるかどうかを検定します。

・**多元配置分散分析
（Multivariate ANOVA, MANOVA）**
複数の従属変数を同時に扱い、要因の水準間でこれらの従属変数の平均（ベクトル）に有意な差があるかどうかを検定します。

### ●分散分析の手順
分散分析は、以下の手順で行われます。

①仮説の設定
・帰無仮説（H0）：すべてのグループの平均は等しい（つまり、グループ間の平均値に差はない）。
・対立仮説（Ha）：少なくとも1つのグループの平均が他のグループと異なる（つまり、グループ間の平均値に差がある）。

②分散分析の実施
ANOVAを適用し、グループ内変動（同じグループ内のデータのばらつき）とグループ間変動（異なるグループ間の平均値の差異）を比較します。

③結果の解釈
・P値を確認し、設定した有意水準（通常は0.05）と比較します。
・P値が有意水準よりも小さい場合は、帰無仮説を棄却し、対立仮説を受け入れます（グループ間に有意な差があると判断）。
・P値が有意水準よりも大きい場合、帰無仮説を棄却できず、グループ間に有意な差がないと結論します。

統計的仮説検定

●**分散分析で使用される検定統計量F**

　分散分析では、グループ間の平均値に差があるかどうかを検定するために、**F値**すなわち検定統計量「F（F-statistic）」が用いられます。F値は、グループ間変動とグループ内変動の比率を計算することで求められます。

・**統計量Fの計算**

　F値は次の式で計算されます。

$$F = \frac{グループ間変動の平均平方〈MSB〉}{グループ内変動の平均平方〈MSW〉}$$

　「グループ間変動の平均平方（**MSB**：Mean Square Between）」は、グループ間の平均値の差に基づいて計算され、「グループの平均値が全体の平均からどれだけ離れているか」を示します。「グループ内変動の平均平方（**MSW**：Mean Square Within）」は、各グループ内でのデータのばらつき（分散）を示し、「個々のデータ（観測値）がそのグループの平均からどれだけ離れているか」を示します。

●**統計量Fの意味**

・**F値が大きい場合**

　グループ間のばらつき（変動）がグループ内のばらつきに比べて大きいことを示します。これは、「グループ間に有意な差が存在する可能性が高い」ことを意味します。

・**F値が小さい、またはF値に基づくP値が統計的有意水準よりも大きい場合**

　「グループ間に有意な差がない」と結論付けられます。

・**P値の解釈**

　統計量Fに基づいて計算されるP値は、帰無仮説（すべてのグループの平均が等しい）が真である場合に、観測されたF値よりも極端な値が得られる確率です。P値が、設定された有意水準（例：0.05）よりも小さい場合は、帰無仮説を棄却し、「グループ間に統計的に有意な差が存在する」と結論付けます。

**Tips**
# 248

▶Level ● ● ●

ここがポイントです！

# 3以上のグループの平均値の差をaov()で分散分析する

## statsパッケージのaov()関数

aov()関数は、分散分析（ANOVA）を実施するための関数です。この関数は、一元配置分散分析や二元配置分散分析など、モデルによって説明される応答変数の変動を分析するのに適しています。aov()関数は statsパッケージに含まれますが、stats パッケージはRの標準パッケージとして組み込まれているので、追加でインストールする必要はありません。

### ・aov()関数
分散分析を実施します。

| 書式 | aov(formula, data = NULL, weights, na.action, method = "qr",<br>　model = TRUE, x = FALSE, y = TRUE, qr = TRUE, singular.ok = TRUE,<br>　contrasts = NULL) | |
|---|---|---|
| パラメーター | formula | モデル式を指定します。「従属変数 ~ 独立変数」の形式で書かれ、+で変数を追加し、*で交互作用を指定します。 |
| | data | 分析に使用するデータフレームを指定します。 |
| | weights | 分析における観測値の重みを指定します。 |
| | na.action | NA値に対する処理方法を指定します（例：na.omitで除外、na.excludeで除外して予測値の計算には使用）。 |
| | method | 線形モデルのフィットに使用する方法を指定します。デフォルトは"qr"（QR分解）です。 |
| | model,<br>x, y, qr,<br>singular.ok | モデルのフィッティングや結果の出力に関する追加のオプションです。 |
| | contrasts | 独立変数のレベル間の比較に使用する対照（contrast）のタイプを指定するためのリストを指定します（オプション）。 |
| 戻り値 | 分散分析の結果を含むanovaクラスのオブジェクトが返されます。summary()関数を用いてオブジェクトから分析結果（ANOVAテーブル）を取得することができます。ANOVAテーブルには、グループ間変動、グループ内変動、統計量F、P値などが含まれます。 | |

● mpgデータセットのsuv、compact、midsizeにおける高速道路の燃費 (hwy) の平均の差を検定する

aov()関数を使用して、mpgデータセットに対する分散分析 (ANOVA) を行うプログラムを作成します。この場合、車両の種類 (class) について、「suv、compact、midsizeの高速道路の燃費 (hwy) の平均の差」を検定します。

▼ suv、compact、midsizeにおける高速道路の燃費 (hwy) の平均の差を検定する

```
library(tidyverse)

# mpgデータセットの読み込み
data(mpg)

# 特定の3群('suv', 'compact', 'midsize')に絞り込む
mpg_subset <- subset(mpg, class %in% c('suv', 'compact', 'midsize'))
# 分散分析(ANOVA)の実行
fit <- aov(hwy ~ class, data = mpg_subset)
# 結果の要約
print(summary(fit))
```

▼出力

```
              Df Sum Sq Mean Sq F value Pr(>F)
class          2   3445  1722.4   183.3 <2e-16 ***
Residuals    147   1381     9.4
---
Signif. codes:  0 '***' 0.001 '**' 0.01 '*' 0.05 '.' 0.1 ' ' 1
```

この分析から、P値 [出力中のPr(>F)] を確認することで、「3つのクラス間で高速道路の燃費に統計的に有意な差があるか」どうかを判断できます。P値が0.05以下であれば、少なくとも1つのクラスの平均燃費が他のクラスと統計的に有意に異なることを示します。結果は「2e−16」でした。

# Tips 249
## 3以上のグループの平均値の差を lm() でモデル化して分散分析する

▶Level ●●●

**ここがポイントです！** statsパッケージのlm()関数

RのLm()関数は、線形モデルをフィッティングするために使用されますが、回帰分析を行う場合のほかに、ANOVAのようなモデルを評価する際に使うこともできます。lm()はstatsパッケージに含まれています。

・lm()関数
　線形モデル (Linear Models) をフィッティングするために使用されます。

統計的仮説検定

| 書式 | | lm(formula, data, subset, weights, na.action, method = "qr", model = TRUE, x = FALSE, y = FALSE, qr = TRUE, singular.ok = TRUE, contrasts = NULL) |
|---|---|---|
| パラメーター | formula | モデル式を指定します。「従属変数 - 独立変数」の形式で書かれ、+で変数を追加し、:や*で交互作用を指定します。 |
| | data | 分析に使用するデータフレームを指定します。 |
| | subset | 分析に使用するデータのサブセットを指定します（オプション）。 |
| | weights | 分析における観測値の重みを指定します。 |
| | na.action | NA値に対する処理方法を指定します（例：na.omitで除外、na.excludeで除外して予測値の計算には使用）。 |
| | method | 線形モデルのフィットに使用する方法を指定します。デフォルトは"qr"（QR分解）です。 |
| パラメーター | model, x, y, qr, singular.ok | モデルのフィッティングや結果の出力に関する追加のオプションです。 |
| | contrasts | 独立変数のレベル間の比較に使用する対照（contrast）のタイプを指定するためのリストを指定します（オプション）。 |
| 戻り値 | | フィッティングされた線形モデルオブジェクトです。このオブジェクトは、様々な要素や統計量にアクセスするために使用できます。主に以下が含まれます：<br>coefficients: モデルの係数（切片と傾き）。<br>residuals: 残差（観測値と予測値の差）。<br>fitted.values: モデルによる予測値。<br>rank: モデルの階数。<br>effects: 効果（内部的な使用のため）。<br>call: モデルフィッティングの際に使用された関数の呼び出し。<br>terms: モデルの項（使用された変数など）。 |

●mpgデータセットのsuv、compact、midsizeにおける高速道路の燃費 (hwy) の平均の差を検定する

lm()関数を使用して、mpgデータセットに対する分散分析 (ANOVA) を行うプログラムを作成します。この場合、車両の種類 (class) について、「suv、compact、midsize の高速道路の燃費 (hwy) の平均の差」を検定します。

▼suv、compact、midsizeにおける高速道路の燃費 (hwy) の平均の差を検定する

```r
library(tidyverse)

# mpgデータセットの読み込み
data(mpg)

# 特定の3群('suv', 'compact', 'midsize')に絞り込む
mpg_subset <- subset(mpg, class %in% c('suv', 'compact', 'midsize'))
# 線形モデルのフィッティング
lm_fit <- lm(hwy ~ class, data = mpg_subset)
# 分散分析(ANOVA)の実行
anova_result <- anova(lm_fit)
# 結果の表示
print(anova_result)
```

▼出力

```
Analysis of Variance Table

Response: hwy
           Df Sum Sq Mean Sq F value    Pr(>F)
class       2 3444.9  1722.4  183.31 < 2.2e-16 ***
Residuals 147 1381.3     9.4
---
Signif. codes:  0 '***' 0.001 '**' 0.01 '*' 0.05 '.' 0.1 ' ' 1
```

このプログラムでは、まずmpgデータセットを読み込んだあと、データセットから suv、compact、midsizeというクラスを持つ車両のデータのみを選択し、新しいデータフレームmpg_subsetを作成します。そのあと、lm()関数を使って線形モデルをフィットさせ、classによるhwy(高速道路の燃費)の影響をモデル化します。最後に、anova()関数を用いて、この線形モデルに対する分散分析を実施し、結果を表示しています。

前回のTipsと同様に、ANOVAテーブルの中のP値 [出力の中のPr(>F)] を確認することで、「選択した3つのクラス間で平均燃費に統計的に有意な差が存在するかどうか」を判断します。P値が0.05以下であれば、クラス間に少なくとも1つの有意な差が存在することを示します。

第 **8** 章

250~255

# 統計的多変量解析

# クラスター分析とは

**ここがポイントです！** 階層的クラスタリング、
非階層的クラスタリング

**クラスター分析**（クラスタリング）は、似た特徴を持つデータのグループ（クラスター）を識別するための分析手法です。分析の目的は、同じクラスター内のデータ点が互いに可能な限り似ている（凝集度が高くなる）ように、異なるクラスター間のデータ点が可能な限り異なる（分離度が高くなる）ようにすることです。クラスター分析は、機械学習における「教師なし学習」で用いられる手法の1つでもあります。

## ●クラスター分析の主な種類

クラスター分析には、次のような手法が使われます。

### ・階層的クラスタリング

データ間の「似ている度（**類似度**）」と「似ていない度（**非類似度**）」をそれぞれ距離に置き換えて、最も似ているデータから順に集めてクラスターを作っていきます。結果は**樹形図**（**デンドログラム**）で表され、データの類似性やクラスタリングのレベルを視覚的に理解できます。

### ・非階層的クラスタリング

非階層的クラスタリングの最も一般的な方法として「**k平均法**（**k-means**）」があります。事前に指定したクラスター数に基づいてデータセットを代表するk個の中心点（**セントロイド**）を選び、各データ点を最も近いセントロイドに基づいてクラスターに割り当て、セントロイドを更新する——というプロセスを繰り返します。

### ・密度ベースのクラスタリング

データ点の密度、つまり局所的なデータ点の密集度に基づいてクラスターを形成します。**DBSCAN**（Density-Based Spatial Clustering of Applications with Noise）が有名です。

## ●クラスター分析の適用分野

クラスター分析は、様々な分野で広く適用されています。例えば、顧客セグメンテーション（顧客を異なるグループに分けるマーケティング戦略の1つ）、地理空間データの分析（地理的な位置情報を含むデータを収集・操作・表示し、そのデータから意味のある情報を抽出するプロセスのこと）、画像処理、市場調査など、「データの傾向からグループを見つけ出し、潜在的なパターンを発見する」のに役立ちます。本書では、「階層的クラスタリング」と「非階層的クラスタリング」について紹介します。

**Tips**

# 251

▶Level ●●●

ここが
ポイント
です！ 〉 **階層的クラスター分析**

# 1か月の学習時間から同じ学習パターンの人をグループ分けする

「階層的クラスター分析（クラスタリング）」では、データ間の「似ている度（**類似度**）」と「似ていない度（**非類似度**）」をそれぞれ距離に置き換えて、最も似ているデータから順に集めてクラスターを作ります。

## ●階層的クラスター分析とは

ここに、7名の生徒について、ある月の学習時間を調べたデータがあります。5教科それぞれの学習時間が記録されています。

▼7名の生徒の1か月間の学習時間
（「learningtime.csv」をデータフレームに読み込んで出力）

| | | 国語 | 英語 | 世界史 | 数学 | 生物 |
|---|---|---|---|---|---|---|
| 1 | 芥川 | 35 | 40 | 50 | 81 | 91 |
| 2 | 直木 | 80 | 85 | 90 | 57 | 70 |
| 3 | 夏目 | 50 | 45 | 55 | 41 | 60 |
| 4 | 太宰 | 45 | 55 | 60 | 78 | 85 |
| 5 | 川端 | 80 | 75 | 85 | 55 | 65 |
| 6 | 志賀 | 87 | 92 | 95 | 90 | 85 |
| 7 | 村上 | 67 | 46 | 50 | 89 | 90 |

この学習時間のデータについて、階層的クラスター分析を実施し、結果を**樹形図（デンドログラム）**にしたのが次の図です。

▼学習時間データの樹形図
（[Plots]ペインへの出力結果）

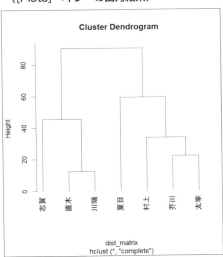

樹形図は、逆さにした木の構造に似た「**ツリー構造**」をしています。ラベル（氏名）が付いている部分が「葉」で、葉と葉との距離（葉から上に伸びている線が他の葉からの線とつながるまでの高さ）が短いほど、個体（データ）が似ていることになります。いくつかの個体が階層的に集まって1つのクラスター（房）と枝を形づくり、最終的に1つのクラスター（ここでは「木」）になります。

・樹形図から読み取れる情報
・クラスター間の距離
　枝の長さがクラスター間の距離を表します。この距離が短いほど、クラスター内のデータが互いに近いといえます。

## ・クラスタリングのプロセス

樹形図の構造から、「どのデータが最初にクラスタリングされているのか」、「そのあとの結合の順序がどうなのか」を確認できます。

## ・最適なクラスター数のヒント

樹形図において、顕著に長い枝（結合の高さが大きく跳ね上がる部分）を見つけることで、データを自然に分割できるクラスターの数を見つける手がかりになります。

## ・階層的クラスター分析から得られる情報

分析結果として得られた樹形図を通じて、以下の情報を得ることができます。

## ・クラスターの階層関係

樹形図は、クラスター同士がどのように結合していくか（または分割されていくか）を階層的に示します。樹形図の最下部に近い結合（分割）は、似ている（あるいは差が少ない）データ（クラスター）間で行われ、上に行くほど結合（分割）するクラスター間の差が大きくなります。

## ・クラスターの数

樹形図を使用して、データをいくつかのクラスターに分割する最適な数を決定することができます。そのためには、"切り込み"を入れる高さを調整します。具体的には、樹形図上の任意の位置に横線を引き、その線が交差する垂直線の数で、クラスターの数を判断します。

## ・クラスター内の標本の類似性

樹形図の枝の長さは、クラスター間（またはデータポイント間）の類似性や距離を反映しています。枝が短いほど類似性が高く、枝が長いほど類似性が低いことを意味します。

## ●階層的クラスター分析の実施手順

階層的クラスター分析は、以下の手順で進めます。

## ❶距離（類似性）行列の作成

データセット内のすべての標本間の距離（類似性）を計算します。距離の測定法（距離尺度）は、ユークリッド距離、マンハッタン距離など、データの性質に合わせて選択されます。

## ❷最も近い標本（またはクラスター）の結合（階層的クラスター分析のステップ1）

すべての標本をそれぞれ1つのクラスターとして扱い、最も近い2つのクラスターを結合して1つの新しいクラスターを形成します。"最も近い"とは、選択した距離尺度に基づいて、距離が最も短い（または類似性が最も高い）クラスターのペアを意味します。

## ❸距離行列の更新（階層的クラスター分析のステップ2）

距離が最も近い2つのクラスターの距離をもとにして、距離（類似性）行列を更新します。このステップで、クラスター間の距離の計算方法（最短連結法、平均連結法、ウォード法など）を選ぶ必要があります。

## ❹樹形図（デンドログラム）の作成

❸の結果をもとに、デンドログラム（樹形図）を作成します。

## ●階層的クラスター分析の実施

（実施手順の❶）

「learningtime.csv」をデータフレームに読み込んで、距離（類似性）行列を作成します。距離の測定法（距離尺度）として、「ユークリッド距離」、「マンハッタン距離（市街距離）」が広く知られています。

## ・マンハッタン距離の式

$n$個の要素を持つ$P$と$Q$の2点間のマンハッタン距離$D$は、次の式で計算されます。

$$D(P, Q) = \sum_{i=1}^{n} |p_i - q_i|$$

## ・ユークリッド距離の式

$n$個の要素を持つ$P$と$Q$の2点間のユークリッド距離$D$は、次の式で計算されます。

$$D(P, Q) = \sqrt{\sum_{i=1}^{n} (p_i - q_i)^2}$$

マンハッタン距離は差の絶対値です。ユークリッド距離は差の二乗の平方根になるので、1つの個体について複数の観測値（要素）がある場合は、2つの個体間の観測値の差を二乗した合計（平方和）を求め、最後に平方根をとった値が距離になります。ここではユークリッド距離を使うことにします。

## ・dist()関数

"euclidean"（ユークリッド距離）、"manhattan"（マンハッタン距離）、"canberra"（キャンベラ距離）、"binary"（バイナリ距離）、"minkowski"（ミンコフスキー距離）、"maximum"（チェビシェフ距離、最長距離）を求め、結果を行列で返します。

| 書式 | dist(x, method = "euclidean", diag = FALSE, upper = FALSE, p = 2) | |
|---|---|---|
| パラメーター | x | 距離を計算する数値の行列、またはデータフレームを指定します。 |
| | method | 使用する距離測定法（距離尺度）を指定します。デフォルトは "euclidean"（ユークリッド距離）。このほかに以下が指定できます。 "maximum"（チェビシェフ距離） "manhattan"（マンハッタン距離） "canberra"（キャンベラ距離） "binary"（バイナリ距離） "minkowski"（ミンコフスキー距離） |
| | diag | 距離行列の対角成分を計算するかどうか。デフォルトはFALSEです。通常、自己距離（自分自身との距離）は0なので、このオプションは通常は変更不要です。 |
| | upper | 距離行列の上三角を計算するかどうか。デフォルトはFALSEで、下三角行列が計算されます。 |
| | p | ミンコフスキー距離を計算する際に使用するパラメーターです。 |
| 戻り値 | 指定された距離測定法に基づいて計算された距離行列を返します。この距離行列は、distクラスのオブジェクトとして返され、通常は一次元配列になります。この戻り値は、距離行列を入力とするhclust()などの関数に直接渡すことができます。 | |

▼「learningtime.csv」をデータフレームに読み込んで、距離（類似性）行列を作成する

```
library(tidyverse)

# ワーキングディレクトリ以下"chap08/08_01/learningtime.csv"を読み込む
datatime <- read_csv("chap08/08_01/learningtime.csv")
# 氏名列を除外してクラスタリング用データを用意
data_for_clustering <- select(datatime, -氏名)
# 距離行列の計算
dist_matrix <- dist(data_for_clustering)
# 距離行列を出力
print(dist_matrix)
```

## ▼出力（ユークリッド距離を格納した距離行列）

```
        1         2         3         4         5         6
2 81.65170
3 53.25411 63.88271
4 21.67948 60.75360 46.30335
5 76.33479 12.40967 54.04628 56.38262
6 86.89074 37.90778 90.57593 67.09694 45.42026
7 33.54102 68.65858 59.32116 28.47806 63.37192 67.57958
```

## ●階層的クラスター分析の実施

ここでは、分析の実施手順のうち、

❷最も近い標本（またはクラスター）の結合
（階層的クラスター分析のステップ1）
❸距離行列の更新
（階層的クラスター分析のステップ2）

を実施します。

### • hclust()関数

dist()関数によって計算された距離行列を用いて、階層的クラスター分析を実行します。

| 書式 | hclust(d, method = "complete", members = NULL) | |
|---|---|---|
| パラメーター | d | dist()で作成した距離行列を指定します。 |
| | method | クラスタリングの手法として、以下が指定できます。<br>"complete"（完全連結法）……デフォルトの手法<br>"single"（最短連結法）<br>"average"（平均連結法）<br>"ward.D"（ウォード法の第一定義）<br>"ward.D2"（ウォード法の第二定義） |
| | members | 各クラスタに含まれる観測値の数を制限するための整数ベクトル。デフォルトでは、制限はありません。 |
| 戻り値 | 階層的クラスタリングの結果を表すオブジェクトを返します。このオブジェクトは、以下の要素を含むリストです。 | |
| | merge | クラスタリング過程における各ステップで結合されたクラスターを示す（n－1行、2列）の行列。nはデータセットの観測値の数です。 |
| | height | クラスターが結合された際の「高さ」、つまりその結合の際に考慮された距離や類似性の尺度を示すベクトル。 |
| | order | 樹形図（デンドログラム）をプロットする際に観測値が表示される順序。 |
| | labels | クラスタリングされた各観測値のラベル。 |
| | method | クラスタリングに使用された手法。 |
| | call | hclust()関数を呼び出した際のコマンド。 |

## ▼階層的クラスター分析の実施

（先のコードの続き）

```
hc <- hclust(dist_matrix)
```

## ●樹形図を描画する

　hclust()関数での分析結果（戻り値）を使って、plot()関数で樹形図を作成します。その際に、summary()関数で分析結果の要約も併せて出力します。

## ▼分析結果の要約を出力し、樹形図を作成する（先のコードの続き）

```
# 結果の要約を出力
print(summary(hc))
# 樹形図を作成して氏名のデータを表示する
plot(hc, labels = datatime$氏名)
```

## ▼出力

|  | Length | Class | Mode |
|---|---|---|---|
| merge | 12 | -none- | numeric |
| height | 6 | -none- | numeric |
| order | 7 | -none- | numeric |
| labels | 0 | -none- | NULL |
| method | 1 | -none- | character |
| call | 2 | -none- | call |
| dist.method | 1 | -none- | character |

## ▼[Plots]ペインに出力された樹形図

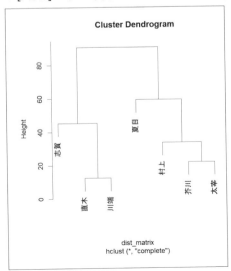

**Cluster Dendrogram**

dist_matrix
hclust (*, "complete")

　なお、次のように「hang=−1」を指定すると、葉の高さを揃えた樹形図にできます。

## ▼葉の高さを揃えた樹形図を描画する

```
plot(hc, labels = datatime$氏名,
hang=-1)
```

　実行すると、このTipsの冒頭付近に掲載した樹形図と同じものが作成されます。

統計的多変量解析

# 大量のデータを的確に
# グループ分けする

▶Level ●●● ここが
ポイント
です！ k平均法（k-means）

　階層的クラスター分析は、分析するデータの数が多いと計算量が膨大になることから、大量のデータ解析には向いていません。そこで、大規模なデータをクラスター分析する場合に使われるのが「非階層的クラスター分析」です。非階層的クラスター分析の代表ともいえるのがk平均法（k-means）です。

・kmeans()関数

　k平均法クラスタリングを実行し、データセットを指定されたクラスター数に分ける関数です。この関数は、各データポイントを最も近いクラスターセントロイド（あるクラスターに属するすべてのデータポイントの平均位置を示す点）に割り当てることにより、クラスター内の分散を最小化するように設計されています。

| 書式 | kmeans(x, centers, iter.max = 10, nstart = 1, algorithm = "Hartigan-Wong") | |
|---|---|---|
| パラメーター | x | クラスタリングを行うデータ。行が観測値、列が変数を表す数値の行列またはデータフレーム。 |
| | centers | クラスターの数、または初期クラスターの中心を指定する行列。整数を指定した場合、データからランダムに選ばれた観測値が初期のクラスター中心として使用されます。 |
| | iter.max | 最大反復回数。アルゴリズムが収束するまでの最大反復回数です。 |
| | nstart | 「クラスタリングアルゴリズムの実行を何回繰り返すか」を指定します。デフォルトは1ですが、複数回繰り返すことで、よりよい結果を得ることができます。 |
| | algorithm | クラスタリングを行うために使用するアルゴリズム。"Hartigan-Wong"（デフォルト）、"Lloyd"または"Forgy"が指定できます。 |
| 戻り値 | 以下の要素を持つリストを戻り値として返します。 | |
| | cluster | 各観測値が割り当てられたクラスターのインデックスを含む整数ベクトル。 |
| | centers | 各クラスターの中心を表す行列。 |
| | totss | 全データポイントの総平方和。 |
| | withinss | 各クラスター内のデータポイントの平方和。 |
| | tot.withinss | 全クラスター内の総平方和。 |
| | betweenss | クラスター間の平方和。 |
| | size | 各クラスターに含まれる観測値の数。 |
| | iter | 実際に行われた反復回数。 |
| | ifault | アルゴリズムが異常終了した場合のエラーコード。 |

●題材に使用する「iris」データセット

　Rの標準インストールに含まれている datasetsパッケージで提供される「iris」 データセットは、花のアイリス (Iris) の3つ の品種 (セトサ、バーシカラー、バージニカ) の50サンプルのデータです。各サンプルに ついて4つの特徴 (がくの長さ、がくの幅、 花びらの長さ、花びらの幅) が測定されてい ます。

・データセットの構造

・Sepal.Length (がくの長さ)：
　cm単位のがくの長さ。
・Sepal.Width (がくの幅)：
　cm単位のがくの幅。
・Petal.Length (花びらの長さ)：
　cm単位の花びらの長さ。
・Petal.Width (花びらの幅)：
　cm単位の花びらの幅。
・Species (種類)：
　アイリスの種類 (setosa、versicolor、 virginica)。

▼「iris」データセットの内容

|  | Sepal.Length | Sepal.Width | Petal.Length | Petal.Width | Species |
|---|---|---|---|---|---|
| 1 | 5.1 | 3.5 | 1.4 | 0.2 | setosa |
| 2 | 4.9 | 3.0 | 1.4 | 0.2 | setosa |
| 3 | 4.7 | 3.2 | 1.3 | 0.2 | setosa |
| 4 | 4.6 | 3.1 | 1.5 | 0.2 | setosa |
| 5 | 5.0 | 3.6 | 1.4 | 0.2 | setosa |
| 6 | 5.4 | 3.9 | 1.7 | 0.4 | setosa |
| 7 | 4.6 | 3.4 | 1.4 | 0.3 | setosa |
| 8 | 5.0 | 3.4 | 1.5 | 0.2 | setosa |
| 9 | 4.4 | 2.9 | 1.4 | 0.2 | setosa |
| 10 | 4.9 | 3.1 | 1.5 | 0.1 | setosa |
| ......途中省略...... | | | | | |
| 51 | 7.0 | 3.2 | 4.7 | 1.4 | versicolor |
| 52 | 6.4 | 3.2 | 4.5 | 1.5 | versicolor |
| ......途中省略...... | | | | | |
| 91 | 5.5 | 2.6 | 4.4 | 1.2 | versicolor |
| 92 | 6.1 | 3.0 | 4.6 | 1.4 | versicolor |
| ......途中省略...... | | | | | |
| 100 | 5.7 | 2.8 | 4.1 | 1.3 | versicolor |
| 101 | 6.3 | 3.3 | 6.0 | 2.5 | virginica |
| 102 | 5.8 | 2.7 | 5.1 | 1.9 | virginica |
| ......途中省略...... | | | | | |
| 150 | 5.9 | 3.0 | 5.1 | 1.8 | virginica |

統計的多変量解析

●k平均法でクラスタリングを行う過程

　k平均法で、指定されたk個のクラスターに分割するための基本的な処理の流れを説明します。

・ステップ1：クラスター中心（セントロイド）の初期化

　クラスタリングを始める前に、クラスターの数kを決定します。k個のクラスターの中心（セントロイド）をデータセットからランダムに選びます。これらはクラスターの初期の中心として機能します。

・ステップ2：クラスター割り当て

　データセット内の各データポイントに対して、k個のセントロイドのうち最も近いものを見つけます。データポイントは、その最も近いセントロイドに基づいて特定のクラスターに割り当てられます。このステップでは通常、ユークリッド距離が各データポイントとセントロイド間の距離の計算に使用されます。

・ステップ3：セントロイドの更新

　各クラスター内の全データポイントの平均位置を計算し、新しいセントロイドとして設定します。これにより、クラスターの中心がデータポイントの実際の「中心」に近づきます。

・ステップ4：収束の確認

　「セントロイドが変化しなくなる（収束）」または「アルゴリズムが指定された反復回数に達する」まで、ステップ2とステップ3を繰り返します。「セントロイドが更新されない」または「非常に小さな変化しかない」場合、アルゴリズムは収束したと見なされます。

・ステップ5：最終的なクラスターの出力

　アルゴリズムが収束したら、最終的なクラスター割り当てとセントロイドの位置が出力されます。これにより、データセットはk個のクラスターに分割され、各クラスターはデータポイントのグループを表します。

●「iris」データセットをk平均法でクラスタリングする

　では、「iris」データセットを読み込んで、k平均法でクラスタリングしてみましょう。結果を確認するために、元のデータをもとにした品種ごとの散布図と、クラスタリングの結果の散布図を出力することにします。なお、この処理にはgridExtraパッケージを使用するので、事前にインストールをお願いします。

▼「iris」データセットをk平均法でクラスタリングする

```
data(iris) # iris データセットを読み込む


# クラスタリングに使用するデータ(Species列を除外)
iris_data <- iris[, -5]
# kmeans() 関数を使用してクラスタリングを実行
# ここでは、iris データセットに含まれる3つの種類に基づいて、クラスタ数を3と指定
set.seed(123) # 結果の再現性を確保
km_res <- kmeans(iris_data, centers = 3, nstart = 25)
# クラスタリング結果を追加
iris$Cluster <- as.factor(km_res$cluster)
```

```
# 元のデータの種類とクラスタリング結果をプロットする
library(ggplot2) # tidyverseでも可
# 元のデータの正解ラベルに基づく散布図
p1 <- ggplot(
  iris,
  aes(x = Petal.Length, y = Petal.Width,
      color = Species, shape = Species, fill = Species)) +
  geom_point(size = 3) +
  scale_shape_manual(values = c(21, 22, 24)) +   # 形状を指定
  ggtitle("正解ラベルに基づく散布図")

# クラスタリング結果に基づく散布図
p2 <- ggplot(
  iris,
  aes(x = Petal.Length, y = Petal.Width, color = Cluster,
      shape = as.factor(Cluster), fill = as.factor(Cluster))) +
  geom_point(size = 3) +
  scale_shape_manual(values = c(21, 22, 24)) +   # 形状を指定
  ggtitle("k-means クラスタリング結果に基づく散布図")

# 両方のプロットを表示
library(gridExtra) # gridExtraパッケージ
grid.arrange(p1, p2, nrow = 2)
```

▼ [Plots]ペインに出力されたグラフ（[Zoom]ボタンをクリックして拡大表示している）

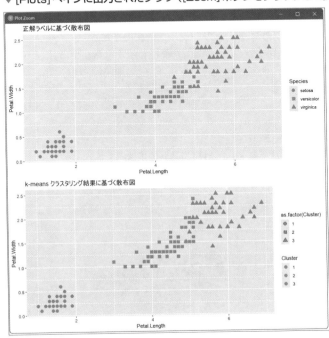

## Tips 253 主成分分析とは

**ここがポイントです！** 主成分分析、次元の呪い

**主成分分析**（**PCA**：Principal Component Analysis）は多変量データの分析方法の１つで、「データセットの変数間の相関関係を利用して、データの次元を削減する」ための統計的手法です。主成分分析の主な目的は、データの構造を可能な限り保持しながら、多くの変数（列データ）を含む多次元データセットを、より少ない次元で表現することです。

●**多次元データセットについて**

次に示すのは、多次元データセットの例です。ここでの「次元」は、変数（列データ）の数とお考えください。

・**顧客データ**

企業が持つ顧客に関するデータセットで、顧客の年齢、性別、購入履歴、Webサイト上での行動、顧客満足度調査の回答など、多くの変数（列データ）が含まれる場合。

・**画像データ**

画像はピクセルの集合体として表され、各ピクセルの色（グレースケールの強度やRGB値など）が特徴を形成します。高解像度の画像では、数百万のピクセル（すなわち、特徴または次元）が含まれる場合があります。

●**次元の呪い**

多次元データセットは、豊富な情報量によって詳細な分析を行えますが、同時に「次元の呪い」と呼ばれる課題をもたらします。「次元の呪い」の主な影響には以下のものがあります。

・**スパース性の増大**

次元が増えると、それに伴ってデータ空間が急速に広がります。そのため、データポイントは空間内で孤立し、スパース（まばら）に分布するようになります。結果として、データ間の距離が意味をなさなくなり、クラスタリングなどの効果が低下します。

・**サンプルデータの不足**

次元が増えると、指数関数的に多くのデータポイント（観測値）が必要になりますが、実際問題として必要な量のデータを集めることは難しく、結果として観測値の精度が低下する恐れがあります。

・**計算コストの増大**

次元が増えると、分析に必要な計算にかかる負荷が大幅に増加します。特に、大規模なデータセットを使用する場合に顕著です。

**さらにワンポイント** **データポイント**

**データポイント**とは、分析や観測の対象となる個々の情報のことを指します。「観測値」と同じ意味になります。

## ●主成分分析とは

「次元の呪い」に対処するためのアプローチの1つとして「主成分分析」が使われます。主成分分析では、データの分散が最大となる方向を見つけ出し、その方向にデータを射影します。この方向が第一主成分（PC1）となります。次に、第一主成分と直交する中で分散が最大となる方向を見つけ出し、これを第二主成分（PC2）とします。以降もこのプロセスを繰り返していくことで、元の変数の線形結合によって新たな変数（主成分）が作られます。

### ・主成分分析による次元削減のプロセス

主成分分析による次元削減は、次の手順で行われます。

❶データの標準化
変数（列データ）間のスケールの違いを排除するために、データを標準化します。
❷共分散行列の計算
標準化されたデータに基づいて共分散行列を計算します。この行列は、変数（列データ）間の相関関係を示すものとして使われます。
❸固有値と固有ベクトルの計算
共分散行列の固有値と固有ベクトルを計算します。固有ベクトルはデータの分散が最大となる方向を示し、固有値はその分散の大きさを示します。
❹主成分の選択
固有値の大きい順に固有ベクトルを並べ、上位の主成分をいくつか（PC1とPC2など）選択します。上位の主成分は、データセットの分散を最もよく説明しているからです。これにより、元の多次元データよりも少ない次元の新しいデータセットが形成されます。
❺データの変換
元のデータを、新たに選ばれた主成分のデータ空間に変換します。この新しいデータセットは、元のデータセットの構造を保持しつつ、より少ない次元数で構成されます。

Tips
**254**
▶Level ●●●

ここがポイントです！

# 「iris」データセットを主成分分析する

> prcomp()関数

「iris」データセットを題材に、主成分分析を実施します。データセットには、アヤメの種類として「setosa（セトサ）」、「versicolor（バージカラー）」、「virginica（バージニカ）」ごとに、がくの長さ、がくの幅、花びらの長さ、花びらの幅の4変数（列データ）の観測値が記録されています。

## ●prcomp()関数で主成分分析を実施する

主成分分析は、prcomp()関数で行うことができます。

### ・prcomp()関数
主成分分析（PCA）を実行します。

統計的多変量解析

| 書式 | prcomp(x, center = TRUE, scale. = FALSE) | |
|---|---|---|
| パラメーター | x | 数値データの行列またはデータフレーム。主成分分析を行うデータセットを指定します。 |
| | center | 論理値（TRUEまたはFALSE）。TRUEの場合、各変数（列）の平均を0に中心化します。デフォルトはTRUEです。 |
| | scale. | 論理値（TRUEまたはFALSE）。TRUEの場合、各変数をその標準偏差でスケーリングし、分散が1になるようにします。center = TRUEとscale.=TRUEで標準化が行われます。デフォルトはFALSEです。 |
| 戻り値 | 主成分分析の以下の結果を含むリストを返します。 | |
| | sdev | 主成分の標準偏差。これは、各主成分の変動性の尺度です。 |
| | rotation | 固有ベクトルの行列。これは、元の変数を主成分に変換するための変換行列と見なすことができます。各列が1つの主成分を表し、各行が元の変数に対応します。 |
| | x | 変換されたデータ。元のデータが主成分空間に射影された結果です。 |
| | center | データを中心化するために使用された平均値。center = TRUEの場合にのみ利用可能。 |
| | scale | データをスケーリングするために使用されたスケーリング因子。scale. = TRUEの場合にのみ利用可能。 |

irisデータセットを読み込んで、prcomp()関数で主成分分析を実施し、結果をグラフにしてみます。なお、この処理には、ggfortifyパッケージを使用するので、事前にインストールをお願いします。

### ▼主成分分析を実施し、結果をグラフにする

```
library(ggplot2)    # tidyverseでも可
library(ggfortify)  # データ可視化のため

# irisデータセットの読み込み
data(iris)

# 主成分分析の実行
pca_result <- prcomp(iris[,1:4], center = TRUE, scale. = TRUE)

# 主成分分析の結果のサマリーを表示
print(summary(pca_result))

# 結果の可視化
autoplot(pca_result,
         data = iris,
         colour = 'Species',
         loadings = TRUE,
         loadings.label = TRUE,
         loadings.colour = 'blue',
         loadings.label.size = 3)
```

## ●コード解説

最後のautoplot()のステートメントは、カーソルを行内に置いて**Run**ボタンをクリックし、単独で実行してください。

- pca_result <- prcomp(iris[,1:4], center = TRUE, scale. = TRUE)

prcomp()関数を使って、主成分分析を実行します。データは標準化によってスケーリングされます。irisデータセットの5列目はアヤメの品種データなので、1列目から4列目まで（がくの長さ、がくの幅、花びらの長さ、花びらの幅）を抽出しています。

- print(summary(pca_result))

分析結果の概要（サマリー）を表示します。

- autoplot(pca_result, data = iris, colour = 'Species', loadings = TRUE, loadings.label = TRUE, loadings.colour = 'blue', loadings.label.size = 3)

autoplot()関数は、ggfortifyパッケージに含まれるggplot2の拡張機能で、様々な統計的モデルの結果を簡単にグラフ化することができます。ここでは、prcomp()関数によって得られた主成分分析（PCA）の結果（pca_result）を視覚化しています。

- pca_result

prcomp()から返されたPCAの結果です。

- data = iris

可視化に使用する元のデータセットとして、irisデータセットを指定します。

- colour = 'Species'

データポイントをirisデータセットのSpecies列（アイリスの品種）に基づいて色分けします。これにより、アイリスの種類別に異なる色で表示されます。

- loadings = TRUE

主成分の負荷量（固有ベクトル）を、グラフ上に矢印で表示します。これによって、「元の変数（がくの長さ、がくの幅など）が主成分にどのように寄与しているか」を視覚化できます。

- loadings.label = TRUE

負荷量の矢印にラベル（元の変数名）を付けて表示します。

- loadings.colour = 'blue'

負荷量の矢印の色を青に指定します。

- loadings.label.size = 3

負荷量のラベルのサイズを指定します。

---

## ●主成分分析の結果（サマリー）

主成分分析の結果（サマリー）として、次のように出力されました。

この情報から、主成分分析（PCA）の結果として読み取れるのは、次に述べる3点です。

▼[Console]に出力された主成分分析の結果

```
Importance of components:
                          PC1    PC2     PC3      PC4
Standard deviation     1.7084 0.9560 0.38309 0.14393
Proportion of Variance 0.7296 0.2285 0.03669 0.00518
Cumulative Proportion  0.7296 0.9581 0.99482 1.00000
```

**・標準偏差 (Standard deviation)**

各主成分 (PC1、PC2、PC3、PC4) の標準偏差が示されています。標準偏差は、その主成分のデータポイントがどの程度広がっているかを示します。値が大きいほど、その主成分がデータセットの分散をより多く捉えていることを意味します。ここでは、PC1の標準偏差 (1.7084) が最も大きく、データの分散を最も多く説明しています。

**・分散の割合 (Proportion of Variance)**

各主成分がデータ全体の分散に対してどれだけの割合で寄与しているかを示します。PC1が72.96%、PC2が22.85%、PC3が3.669%、PC4が0.518%の分散をそれぞれ説明しています。これは、最初の2つの主成分だけで、データ全体の分散の95.81%を説明できることを意味します。

**・累積寄与率 (Cumulative Proportion)**

主成分を順番に加えていったときの、データ全体の分散に対する累積的な寄与率を示します。この結果では、PC1とPC2を合わせると95.81%、PC1からPC3を合わせると99.482%、すべての主成分を合わせると100%の分散を説明します。これは、ほとんどの情報が最初の2つ、または3つの主成分に含まれており、第4の主成分はデータセットの分散にほとんど寄与していないことを示しています。

以上から、元の4次元のデータセットを主成分に置き換えた2次元または3次元に削減しても、データの大部分の情報 (分散) を保持できることがわかります。2つまたは3つの主成分を用いることで、データの分析が容易になります。

● [Plots] ペインに出力されたグラフ

Plotsペインには、次のグラフが出力されました。

▼ [Plots] ペインに出力されたグラフ

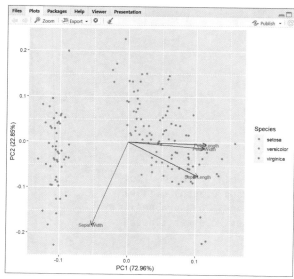

このグラフでは、以下の点に注目します。

## ・データポイントの分布

プロットされているデータポイント（データ点）は、irisデータセットを主成分分析にかけて得られた最初の2つの主成分（PC1とPC2）の交点に相当します。データポイントの色分けは、irisデータセットのSpecies列に基づいており、アイリスの品種別に異なる色で表示されます。そのため、2つの主成分における品種ごとの分布パターンと、品種間の分離度を評価することができます。

## ・負荷量（Loadings）

グラフ（散布図）上の4本の矢印は、主成分分析の結果の一部として得られる負荷量（loadings）を示しています。負荷量は、「元のデータセットの変数（この場合、irisデータセットのがくの長さ、がくの幅、花弁の長さ、花弁の幅）が主成分にどの程度寄与しているか」を表すベクトルです。具体的には、以下のことを示しています。

### ・方向

矢印の方向は、各変数が主成分空間内でどのように寄与しているかを示します。例えば、ある変数の矢印が第一主成分（PC1）軸に沿って強く伸びている場合、その変数はPC1を形成する際の主要な要素の1つであることを意味します。矢印が第二主成分（PC2）軸に近い場合、その変数はPC2により強く影響されていることになります。

### ・長さ

矢印の長さは、その変数が主成分を形成する際の重要性の度合いを示します。長い矢印は「その変数が主成分に大きく寄与しており、データセット内でその変数が持つ情報が主成分によってより多く捉えられている」ことを意味します。

### ・相関

2つの変数の矢印が近い方向を向いている場合、それらの変数は互いに正の相関関係にあり、反対の方向を向いている場合は負の相関関係にあることを示します。矢印が直角に近い場合、変数間にはほとんどまたは全く相関がないことを意味します。

ここが
ポイント
です！ > **prcomp()関数**

# 「iris」データセットを次元削減して新しいデータに作り替える

「iris」データセットを主成分分析し、得られた主成分 (PC1とPC2) を用いて、2変数に次元削減したデータセットを作成してみます。

▼主成分分析から得られた主成分 (PC1とPC2) を用いて、2変数に次元削減したデータセットを作成する

```r
library(ggplot2) # tidyverseでも可

# データセットの読み込み
data(iris)

# 主成分分析の実行
pca_result <- prcomp(iris[,1:4], center = TRUE, scale. = TRUE)
# 次元削減後のデータフレームを作成(最初の第2主成分までを使用)
iris_pca <- data.frame(pca_result$x[, 1:2])
# 新しいデータフレームに種類(Species)を追加
iris_pca$Species <- iris$Species
# データフレームを出力
print(iris_pca)

# 2次元に削減されたデータのプロット(このコードは単独で実行)
ggplot(iris_pca,
       aes(x = PC1, y = PC2, shape = Species, fill = Species)) +
  geom_point(size = 5) +   # サイズを指定
  scale_shape_manual(values = c(21, 24, 22)) +  # 形状を指定
  scale_fill_manual(
    values = c("#1F78B4", "#33A02C", "#E31A1C")) +  # 色を指定
  ggtitle("PCA: The first two principal components") +
  xlab("PC1") +
  ylab("PC2")
```

●グラフを描画するコードの解説
◎ggplot(iris_pca, aes(x = PC1, y = PC2,shape = Species, fill = Species))

ggplot()関数で、データフレームiris_pcaから散布図を作成するためのグラフィックレイヤーを定義しています。aes()関数では、以下のグラフィックス属性を設定しています。

・x = PC1: x軸には主成分分析によって得られた第1主成分の値を使用します。
・y = PC2: y軸には主成分分析によって得られた第2主成分の値を使用します。
・shape = Species: shape属性にSpecies列を指定することで、アヤメの品種ごとにデータポイントを異なる形状で表示します。
・fill = Species: 塗りつぶし（fill）属性にSpecies列を指定することで、アヤメの品種ごとにデータポイントを異なる色で塗りつぶします。

## ◎ geom_point(size = 5)
描画するデータポイントのサイズを設定します。

## ◎ scale_shape_manual(values = c(21, 24, 22))
scale_shape_manual()関数で、データポイントの形状を設定します。valuesは、データポイントの形状を指定する数値ベクトルを受け取ります。21は○（円）、24は△（三角）、22は□（四角）を表します。

## ◎ scale_fill_manual(values = c("#1F78B4", "#33A02C", "#E31A1C"))
scale_fill_manual()関数で、データポイントの塗りつぶしの色を設定しています。valuesは、色を指定するカラーコードのベクトルを受け取ります。

## ●プログラムの実行結果
▼ [Console]に出力されたデータフレーム

```
           PC1           PC2   Species
1   -2.25714118 -0.478423832    setosa
2   -2.07401302  0.671882687    setosa
3   -2.35633511  0.340766425    setosa
4   -2.29170679  0.595399863    setosa
5   -2.38186270 -0.644675659    setosa
......途中省略......
51   1.09810244 -0.860091033 versicolor
52   0.72889556 -0.592629362 versicolor
53   1.23683580 -0.614239894 versicolor
54   0.40612251  1.748546197 versicolor
55   1.07188379  0.207725147 versicolor
56   0.38738955  0.591302717 versicolor
57   0.74403715 -0.770438272 versicolor
58  -0.48569562  1.846243998 versicolor
59   0.92480346 -0.032118478 versicolor
60   0.01138804  1.030565784 versicolor
......途中省略......
140  1.84586124 -0.673870645  virginica
141  2.00808316 -0.611835930  virginica
142  1.89543421 -0.687273065  virginica
143  1.15401555  0.696536401  virginica
144  2.03374499 -0.864624030  virginica
145  1.99147547 -1.045665670  virginica
146  1.86425786 -0.385674038  virginica
147  1.55935649  0.893692855  virginica
```

統計的多変量解析

| 148 | 1.51609145 | -0.268170747 | virginica |
|-----|------------|--------------|-----------|
| 149 | 1.36820418 | -1.007877934 | virginica |
| 150 | 0.95744849 | 0.024250427 | virginica |

▼ [Plots] ペインに出力されたグラフ

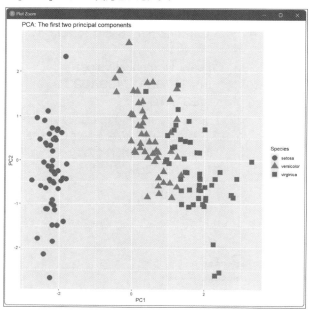

✒ Column　次元削減のメリット

　主成分分析 (PCA) による次元削減のメリットについて、改めて確認しておきましょう。

・多数の変数を持つデータセットでは、データの分布や関係を直接的に視覚化することが難しい場合もありますが、PCAを使用してデータを2次元または3次元に削減することで、視覚化できるようになります。
・PCAを使用してデータの次元を削減し、必要な情報をより少ない数の主成分で表現することができます。PCAを使って次元を削減する

ことで、モデルのトレーニング時間を短縮し、過学習のリスクを低減することができます。
・データセットに含まれるノイズ (ランダムな誤差や無関係な情報) を低減するためにも、PCAは有効です。

　ただし、PCAは「元の変数が線形関係にある」という仮定のもとに機能するので、場合によっては解釈の難しい結果が出ることに注意が必要です。

第 **9** 章

256~273

# tidymodelsを
# 用いた前処理と特徴量
# エンジニアリング

# tidymodels とは

tidymodels、recipes パッケージ

「tidymodels」フレームワークは、統計モデルや機械学習アルゴリズムを扱うための一連のパッケージ群を提供します。

tidymodelsはtidyverseの哲学に基づいており、データ分析のプロセスを「一貫性があって、読みやすく、書きやすいコード」で実行できるように設計されています。

tidymodelsには、データの前処理、モデルの訓練、評価、そして予測までのワークフローを容易に記述できるよう工夫された次表のパッケージが含まれています。

▼tidymodelsの主なパッケージ

| パッケージ | 説明 |
|---|---|
| infer | 統計的推論と仮説検定のための関数を提供します。 |
| recipes | データ前処理（特徴量エンジニアリングやデータクリーニングなど）を行うためのツールを提供します。 |
| rsample | データを訓練セットとテストセットに分割するためのリサンプリング手法を提供します。 |
| parsnip | モデルの定義と予測を行うための統一的なインターフェースを提供します。 |
| workflows | データ前処理とモデル定義を結合するためのフレームワークを提供します。 |
| dials | モデルのハイパーパラメーターを調整するためのツールを提供します。 |
| tune | モデルのハイパーパラメーターを自動的にチューニングするための関数を提供します。 |
| broom | 統計的推定結果を整理された形式で提供します。 |
| yardstick | モデルの評価指標を計算するための関数を提供します。 |

## ●tidymodelsのインストール

tidymodelsは、RStudioのConsoleに

```
install.packages("tidymodels")
```

と入力してインストールできます。Packagesペインを利用する場合は、InstallボタンをクリックしてInstall Packagesダイアログを開き、Packages...の欄に「tidymodels」と入力してInstallボタンをクリックすると、インストールが始まります。

## ●データの前処理に特化した「recipes」パッケージ

tidymodelsの「recipes」パッケージは、データの前処理と特徴量エンジニアリングのためのツールを提供します。ここで「前処理」と「特徴量エンジニアリング」の概念について整理しておきましょう。前処理はデータクリーニングと整形に焦点を当てていますが、特徴量エンジニアリングはモデルの学習効率とパフォーマンスを向上させるための特徴量の最適化に焦点を当てています。

**・前処理**
　前処理は、データをクリーニングし、機械学習アルゴリズムが処理しやすい形式に整形するプロセスです。これには、欠損値の処理、異常値の検出と処理、データの型の変換（カテゴリ変数の数値化など）、データのスケーリングや正規化などが含まれます。

**・特徴量エンジニアリング**
　特徴量エンジニアリングは、機械学習モデルの性能を向上させる目的で、データセット内の特徴量（変数や属性）を変換・作成・選択するために、次のようなことを行います。

**・特徴量の作成**
　元のデータセットから新しい特徴量を作成します。これには、既存の変数の組み合わせや変換（対数変換、多項式変換）による特徴量の作成が含まれます。

**・特徴量変換**
　スケーリング（正規化・標準化）、離散化、連続変数のカテゴリ化、テキストデータのベクトル化（TF-IDF）など、特徴量をモデルが扱いやすい形式に変換します。スケーリングについては前処理でも行われます。

**・特徴量選択**
　分析に有用な特徴量を選択し、冗長または無関係な特徴量を削除します。

**・欠損値の処理**
　欠損値を補完するか、欠損値を含む観測値を削除します。補完方法には、平均値、中央値、最頻値の代入などがあります。前処理でも同様の処理が行われます。

**・カテゴリ変数のエンコーディング**
　カテゴリ変数（テキストやラベル）を数値形式に変換します。一般的な方法として、One-Hot（ワンホット）エンコーディング、ラベルエンコーディング、ターゲットエンコーディングなどがあります。

**●recipesパッケージの関数**
　recipesパッケージには、データの前処理と特徴量エンジニアリングを行うための多様な関数が含まれています。

**・レシピの作成と準備**

| 関数 | 処理内容 |
|---|---|
| recipe() | レシピオブジェクトの作成。 |
| prep() | レシピの前処理ステップを訓練データに適用し、処理されたレシピオブジェクトを作成。 |
| juice() | prep()によって準備されたレシピから訓練データセットを抽出。この処理は省略されることがあります。 |
| bake() | 準備されたレシピを新しいデータセットに適用。 |

**さらにワンポイント　特徴量**
　「特徴量」という用語は、データセットにおける「変数」または「列データ」と同じ意味です。機械学習の分野では、モデルの予測や分類のために「利用される情報」としての意味を強調するため、「特徴量」と表現することがよくあります。

## • データ変換

| 関数 | 処理内容 |
|------|----------|
| step_normalize() | 数値変数の正規化。 |
| step_scale() | 数値変数のスケーリング。 |
| step_center() | 数値変数の中心化。 |
| step_log() | 数値変数の対数変換。 |

## • カテゴリ変数の処理

| 関数 | 処理内容 |
|------|----------|
| step_dummy() | カテゴリ変数のダミー変数化（One-Hotエンコーディング）。 |
| step_integer() | カテゴリ変数の各カテゴリを数値化（ラベルエンコーディング）。 |

## • 特徴量選択

| 関数 | 処理内容 |
|------|----------|
| step_corr() | 相関の強い特徴量の削除。 |
| step_select() | 特定の特徴量の選択。 |
| step_pca() | 主成分分析による次元削減。 |
| step_nzv() | 分散がほとんどない特徴量の削除。 |
| step_zv() | 完全にゼロの分散（すべての観測値がゼロである）を持つ特徴量を削除。 |

## • 欠損値の処理

| 関数 | 処理内容 |
|------|----------|
| step_impute_mean() | 平均値で欠損値を補完。 |
| step_impute_median() | 中央値で欠損値を補完。 |
| step_impute_mode() | 最頻値で欠損値を補完。 |
| step_knnimpute() | k-最近傍法による欠損値の補完。 |

## • その他の変換

| 関数 | 処理内容 |
|------|----------|
| step_discretize() | 連続変数の離散化。 |
| step_date() | 日付変数の特徴量エンジニアリング。 |
| step_window() | 時系列データのウィンドウ特徴量作成。 |

# Tips 257

## 数値データの欠損値を処理する

▶Level ● ● ●

**ここがポイントです！** recipe()、prep()、bake()、セレクター関数

### ●recipeオブジェクトの生成

recipesパッケージでは、前処理（特徴量エンジニアリング）を行う手順をまとめた「recipe（レシピ）」オブジェクトを作成し、prep()関数で準備（前処理手順の学習）を行い、bake()関数でデータセットに適用するという手順を踏みます。

### ・recipe()関数

データの前処理手順（レシピ）を作成します。

| 書式 | recipe(formula, data = NULL, roles = NULL, info = NULL, options = list()) | |
|------|---------|---------|
| パラメーター | formula | モデリングに使用する変数の関係を定義するための式（モデル式）。通常は「y ~ x」の形式をとりますが、データ前処理の場合は「~ .」を使って全変数を指定することが多いです。 |
| | data | 前処理を行うデータセット。formulaに指定した変数が含まれている必要があります。 |
| | roles | 各変数の役割を指定するための引数ですが、通常はformulaを通じて自動的に推測されます。 |
| | info | 変数の追加情報を含むデータフレーム。通常は指定する必要はありません。 |
| | options | レシピ作成時に特殊な処理が必要な場合に指定します。 |
| 戻り値 | 定義された前処理手順（レシピ）を含むrecipeオブジェクトです。このオブジェクトは、prep()関数によって準備（前処理手順の学習）を行い、bake()関数によって新しいデータセットに適用するために使用されます。 | |

### ・モデル式について

**モデル式**は、モデルの目的変数と説明変数の関係を表すために使われます。

#### ▼モデル式

目的変数 ~ 説明変数1 ＋ 説明変数2 ＋ ・・・

モデル式における「~（チルダ）」は「~によって予測される」という意味を持ち、左側にあるのが目的変数（モデルで予測したい変数）、右側に列挙されるのが説明変数（予測に使用する変数）です。＋記号で、複数の説明変数をモデルに含めることができます。recipe()関数のformulaオプションで指定する場合は、全変数を指定することが多いため、目的変数を省略し、「~ .」のように説明変数の部分を「.（ピリオド）」にして記述します。

## ● recipe()関数の使い方

recipe()関数で定義したレシピに対して、%>%（パイプ演算子）を使用して処理ステップを連結します。処理ステップにはstep_で始まる関数を指定します。これらの関数はレシピオブジェクトを第1引数にとり、変更後のレシピオブジェクトを返します。%>%（パイプ演算子）を使用することで、複数のstep_で始まる関数を連結して1つのコードにまとめることができます。

**▼ recipe()関数の記述例**

```
# recipesを使って欠損値を処理するレシピを定義
recipe <- recipe(~ ., data = data) %>%
  step_impute_mean(all_numeric(), -all_outcomes())
```

## ● step_impute_mean()関数

データセット内の欠損値を対象変数の平均値で補完（代入）します。特に数値変数に対して有効です。

| 書式 | step_impute_mean(recipe, ..., role = NA, trained = FALSE, skip = FALSE, id = rand_id("meanimpute")) | |
|---|---|---|
| パラメーター | recipe | recipeオブジェクトです。 |
| | ... | この部分では、平均値で補完を行う変数を選択します。all_numeric()などの「セレクター関数」を使用して、特定の変数を指定できます。 |
| | role, trained, skip, id | 内部的に使用されるオプションなので、変更する必要はありません。roleは変数の役割を指定し、trainedはステップが訓練されているかどうかを示し、skipはステップをスキップするかどうかを制御し、idはステップの識別子を設定します。 |
| 戻り値 | 平均値による補完ステップを含むrecipeオブジェクトを返します。 | |

## ● セレクター関数

recipesパッケージでは、データの前処理や特徴量エンジニアリングのために、様々な変数を選択するセレクター関数が提供されています。これらの関数を使って、特定の条件に合う変数群を簡単に指定することができます。セレクター関数は、step_*関数などのレシピステップで使用され、特定の前処理を適用する変数の範囲を指定します。

| 関数 | 処理内容 |
|---|---|
| all_predictors() | モデリングのための説明変数をすべて選択します。 |
| all_outcomes() | モデルのアウトカム（目的変数）を選択します。 |
| all_numeric() | 数値型の変数をすべて選択します。 |
| all_nominal() | カテゴリ変数をすべて選択します。 |

| 関数 | 処理内容 |
|---|---|
| all_character() | 文字列型の変数をすべて選択します。 |
| all_logical() | 論理型の変数をすべて選択します。 |
| all_numeric_predictors() | 数値型の説明変数のみを選択します。 |
| everything() | データセット内の全変数を選択します。 |

## ●recipeオブジェクトを適用できる状態にする

定義されたレシピ（recipeオブジェクト）を適用するための準備として、prep()関数を実行します。

### ・prep()関数

prep()関数は、定義されたレシピ内の各ステップに必要な統計量やパラメーターをデータセットから計算し、これらの情報をレシピに追加します。結果として、レシピは新しいデータに適用する準備が整います。

| 書式 | prep(recipe, training = NULL, retain = FALSE, verbose = TRUE) | |
|---|---|---|
| パラメーター | recipe | recipeオブジェクト。 |
| | training | レシピを適用するデータセット。レシピを作成する際にdata引数でデータセットを指定している場合は、省略可能です。 |
| | retain | レシピの準備に使用されたデータセットをレシピオブジェクト内に保持するかどうかを指定します。デフォルトはFALSEです。TRUEに設定すると、あとで検証やデバッグに便利ですが、メモリ使用量が増加します。 |
| | verbose | 処理の進行状況を表示するかどうかを指定する論理値。デフォルトはTRUEで、処理の進行情報が表示されます。 |
| 戻り値 | 準備が完了したrecipeオブジェクトです。このオブジェクトには、レシピの準備過程で計算された統計量やパラメーターが含まれており、新しいデータセットに対して前処理を適用するために必要な情報がすべて含まれています。 | |

### ▼prep()関数の記述例

```
# レシピを準備
prepped_recipe <- prep(recipe, training = data)
```

## ●recipeオブジェクトをデータセットに適用して前処理を完了する

最後に、レシピ（recipeオブジェクト）に記録された処理をデータセットに適用します。

### ・bake()関数

bake()関数は、recipesパッケージで定義されたレシピ（recipeオブジェクト）をデータセットに適用します。これによって、前処理されたデータが生成されます。

tidymodelsを用いた前処理と特徴量エンジニアリング

| 書式 | bake(object, new_data = NULL, all_outcomes = FALSE) | |
|---|---|---|
| パラメーター | object | prep()関数によって準備されたrecipeオブジェクト。 |
| | new_data | 前処理を適用するデータセット。デフォルトのNULLの場合、prep()関数で使用されたデータセットに対して前処理が適用されます。このオプションに別のデータセットを指定することで、作成済みの前処理手順を指定したデータセットに対して適用できます。 |
| | all_outcomes | 予測モデルで使用する目的変数（アウトカム）もデータセットに含めるかどうかを、論理値で指定します。デフォルトはFALSEですが、TRUEに設定すると、目的変数も結果に含まれるようになります。 |
| 戻り値 | 指定された前処理手順を適用したあとの新しいデータセットが返されます。 | |

**▼bake()関数の記述例**

```
# データセットにレシピを適用
# NULLを指定して登録済みのデータセットに適用
imputed_data <- bake(prepped_recipe, new_data = NULL)
```

## 数値データの欠損値NAを 平均値で置き換える

Tips
258

▶Level ●●●

ここが
ポイント
です！

レシピの定義と適用

欠損値を含むデータフレームを作成し、数値の列の欠損値をその列の平均値で置き換えます。

**▼欠損値が存在する変数（列）を平均値で置き換える**

```
# パッケージのロード
library(tidymodels)

# 例として使うデータセットの作成
data <- tibble(
  x1 = c(1, 2, NA, 4, 5),
  x2 = c(NA, 2, 3, 4, 5),
  category = factor(c("a", "b", "b", NA, "a"))
)
# 出力
print(data)

# recipesを使って欠損値を処理するレシピを定義
recipe <- recipe(~ ., data = data) %>%
  step_impute_mean(all_numeric(), -all_outcomes())
```

```
# レシピを準備
prepped_recipe <- prep(recipe, training = data)
# データにレシピを適用
imputed_data <- bake(prepped_recipe, new_data = NULL) # NULLを指定して処理
中のデータセットに適用
# 結果の確認
print(imputed_data)
```

### ▼出力

```
# A tibble: 5 × 3            # A tibble: 5 × 3
     x1     x2 category           x1     x2 category
  <dbl>  <dbl> <fct>           <dbl>  <dbl> <fct>
1     1     NA a            1     1    3.5 a
2     2      2 b            2     2      2 b
3    NA      3 b            3     3      3 b
4     4      4 NA           4     4      4 NA
5     5      5 a            5     5      5 a
```

### ▼レシピを作成するコード

```
recipe <- recipe(~ ., data = data) %>%
  step_impute_mean(all_numeric(), -all_outcomes())
```

レシピを作成する箇所では、step_impute_mean()関数を使って、対象の列の平均値で欠損値を補完するようにしています。引数に、

- all_numeric()で数値型の変数をすべて選択
- −all_outcomes()でモデルのアウトカム（目的変数）を選択し、マイナス記号で除外する

を指定しています。

2つ目の引数は目的変数を処理の対象から除外するためのものですが、ここでのモデル式は「~ .」となっていて目的変数は存在しないので、この引数はなくても処理に支障はありません。

先のプログラムにおけるレシピの作成から適用までのコードは、パイプ演算子%>%を使って1つにまとめることができます。これがtidymodels本来の記法なので、以降はこの記法を用いることにします。

### ▼レシピの作成から適用までのコードを、パイプ演算子%>%を使って1つにまとめる

```
imputed_data <- recipe(~ ., data = data) %>%
  step_impute_mean(all_numeric(), -all_outcomes()) %>%
  prep(training = data) %>%
  bake(new_data = NULL)
```

tidymodelsを用いた前処理と特徴量エンジニアリング

# Tips 259 カテゴリデータの欠損値を処理する

▶Level ●●●

**ここがポイントです！** recipe()、prep()、bake()、セレクター関数

カテゴリデータとは、限定された数のカテゴリやグループに分類できるデータのことを指します。個々のカテゴリは文字列（テキスト）であることが多いですが、数値や記号などが使われることもあります。数値データが量的な情報を表すのに対して、カテゴリデータは質的な情報を示します。

カテゴリデータには、性別（男性、女性）、血液型（A型、B型、O型、AB型）、居住地の国名など、単純にグループ分けする目的で使用されるものと、満足度調査（不満、普通、満足）、競技会での順位など、カテゴリ間に順序関係があるものがあります。

カテゴリデータは、Rの因子型（factor）として定義されます。

## ●カテゴリデータの欠損値NAを補完する

カテゴリデータを補完する方法として、「欠損値がある列の最頻値で置き換える」方法があります。

### ▼カテゴリデータ（因子）の欠損値を保管する

```
library(tidymodels)

# 例として使うデータセットの作成
data <- tibble(
  x1 = c(1, 2, NA, 4, 5),
  x2 = c(NA, 2, 3, 4, 5),
  category = factor(c("a", "b", "b", NA, "a"))
)
# 出力
print(data)

# レシピの定義からデータ適用まで
imputed_data <- recipe(~ ., data = data) %>%
  step_impute_mean(all_numeric()) %>%    # 数値の欠損値を平均値で補完
  step_impute_mode(all_nominal()) %>%    # カテゴリ変数の欠損値を最頻値で補完
  prep(training = data) %>%              # レシピを準備
  bake(new_data = NULL)                  # データにレシピを適用

# 補完されたデータを表示
print(imputed_data)
```

▼出力

```
# A tibble: 5 × 3
      x1    x2 category
   <dbl> <dbl> <fct>
1     1    NA a
2     2     2 b
3    NA     3 b
4     4     4 NA
5     5     5 a
```

```
# A tibble: 5 × 3
      x1      x2 category
   <dbl>   <dbl> <fct>
1     1     3.5 a
2     2     2   b
3     3     3   b
4     4     4   a
5     5     5   a
```

レシピを作成する際に、

```
step_impute_mode(all_nominal())
```

において、step_impute_mode()関数の引数にall_nominal()を指定して、カテゴリ変数をすべて選択するようにしています。これによって、カテゴリデータの列の欠損値は、その列の最頻値（最も出現回数が多い値）で置き換えられます。なお、最頻値が複数あるときは、アルファベット順または文字の辞書順で早い方が選択されます。

tidymodelsを用いた前処理と特徴量エンジニアリング

# Tips 260 Ames Housingデータセットの概要

▶Level ●●●

**ここがポイントです！** AmesHousingパッケージ

Ames Housingデータセットは、アイオワ州エイムズの住宅販売記録をもとに作成された、住宅価格予測のためのデータセットです。このデータセットは、Dean De Cockによって作成され、2006年から2010年までのエイムズ市の住宅販売データが含まれています。AmesHousingパッケージを使用すると、データフレームに格納された状態でデータセットを取得できます。

● AmesHousingパッケージのインストール

AmesHousingパッケージは、RStudioのConsoleに

```
install.packages("AmesHousing")
```

と入力してインストールできます。Packagesペインを利用する場合は、InstallボタンをクリックしてInstall Packagesダイアログを開き、Packages...の欄に「AmesHousing」と入力してInstallボタンをクリックすると、インストールが始まります。

● Ames Housingデータセットを読み込んで表示してみる

Ames Housingデータセットを読み込んでみましょう。

▼ Ames Housingデータセットを読み込む

```
# パッケージを読み込む
library(AmesHousing)
# データセットを読み込む
data <- make_ames()
```

Consoleにはすべてのデータを表示できないので、Environmentペインで変数名「data」をクリックして、専用の画面で表示してみます。データセットの冒頭10件のデータについて、第1列から第24列までを上下3段に分けて次ページに掲載しました。

## ▼ Ames Housingデータセットの内容（冒頭10件の第1列から第24列まで）

| | MS_SubClass | MS_Zoning | Lot_Frontage | Lot_Area | Street | Alley | Lot_Shape |
|---|---|---|---|---|---|---|---|
| 1 | One_Story_1946_and_Newer_All_Styles | Residential_Low_Density | 141 | 31770 | Pave | No_Alley_Access | Slightly_Irregular |
| 2 | One_Story_1946_and_Newer_All_Styles | Residential_High_Density | 80 | 11622 | Pave | No_Alley_Access | Regular |
| 3 | One_Story_1946_and_Newer_All_Styles | Residential_Low_Density | 81 | 14267 | Pave | No_Alley_Access | Slightly_Irregular |
| 4 | One_Story_1946_and_Newer_All_Styles | Residential_Low_Density | 93 | 11160 | Pave | No_Alley_Access | Regular |
| 5 | Two_Story_1946_and_Newer | Residential_Low_Density | 74 | 13830 | Pave | No_Alley_Access | Slightly_Irregular |
| 6 | Two_Story_1946_and_Newer | Residential_Low_Density | 78 | 9978 | Pave | No_Alley_Access | Slightly_Irregular |
| 7 | One_Story_PUD_1946_and_Newer | Residential_Low_Density | 41 | 4920 | Pave | No_Alley_Access | Regular |
| 8 | One_Story_PUD_1946_and_Newer | Residential_Low_Density | 43 | 5005 | Pave | No_Alley_Access | Slightly_Irregular |
| 9 | One_Story_PUD_1946_and_Newer | Residential_Low_Density | 39 | 5389 | Pave | No_Alley_Access | Slightly_Irregular |
| 10 | Two_Story_1946_and_Newer | Residential_Low_Density | 60 | 7500 | Pave | No_Alley_Access | Regular |

| Land_Contour | Utilities | Lot_Config | Land_Slope | Neighborhood | Condition_1 | Condition_2 | Bldg_Type | House_Style |
|---|---|---|---|---|---|---|---|---|
| Lvl | AllPub | Corner | Gtl | North_Ames | Norm | Norm | OneFam | One_Story |
| Lvl | AllPub | Inside | Gtl | North_Ames | Feedr | Norm | OneFam | One_Story |
| Lvl | AllPub | Corner | Gtl | North_Ames | Norm | Norm | OneFam | One_Story |
| Lvl | AllPub | Corner | Gtl | North_Ames | Norm | Norm | OneFam | One_Story |
| Lvl | AllPub | Inside | Gtl | Gilbert | Norm | Norm | OneFam | Two_Story |
| Lvl | AllPub | Inside | Gtl | Gilbert | Norm | Norm | OneFam | Two_Story |
| Lvl | AllPub | Inside | Gtl | Stone_Brook | Norm | Norm | TwnhsE | One_Story |
| HLS | AllPub | Inside | Gtl | Stone_Brook | Norm | Norm | TwnhsE | One_Story |
| Lvl | AllPub | Inside | Gtl | Stone_Brook | Norm | Norm | TwnhsE | One_Story |
| Lvl | AllPub | Inside | Gtl | Gilbert | Norm | Norm | OneFam | Two_Story |

| Overall_Qual | Overall_Cond | Year_Built | Year_Remod_Add | Roof_Style | Roof_Matl | Exterior_1st | Exterior_2nd |
|---|---|---|---|---|---|---|---|
| Above_Average | Average | 1960 | 1960 | Hip | CompShg | BrkFace | Plywood |
| Average | Above_Average | 1961 | 1961 | Gable | CompShg | VinylSd | VinylSd |
| Above_Average | Above_Average | 1958 | 1958 | Hip | CompShg | Wd Sdng | Wd Sdng |
| Good | Average | 1968 | 1968 | Hip | CompShg | BrkFace | BrkFace |
| Average | Average | 1997 | 1998 | Gable | CompShg | VinylSd | VinylSd |
| Above_Average | Above_Average | 1998 | 1998 | Gable | CompShg | VinylSd | VinylSd |
| Very_Good | Average | 2001 | 2001 | Gable | CompShg | CmentBd | CmentBd |
| Very_Good | Average | 1992 | 1992 | Gable | CompShg | HdBoard | HdBoard |
| Very_Good | Average | 1995 | 1996 | Gable | CompShg | CmentBd | CmentBd |
| Good | Average | 1999 | 1999 | Gable | CompShg | VinylSd | VinylSd |

### ● Ames Housingデータセットの内容

　以下は、Ames Housingデータセットの内容です。

**・データ数**

　2,930件の住宅販売記録が記録されています。

**・変数（列）の数**

　80の変数（説明変数）と1つの目的変数（販売価格）で構成されます。説明変数には、住宅の物理的特性（床面積、建築年、屋根のタイプなど）、環境特性（道路との接続性、地区のグレードなど）、設備の質（キッチンの品質、暖房の品質）など、多岐にわたる情報が含まれています。

**・データセットの目的**

　機械学習における住宅価格の予測が目的ですが、データ探索、可視化、前処理や特徴量エンジニアリングなど、広範な技術を適用することも目的としています。

## ●データセットのサマリーを表示してみる

summary()関数を使って、データセットのサマリーを表示してみます。

▼データのサマリーを出力

```
print(summary(data))
```

▼出力 (第1列の「MS_SubClass」から第11列の「Land_Slope」までを掲載)

```
                             MS_SubClass                           MS_Zoning
One_Story_1946_and_Newer_All_Styles :1079   Floating_Village_Residential: 139
Two_Story_1946_and_Newer            : 575   Residential_High_Density    :  27
One_and_Half_Story_Finished_All_Ages: 287   Residential_Low_Density     :2273
One_Story_PUD_1946_and_Newer        : 192   Residential_Medium_Density  : 462
One_Story_1945_and_Older            : 139   A_agr                       :   2
Two_Story_PUD_1946_and_Newer        : 129   C_all                       :  25
(Other)                             : 529   I_all                       :   2


 Lot_Frontage        Lot_Area         Street         Alley
Min.   :  0.00   Min.   :  1300   Grvl: 12   Gravel        : 120
1st Qu.: 43.00   1st Qu.:  7440   Pave:2918   No_Alley_Access:2732
Median : 63.00   Median :  9436              Paved         :  78
Mean   : 57.65   Mean   : 10148
3rd Qu.: 78.00   3rd Qu.: 11555
Max.   :313.00   Max.   :215245


                 Lot_Shape     Land_Contour  Utilities       Lot_Config   Land_Slope
Regular             :1859   Bnk: 117   AllPub:2927   Corner : 511   Gtl:2789
Slightly_Irregular  : 979   HLS: 120   NoSeWa:   1   CulDSac: 180   Mod: 125
Moderately_Irregular:  76   Low:  60   NoSewr:   2   FR2    :  85   Sev:  16
Irregular           :  16   Lvl:2633                FR3    :  14
                                                    Inside :2140
```

紙面の関係ですべてを掲載することはできませんが、カテゴリデータについてはカテゴリごとの件数が、数値データについては最小値、最大値、平均値、中央値などの統計量が、それぞれ出力されています。

---

## ●数値データのヒストグラムを作成してみる

数値データのすべての列について、ヒストグラムを作成してみます。

▼Ames Housingデータセットを読み込んで、数値データの列をヒストグラムにする

```
library(AmesHousing)

# Ames Housingデータセットを読み込む
data <- make_ames()
```

```r
# 数値変数の列のみを選択
numeric_vars <- data[, sapply(data, is.numeric)]

# 数値変数の数に合わせてプロットレイアウトを設定
num_of_numeric_vars <- length(numeric_vars)
# プロットの行数と列数を適切に設定
num_rows <- ceiling(sqrt(num_of_numeric_vars))
num_cols <- ceiling(num_of_numeric_vars / num_rows)
par(mfrow=c(num_rows, num_cols))

# すべての数値変数に対してヒストグラムを描画
for (var_name in names(numeric_vars)) {
  hist(numeric_vars[[var_name]], main=var_name, xlab=var_name,
col='lightblue')
 }
```

　プログラムを実行する際は、RStudioの Plotsペインの表示領域をできるだけ大きくしておいてください。表示領域が小さいと描画できずにエラーになるためです。次の 画面は、グラフ描画後にPlotsペインの Zoomボタンをクリックして、別画面で拡大表示したものです。

▼出力されたヒストグラム

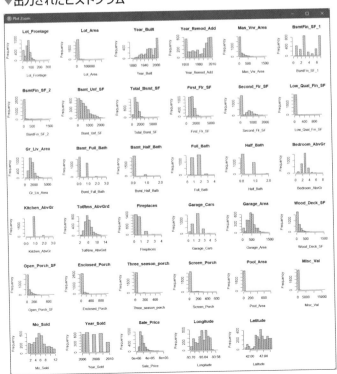

tidymodelsを用いた前処理と特徴量エンジニアリング

●コード解説1

```
num_of_numeric_vars <- length(numeric_vars)
# プロットの行数と列数を適切に設定
num_rows <- ceiling(sqrt(num_of_numeric_vars))
num_cols <- ceiling(num_of_numeric_vars / num_rows)
par(mfrow=c(num_rows, num_cols))
```

このコードブロックでは、複数のヒストグラムを1つのウィンドウ内に配置するためのレイアウトを設定しています。具体的には、「par(mfrow=c(num_rows, num_cols))」を使用して、グラフの出力領域を複数の小さなプロットエリアに分割しています。mfrowは、行 (num_rows) と列 (num_cols) の数を指定するパラメーターです。

・num_rows（行数）
ヒストグラムを配置するための行数です。「ceiling(sqrt(num_of_numeric_vars))」を計算し、num_of_numeric_vars（数値変数の数）の平方根の切り上げ値を行数としています。これは、すべての描画 (ヒストグラム) を均等に配置し、かつグリッ

ド全体がコンパクトになるようにするためによく使われる方法です。

・num_cols（列数）
ヒストグラムを配置するための列の数です。「ceiling(num_of_numeric_vars / num_rows)」を計算して、数値変数の総数を行数で割った値の切り上げを列数としています。これにより、ヒストグラムを描画するのに必要な列数を決定します。

・par(mfrow=c(num_rows, num_cols))
par()関数を使って、指定された行数と列数でプロットエリアを分割します。mfrowオプションでベクトルの第1要素として行数 (num_rows)、第2要素として列数 (num_cols) を指定しています。

●コード解説2

```
for (var_name in names(numeric_vars)) {
  hist(numeric_vars[[var_name]], main=var_name, xlab=var_name,
col='lightblue')
}
```

「for (var_name in names(numeric_vars))」の部分で、numeric_vars（数値変数のみを含むデータフレーム）の各列の名前を1つずつ取り出しています。

・hist(numeric_vars[[var_name]], main=var_name, xlab=var_name, col='lightblue')
現在のvar_nameに対応するデータのヒストグラムを描画しています。

・numeric_vars[[var_name]]
現在の数値変数のデータを、[[ ]]を使用してデータフレームから取得します。

・main=var_name
ヒストグラムのメインタイトルを現在の変数名 (列のタイトル) にします。

・xlab=var_name
x軸のラベルを現在の変数名 (列のタイトル) にします。

・col='lightblue'
ヒストグラムのバーの色を薄い青に設定しています。

**Tips**

# 261

## 数値データを標準化する

ここが
ポイント
です！ > ## step_normalize()

▶Level ●●●

データセットの数値変数の単位はバラバラなことが多く、変数間の比較が困難です。そこで、異なる尺度や単位を持つ変数間の比較を容易にするために、**標準化**という処理が行われます。標準化には、主に次のようなメリットがあります。

**・尺度の統一**
　データセット内の変数が異なる尺度や単位で測定されている場合（ある変数はメートルで、別の変数はキログラムで測定されている場合など）、これらの変数をそのまま比較することはできませんが、標準化することで同じ尺度に変換されるので、比較が容易になります。

**・勾配降下法の効率化**
　多くの機械学習アルゴリズム——特に勾配降下法を使用するアルゴリズム（線形回帰、ロジスティック回帰、ニューラルネットワークなど）——は、すべての特徴量が同じスケールにあるとき、より効率的に動作します。標準化されていないデータを使用すると、学習が遅くなったり、収束に失敗することがあります。

**・アルゴリズムの要件を満たす**
　一部の機械学習アルゴリズムは、入力データが特定の形式であることを前提としています。例えば、サポートベクターマシン（SVM）やk-最近傍法（k-NN）などのアルゴリズムは、特徴量が同じスケールにある場合に最適に動作します。

**●「正規化」の計算式**
　データのスケーリング手法を総称して**正規化**と呼びます。正規化の手法には、標準化のほかに**Min-Maxスケーリング**と呼ばれる手法があります。

**・標準化**
　標準化は、特徴量の平均を0、標準偏差を1にスケーリングする処理です。これにより、特徴量の値は平均を中心に正規分布するようになります。標準化は次の式を使用して行われます。

**▼標準化の式**

$$X_{std} = \frac{X - \mu}{\sigma}$$

　$X$は元の値、$\mu$は特徴量の平均、$\sigma$は標準偏差です。

**・正規化（Min-Maxスケーリング）**
　Min-Maxスケーリングは、特徴量の値を0と1の間にスケーリングする処理で、しばしば（狭義の）「正規化」と呼ばれることがあります。正規化は次の式を使用して行われます。

**▼正規化（Min-Maxスケーリング）の式**

$$X_{norm} = \frac{X - X_{min}}{X_{max} - X_{min}}$$

　$X$は元の値、$X_{max}$と$X_{min}$はそれぞれ特徴量の最大値と最小値です。

それぞれスケールの範囲が異なり、正規化は値を0から1の範囲にスケーリングしますが、標準化は値を平均0、標準偏差1の分布にスケーリングします。正規化はデータの範囲が既知である場合に適していますが、一方で標準化は特徴量のスケールが大きく異なる場合に適していることから、機械学習の分野では一般的に標準化が使われます。なお、機械学習における画像分類では、画像のピクセル値のスケールが決まっているため、画像データの正規化 (Min-Maxスケーリング) が一般的です。

### ・step_normalize() 関数

recipeオブジェクトに、指定された数値変数を標準化 (平均を0、標準偏差を1にスケーリング) するためのステップ (処理) を追加します。

| 書式 | step_normalize(recipe, ...) | |
|---|---|---|
| パラメーター | recipe | recipe関数で作成されたrecipeオブジェクト。 |
| | ... | 変数 (列データ) の選択条件を指定します。指定にはセレクター関数のall_predictors(), all_numeric_predictors()などが使えます。 |
| 戻り値 | 指定された変数を標準化する処理が組み込まれたrecipeオブジェクトを返します。 | |

### ・all_numeric_predictors() 関数

レシピ内で数値型の変数 (列データ) を選択するために使用されます。

### ●Ames Housingデータセットの数値変数を標準化する

tidymodelsフレームワークを使用して、Ames Housingデータセットのすべての数値変数を標準化してみましょう。

▼Ames Housingデータセットのすべての数値変数を標準化する

```
# 必要なパッケージをロード
library(tidymodels)
library(AmesHousing)

# Ames Housingデータセットを読み込む
data <- make_ames()

# 標準化のレシピを定義してデータセットに適用する
data_prepped <- data %>%
  recipe(~ ., data = data) %>%
  step_normalize(all_numeric_predictors()) %>%
  prep() %>%
```

```
bake(new_data = NULL)

# 結果を確認
print(head(data_prepped))
```

▼出力（冒頭6件、第9列まで表示）

```
# A tibble: 6 × 81
  MS_SubClass          MS_Zoning  Lot_Frontage Lot_Area Street Alley Lot_Shape Land_Contour Utilities
  <fct>                <fct>             <dbl>    <dbl> <fct>  <fct> <fct>     <fct>        <fct>
1 One_Story_1946_and_N… Resident…          2.49     2.74  Pave   No_A… Slightly… Lvl          AllPub
2 One_Story_1946_and_N… Resident…          0.667    0.187 Pave   No_A… Regular   Lvl          AllPub
3 One_Story_1946_and_N… Resident…          0.697    0.523 Pave   No_A… Slightly… Lvl          AllPub
4 One_Story_1946_and_N… Resident…          1.06     0.128 Pave   No_A… Regular   Lvl          AllPub
5 Two_Story_1946_and_N… Resident…          0.488    0.467 Pave   No_A… Slightly… Lvl          AllPub
6 Two_Story_1946_and_N… Resident…          0.608   -0.0216 Pave  No_A… Slightly… Lvl          AllPub
```

すべての列を確認することはできませんが、Lot_Frontage列とLot_Area列のデータが標準化された値になっていることが確認できます。

●コード解説

レシピを作成する次のコード：

```
step_normalize(all_numeric_
predictors())
```

では、step_normalize()関数の引数に、セレクター関数のall_numeric_predictors()を指定しています。これによって、データセット内のすべての数値変数（列データ）が選択されます。

## Tips 262

# 偏った分布を対数変換して正規分布に近づける

ここが
ポイント
です！

▶ step_log()

▶Level ●●●

正則化（Min-Maxスケーリング）や標準化は乗算と加算のみによる変換（線形変換）なので、データが分布する範囲は伸縮しますが、分布の「かたち」そのものは変化しません。一方で、データの分布を表すヒストグラムはきれいな山形を描くとは限らず、左右どちらかの裾野が長くなることがあります。例えば、商品価格のデータでは価格の低い方に分布が集中し、価格が高い方に裾野がのびた分布になりがちです。このような場合、元のデータを正規分布に近似させる手段として、**非線形変換**が使われます。

● **分布の形を変える（対数変換）**

　指数関数（コラム参照）とペアとなる関数に**対数関数**があります。対数関数は次の式で表されます。

▼**対数関数の式**

$$y = \log_a x$$

　logは「ログ」と読み、$\log_a x$は「$a$を何乗したら$x$になるかを表す数」です。例えば、

$$\log_3 27$$

は「3を何乗したら27になるかを表す数」なので、

$$\log_3 27 = 3$$

となります（$27 = 3^3$）。指数は同じ数を繰り返し掛け算することを表すのに便利なので、$10 \times 10 \times 10 = 10^3$のように、「掛け算す

る数（底、ここでは10）」と「掛け算を繰り返す回数（指数、ここでは3）」を指定すれば結果がわかります。これに対して対数は、掛け算する数（底）と掛け算を繰り返すことで出た数があらかじめわかっていて、

　「1000は10を何回掛け算した数なのか」

のように、「掛け算を繰り返す回数（指数）」を求めます。

$$1000 = 10^3$$

の場合は

$$\log_{10}(1000) = 3$$

となり、このことから対数は指数と表裏一体の関係があることがわかります。

　対数関数$y = \log_a x$における$x$と$y$の関係をグラフにすると、指数関数とは逆に「$x$軸を右に行くほどカーブが緩やかになる曲線」が描かれます。

▼**対数関数のグラフ**

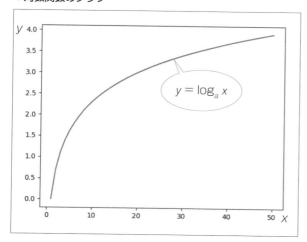

例えば「$y = \log_{10} x$」では、$x=10$で$y=1$ですが、$x=100$でも$y=2$にしかならず、$y=3$にするには$x=1000$まで$x$を増やす必要があります。これを別の視点で見ると、「10から100への10倍の変化」と、「100から1000までの10倍の変化」が同じ幅で表されるため、絶対的な値の大きさに関係なく、相対的な変化がよく見えるようになります。

データをヒストグラムにしたとき、分布が左右どちらかに極端に偏っていたり、裾が長くて変化が乏しい場合、データの特徴をより見えやすくするための処理が「対数変換」です。

### ●対数変換のポイント

対数変換は、「対象のデータの値を変える」という意味では正規化の処理と同じですが、「データの分布が変化する」という違いがあります。これは、データのスケールが大きいときはその範囲が縮小され、逆に小さいときは拡大されるためです。このことで、裾の長い分布の範囲を狭めて山のある分布に近づけたり、極度に集中している分布を押しつぶしたように裾の長い分布に近づけることができます。

ただし、対数変換によって、偏った分布がすべて左右対称の山形になるわけではありません。対数変換が有効なのは、変換前の分布が対数正規分布に近い場合です。とはいえ、現実世界のデータにはこれに近い分布が多く見られるので、試してみる価値はあります。

### ・対数変換を行う際の注意点

変数にゼロまたは負の値が含まれている場合には、対数変換を直接適用することはできません（ゼロや負の値の対数は定義されないため）。このような状況では、小さな定数を加えるなどの方法でデータを調整する必要があります。

### ・標準化は対数変換のあとに行う

標準化を先に行うと、元の値がすべて正であっても、変換後に負の値が出現する可能性があります。対数変換は負の値に対して適用できないため、この順序では問題が生じる可能性があります。一般的に、先に対数変換を行い、そのあとで標準化を行います。

> **さらに ワンポイント　対数を正規分布**
>
> 確率変数$Y$が正規分布に従うとき、$e^Y$が従う分布を対数正規分布といいます。確率変数の対数をとったとき、対応する分布が正規分布に従うものとして定義されます。

---

### ●Ames Housingデータセットの「Sale_Price（住宅の販売価格）」を対数変換する

Ames Housingデータセットの目的変数として使われる「Sale_Price（住宅の販売価格）」のデータをヒストグラムにしてみます。

▼「Sale_Price（住宅の販売価格）」のデータをヒストグラムにする

```
# 必要なパッケージをロード
library(tidymodels)
library(AmesHousing)
```

tidymodelsを用いた前処理と特徴量エンジニアリング

```
# Ames Housingデータセットを読み込む
data <- make_ames()

# 対数変換前のヒストグラムを作成
ggplot(data, aes(x = Sale_Price)) +
  geom_histogram(bins = 30, fill = "blue", color = "black")
```

▼Sale_Priceのヒストグラム

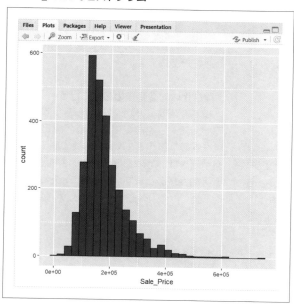

ヒストグラムを見ると、平均値のまわりにデータが集中し、右側に裾野が薄くのびる分布になっていることがわかります。対数変換する処理をレシピに追加して、結果を見てみましょう。

▼レシピを作成してデータセットに適用する（先のコードの続き）

```
# 標準化のレシピを定義してデータセットに適用するプログラムに、
# Sale_Price列のデータを対数変換する処理を追加
data_prepped <- data %>%
  recipe(~ ., data = data) %>%
  step_log(Sale_Price, base = exp(1)) %>%
  step_normalize(all_numeric_predictors()) %>%
  prep() %>%
  bake(new_data = NULL)

# 対数変換後のヒストグラムを作成
ggplot(recipe, aes(x = Sale_Price)) +
  geom_histogram(bins = 30, fill = "darkgreen", color = "black")
```

▼対数変換後のSale_Priceのヒストグラム

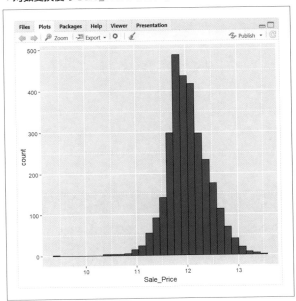

作成されたヒストグラムを見ると、12あたりを頂点にして、ヒストグラムの形が山形になっています。絶対的な値の大きさに関係なく、相対的な変化がよくわかるようになったようです。

• **step_log()関数**
　recipeオブジェクトに、対数変換を行う処理を追加します。

| 書式 | step_log(recipe, ..., base = exp(1)) | |
|---|---|---|
| パラメーター | recipe | recipe()関数で作成されたrecipeオブジェクト。 |
| | base | 対数変換の底です。デフォルトは自然対数exp(1)ですが、底を変更して異なる対数スケール（例：底が2や10の対数）を使用することも可能です。 |
| 戻り値 | 指定された変数を対数変換する処理が組み込まれたrecipeオブジェクトを返します。 | |

**Column** 指数関数とは

　ニュースの中で「○○の感染者が指数関数的に増加」というフレーズを耳にしたことがあると思います。指数関数的な増加とは、ある期間ごとに定数倍されていくような増加のことです。これを数式で表すと、

$$y = a^x$$

となります。$a^x$ を $10^3$ とした場合、大きな数字の右上に置かれた小さな数字が「指数」で、$10^3$ は「10の3乗」と読み、「10を3回掛け合わせた数」を意味します。つまり、

$$10^3 = 10 \times 10 \times 10 = 1000$$

です。このように指数は「同じ数を繰り返し掛け算する回数」を表します。また、繰り返し掛け算される数、$a^x$ の $a$、$10^3$ の10を「底」と呼びます。このように「$y = a^x$」で表される「指数関数」は、$a$ の値が少しでも変わると増加のペースが一気に上がります。倍々に増えていく現象を指数関数で表すと、$y = 2^x$ です。このとき例えば、$y$ を感染者数、$x$ を経過時間（分）とすると、$x$ に好きな時間（分）を入れることで、そのときの感染者数 $y$ を知ることができます。$x$ 軸（経過時間）と $y$ 軸（感染者数）の関係をグラフにすると、$x$ 軸を右に行くほど急激に立ち上がる曲線が描かれます。

**▼指数関数のグラフ**

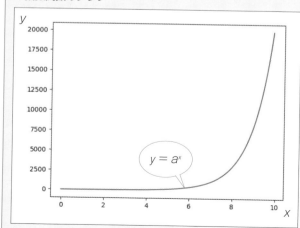

# 相関の強い特徴量を削減する

ここが
ポイント
です！ ＞step_corr()

2つの変数間の関連の強さと方向を示す指標に**相関関係**があります。相関関係には、一方の変数が増加するともう一方の変数も増加する**正の相関**と、一方の変数が増加するともう一方が減少する**負の相関**があります。相関関係の強さは通常、−1から1までの範囲の相関係数で表され、−1は完全な負の相関、0は無相関、1は完全な正の相関を意味します。

相関の強い特徴量が存在する場合、次のような影響が考えられます。

**・多重共線性の問題**

線形回帰モデルなど、いくつかの統計モデルや機械学習モデルでは、変数間の強い相関（**多重共線性**）が問題になることがあります。モデルの予測性能を低下させたり、個々の特徴量の影響を解釈することを難しくする可能性があります。

**・過学習のリスク**

相関の強い特徴量を持つデータセットでモデルを訓練すると、モデルは訓練データに対して過度に最適化され、新しいデータに対する汎化性能が低下する可能性があります。このことは**過学習（過剰適合）**と呼ばれます。

こういった問題を避けるために、データ前処理の段階で相関の強い特徴量を特定し、削減するか、主成分分析（PCA）による次元削減が行われます。

●**相関が強すぎる特徴量（変数）を削減する**

recipesパッケージで提供されているstep_corr()関数は、前処理レシピの一環として、データセット内の相関の強い特徴量を識別し、削減します。

**・step_corr()関数**

ある2つの特徴量が非常に強い相関関係にあると判断された場合、これらの特徴量のうち一方をデータセットから削除します。どちらの特徴量を削除するかは、step_corr()関数の実装に依存しますが、情報の損失を最小限に抑えるように選択されます。

tidymodelsを用いた前処理と特徴量エンジニアリング

| 書式 | step_corr(recipe, …, threshold = 0.9, use = "everything", method = "pearson", removals = TRUE, …) | | |
|---|---|---|---|
| パラメーター | recipe | recipe()関数で作成されたrecipeオブジェクト。 | |
| | … | 操作を行う変数を選択するためのセレクター関数として、例えばall_predictors()やall_numeric_predictors()などを指定します。 | |
| | threshold | 相関係数の閾値(しきいち)。この値(絶対値)を超える相関係数を持つ特徴量は削除の対象となります。 | |
| | use | 相関を計算する際に欠損値をどのように扱うかを次のように指定します。 | |
| | | "everything" | 欠損値を無視して、利用可能なすべてのデータを用いて相関係数が計算されます(デフォルト)。 |
| | | "all.obs" | すべての観測値に値が存在する変数のペアのみを用いて相関を計算します。一方の変数でも欠損値があるペアは除外されます。 |
| | | "complete.obs" | 欠損値を含まない行のみを使用して相関を計算します。 |
| | method | 相関係数を計算する方法。"pearson"(デフォルト)、"kendall"または"spearman"が指定できます。 | |
| | removals | 相関の強い特徴量を削除するかどうかを示す論理値。 | |
| 戻り値 | 「相関の強い特徴量を識別して削除する」処理が組み込まれたrecipeオブジェクトを返します。 | | |

irisデータセットを題材にして、「相関の強い特徴量を削減する」処理を行ってみましょう。

▼irisデータセットの相関の強い特徴量を削減する

```
library(tidymodels)
data(iris)

# データセットの冒頭部分を表示
print(head(iris))

# レシピの作成と相関の強い特徴量の削除
baked_data <- recipe(~., data = iris) %>%
  step_corr(all_numeric_predictors(), threshold = 0.75) %>%
  prep() %>%
  bake(new_data = NULL)
# 結果を出力
print(head(baked_data))
```

▼出力

```
  Sepal.Length Sepal.Width Petal.Length Petal.Width Species
1          5.1         3.5          1.4         0.2  setosa
2          4.9         3.0          1.4         0.2  setosa
3          4.7         3.2          1.3         0.2  setosa
4          4.6         3.1          1.5         0.2  setosa
5          5.0         3.6          1.4         0.2  setosa
6          5.4         3.9          1.7         0.4  setosa
```

```
# A tibble: 6 × 3
  Sepal.Length Sepal.Width Species
         <dbl>       <dbl> <fct>
1          5.1         3.5 setosa
2          4.9         3   setosa
3          4.7         3.2 setosa
4          4.6         3.1 setosa
5          5           3.6 setosa
6          5.4         3.9 setosa
```

結果として、「Petal.Length」、「Petal.
Width」の2つの特徴量（変数）が取り除か
れました。

**Tips**

**264**

▶Level ●●●

ここが
ポイント
です！

# 分散がほぼゼロの特徴量を削減する

**step_nzv()、step_zv()**

データセットに「分散がほぼ0」の変数が
ある場合、そういったの変数は情報をほとん
ど提供しないため、以下のような影響があり
ます。

**・モデルの性能への影響**

変数の分散がほぼ0というのは、その変
数と目的変数との関係がほとんど、または全
くないことを意味します。その結果、そのよ
うな変数はモデルの予測性能を向上させる
ことができず、無駄な計算リソースを消費す
ることになります。

**・過学習のリスク**

分散がほぼ0の変数を含むデータセット
でモデルを訓練すると、特に小さなデータ
セットの場合、過学習のリスクが高まること
があります。

tidymodelsを用いた前処理と特徴量エンジニアリング

**・解釈性の低下**

　分散がほぼ0の変数がノイズとして機能してしまうため、重要な特徴量を特定しようとする際に、解釈の妨げになることがあります。

　これらの問題を回避するために、データの前処理段階で「分散がほぼ0の変数」を識別し、除去することが望ましいといえます。

---

**●分散がほとんどゼロの特徴量（変数）を取り除く**

　recipesパッケージに、分散がほぼゼロの特徴量（変数）を取り除くstep_nzv()関数があります。

**・step_nzv()関数**

　データセット内の特徴量（変数）の中から、分散のほとんどない（ほぼゼロ分散の）特徴量を識別し、除去します。

| 書式 | step_nzv(recipe, ..., frequency_cutoff = 95/5, unique_cutoff = 10, ...) | |
|---|---|---|
| パラメーター | recipe | recipe()関数で作成されたrecipeオブジェクト。 |
| | ... | 適用する変数を選択するセレクター関数として、例えばall_predictors()やall_numeric_predictors()などを指定します。 |
| | frequency_cutoff | 値の頻度がこの比率を超える特徴量を削除するための閾値です。デフォルトは95/5です。通常は値を変更する必要はありません。 |
| | unique_cutoff | 一意の値の数に基づいて変数を除去する閾値。デフォルトの10では、変数がとりうる一意の値の総数が観測値の数の10%未満である場合に、その変数をNZVと見なして除去します。通常は値を変更する必要はありません。 |
| 戻り値 | 「分散がほとんどない特徴量を識別して除去する」処理が組み込まれたrecipeオブジェクトを返します。 | |

**・step_zv()関数**

　データセット内の特徴量（変数）の中から、分散がゼロの特徴量を除去します。

| 書式 | step_zv(recipe, ...) | |
|---|---|---|
| パラメーター | recipe | recipe()関数で作成されたrecipeオブジェクト。 |
| | ... | 適用する変数を選択するセレクター関数として、例えばall_predictors()やall_numeric_predictors()などを指定します。 |
| 戻り値 | 「分散がゼロの特徴量を除去する」処理が組み込まれたrecipeオブジェクトを返します。 | |

▼サンプル用のデータフレームを作成し、「分散がほぼゼロ」の特徴量を削除する

```
# 必要なパッケージをロード
library(tidymodels)
library(tidyverse)

# 分散がほとんどない特徴量を含むサンプルデータフレームの作成
data <- tibble(
  feature1 = rnorm(100),                    # 通常の分散を持つ特徴量
  feature2 = rep(1, 100),                   # 分散がゼロの特徴量
  feature3 = c(rep(0, 95), rep(1, 5)),      # ほとんど分散がない特徴量
  feature4 = rnorm(100, mean = 50, sd = 0.1),  # 低いが非ゼロの分散を持つ特徴量
  outcome = rnorm(100)
)
# データフレームを表示
print(head(data))

# レシピを作成し、分散がほとんどない特徴量を削除
data_recipe <- recipe(outcome ~ ., data = data) %>%
  step_nzv(all_predictors()) %>%
  prep() %>%
  bake(new_data = NULL)
# 結果を表示
print(head(data_recipe))
```

▼結果

```
# A tibble: 6 × 5
  feature1 feature2 feature3 feature4 outcome
     <dbl>    <dbl>    <dbl>    <dbl>   <dbl>
1   -0.238        1        0     50.1   -1.07
2   -1.56         1        0     50.1    2.58
3    0.761        1        0     50.0   -1.13
4    1.13         1        0     49.9    0.754
5   -0.295        1        0     49.9    0.141
6    0.536        1        0     49.8   -0.404
```

```
# A tibble: 6 × 4
  feature1 feature3 feature4 outcome
     <dbl>    <dbl>    <dbl>   <dbl>
1   -0.238        0     50.1   -1.07
2   -1.56         0     50.1    2.58
3    0.761        0     50.0   -1.13
4    1.13         0     49.9    0.754
5   -0.295        0     49.9    0.141
6    0.536        0     49.8   -0.404
```

　「feature2」の列が削除されたことが確認
できます。

Tips

**265**

▶Level ●●●

# ダミー変数を追加する

> ここが
> ポイント
> です！

## ダミー変数、One-Hot（ワンホット）エンコーディング

カテゴリ変数の処理として、「One-Hot（ワンホット）エンコーディング」による「ダミー変数の追加」があります。

### ●One-Hotエンコーディングとは

カテゴリデータの各カテゴリ（水準）の数だけ項目（集計表の列）を作り、項目の名前をカテゴリ名にします。データ（レコード）ごとに、カテゴリが該当する列に1を割り当て、それ以外の列には0を割り当てます。

データごとに、該当するカテゴリだけを1にすることで、他のカテゴリと区別する仕組みです。列の数はカテゴリの数だけ必要になりますが、それぞれのカテゴリを明確に分けられます。ただし、One-Hotエンコーディングは分類問題におけるラベル（カテゴリデータ）の変換にのみ使われることに注意してください。ラベル以外のカテゴリデータについては、「カテゴリの数－1」の列に1と0を割り当てる方法が用いられます。

---

・One-Hotエンコーディング

例えば次の左表のデータの場合、東京、名古屋、大阪を新しい列として作成し、そのデータが該当する列に1を割り当て、それ以外の列には0を割り当てます（右表）。このように新しく作成される列のことを**ダミー変数**と呼びます。

| レコードID | 地域 |
|---|---|
| 1 | 東京 |
| 2 | 名古屋 |
| 3 | 大阪 |
| 4 | 大阪 |

| レコードID | 東京 | 名古屋 | 大阪 |
|---|---|---|---|
| 1 | 1 | 0 | 0 |
| 2 | 0 | 1 | 0 |
| 3 | 0 | 0 | 1 |
| 4 | 0 | 0 | 1 |

カテゴリデータをOne-Hotエンコーディングした場合、すべてのカテゴリについてダミー変数が作成されることになります。次の例を見てみましょう。

▼ユーザーの居住地と趣味を集計したデータ

| 回答者 | 地域 | 趣味 |
|---|---|---|
| A | 大阪 | 音楽、スポーツ |
| B | 東京 | スポーツ |
| C | 名古屋 | 音楽 |
| D | 東京 | アニメ |

| 回答者 | 大阪 | 名古屋 | 音楽 | スポーツ | アニメ |
|---|---|---|---|---|---|
| A | 1 | 0 | 1 | 1 | 0 |
| B | 0 | 0 | 0 | 1 | 0 |
| C | 0 | 1 | 1 | 0 | 0 |
| D | 0 | 0 | 0 | 0 | 1 |

　「地域」のカテゴリデータから「大阪」と「名古屋」のダミー変数（の列）を作成し、「趣味」のカテゴリデータから「音楽」「スポーツ」「アニメ」のダミー変数（の列）を作成しています。

　気になるのは地域の「東京」がないことです。その理由は「大阪でも名古屋でもない人は自動的に東京になるから」です。もし、東京の列を加えてしまうと、「東京である」という情報と「大阪でも名古屋でもない」とい

う情報が重複してしまいます。分類問題における正解（ラベル）として使用するぶんにはよいのですが、機械学習に用いる（モデルに入力する）データとして使用する場合は、情報の重複は避ける必要があります。

　このことから、カテゴリデータが複数選択可になっている（上の例の「趣味」）場合を除き、「カテゴリの数マイナス1」がダミー変数の数になる、と覚えておくとよいでしょう。

● カテゴリ変数のダミー変数化
（One-Hotエンコーディング）

　サンプル用のデータフレームを作成し、カテゴリ変数のダミー変数化を行ってみましょう。

・step_dummy()関数

　指定されたカテゴリ変数をダミー変数に変換します。

| 書式 | step_dummy(recipe, …, one_hot = FALSE, …) | |
|---|---|---|
| パラメーター | recipe | recipe()関数で作成されたrecipeオブジェクト。 |
| | … | 適用する変数を選択するセレクター関数を指定します。例えば、all_nominal()はすべてのカテゴリ変数を対象とします。 |
| | one_hot | このオプションがFALSEに設定されている場合、最初のダミー変数の列を削除して、完全なOne-Hotエンコーディングを避けます（多重共線性の問題を回避するため）。 |
| 戻り値 | 「カテゴリ変数をダミー変数化する」処理が組み込まれたrecipeオブジェクトを返します。 | |

## ▼カテゴリ変数のダミー変数化

```r
# 必要なパッケージをロード
library(tidymodels)
library(tidyverse)

# カテゴリデータを含むtibble型データフレームの作成
sample_data <- tibble(
  id = 1:4,
  gender = factor(c("male", "female", "female", "male")),
  income_level = factor(c("low", "medium", "high", "medium"))
)
# データフレームを出力
print(sample_data)

# recipeオブジェクトを定義し、カテゴリ変数をダミー変数に変換
data_transformed <- recipe(~ ., data = sample_data) %>%
  step_dummy(all_nominal()) %>%
  prep() %>%
  bake(new_data = NULL)

# ダミー変数に変換したデータを取得
data_transformed <- bake(recipe_obj, new_data = NULL)
# 結果を表示
print(data_transformed)
```

## ▼出力

```
# A tibble: 4 × 3
     id gender income_level
  <int> <fct>  <fct>
1     1 male   low
2     2 female medium
3     3 female high
4     4 male   medium
```

| | id | gender_male | income_level_low | income_level_medium |
|---|---|---|---|---|
| | <int> | <dbl> | <dbl> | <dbl> |
| 1 | 1 | 1 | 1 | 0 |
| 2 | 2 | 0 | 0 | 1 |
| 3 | 3 | 0 | 0 | 0 |
| 4 | 4 | 1 | 0 | 1 |

`# A tibble: 4 × 4`

ちなみに、step_dummy()関数のオプションでone_hot = TRUEを設定した場合は、最初のダミー変数の削除は行われず、すべてのダミー変数が保持されます。

▼ step_dummy()関数のオプションで「one_hot = TRUE」を設定した場合

```
data_transformed <- recipe(~ ., data = sample_data) %>%
  step_dummy(all_nominal(), one_hot = TRUE) %>%
  prep() %>%
  bake(new_data = NULL)
```

この場合の結果は次のようになります。

▼ step_dummy()関数のオプションで「one_hot = TRUE」を設定した場合の結果

```
# A tibble: 4 × 6
    id gender_female gender_male income_level_high income_level_low income_level_medium
  <int>       <dbl>       <dbl>             <dbl>            <dbl>               <dbl>
1   1           0           1                 0                1                   0
2   2           1           0                 0                0                   1
3   3           1           0                 1                0                   0
4   4           0           1                 0                0                   1
```

## Tips 266
### Ames Housingデータセットのカテゴリデータを一括処理する

▶ Level ●●●

> ここがポイントです！ step_dummy()

Ames Housingデータセットには、数多くのカテゴリ変数があります。step_dummy()ですべてのカテゴリ変数をダミー変数化してみます。

▼ Ames Housingデータセットのカテゴリデータを一括処理する

```
# 必要なパッケージをロード
library(tidymodels)
library(AmesHousing)

# Ames Housingデータセットのロード
data <- make_ames()

# recipeオブジェクトの定義からデータ処理までを一連のプロセスで実行
```

```
processed_data <- recipe(~ ., data = data) %>%
  step_normalize(all_numeric(), -all_outcomes()) %>% # 数値データを標準化
  step_dummy(all_nominal(), -all_outcomes()) %>% # カテゴリ変数をダミー変数に変換
  prep() %>%
  bake(new_data = NULL)

# 処理されたデータの一部を表示
print(head(processed_data))
```

▼出力

```
# A tibble: 6 × 309
  Lot_Frontage Lot_Area Year_Built Year_Remod_Add Mas_Vnr_Area BsmtFin_SF_1 BsmtFin_SF_2
         <dbl>    <dbl>      <dbl>          <dbl>        <dbl>        <dbl>        <dbl>
1         2.49     2.74     -0.375          -1.16       0.0610       -0.975       -0.294
2        0.667    0.187     -0.342          -1.12      -0.566        0.816        0.557
3        0.697    0.523     -0.442          -1.26       0.0386       -1.42        -0.294
4         1.06    0.128     -0.111         -0.780      -0.566        -1.42        -0.294
5        0.488    0.467      0.848          0.658      -0.566       -0.527       -0.294
6        0.608  -0.0216      0.881          0.658      -0.454       -0.527       -0.294
```

　すべてを出力できないので、ダミー変数化の結果を確認できませんが、列数（特徴量の数）が81から309に増えているので、多くのダミー変数が作成されたことが確認できます。なお、レシピでは、カテゴリ変数のダミー変数化と数値データの標準化を行っていますが、先に標準化を行うようにしています。ダミー変数のデータは標準化が不要なためです。

# ラベルエンコーディング

ここが
ポイント
です！

## step_integer()

ラベルエンコーディングは、カテゴリデータの各カテゴリ（これを**水準**と呼びます）に1つ（一意）の数を割り当てる手法です。「辞書順に並べて、インデックスの数値を割り当てる」などの方法がありますが、多くの場合、その数値に本質的な意味はないので、機械学習に適した方法とはいえません。ただし、決定木と呼ばれるアルゴリズムをベースにしたモデルでは、ラベルエンコーディングされたデータを学習に反映できるので、これらのモデルには適した方法です。

▼ラベルエンコーディングの例
東京に1、名古屋に2、大阪に3を割り当てています。

| レコードID | 地域 |
|---|---|
| 1 | 東京 |
| 2 | 名古屋 |
| 3 | 大阪 |
| 4 | 大阪 |

| レコードID | 地域 |
|---|---|
| 1 | 1 |
| 2 | 2 |
| 3 | 3 |
| 4 | 3 |

• **step_integer()関数**
指定されたカテゴリ変数の各カテゴリをラベルエンコーディングします。

| 書式 | step_integer(recipe, ..., strict = TRUE, zero_based = FALSE, id = rand_id("integer")) | | |
|---|---|---|---|
| パラメーター | recipe | recipe()関数で作成されたrecipeオブジェクト。 |
| | ... | 適用する変数を選択するセレクター関数を指定します。例えば、all_nominal()はすべてのカテゴリ変数を対象とします。 |
| | strict | 値を（double ではなく）整数として返すかどうかの論理値。 |
| | zero_based | 整数をゼロから開始するかどうかの論理値。 |
| | id | ラベルを識別するための文字列を指定。デフォルトは"integer"。 |
| 戻り値 | 「カテゴリ変数のカテゴリをラベルエンコーディングする」処理が組み込まれたrecipeオブジェクトを返します。 | | |

tidymodelsを用いた前処理と特徴量エンジニアリング

▼ラベルエンコーディングをプログラムで確認

```r
library(tidymodels)

# サンプルデータフレームの作成
sample_df <- tibble(
  id = 1:5,
  category = factor(c("A", "B", "A", "C", "B")),
  value = c(10, 20, 30, 40, 50)
)
# データフレームを出力
print(sample_df)
# レシピの作成：カテゴリ変数を整数に変換
recipe <- recipe(~., data = sample_df) %>%
  step_integer(category)

# レシピの準備と適用
prepared_recipe <- prep(recipe)
transformed_data <- bake(prepared_recipe, new_data = NULL)

# 変換後のデータフレームを表示
print(transformed_data)
```

▼出力

```
# A tibble: 5 × 3
     id category value
  <int> <fct>    <dbl>
1     1 A           10
2     2 B           20
3     3 A           30
4     4 C           40
5     5 B           50
```

```
# A tibble: 5 × 3
     id category value
  <int>    <int> <dbl>
1     1        1    10
2     2        2    20
3     3        1    30
4     4        3    40
5     5        2    50
```

# データセットをランダムに訓練用とテスト用に分割する

**Tips 268**

▶Level ●●●

**ここがポイントです！** ホールドアウト法によるデータセットの分割

## ●ホールドアウト (Hold-Out) 法

ホールドアウト法は、用意したデータをランダムに分解し、その一部をテスト（検証）用に使用する手法です。手持ちのデータを使って、訓練用とテスト用に簡単に分割することができます。

▼データを訓練用とテスト用に分割

| train | valid |
|---|---|
| 訓練用データ | テスト（検証）用データ |

データが何らかの規則に従って並んでいる場合は要注意です。例えば、多クラスの分類問題において、データが分類先のクラス（正解ラベル）ごとに並んでいるような場合です。データの並びをそのままにして分割すると、データ自体に偏りが生じ、訓練（学習）を正しく行えないばかりか、テストもうまく行えません。

データを分割する場合は、データをシャッフルして並び順をランダムにしてから分割することが重要です。これは、一見ランダムに並んでいるように見えるデータに対しても有効です。

## ●Ames Housingデータセットを訓練用とテスト用に分割する

tidymodelsフレームワークのrsampleパッケージに含まれるinitial_split()関数は、データセットを訓練用とテスト用に分割します。

### ・rsampleパッケージのinitial_split()関数

データセットを訓練用とテスト用に分割します。ホールドアウト法に基づいてデータを分割し、訓練とテストのために別々のデータセットを提供します。

| 書式 | initial_split(data, prop = 0.75, strata = NULL, breaks = 4, pool = 0.1) | |
|---|---|---|
| パラメーター | data | 分割するデータフレーム。 |
| | prop | 訓練セットに割り当てるデータの割合。デフォルトは0.75です。 |
| | strata | 層別サンプリングを行うための基準にする変数。指定すると、この変数の分布が訓練セットとテストセットの間で均等になるように分割されます。 |
| | breaks | 層別サンプリングで使用される階級数。strataが指定されている場合にのみ関係します。 |
| | pool | 層別サンプリングにおける階級のプーリングに関するパラメーター。strataが指定されている場合にのみ関係します。 |

| 戻り値 | 戻り値は、rsampleパッケージで定義されているrsetオブジェクトです。このオブジェクトは、訓練データセットとテストデータセットへの分割情報を保持していますが、実際のデータそのものは含まれていません。訓練データセットとテストデータセットを取得するには、training()関数とtesting()関数を使用して、このrsetオブジェクトから抽出します。 |
|---|---|

　Ames Housingデータセットを訓練データとテストデータに分割してみます。分割割合にはinitial_split()関数のデフォルト値「prop = 0.75」を用いて、全体の75%を訓練データに割り当てることにします。

▼ Ames Housingデータセットを訓練データとテストデータに分割する

```
# パッケージをロード
library(AmesHousing)
library(tidymodels)

# Ames Housingデータセットを読み込む
data <- make_ames()

# 初期データ分割：訓練データとテストデータに分割
set.seed(123)   # 再現性のための乱数シード設定
data_split <- initial_split(data, prop = 0.75)

# 訓練データとテストデータを抽出
train_data <- training(data_split)
test_data <- testing(data_split)

# 訓練データとテストデータのサイズを確認
cat("訓練データの行数:", nrow(train_data), "\n")
cat("テストデータの行数:", nrow(test_data), "\n")

# データの冒頭部分を出力
print(head(train_data))
print(head(test_data))
```

▼出力

```
訓練データの行数： 2197
テストデータの行数： 733
```

```
# A tibble: 6 × 81
```

| | MS_SubClass | MS_Zoning | Lot_Frontage | Lot_Area | Street | Alley | Lot_Shape | Land_Contour | Utilities |
|---|---|---|---|---|---|---|---|---|---|
| | <fct> | <fct> | <dbl> | <int> | <fct> | <fct> | <fct> | <fct> | <fct> |
| 1 | One_Story… | Floating… | 81 | 11216 | Pave | No_A… | Regular | Lvl | AllPub |
| 2 | Two_Story… | Floating… | 0 | 2998 | Pave | No_A… | Regular | Lvl | AllPub |
| 3 | One_Story… | Resident… | 0 | 17871 | Pave | No_A… | Moderate… | Lvl | AllPub |
| 4 | Two_Story… | Floating… | 85 | 10574 | Pave | No_A… | Regular | Lvl | AllPub |
| 5 | One_and_Ha… | Resident… | 50 | 6000 | Pave | No_A… | Regular | Lvl | AllPub |
| 6 | Two_Story… | Floating… | 35 | 4251 | Pave | Paved | Slightly… | Lvl | AllPub |

```
# i 72 more variables: Lot_Config <fct>, Land_Slope <fct>, Neighborhood <fct>, …

# A tibble: 6 × 81
  MS_SubClass MS_Zoning Lot_Frontage Lot_Area Street Alley Lot_Shape Land_Contour Utilities
  <fct>       <fct>             <dbl>    <int> <fct>  <fct> <fct>     <fct>        <fct>
1 One_Story_… Resident…            81    14267 Pave   No_A… Slightly… Lvl          AllPub
2 Two_Story_… Resident…            78     9978 Pave   No_A… Slightly… Lvl          AllPub
3 One_Story_… Resident…             0     6820 Pave   No_A… Slightly… Lvl          AllPub
4 Split_Foyer Resident…            85    10625 Pave   No_A… Regular   Lvl          AllPub
5 One_Story_… Resident…            65     8450 Pave   No_A… Regular   Lvl          AllPub
6 One_Story_… Resident…            70    10500 Pave   No_A… Regular   Lvl          AllPub
# i 72 more variables: Lot_Config <fct>, Land_Slope <fct>, Neighborhood <fct>, …
```

**Tips**

# 269

# データセットを層別サンプリングする

**ここがポイントです！** 層別サンプリング

▶Level ●●●

　**層別サンプリング**とは、「特定の変数のデータ分布が訓練データとテストデータの間で均等になる」ようにサンプリングする手法のことです。「データセットのデータ分布に偏りがある」場合や、「特定の変数の観測値（データ）が重要で、バランスをとる必要がある」場合に有効な手法です。

　initial_split()関数のstrataオプションを利用すると、データセットを層別サンプリングすることができます。ここでは、Ames Housingデータセットの目的変数「Sale_Price」の中央値をもとに、データを高価格帯と低価格帯の2つに分類し、この新しい変数に基づいてデータセットを訓練データとテストデータに分割する場合を考えます。

　次のプログラムでは、データセットに新しく追加したPrice_Category列をstrataオプションに指定しています。これによりinitial_split()関数は、Price_Categoryの各カテゴリ（住宅販売価格の"High"と"Low"）が訓練データセットとテストデータセットの間で同じ比率で保持されるように、データを分割します。

tidymodelsを用いた前処理と特徴量エンジニアリング

▼Ames Housingデータセットの「Sale_Price」の中央値をもとに層別サンプリングする

```r
library(tidymodels)
library(AmesHousing)

# Ames Housingデータセットを読み込む
data <- make_ames()

# Sale_Priceの中央値に基づいて"High", "Low"の2値を含む変数を作成
median_price <- median(data$Sale_Price, na.rm = TRUE)
# 作成したmedian_priceのデータをPrice_Category列としてデータフレームに追加
data$Price_Category <- ifelse(data$Sale_Price > median_price, "High", "Low")

set.seed(123)    # 再現性のための乱数シード設定
# initial_split()のstrataオプションにPrice_Category列を指定
split <- initial_split(data, prop = 0.75, strata = Price_Category)

# 訓練データとテストデータを抽出
train_data <- training(split)
test_data <- testing(split)
# 訓練データとテストデータのサイズを確認
cat("訓練データの行数:", nrow(train_data), "\n")
cat("テストデータの行数:", nrow(test_data), "\n")
```

▼出力
```
訓練データの行数: 2197
テストデータの行数: 733
```

 Column 層化抽出と層別サンプリング

**層化抽出**と**層別サンプリング**はいずれも英語名がStratified Samplingであり、同じ概念を指しています。

この手法は、全体のデータセットをいくつかの互いに排他的なサブグループ（層）に分割し、それぞれの層から無作為にサンプルを抽出するプロセスを指します。目的は、「抽出されたサンプルが、全体のデータセットをよりよく代表するようにする」ことです。

●層化抽出（層別サンプリング）の主なメリット
・代表性の確保
　サンプルが母集団をより正確に反映するようになります。

・バリアンスの削減
　無作為サンプリングと比較して、サンプリングデータの**バリアンス**（平均からの散らばり具合）を減少させることができます。

# Tips 270

▶Level ●●●

**k-分割クロスバリデーション**

ここが
ポイント
です！ **k-分割クロスバリデーション、vfold_cv()関数**

**k-分割クロスバリデーション**（k-fold cross-validation）とは、「データセットをk個の同じ（またはほぼ同じ）サイズの部分集合にランダムに分割し、バリデーション（訓練とテスト）を行う」という手法です。この部分集合のことを**フォールド**（fold）と呼びます。

具体的には、k個のフォールドのうち1つがテスト（検証）データとして使われ、残りのk－1個のフォールドが訓練データとして使われます。このプロセスをk回繰り返し、各フォールドが正確に一度はテストデータとして使用されるようにします。

クロスバリデーションの主な目的は、モデルの性能評価や、モデルのハイパーパラメーターの適正値を見つけることであり、モデル自体を構築するものではありません。最終的なモデルの構築には、クロスバリデーションの結果をもとに、全データセットでモデルを再訓練する必要があります。

▼クロスバリデーション

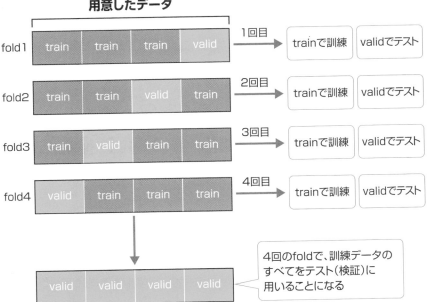

tidymodelsを用いた前処理と特徴量エンジニアリング

前ページの図に示した例では、データセットを4個のfoldに分割し、訓練とテストを4回繰り返すことで、データセットのすべてをテストに用いるようにしています。計4回のバリデーションが行われることになりますが、評価の際はスコアの平均をとることで、各foldで生じる偏りを極力減らします。

例えば、fold数を2から4に増やした場合、計算する時間は2倍になりますが、1回の訓練に用いるデータが全体の50%から75%に増えるので、そのぶんモデルの精度向上が期待できます。ただし、fold数を増やすことと訓練に用いるデータ量が増えることとは比例しないので、むやみにfold数を増やしても意味がありません。一般的に、fold数は5または10が適切だとされています。

### ・vfold_cv()関数

tidymodelsのrsampleパッケージに用意されているvfold_cv()関数は、データセットをk-分割クロスバリデーション用に分割します。

| 書式 | vfold_cv(data, v = 10, strata = NULL, repeats = 1) | |
|---|---|---|
| パラメーター | data | 分割するデータフレーム。 |
| | v | 分割するフォールドの数。デフォルトは10。 |
| | strata | 層別サンプリングに使用する列名。指定された列の分布が各フォールド間で保持されます。NULLの場合、層別サンプリングは行われません。 |
| | repeats | クロスバリデーションの繰り返し回数を指定します。デフォルトは1で、通常のk-分割クロスバリデーションが行われます。 |
| 戻り値 | rsetオブジェクト（vfold_cvクラスのオブジェクト）を返します。このオブジェクトには、次の情報が含まれます：<br>・各フォールドに対する訓練セットとテストセットの行インデックス。<br>・分割の概要情報、例えばフォールド数や層別サンプリングに使われた列名など。<br>・使用された繰り返し数（repeatsが1より大きい場合）。<br>戻り値のrsetオブジェクトは、tidymodelsのモデルの訓練や評価を行う関数と組み合わせて使用されます。例えば、fit_resamples()関数にこの戻り値を入力することで、設定されたクロスバリデーションの手順に基づいてモデルを訓練し、評価することができます。 | |

▼Ames Housingデータセットを10個のフォールドに分割する例

```
library(tidymodels)
library(AmesHousing)


# Ames Housingデータセットを読み込む
data <- make_ames()
# 10個のfoldに分割
folds <- vfold_cv(data, v = 10)
# 結果を表示
print(folds)
```

▼出力

```
#  10-fold cross-validation
# A tibble: 10 × 2
   splits                id
   <list>                <chr>
 1 <split [2637/293]> Fold01
 2 <split [2637/293]> Fold02
 3 <split [2637/293]> Fold03
 4 <split [2637/293]> Fold04
 5 <split [2637/293]> Fold05
 6 <split [2637/293]> Fold06
 7 <split [2637/293]> Fold07
 8 <split [2637/293]> Fold08
 9 <split [2637/293]> Fold09
10 <split [2637/293]> Fold10
```

2,930件のデータが10個のフォールドに分割され、うち1個（293件）がテスト用となっています。これを10回繰り返すので、Fold01からFold10までが用意されています。

・訓練時の使用

各イテレーション（繰り返し）で、k − 1個のフォールドが組み合わされて訓練セットを形成します。10分割クロスバリデーションでは、各イテレーションで9個のフォールドが訓練データとして使用されます。

・検証時の使用

各イテレーションにおいて、異なる1個のフォールドがテストセットとして選ばれます。クロスバリデーションの全プロセスを通じて、すべてのフォールドがテストセットとして使用されることになります。

# k-分割クロスバリデーションで回帰モデルを評価する

**Tips 271** ▶Level ●●●

**ここがポイントです！** k-分割クロスバリデーション、vfold_cv()関数、fit_resamples()関数

実際にk-分割クロスバリデーションによるモデルの評価を行ってみましょう。題材にAmes Housingデータセットを用いて、リッジ回帰モデルで住宅販売価格の予測を行います。回帰問題については10章で詳しく紹介するので、ここでは「k-分割クロスバリデーションとはどういうものなのか」に着目してみてください。

なお、リッジ回帰モデルにはglmnetパッケージが必要なので、事前に**Console**ペインに

```
install.packages("glmnet")
```

と入力して、インストールしてください。

tidymodelsを用いた前処理と特徴量エンジニアリング

9

## • fit_resamples()関数

　tidymodelsのrsampleパッケージに用意されているfit_resamples()関数は、与えられたデータのリサンプリングセット(クロスバリデーションやブートストラップサンプル)を用いてモデルを訓練し、評価します。

| 書式 | fit_resamples(object, resamples, metrics = NULL, control = NULL) | |
|---|---|---|
| パラメーター | object | 訓練したいモデルまたはワークフロー。workflow()関数で作成したワークフローオブジェクトなどを指定します。 |
| | resamples | データのリサンプリング結果。vfold_cv()、bootstraps()などの関数で生成されたリサンプリングオブジェクトを指定します。 |
| | metrics | モデルの性能を評価するために使用される評価指標を指定します。例えば分類モデルの場合、精度(Accuracy)があります。回帰モデルの場合は、平均絶対誤差(MAE)、平均二乗誤差(MSE)、二乗平均平方根誤差(RMSE)などがあります。指定されていない場合は、デフォルトの評価指標が、問題の種類に応じて自動的に選択されます。 |
| | control | リサンプリングの実行制御を行うオプション。control_resamples()関数を使用して設定します。並列処理や進捗バーの表示など、実行時のオプションを制御できます。 |
| 戻り値 | | rsetオブジェクト(具体的にはtune_resultsクラスのオブジェクト)を返します。このオブジェクトには、モデルの訓練結果や性能評価が含まれています。戻り値を利用して、次のような分析を行うことができます：<br>collect_metrics(): リサンプリングの各イテレーション(繰り返し)で計算された性能指標の要約を取得します。<br>collect_predictions(): リサンプリングセットごとのモデル予測を集約したデータフレームを取得します。 |

▼Ames Housingデータセットの予測モデルをk-分割クロスバリデーションで検証する

```r
library(tidymodels)
library(AmesHousing)

# Ames Housingデータセットを読み込む
data <- make_ames()
# 10分割のクロスバリデーションを実施
folds <- vfold_cv(data, v = 10, strata = Sale_Condition)
# Sale_Priceを目的変数として、その他のすべての変数を説明変数とする
ames_recipe <- recipe(Sale_Price ~ ., data = data) %>%
  step_dummy(all_nominal(), -all_outcomes()) %>%    # カテゴリ変数をダミー変数に変換
  step_zv(all_predictors()) %>%         # ゼロ分散の予測変数を除去
  step_corr(all_predictors()) %>%       # 相関が強い変数の除外
  step_normalize(all_numeric_predictors(), -all_outcomes())    # 目的変数以外を標準化
# モデルにリッジ回帰を選択
linear_reg_model <- linear_reg(penalty = 0.1, mixture = 0) %>%
  set_engine("glmnet") %>%
  set_mode("regression")
# ワークフローの作成
ames_workflow <- workflow() %>%
  add_recipe(ames_recipe) %>%
  add_model(linear_reg_model)
# k-分割クロスバリデーションを使用したモデルの評価
cv_results <- fit_resamples(
  ames_workflow,
  folds
)
# 結果の要約を作成
cv_results_summary <- cv_results %>%
  collect_metrics()
# 出力
print(cv_results_summary)
```

▼出力

```
# A tibble: 2 × 6
  .metric .estimator  mean     n  std_err .config
  <chr>   <chr>      <dbl> <int>    <dbl> <chr>
1 rmse    standard  28338.    10    2458. Preprocessor1_Model1
2 rsq     standard   0.869    10   0.0248 Preprocessor1_Model1
```

　10分割クロスバリデーションの結果、RMSEの平均が28,338となりました。

## 層化k-分割クロスバリデーション

**Tips 272** ▶Level ●●●

**ここがポイントです!** 層化k-分割クロスバリデーション、vfold_cv()関数、strataオプション

二値分類や多クラス分類などの分類問題では、分類先のクラスの割合が同程度になるように分割することがあります。これを**層化k-分割クロスバリデーション**(Stratified K-fold、**層化抽出**)と呼びます。検証データにおいて分類先のクラスの割合をほぼ同じにして、バリデーションの評価を安定させるのが目的です。

特に、極端に正解になりにくいクラスが存在する場合は、バリデーションデータをランダムに抽出するとフォールドによってそのクラスの含まれる割合が大きく変動し、フォールドごとのスコアにぶれが生じやすくなります。このような場合は、層化k-分割クロスバリデーションが有効です。

次に示すのは、mtcarsデータセットを用いて、車のトランスミッションの種類(am: 0 = 自動, 1 = 手動)を分類するモデルを評価する層化k-分割クロスバリデーションを作成する例です。

▼mtcarsデータセットを用いて層化k-分割クロスバリデーションを作成する

```
library(tidymodels)
# mtcarsデータセットを用意
data <- mtcars
# 目的変数'am'を因子型に変換
data$am <- as.factor(data$am)
# strataオプションに目的変数を指定して10に分割したクロスバリデーションの用意
folds <- vfold_cv(data, v = 10, strata = am)
# 結果を出力
print(folds)
```

▼出力

```
#  10-fold cross-validation using stratification
# A tibble: 10 × 2
   splits          id
   <list>          <chr>
 1 <split [28/4]>  Fold01
 2 <split [28/4]>  Fold02
 3 <split [28/4]>  Fold03
 4 <split [29/3]>  Fold04
```

```
 5 <split [29/3]> Fold05
 6 <split [29/3]> Fold06
 7 <split [29/3]> Fold07
 8 <split [29/3]> Fold08
 9 <split [29/3]> Fold09
10 <split [30/2]> Fold10
```

**Tips 273**

# 層化k-分割クロスバリデーションで分類モデルを評価する

▶Level ●●●

**ここがポイントです！**　層化k-分割クロスバリデーション、vfold_cv()関数

　実際に層化k-分割クロスバリデーションによるモデルの評価を行ってみましょう。題材にmtcarsデータセットを用いて、車のトランスミッションの種類 (am: 0 = 自動，1 = 手動) を分類するモデルについて評価します。分類問題については11章で詳しく紹介するので、ここでは「層化k-分割クロスバリデーションとはどういうものなのか」に着目してみてください。

　なお、ここで使用するランダムフォレスト分類モデルにはrangerパッケージが必要なので、事前に**Console**ペインに

```
install.packages("ranger")
```

と入力して、インストールしてください。

▼車のトランスミッションの種類 (am: 0 = 自動，1 = 手動) を分類するモデルを
　層化k-分割クロスバリデーションで評価する

```
library(tidymodels)

# mtcarsデータセットを用意
data <- mtcars
# 目的変数'am'を因子型に変換
data$am <- as.factor(data$am)
# strataオプションに目的変数を指定して10分割のクロスバリデーションを用意
folds <- vfold_cv(data, v = 10, strata = am)


# レシピの定義
recipe <- recipe(am ~ ., data = data)
# ランダムフォレスト分類モデル
model <- rand_forest(trees = 1000) %>%
  set_engine("ranger") %>%
  set_mode("classification")
# ワークフローの作成
workflow <- workflow() %>%
```

tidymodelsを用いた前処理と特徴量エンジニアリング

```
    add_recipe(recipe) %>%
    add_model(model)

# 層化k-分割クロスバリデーションを使用したモデルの評価
results <- fit_resamples(
    workflow,
    folds
)
# 結果の要約を作成して出力
metrics <- collect_metrics(results)
print(metrics)
```

▼出力

```
# A tibble: 2 × 6
  .metric   .estimator   mean     n std_err  .config
  <chr>     <chr>       <dbl> <int>   <dbl>  <chr>
1 accuracy  binary      0.817    10   0.107  Preprocessor1_Model1
2 roc_auc   binary      0.875    10   0.100  Preprocessor1_Model1
```

　フォールド数10の層化k-分割クロスバリデーションの結果、正解率（accuracy）の平均は0.817となりました。

第 **10** 章

274〜295

# tidymodelsを
# 用いた回帰モデルに
# よる予測と評価

# 機械学習における「予測問題」とは

**ここがポイントです！** 予測問題、回帰モデル

機械学習では、「何を目的に学習を行うのか」という意味で「問題」という言葉を使います。「問題＝課題」の意味ですが、機械学習では大きく分けて**予測問題**と**分類問題**を扱います。

## ●「予測問題」とは

機械学習では、コンピューターが学習（訓練）した結果に基づいて何らかの予測を行うので、「予測問題」も「分類問題」も広い意味では予測です。ここで扱う予測問題とは、「数値の予測」のことを指します。機械学習における予測問題は、「過去のデータを学習して、未来にとりうるであろう数値を予測する」ということです。

## ●「分類問題」とは

分類問題では、データが属するカテゴリを予測します。顧客の購買情報を学習した上で、その顧客が新商品を「買う」か「買わない」かを予測します。メールデータを読み込んで、そのメールが「スパムである」「スパムではない」のどちらなのかを予測します。このような、「2つのうちのどちらなのか」を予測することを**二値分類**と呼びます。また、分類問題では分類先のことを「クラス」と呼ぶため、分類先が2を超える場合は**多クラス分類**と呼びます。

## ●「回帰モデル」とは

機械学習における「モデル」とは、データから学習されたパターンや関係性を数学的に表現したものです。プログラミングにおいては、「与えられたデータに基づいて予測や分類を行うためのアルゴリズムをプログラムに実装したもの」だといえます。**回帰モデル**は、与えられたデータに基づいて予測（**数値予測**）を行うアルゴリズムの実装です。

回帰モデルには、「線形回帰」、「勾配降下アルゴリズムによる線形回帰」、「サポートベクター回帰」、「決定木回帰」、「ランダムフォレスト回帰」などがあります。

# 線形回帰モデルの作成から訓練までの手順

> **ここがポイントです！** 線形回帰モデルの式、線形回帰モデルの定義、モデルの訓練

**線形回帰**は予測問題に用いられるアルゴリズムで、データが本来とりうる（回帰する）値（正解値）を、回帰式を用いて予測します。この回帰式を求めることが線形回帰の目的ですが、その手段として「正規方程式を用いて解析的に求める方法」および「勾配降下法を用いて近似解を求める方法」が使われます。ここでは、正規方程式を用いる方法について見ていきます。

## ●線形回帰モデルの式

線形回帰における「線形」は、入力データの加重総和（入力データに係数を掛けてその総和を求めたもの）のことを意味しています。これにバイアス項（切片項）と呼ばれる定数を加えたものが、線形回帰モデルの式になります。

### ▼線形回帰の予測式

$$\hat{y} = \theta_0 + \theta_1 x_1 + \theta_2 x_2 + \cdots + \theta_n x_n$$

### ▼説明

| | |
|---|---|
| $\hat{y}$ | モデルの予測値。 |
| $x_n$ | 説明変数。$n$は説明変数の数を示す。 |
| $\theta_0$ | バイアス項。 |
| $\theta_1 \sim \theta_n$ | 説明変数のデータに適用（乗算）する係数。パラメーターまたは重みと呼ばれる。 |

線形回帰モデルの式の$n$個のパラメーター$\theta_1 \sim \theta_n$ならびに$n$個の説明変数$x_1 \sim x_n$をそれぞれベクトル$\boldsymbol{\theta}$、$\boldsymbol{X}$と見なして書き直すと、次のように簡単に表せます。

### ▼線形回帰モデルの式をベクトル形式で表記

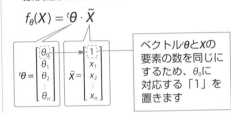

ベクトルを表すときは、$\boldsymbol{\theta}$、$\boldsymbol{X}$のように太字にします。$f_{\boldsymbol{\theta}}(\boldsymbol{X})$は、パラメーター$\boldsymbol{\theta}$を持っていて、なおかつ$\boldsymbol{X}$についての関数であることを示しています。予測値$\hat{y}$を出力する関数なので、モデルの式としてこのような書き方になっています。$\boldsymbol{\theta}$については、

$$[\theta_0, \theta_1, \theta_2, \cdots, \theta_n]$$

の行ベクトルの形状だと$\boldsymbol{X}$と掛け算（**ドット積**\*）ができないので、$\boldsymbol{\theta}$を「転置」（行と列を入れ替えること）して列ベクトルにする必要があります。そこで先の式では$\boldsymbol{\theta}$に添え字の$t$を付けて$^t\boldsymbol{\theta}$とすることで、$\boldsymbol{\theta}$を転置して行ベクトルにすることを示しています。

---

\* **ドット積** 「内積」と呼ばれることもあります。

$\tilde{X}$について説明しましょう。$\tilde{X}$は元のデータ$X$の先頭要素に1を追加したものです。$X$は$m$件のデータを格納した列ベクトルですが、話を簡単にするため、説明変数の数を1つにしています。当然、説明変数の数は増え

ることが予想されるので、$X$の要素もベクトルになります。つまり、データの件数を$m$、説明変数の数を$n$次元とした($m$行, $n$列)の行列になります。

### ▼表形式のデータ（テーブルデータ）：$m$件のデータに説明変数が1～$n$

| データ | 説明変数1 | 説明変数2 | 説明変数$i$ | 説明変数$n$ |
|---|---|---|---|---|
| データ1 | $x_{(1)1}$ | $x_{(1)2}$ | $x_{(1)i}$ | $x_{(1)n}$ |
| データ2 | $x_{(2)1}$ | $x_{(2)2}$ | $x_{(2)i}$ | $x_{(2)n}$ |
| ⋮ | ⋮ | ⋮ | ⋮ | ⋮ |
| データ$m$ | $x_{(m)1}$ | $x_{(m)2}$ | $x_{(m)i}$ | $x_{(m)n}$ |

### ▼$m$件のデータに説明変数が1～$n$のときの($m$行, $n$列)の行列$X$

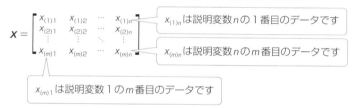

$x_{(1)n}$は説明変数$n$の1番目のデータです

$x_{(m)n}$は説明変数$n$の$m$番目のデータです

$x_{(m)1}$は説明変数1の$m$番目のデータです

$X$の1列目に、ベクトル${}^t\theta$の$\theta_0$に対応する「1」を追加すると次のようになります。これを$\tilde{X}$とします。

### ▼$X$に、$\theta_0$に対応する「1」を置く

$$\tilde{X} = \begin{bmatrix} 1 & x_{(1)1} & x_{(1)2} & \cdots & x_{(1)n} \\ 1 & x_{(2)1} & x_{(2)2} & \cdots & x_{(2)n} \\ 1 & \vdots & \vdots & \ddots & \vdots \\ 1 & x_{(m)1} & x_{(m)2} & \cdots & x_{(m)n} \end{bmatrix}$$

そうすると、線形回帰モデルの式は次のように表されます。

### ▼線形回帰モデルの式を行列形式で表記

$$f_\theta(X) = {}^t\theta \cdot \tilde{X}$$

### ●解析解を求める正規方程式

損失関数を最小にするパラメーター$\theta$について、次の「正規方程式」で解析解を求めることができます。解析解とは、方程式を解くことで理論的に導き出される解のことです。

### ▼損失関数を最小にする$\theta$の解析解を求める正規方程式

$$\hat{\theta} = ({}^t\tilde{X} \cdot \tilde{X})^{-1} \cdot {}^t\tilde{X}y$$

説明変数の行列$X$を転置した行列です

正解値を格納したベクトルです

$({}^t\tilde{X} \cdot \tilde{X})^{-1}$の右上の添え字「−1」は、逆行列であることを示します。

## ●モデルの作成方法

　tidymodelsフレームワークのparsnipパッケージで提供されるlinear_reg()関数は、線形回帰モデルの仕様を定義するための仕様オブジェクト（parsnipオブジェクト）を作成します。

### ・linear_reg()関数

　線形回帰モデルの仕様（基盤）を作成します。

| 書式 | linear_reg(mode = "regression", penalty = NULL, mixture = NULL) | |
|---|---|---|
| パラメーター | mode | モデルのタイプを指定します。回帰モデルの場合は"regression"を指定します。 |
| | penalty | 正則化項の強度を指定します。正則化は、モデルの過学習を防ぐために、モデルの係数に対して追加の制約を加える手法です。NULLはデフォルトで、正則化が適用されないことを意味します。<br>正則化を適用する場合（リッジ回帰、ラッソ回帰、またはエラスティックネット回帰など）、penaltyオプションに正の数値を設定します。この値は正則化の強度を表し、値が大きいほど、より強い正則化（すなわち、係数がゼロに近づくように強く制約される）が適用されます。 |
| | mixture | mixture = NULL は、linear_reg()関数のデフォルト設定です。この場合、正則化は適用されず、通常の線形回帰モデルが作成されます。<br>mixture = 0 の場合、リッジ回帰のみが適用されます（L2正則化のみ）。<br>mixture = 1 の場合、ラッソ回帰のみが適用されます（L1正則化のみ）。<br>0 < mixture < 1 の場合、L1とL2の正則化の間で、指定された比率でエラスティックネット正則化が適用されます。 |
| 戻り値 | 指定した仕様に基づく線形回帰モデルの仕様オブジェクト（parsnipオブジェクト）を返します。parsnipオブジェクトに、モデルのタイプ、使用されるエンジン（例えば"lm"）などを追加することで、モデルを構築します。 | |

### ・set_engine()関数

　parsnipパッケージのset_engine()関数は、モデルの仕様オブジェクト（parsnipオブジェクト）に、計算エンジン（アルゴリズム）を組み込みます。

| 書式 | set_engine(model, engine, mode = NULL, ...) | |
|---|---|---|
| パラメーター | model | linear_reg()関数で生成されたモデルの仕様オブジェクト（parsnipオブジェクト）。 |
| | engine | モデルを訓練するために使用する計算エンジンの名前。線形回帰モデルの場合は "lm" を指定します。 |
| | mode | モデルの動作モード。"regression"（回帰）や"classification"（分類）が指定できますが、多くの場合、set_engine()で個別に指定できるため、通常、このオプションの指定は省略されます。 |
| 戻り値 | 指定された計算エンジンが組み込まれた、モデルの仕様オブジェクト（parsnip）を返します。 | |

### • set_mode()関数

モデルが解くべき問題のタイプを、parsnipオブジェクトに組み込む働きをします。"regression"(回帰)または"classification"(分類)が使用されます。

| 書式 | set_mode(model, mode) | |
|---|---|---|
| パラメーター | model | linear_reg()関数で生成されたモデルの仕様オブジェクト(parsnipオブジェクト)。 |
| | mode | モデルが解くべき問題のタイプを示す文字列。"regression"(回帰)または"classification"(分類)を指定します。 |
| 戻り値 | モデルが解くべき問題の種別が組み込まれた、モデルの仕様オブジェクト(parsnip)を返します。 | |

次に示すのは、以上の関数を使用して、線形回帰モデルを作成(定義)する例です。

**▼線形回帰モデルの作成例**

```
linear_reg_spec <- linear_reg() %>%
  set_engine("lm") %>%
  set_mode("regression")
```

### ●モデルの訓練方法

モデルの訓練にあたっては、workflow()関数➡add_recipe()関数➡add_model()関数の順で処理を行い、最後にfit()関数で訓練を実行します。

### • workflow()関数

workflowクラスのオブジェクトを返します。このオブジェクトは以下のコンポーネントを含むことができ、訓練のワークフロー(手順)を定義します。

### • add_recipe()関数

データの前処理と特徴量エンジニアリングのためのレシピを、workflowオブジェクトに追加します。

### ・前処理のレシピ

データの前処理と特徴量エンジニアリングのためのレシピオブジェクトを、add_recipe()関数を使ってワークフローに追加します。

### ・モデルの仕様

使用するモデルの仕様オブジェクト(parsnipオブジェクト)を、add_model()関数を使ってワークフローに追加します。

| 書式 | add_recipe(workflow, recipe) | |
|------|------|------|
| パラメーター | workflow | レシピを追加するworkflowオブジェクト。 |
| | recipe | データの前処理と特徴量エンジニアリングのステップを定義したrecipeオブジェクト。 |
| 戻り値 | 指定したrecipeオブジェクトが組み込まれたworkflowオブジェクトを返します。 | |

### • add_model()関数

モデルの仕様（parsnipオブジェクト）をworkflowオブジェクトに追加します。

| 書式 | add_model(workflow, model, blueprint = NULL) | |
|------|------|------|
| パラメーター | workflow | モデルの仕様（parsnipオブジェクト）を追加するworkflowオブジェクト。 |
| | model | 訓練したいモデルの仕様を定義したオブジェクト。linear_reg()で作成したモデルの仕様（parsnipオブジェクト）を指定します。 |
| 戻り値 | 指定したモデルの仕様（parsnipオブジェクト）が組み込まれたworkflowオブジェクトを返します。 | |

### • fit()関数

指定されたデータセットを使用して、workflowオブジェクトの定義に従い、モデルの訓練を実施します。訓練終了後、モデルの内部パラメーターが更新されたモデルオブジェクトを生成します。

| 書式 | fit(object, data) | |
|------|------|------|
| パラメーター | object | workflowオブジェクト。 |
| | data | モデルの訓練に使用するデータセット。 |
| 戻り値 | 訓練完了後のモデルオブジェクトを返します。workflow()を使って訓練した場合、戻り値は workflow_fit オブジェクトになります。 | |

次に示すのは、以上の関数を使用して、線形回帰モデルを訓練する例です。

▼モデルを訓練

```
fit <- workflow() %>%
  add_recipe(recipe) %>%
  add_model(linear_reg_spec) %>%
  fit(data = train_data)
```

tidymodelsを用いた回帰モデルによる予測と評価

# Tips 276

**Level ●●●**

# 線形回帰モデルによる住宅販売価格の予測

**ここがポイントです！** データセットの前処理、線形回帰モデルの定義と訓練、モデルの評価

データセットの「Ames Housing」を線形回帰モデルで訓練（学習）し、住宅販売価格の予測、モデルの評価、学習結果のグラフ化までを行います。

## ●「Ames Housing」を読み込んで線形回帰モデルの訓練を実施する

「Ames Housing」を読み込み、次の手順でモデルの訓練までを行います。

・前処理として数値変数の標準化、カテゴリ変数のダミー変数化を行う
・線形回帰モデルを定義
・線形回帰モデルを訓練（訓練データを用いる）

▼「Ames Housing」を題材に、線形回帰モデルを訓練する

```
library(tidymodels)
library(AmesHousing)

# データを読み込む
data <- make_ames()

# データを訓練セットとテストセットに分割
set.seed(123)
data_split <- initial_split(data, prop = 0.75)
train_data <- training(data_split)
test_data <- testing(data_split)

# 前処理のレシピを定義
# モデル式「Sale_Price ~ .」においてSale_Priceを目的変数に、
# その他すべての変数を説明変数に設定する
recipe <- recipe(Sale_Price ~ ., data = train_data) %>%
    # 数値変数の標準化
    step_normalize(all_numeric(), -all_outcomes()) %>%
    # カテゴリ変数をダミー変数化
    step_dummy(all_nominal(), -all_outcomes())

# モデルの仕様を定義
linear_reg_spec <- linear_reg() %>%
    set_engine("lm") %>%
```

```
    set_mode("regression")

# モデルを訓練
fit <- workflow() %>%
    add_recipe(recipe) %>%
    add_model(linear_reg_spec) %>%
    fit(data = train_data)
```

　上記のプログラムを実行すると、モデルを訓練するコードブロックの終了後に警告メッセージが出力されることもありますが、プログラム的には問題ないので、引き続きプログラミングを進めてください。

### ●モデルの性能評価

　訓練終了後、訓練済みのモデルにテストデータを入力し、実際に予測値を出力させて正解値との誤差を測定します。これを「モデルの評価」と呼びます。

### • predict()関数

　訓練されたモデルを使用して、新しいデータに対する予測を行います。

| 書式 | predict(object, new_data = NULL, type = "response", opts = list()) | |
|---|---|---|
| パラメーター | object | 訓練済みのモデルオブジェクト。fit()関数を使用して訓練されたあとのオブジェクトです。 |
| | new_data | 予測に用いる新しいデータセット。 |
| | type | 予測のタイプを指定する文字列。デフォルトは "response" で、モデルの予測出力（回帰の場合は数値、分類の場合はクラス予測）を返します。ほかに、予測確率を返す "prob" などもありますが、使用できる値はモデルの種類によって異なります。 |
| 戻り値 | 指定したrecipeオブジェクトが組み込まれたworkflowオブジェクトを返します。 | |

### • metrics()関数

　モデルの評価に使用される様々な評価指標を提供します。

| 書式 | metrics(data, truth, estimate, ...) |
|---|---|
| パラメーター | data | 予測結果と実際の値（正解値）を含むデータフレーム。 |
| | truth | 実際の値（正解値）を含む列の名前。 |
| | estimate | モデルによる予測結果を含む列の名前。 |
| 戻り値 | 計算された評価指標を含むtibble型データフレームを返します。データフレームには、各評価指標の名前とその値が含まれます。 |

tidymodelsを用いた回帰モデルによる予測と評価

▼訓練済みモデルの性能評価（先のコードの続き）

```
results <- fit %>%
    # 訓練済みモデルにテストデータを入力して予測値を取得
    predict(new_data = test_data) %>%
    # predict()で取得した予測値と、元のテストデータセット
    # test_dataを列方向に結合
    bind_cols(test_data) %>%
    # モデルの性能を評価
    metrics(truth = Sale_Price, estimate = .pred)
# 結果を表示
print(results)
```

▼出力

```
# A tibble: 3 × 3
  .metric .estimator .estimate
  <chr>   <chr>          <dbl>
1 rmse    standard      53223.
2 rsq     standard        0.659
3 mae     standard      17696.
```

　データフレームの内容として、モデルが出力する予測値と正解値（目的変数の値）の誤差を示す評価指標が出力されています。この中の「rmse」が53223となっていて、予測値と正解値の誤差の平均は53,223 USドルであることを示しています。

● **モデルが予測した販売価格と実際の販売価格を散布図にしてみる**

　ggplot2パッケージを使用して、実際の販売価格（Sale_Price）と、線形回帰モデルによって予測された販売価格（.pred）の間の関係を視覚化するための散布図を、以下の手順で作成します。

・**散布図の基本設定**

「ggplot(predictions, aes(x = Sale_Price, y = .pred))」

　predictionsデータフレームを使用して、散布図の基本を設定します。aes()関数は、x軸に実際の販売価格（Sale_Price）、y軸に予測された販売価格（.pred）を配置します。

・**データ点の描画**

「geom_point(alpha = 0.5)」

　実際の価格と予測価格の交点にドット（点）を描画します。「alpha = 0.5」によってポイントの透明度を設定し、重なりがある場合に見やすくなるようにします。

・**等価線の追加**

「geom_abline(intercept = 0, slope = 1, linetype = "dashed", color = "red")」

　赤い破線で**等価線**（予測価格が実際の価格と完全に一致する線）を追加します。等価線（「y = x」の直線）は、グラフ上で「予測値と実際の値が等しい点が集まる場所」を示すので、予測値が実際の値に非常に近い、あるいは完全に一致する場合、散布図上のドット（点）はこの線に沿って配置されます。一方、予測値と実際の値の間に大きな差がある場合、点は等価線から離れた位置に表示されます。これを利用して、モデルの予測値と実際の値を比較することで、モデルの性能を視覚的に評価できます。

直線の方程式は一般に「y = mx + b」の形をとります。ここで、mは線の傾き（slope）、bはy軸との切片（intercept）を表します。「intercept = 0」は、この直線がy軸と交わる点が原点（0,0）であることを意味します。「slope = 1」は、直線の傾きを指定するためのもので、この設定によって直線の式は「y = x + 0」つまり「y = x」となります。

これは、x軸の値とy軸の値が等しいすべての点を通る直線を意味します。

### ・軸ラベルとグラフタイトルの設定

「labs(x = "Actual Sale Price", y = "Predicted Sale Price", title = "Actual vs Predicted Sale Prices")」

### ・軸の目盛りの調整

「scale_x_continuous(labels = label_number())」および「scale_y_continuous(labels = label_number())」

x軸とy軸のラベルを数値表記に調整します。これがないと、軸の目盛りが指数表記になるためです。

### ▼ ggplotを使用して散布図上に等価線を描画する（これまでのコードに続けて入力）

```
#   Sale_Price(実際の販売価格)と .pred(予測された販売価格)のデータフレームを作成
predictions <- predict(fit, new_data = test_data) %>%
  # 予測結果を元のテストデータ(test_data)に列方向に結合
  bind_cols(test_data) %>%
  # 結合されたデータフレームから、Sale_Price(実際の販売価格)と
  # .pred(予測された販売価格)のみを含む列を抽出する
  select(Sale_Price, .pred)


# ggplotを使用して散布図上に等価線を描画する
ggplot(predictions, aes(x = Sale_Price, y = .pred)) +
  # 実際の価格と予測価格の交点にドット(点)を描画
  geom_point(alpha = 0.5) +
  # 等価線の追加　直線の式y=mx+bをy=xにする
  geom_abline(intercept = 0, slope = 1, linetype = "dashed", color = "red") +
  # 軸ラベルとグラフタイトルの設定
  labs(x = "Actual Sale Price", y = "Predicted Sale Price", title = "Actual vs Predicted Sale Prices") +
  # X軸ラベルとY軸のラベルを通常の数値表記にする
  scale_x_continuous(labels = label_number()) +
  scale_y_continuous(labels = label_number())
```

※この2つのコードブロックは、**Run**ボタンでそれぞれ単独で（順番に）実行してください。

tidymodelsを用いた回帰モデルによる予測と評価

▼ [Plots] ペインに出力されたグラフ

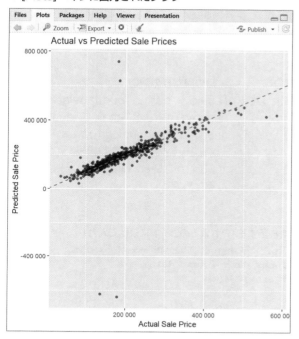

●訓練実施後に表示される警告について

訓練完了後のモデルで、predict()を実行して予測する場合、次のような警告が表示されることがあります。

▼ predict() を実行した際に表示される警告

```
警告メッセージ：
predict.lm(object = object$fit, newdata = new_data, type =
"response", で：
  prediction from rank-deficient fit; consider predict(.,
rankdeficient="NA")
```

この警告メッセージは、線形回帰モデルが「ランク不足 (rank-deficient)」であることを示しています。ランク不足とは、「訓練データの特徴量 (説明変数) 間に完全な、または強い相関が存在するため、モデルが特徴量の重要性を正しく学習できていない可能性がある」という意味です。

この問題に対処する方法としては次のものがあります。

・特徴量の削除

相関の強い特徴量のうち、1つを削除します。

・正則化を使用する

リッジ回帰 (L2正則化)、ラッソ回帰 (L1正則化)、またはエラスティックネット (L1とL2の組み合わせ) など、正則化を伴う線形回帰モデルを使用して訓練します。

## ・主成分分析 (PCA) を使用する

　主成分分析を使用して特徴量を変換し、新しい低次元の特徴空間を作成します。特徴空間は、データポイントが存在する多次元空間のことで、2次元の特徴空間では、2つの特徴量によって表現される平面上の座標が各データポイントになります。

　本書の事例での対策としては、前処理においてカテゴリ変数をダミー変数化していますが、ダミー変数化ではなくラベルエンコーディングに変更することが考えられます。ダミー変数化することにより、強い相関のある特徴量が多数作られてしまうためです。

# 回帰モデルの評価指標

**Tips 277** ▶Level ●●●

ここがポイントです！

## MSE、RMSE、RMSLE、MAE、決定係数 $R^2$

　予測問題では、モデルが出力する予測値と正解値との誤差を測定し、これを用いてモデルの性能 (精度) を評価します。ここでは、予測モデルを評価する指標として用いられる代表的な手法について見てきます。

### ●予測モデルの誤差とは

　予測問題に用いられるモデルの誤差とは、モデルが出力した予測値と目的変数としての正解値との差分のことです。**残差**と呼ばれることもあります。

▼予測モデルにおける誤差

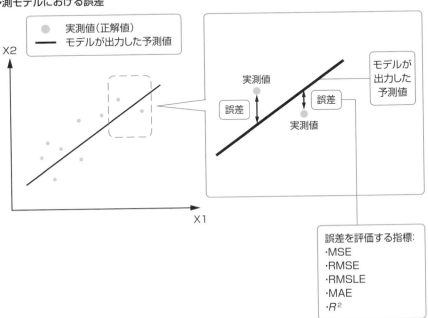

tidymodelsを用いた回帰モデルによる予測と評価

## ●MSE（平均二乗誤差）

モデルが出力した予測値と実測値（正解値）との差を二乗してその総和を求め、データの数で割って平均を求めます。こうして求めた値を「**平均二乗誤差（MSE：Mean Squared Error）**」と呼びます。MSEが小さいほど、誤差が少ない精度のよいモデルだと評価されます。

### ▼MSEを求める式

$$\mathrm{MSE} = \frac{1}{n} \sum_{i=1}^{n} (y_i - \hat{y}_i)^2$$

- $n$：データの数
- $y_i$：$i$番目の実測値（正解値）
- $\hat{y}_i$：$i$番目の予測値

## ●RMSE（二乗平均平方根誤差）

MSEでは誤差を二乗した総和の平均を求めているため、誤差の単位が「元の単位の二乗」になっています。これを補正して元の単位に揃えたものが「**二乗平均平方根誤差（RMSE：Root Mean Square Error）**」です。予測値と実測値の差の二乗平均（MSE）の平方根をとることで求めます。

### ▼RMSEを求める式

$$\mathrm{RMSE} = \sqrt{\frac{1}{n} \sum_{i=1}^{n} (y_i - \hat{y}_i)^2}$$

## ●RMSLE（対数平方平均二乗誤差）

「**対数平方平均二乗誤差（RMSLE：Root Mean Squared Logarithmic Error）**」は、予測値と正解値の対数差の二乗和の平均の平方根をとることで求めます。

### ▼RMSLEを求める式

$$\mathrm{RMSLE} = \sqrt{\frac{1}{n} \sum_{i=1}^{n} (\log(1+y_i) - \log(1+\hat{y}_i))^2}$$

対数をとる前に予測値と実測値の両方に+1をしているのは、予測値または実測値が0の場合に log(0) となって計算できなくなることを避けるためです。

### ・RMSLEの特徴

- 予測値が正解値を下回る（予測の値が小さい）場合に大きなペナルティが与えられるので、来客数や店舗の在庫を予測するようなケースで有効です。「来客数を少なめに予測したため、仕入れや人員が不足してしまった」、「出荷数を少なく見積もって在庫が余ってしまった」などを避けたい場合です。
- 分析に用いるデータのバラツキが大きく、かつ分布に偏りがある場合に、データ全体を対数変換して正規分布に近似させることがあります。目的変数（正解値）を対数変換した場合は、RMSEを最小化するように学習することになりますが、これは対数変換前のRMSLEを最小化する処理と同じことをやっていることになります。

## ●MAE（平均絶対誤差）

「**平均絶対誤差（MAE：Mean Absolute Error）**」は、正解値と予測値の絶対差の平均をとったもので、次の式で求めます。

### ▼MAEを求める式

$$\mathrm{MAE} = \frac{1}{n} \sum_{i=1}^{n} |y_i - \hat{y}_i|$$

MAEは誤差を二乗していないので、「MSEやRMSEに比べて外れ値の影響を受けにくい」という特徴があります。予測値と正解値の誤差の中に突出した誤差が含まれている場合は、MAEが最適な選択肢かもしれません。元のデータと単位が変わらないこともポイントの1つです。ただし、MAEを使う場合は、小さな値の誤差が読み取りにくくなる点に注意が必要です（小さな値のまま平均されるので）。また、評価用としてではなく、モデルの学習を行うときの損失関数（1回の学習ごとに誤差を測定する関数）としては、数学的な理由から扱いにくい面があります[*]。

## ● 決定係数 ($R^2$)

決定係数$R^2$は、予測モデルの当てはまりのよさを確認する指標として用いられます。最大値は1で、1に近いほど精度の高い予測ができていることを意味します。次の式からわかるように、分母は正解値とその平均との差（偏差）の二乗和、分子は正解値と予測値との誤差（残差）の二乗和となっています。

### ▼ $R^2$ を求める式

$$R^2 = 1 - \frac{\sum_{i=1}^{n}(y_i - \hat{y}_i)^2}{\sum_{i=1}^{n}(y_i - \bar{y}_i)^2}$$

- $n$：データの数
- $y_i$：$i$番目の実測値（正解値）
- $\hat{y}_i$：$i$番目の予測値
- $\bar{y}_i$：正解値の平均

## ● 住宅価格の予測で出力された評価指標について

前回のTipsで、Ames Housingデータセットを線形回帰モデルで学習したときの評価指標として、次のように表示されました。

### ▼ 出力

```
# A tibble: 3 × 3
  .metric .estimator .estimate
  <chr>   <chr>          <dbl>
1 rmse    standard      53223.
2 rsq     standard        0.659
3 mae     standard      17696.
```

この場合、上から順番に「RMSE」「決定係数$R^2$」「MAE」が表示されています。

tidymodelsを用いた回帰モデルによる予測と評価

---

[*] **…があります** 勾配降下法による勾配計算を利用して最適化（学習）を行う場合、誤差の勾配が不連続になることがある。

# リッジ回帰とは

ここが
ポイント
です！ リッジ回帰の目的関数、座標降下法

「**リッジ**（Ridge）**回帰**」は、線形回帰モデルの一種で、過学習を防止する**正則化**と呼ばれる処理を適用した機械学習アルゴリズムです。特に、多数の説明変数が存在する場合や、説明変数間に相関がある場合（多重共線性の問題）に有効です。リッジ回帰は、線形回帰モデルの損失関数に対して、係数の二乗和（L2正則化）に比例するペナルティ項を追加することで、正則化を行います。

### ●リッジ回帰における目的関数

リッジ回帰では、係数の二乗和にペナルティを与えることで、係数の大きさを制限し、モデルの複雑さを抑えます。これにより、モデルの予測性能が向上し、特に予測変数間に多重共線性（強い相関）が存在する場合に有効です。リッジ回帰モデルの目的関数は、二乗誤差の最小化に加えて、係数の二乗和に基づくペナルティ項が加えられた形で表されます。具体的には、次の式で定義されます。

#### ▼リッジ回帰の目的関数

$$\mathrm{RSS}_{\mathrm{Ridge}}(\beta) = \sum_{i=1}^{n} (y_i - \beta^T x_i)^2 + \lambda \sum_{j=1}^{p} \beta_j^2$$

・$n$はサンプルの数
・$x_i$は$i$番目のサンプルの特徴ベクトル（説明変数の値）
・$y_i$は$i$番目のサンプルの目的変数の値
・$\beta$は回帰係数のベクトル
・$p$は説明変数の数

・$\beta_j$は$j$番目の特徴に対する回帰係数
・$\lambda$は正則化パラメーター
・RSSはResidual Sum of Squares（残差平方和）の略
・$\lambda$は正則化の強度を制御する非負のパラメーター（これが大きいほど、係数はより強く縮小される）

### ●リッジ回帰の特徴
### ・多重共線性の緩和

リッジ回帰は、予測変数間の多重共線性の問題を軽減するために有効です。ペナルティ項により係数が過度に大きくなることを抑え、安定した予測を可能にします。

### ・係数の縮小

リッジ回帰では、すべての係数はゼロにはなりませんが、小さくされるため、モデルの複雑さが抑制されます。これにより、過学習のリスクを減らすことができます。

このように、リッジ回帰は、説明変数の数が多い場合や、変数間に強い相関がある場合に特に有効です。ペナルティ項の導入により、モデルの一般化能力が向上し、新しいデータに対する予測精度が改善される可能性があります。ただし、どの変数が重要なのかを選択する能力は持ちません。

## ●座標降下法

線形回帰モデルでは解析解を求める方法が用いられましたが、リッジ回帰のモデルでは、内部的に**座標降下法**によって目的関数の最小化が行われます。

座標降下法では、一度に1つの係数$\beta_j$を最適化し、他の係数は固定されたままとします。この過程をすべての係数に対して繰り返し、すべての係数が収束する（目的関数が最小化する）まで繰り返します。

### ・リッジ回帰における座標降下法の手順
❶初期化
係数$\beta$を0または他の値で初期化します。
❷反復
各係数$\beta_j$について、次の手順を実行します。

・対象の$\beta_j$係数以外の係数の値を固定します。
・目的関数$L(\beta)$を$\beta_j$についてのみ最小化する$\beta_j$の値を求めます。このステップでは、$\lambda$によって調整されたペナルティが係数の更新に影響します。
・更新された$\beta_j$を使用して、目的関数を再計算します。
❸収束のチェック
係数の更新がある閾値以下になるまで、ステップ❷を繰り返します。

linear_reg()関数において、penaltyパラメーターとmixtureパラメーターを設定することでリッジ回帰（L2正則化）を指定し、計算エンジンにglmnetを指定すると、内部的には座標降下法を用いた最適化が行われます。

## Tips 279 住宅販売価格をリッジ回帰モデルで予測する

▶Level ●●●

**ここがポイントです！** リッジ回帰の目的変数、座標降下法

「Ames Housing」を、L2正則化を用いるリッジ回帰モデルで学習し、住宅販売価格の予測、モデルの評価、学習結果のグラフ化までを行います。

### ●glmnetパッケージのインストール

リッジ回帰モデルの作成には、glmnetパッケージが必要になります。RStudioのConsoleに

```
install.packages("glmnet")
```

と入力してインストールしてください。Packagesペインを利用する場合は、InstallボタンをクリックしてInstall Packagesダイアログを開き、Packages...の欄に「glmnet」と入力してInstallボタンをクリックすると、インストールが始まります。

### ●「Ames Housing」をリッジ回帰モデルで学習し、住宅販売価格の予測、評価、グラフ化までを行う

リッジ回帰モデルの仕様を定義するには、次のようにlinear_reg()関数のpenaltyオプションで正則化項の強度（例では0.1）を設定し、mixtureオプションで0を指定します。

▼リッジ回帰モデルの作成例

```
ridge_reg_spec <- linear_reg(penalty = 0.1, mixture = 0) %>%
  set_engine("glmnet") %>%
  set_mode("regression")
```

▼「Ames Housing」を読み込んでリッジ回帰モデルの訓練を実施、モデルの評価、グラフ化まで行う

```
library(tidymodels)
library(AmesHousing)

# データを読み込む
data <- make_ames()
# データを訓練セットとテストセットに分割
set.seed(123)  # 再現性のため、乱数生成のシード値を設定
data_split <- initial_split(data, prop = 0.75)
train_data <- training(data_split)
test_data <- testing(data_split)

# 前処理のレシピを定義
# モデル式「Sale_Price ~ .」においてSale_Priceを目的変数に、
# その他すべての変数を説明変数に設定する
recipe <- recipe(Sale_Price ~ ., data = train_data) %>%
  # 数値変数の標準化
  step_normalize(all_numeric(), -all_outcomes()) %>%
  # カテゴリ変数をダミー変数化
  step_dummy(all_nominal(), -all_outcomes())

# リッジ回帰モデルの仕様を定義
ridge_reg_spec <- linear_reg(penalty = 0.1, mixture = 0) %>%
  set_engine("glmnet") %>%
  set_mode("regression")

# モデルを訓練
fit_ridge <- workflow() %>%
  add_recipe(recipe) %>%
  add_model(ridge_reg_spec) %>%
  fit(data = train_data)

# 性能を評価
results_ridge <- fit_ridge %>%
  predict(new_data = test_data) %>%
  bind_cols(test_data) %>%
  metrics(truth = Sale_Price, estimate = .pred)
# 結果を表示
print(results_ridge)

# Sale_Price(実際の販売価格)と.pred(予測された販売価格)のデータフレームを作成
predictions <- predict(fit_ridge, new_data = test_data) %>%
# 予測結果を元のテストデータ(test_data)に列方向に結合
```

```
bind_cols(test_data) %>%
  # 結合されたデータフレームから、Sale_Price(実際の販売価格)と
  # .pred(予測された販売価格)のみを含む列を抽出する
  select(Sale_Price, .pred)

# ggplotを使用して散布図上に等価線を描画する
p <- ggplot(predictions, aes(x = Sale_Price, y = .pred)) +
  # 実際の価格と予測価格の交点にドット(点)を描画
  geom_point(alpha = 0.5) +
  # 等価線の追加　直線の式y=mx+bをy=xにする
  geom_abline(intercept = 0, slope = 1, linetype = "dashed", color = "red") +
  # 軸ラベルとグラフタイトルの設定
  labs(x = "Actual Sale Price", y = "Predicted Sale Price",
       title = "Ridge:Actual vs Predicted Sale Prices") +
  # X軸ラベルとY軸のラベルを通常の数値表記にする
  scale_x_continuous(labels = label_number()) +
  scale_y_continuous(labels = label_number())
# 明示的にグラフを出力
print(p)
```

▼出力

```
# A tibble: 3 × 3
  .metric .estimator .estimate
  <chr>   <chr>          <dbl>
1 rmse    standard      29660.
2 rsq     standard       0.859
3 mae     standard      16155.
```

今回は、多重共線性(複数の変数間の相関が強すぎる問題)についての警告は一切表示されず、モデルの性能も向上したことが確認できます。Tips276での線形回帰モデルのRMSE「53223」から「29660」まで、かなり改善されました。

▼ [Plots]ペインに出力されたグラフ

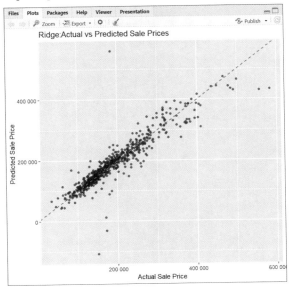

**さらにワンポイント　ソースコードをまとめて実行**

ソースコードをまとめて実行した場合、グラフが描画されないことがあるため、最後の「ggplotを使用して散布図上に等価線を描画する」コードブロックは、print()関数で明示的に出力(描画)するようにしています。

tidymodelsを用いた回帰モデルによる予測と評価

# ラッソ回帰とは

ここが
ポイント
です！

## ラッソ回帰モデル

ラッソ（Lasso）回帰は、予測変数の選択と正則化を行う線形回帰の一種です（LassoはLeast Absolute Shrinkage and Selection Operatorの略）。ラッソ回帰は、特に多数の予測変数を持つモデルにおいて、過学習を防ぎつつ変数選択を自動で行いたい場合に有用です。

ラッソ回帰モデルの目的関数は、二乗誤差の最小化に加えて、係数の絶対値の和に対するペナルティ項が加えられた形で表されます。具体的には、次の式で定義されます

### ▼ラッソ回帰の目的関数

$$\text{RSS}_{\text{LASSO}}(\beta) = \sum_{i=1}^{n} (y_i - \beta^T x_i)^2 + \lambda \sum_{j=1}^{p} |\beta_j|$$

・$n$はサンプルの数
・$x_i$は$i$番目のサンプルの特徴ベクトル（説明変数の値）
・$y_i$は$i$番目のサンプルの目的変数の値
・$\beta$は回帰係数のベクトル
・$p$は説明変数の数
・$\beta_j$は$j$番目の特徴に対する回帰係数
・$\lambda$は正則化パラメーター
・RSSはResidual Sum of Squares（残差平方和）の略

### ●ラッソ回帰の特徴

**・変数選択**

$\lambda$の値に応じて、一部の係数が完全にゼロになることがあります。これは、ラッソ回帰が不要な説明変数をモデルから除外することを意味します。

**・スパースモデル**

多くの係数をゼロにすることで、スパースなモデル（少数の説明変数のみを使用するモデル）を作成します。これは、解釈が容易なモデルを得るのに役立ちます。

このように、ラッソ回帰は、特に説明変数の数が多い場合や、変数間に強い相関がある場合に有効です。予測性能を維持しながら不要な変数を取り除くことができるためです。ただし、複数の変数が相関している場合、どの変数が選択されるかは不安定になる可能性があります。

**Tips**

# 281

住宅販売価格を
ラッソ回帰モデルで予測する

▶Level ●●●

**ここがポイントです！** ラッソ回帰モデル、mixture = 1

「Ames Housing」をラッソ回帰モデルで学習し、住宅販売価格の予測、モデルの評価、学習結果のグラフ化までを行います。

● glmnetパッケージのインストール

リッジ回帰モデルと同様に、ラッソ回帰モデルの作成には、glmnetパッケージが必要になります。インストールがまだの場合は、インストールしてください。

● 「Ames Housing」をラッソ回帰モデルで学習し、住宅販売価格の予測、評価、グラフ化までを行う

ラッソ回帰モデルの仕様を定義するには、次のようにlinear_reg()関数のpenaltyオプションで正則化項の強度（例では0.1）を設定し、mixtureオプションで1を指定します。

▼ ラッソ回帰モデルの仕様を定義

```
lasso_reg_spec <- linear_reg(penalty = 0.1, mixture = 1) %>%
  set_engine("glmnet") %>%
  set_mode("regression")
```

▼ 「Ames Housing」を読み込んでラッソ回帰モデルの訓練を実施、モデルの評価、グラフ化まで行う

```
library(tidymodels)
library(AmesHousing)

# データを読み込む
data <- make_ames()

# データを訓練セットとテストセットに分割
set.seed(123) # 再現性のため、乱数生成のシード値を設定
data_split <- initial_split(data, prop = 0.75)
train_data <- training(data_split)
test_data <- testing(data_split)

# 前処理のレシピを定義
recipe <- recipe(Sale_Price ~ ., data = train_data) %>%
  step_normalize(all_numeric(), -all_outcomes()) %>%
  step_dummy(all_nominal(), -all_outcomes())

# ラッソ回帰モデルの仕様を定義
lasso_reg_spec <- linear_reg(penalty = 0.1, mixture = 1) %>%
  set_engine("glmnet") %>%
  set_mode("regression")
```

10

tidymodelsを用いた回帰モデルによる予測と評価

```r
# モデルを訓練
fit_lasso <- workflow() %>%
  add_recipe(recipe) %>%
  add_model(lasso_reg_spec) %>%
  fit(data = train_data)

# 性能を評価
results_lasso <- fit_lasso %>%
  predict(new_data = test_data) %>%
  bind_cols(test_data) %>%
  metrics(truth = Sale_Price, estimate = .pred)
# 結果を表示
print(results_lasso)

# Sale_Price(実際の販売価格)と.pred(予測された販売価格)のデータフレームを作成
predictions_lasso <- predict(fit_lasso, new_data = test_data) %>%
  bind_cols(test_data) %>%
  select(Sale_Price, .pred)

# ggplotを使用して散布図上に等価線を描画する
p_lasso <- ggplot(predictions_lasso, aes(x = Sale_Price, y = .pred)) +
  geom_point(alpha = 0.5) +
  geom_abline(intercept = 0, slope = 1, linetype = "dashed", color =
"red") +
  labs(x = "Actual Sale Price", y = "Predicted Sale Price",
       title = "Lasso: Actual vs Predicted Sale Prices") +
  scale_x_continuous(labels = label_number()) +
  scale_y_continuous(labels = label_number())
# 明示的にグラフを出力
print(p_lasso)
```

▼出力

```
# A tibble: 3 × 3
  .metric .estimator .estimate
  <chr>   <chr>          <dbl>
1 rmse    standard      50103.
2 rsq     standard       0.686
3 mae     standard      17429.
```

Tips279でのリッジ回帰モデルのRMSEは「29,660」でしたが、今回は「50,103」に増加しています。

▼[Plots]ペインに出力されたグラフ

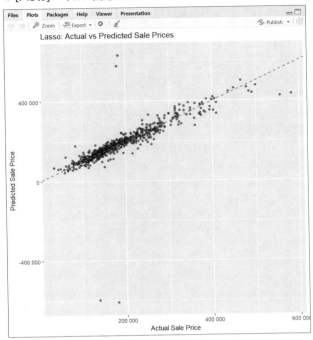

**Tips**
# 282
▶Level ●●●

ここが
ポイント
です！

# エラスティックネット回帰とは

## エラスティックネット回帰モデル

　**エラスティックネット回帰**は、リッジ回帰とラッソ回帰のペナルティ項を組み合わせた正則化を行います。特に、説明変数が多い場合や、変数間に強い相関がある場合に有効です。エラスティックネット回帰は、ラッソ回帰の変数選択の能力、そしてリッジ回帰の多重共線性を扱う能力という両手法の利点を活用します。

　エラスティックネット回帰の目的関数は、次のように表されます。

▼エラスティックネット回帰の目的関数

$$\mathrm{RSS}_{\mathrm{ElasticNet}}(\beta) = \sum_{i=1}^{n}(y_i - \beta^T x_i)^2 + \lambda_1 \sum_{j=1}^{p}|\beta_j| + \lambda_2 \sum_{j=1}^{p}\beta_j^2$$

- $n$はサンプルの数
- $x_i$は$i$番目のサンプルの特徴ベクトル（説明変数の値）
- $y_i$は$i$番目のサンプルの目的変数の値
- $\beta$は回帰係数のベクトル
- $p$は説明変数の数
- $\beta_j$は$j$番目の特徴に対する回帰係数
- $\lambda_1$と$\lambda_2$はそれぞれラッソ回帰とリッジ回帰のペナルティ項の強度を調整するパラメーター
- RSSはResidual Sum of Squares（残差平方和）の略

エラスティックネット回帰の目的関数は、予測性能を向上させつつモデルの複雑さを抑えることを目指しています。ラッソ回帰のペナルティ$\lambda_1 \sum_{j=1}^{p} |\beta_j|$は、不要な変数の係数をゼロにすることで変数選択を行います。一方、リッジ回帰のペナルティ$\lambda_2 \sum_{j=1}^{p} \beta_j^2$は、係数の大きさを抑えることで多重共線性の問題を緩和します。

## ●エラスティックネット回帰の特徴

### ・変数選択

ラッソ回帰のように変数選択を行いながら、リッジ回帰のように係数の大きさを縮小します。これにより、モデルの予測性能の向上が期待できます。

### ・パラメーターチューニング

$\lambda_1$と$\lambda_2$の値を適切に選ぶことで、モデルの性能を最適化することが重要です。この過程は、通常、クロスバリデーションを使用した方がよいかもしれません。

このように、エラスティックネット回帰は、その柔軟性から、多くの実用的な応用が可能でであると考えられます。

**Tips 283** ▶Level ●●●

# 住宅販売価格をエラスティックネット回帰モデルで予測する

**ここがポイントです！** エラスティックネット回帰モデル、mixtureオプションを0と1の間の値に設定

「Ames Housing」をエラスティックネット回帰モデルで学習し、住宅販売価格の予測、モデルの評価、学習結果のグラフ化までを行います。

## ●glmnetパッケージのインストール

リッジ回帰やラッソ回帰モデルと同様に、glmnetパッケージが必要になります。インストールがまだの場合は、インストールしてください。

## ●「Ames Housing」をエラスティックネット回帰モデルで学習し、住宅販売価格の予測、評価、グラフ化までを行う

エラスティックネット回帰モデルでは、linear_reg()関数のmixtureオプションの値を0と1の間の値に設定します。これにより、リッジ回帰とラッソ回帰のペナルティを組み合わせた効果を得ることができます。

▼エラスティックネット回帰モデルの仕様を定義

```
elastic_net_spec <- linear_reg(penalty = 0.1, mixture = 0.5) %>%
  set_engine("glmnet") %>%
  set_mode("regression")
```

このコードでは、linear_reg()関数で penaltyを0.1に、mixtureを0.5に設定しています。mixtureの値は0と1の間で設定可能ですが、この例では、リッジ回帰とラッソ回帰のペナルティのバランスをとるために0.5を設定しています。

▼「Ames Housing」を読み込んでエラスティックネット回帰モデルの訓練を実施、
モデルの評価、グラフ化まで行う

```
library(tidymodels)
library(AmesHousing)

# データを読み込む
data <- make_ames()

# データを訓練セットとテストセットに分割
set.seed(123)  # 再現性のため、乱数生成のシード値を設定
data_split <- initial_split(data, prop = 0.75)
train_data <- training(data_split)
test_data <- testing(data_split)

# 前処理のレシピを定義
recipe <- recipe(Sale_Price ~ ., data = train_data) %>%
  step_normalize(all_numeric(), -all_outcomes()) %>%
  step_dummy(all_nominal(), -all_outcomes())

# エラスティックネット回帰モデルの仕様を定義
elastic_net_spec <- linear_reg(penalty = 0.1, mixture = 0.5) %>%
  set_engine("glmnet") %>%
  set_mode("regression")

# モデルを訓練
fit_elastic_net <- workflow() %>%
  add_recipe(recipe) %>%
  add_model(elastic_net_spec) %>%
  fit(data = train_data)

# 性能を評価
results_elastic_net <- fit_elastic_net %>%
  predict(new_data = test_data) %>%
  bind_cols(test_data) %>%
  metrics(truth = Sale_Price, estimate = .pred)
# 結果を表示
```

```
print(results_elastic_net)

# Sale_Price(実際の販売価格)と.pred(予測された販売価格)のデータフレームを作成
predictions_elastic_net <- predict(fit_elastic_net, new_data = test_
data) %>%
  bind_cols(test_data) %>%
  select(Sale_Price, .pred)

# ggplotを使用して散布図上に等価線を描画する
p_elastic_net <- ggplot(predictions_elastic_net, aes(x = Sale_Price, y
= .pred)) +
  geom_point(alpha = 0.5) +
  geom_abline(intercept = 0, slope = 1, linetype = "dashed", color =
"red") +
  labs(x = "Actual Sale Price", y = "Predicted Sale Price",
       title = "Elastic Net: Actual vs Predicted Sale Prices") +
  scale_x_continuous(labels = label_number()) +
  scale_y_continuous(labels = label_number())
# 明示的にグラフを出力
print(p_elastic_net)
```

▼出力

```
# A tibble: 3 × 3
  .metric .estimator .estimate
  <chr>   <chr>          <dbl>
1 rmse    standard       48882.
2 rsq     standard        0.696
3 mae     standard       17358.
```

RMSEは「48,882」です。

これまでの結果を見ると、リッジ回帰モデルの性能が最も高いです。その要因としては次のようなことが考えられます。

・**リッジ回帰は多重共線性に強い**

リッジ回帰は、予測変数間に強い相関が存在する場合 (多重共線性) に特に有効です。

・**エラスティックネット回帰の**
**ペナルティが不適切な場合**

一方で、エラスティックネット回帰はラッソ回帰の特性も持っており、変数の選択を行います。そのため、ペナルティのバランスがデータセットに対して適切でない場合 (例えば、ラッソ回帰の効果が強すぎる場合)、重要な変数がモデルから除外されることが原因で性能が低下する可能性が考えられます。

▼[Plots]ペインに出力されたグラフ

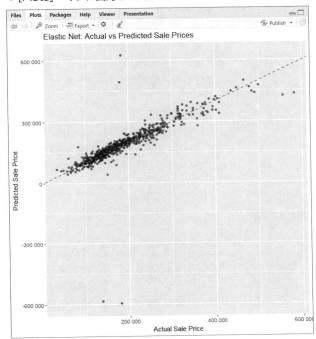

**Tips**
# 284 多項式回帰とは

▶Level ●●●

ここが
ポイント
です！
**多項式回帰**

**多項式回帰**は、線形回帰の一形態であり、目的変数$y$と説明変数$x$の間の非線形関係をモデル化するために使われます。この方法では、独立変数の高次の項（例えば、$x^2$、$x^3$など）を回帰モデルに導入して、データの複雑なパターンを捉えます。一般的な多項式回帰モデルは次のように表されます。

▼多項式回帰モデルの式

$$y = \beta_0 + \beta_1 x + \beta_2 x^2 + \beta_3 x^3 + \cdots + \beta_n x^n + \varepsilon$$

・$y$は目的変数

・$x$は説明変数

・$x^2$, $x^3$, ..., $x^n$は$x$の高次項

・$\beta_0$, $\beta_1$, $\beta_2$, ..., $\beta_n$はモデルの係数

・$n$は多項式の次数

・$\varepsilon$は誤差項

・**多項式回帰の特徴**

・**柔軟性**

　高次の項を増やすことで、モデルの柔軟性を高め、データの複雑なパターンに適応させることができます。ただし、高次の項を増やしすぎると、過学習のリスクが高まります。

・**正則化の検討**

　過学習を防ぐために、リッジ回帰やラッソ回帰のような正則化手法を組み合わせることが推奨されます。

### ●多項式変換を行わない説明変数との組み合わせ

　一般に多項式回帰は計算に時間がかかるため、すべての説明変数を多項式変換するのではなく、特定の変数に対して多項式変換を適用することになります。他の変数はその原形（多項式変換を行わない形）でモデルに含まれるので、多項式変換を行う変数と行わない変数が同じモデル内で共存することになります。モデルが多項式変換を行った変数と行わなかった変数の両方を含む場合の一般的な形は次の通りです。

▼多項式変換を行った変数と行わなかった変数の両方を含む場合

$$y = \beta_0 + \beta_1 x_1 + \beta_2 x_1^2 + \cdots + \beta_n x_1^n + \gamma_1 x_2 + \gamma_2 x_3 + \cdots + \gamma_m x_m + \varepsilon$$

・$y$は目的変数

・$x_1$は多項式変換を適用する説明変数

・$x_2$, $x_3$, ..., $x_m$は多項式変換を適用しないその他の変数

・$\beta_0$, $\beta_1$, $\beta_2$, ..., $\beta_n$, $\gamma_1$, ..., $\gamma_m$はモデルの係数

・$\varepsilon$は誤差項

　この形式により、モデルは$x_1$の非線形関係と$x_2$, $x_3$, ..., $x_m$の線形関係の両方を捉えることができます。多項式回帰では、データに最も適した形を見つけるために、どの変数に多項式変換を適用するか、またその次数はいくつにするか、を選択することが重要になります。

# 住宅販売価格を多項式回帰で予測する

**Tips**

**285**

▶Level ●●●

**ここがポイントです！** 多項式回帰モデル、step_poly()関数による多項式変換処理の追加

「Ames Housing」を多項式回帰モデルで学習し、住宅販売価格の予測、モデルの評価、学習結果のグラフ化までを行います。

● **glmnetパッケージのインストール**

これまでと同様に、glmnetパッケージが必要になります。インストールがまだの場合は、インストールしてください。

● **「Ames Housing」を多項式回帰モデルで学習し、住宅販売価格の予測、評価、グラフ化までを行う**

recipesパッケージのstep_poly()関数は、レシピオブジェクトに対して、多項式変換を行う処理を追加します。

### ・step_poly()関数

| 書式 | step_poly(recipe, ..., degree = 2, interaction_only = FALSE, options = list()) | |
|---|---|---|
| パラメーター | recipe | 前処理を行うレシピオブジェクトです。 |
| | ..., | 多項式変換を適用する変数を指定します。セレクター関数（all_predictors(), all_numeric()など）、または具体的な変数名を指定します。 |
| | degree | 多項式の次数です。デフォルトは 2 ですが、必要に応じて変更できます。 |
| | interaction_only | このオプションが TRUE に設定されている場合、選択された変数間の交互作用項のみが生成されます。デフォルトでは FALSE で、単一変数の多項式項と交互作用項の両方が生成されます。 |
| | options | 多項式変換を計算する際に内部的に使用する引数を渡すためのオプションです。 |
| 戻り値 | 「指定された変数に多項式変換を適用する処理ステップ」を含むレシピオブジェクトを返します。 | |

次に示す例では、データセットの説明変数Lot_AreaとGr_Liv_Areaに対して多項式変換を適用し、多項式の次数を3に設定しています。

## ▼レシピに多項式変換を追加した例

```
recipe_poly <- recipe(Sale_Price ~ ., data = train_data) %>%
  step_normalize(all_numeric(), -all_outcomes()) %>%
  step_dummy(all_nominal(), -all_outcomes()) %>%
  # 説明変数Lot_AreaとGr_Liv_Areaに対して多項式変換を適用
  step_poly(Lot_Area, Gr_Liv_Area, degree = 3)
```

多重共線性の問題を考慮して、リッジ回帰
モデルを使用することにします。

## ▼説明変数の一部に多項式変換を適用し、リッジ回帰モデルで予測する

```
library(tidymodels)
library(AmesHousing)

# データを読み込む
data <- make_ames()

# データを訓練セットとテストセットに分割
set.seed(123)  # 再現性のため、乱数生成のシード値を設定
data_split <- initial_split(data, prop = 0.75)
train_data <- training(data_split)
test_data <- testing(data_split)

# 前処理のレシピを定義(特定の変数にのみ多項式変換を適用)
recipe_poly <- recipe(Sale_Price ~ ., data = train_data) %>%
  step_normalize(all_numeric(), -all_outcomes()) %>%
  step_dummy(all_nominal(), -all_outcomes()) %>%
  # 説明変数Lot_AreaとGr_Liv_Areaに対して多項式変換を適用
  step_poly(Lot_Area, Gr_Liv_Area, degree = 3)

# 線形回帰モデルの仕様を定義(正則化なし)
linear_reg_spec <- linear_reg(penalty = 0.1, mixture = 0) %>%
  set_engine("glmnet") %>%
  set_mode("regression")

# モデルを訓練
fit_poly <- workflow() %>%
  add_recipe(recipe_poly) %>%
  add_model(linear_reg_spec) %>%
  fit(data = train_data)

# 性能を評価
results_poly <- fit_poly %>%
  predict(new_data = test_data) %>%
  bind_cols(test_data) %>%
  metrics(truth = Sale_Price, estimate = .pred)
# 結果を表示
print(results_poly)
```

```
# Sale_Price(実際の販売価格)と.pred(予測された販売価格)のデータフレームを作成
predictions_poly <- predict(fit_poly, new_data = test_data) %>%
  bind_cols(test_data) %>%
  select(Sale_Price, .pred)

# ggplotを使用して散布図上に等価線を描画する
p_poly <- ggplot(predictions_poly, aes(x = Sale_Price, y = .pred)) +
  geom_point(alpha = 0.5) +
  geom_abline(intercept = 0, slope = 1, linetype = "dashed", color =
"red") +
  labs(x = "Actual Sale Price", y = "Predicted Sale Price",
       title = "Polynomial Regression: Actual vs Predicted Sale
Prices") +
  scale_x_continuous(labels = label_number()) +
  scale_y_continuous(labels = label_number())
# 明示的にグラフを出力
print(p_poly)
```

▼出力

```
# A tibble: 3 × 3
  .metric .estimator .estimate
  <chr>   <chr>          <dbl>
1 rmse    standard      25182.
2 rsq     standard       0.897
3 mae     standard      14913.
```

　RMSEは「25,182」です。リッジ回帰モデルでは「29,660」でしたので、それを上回る性能となりました。

▼ [Plots]ペインに出力されたグラフ

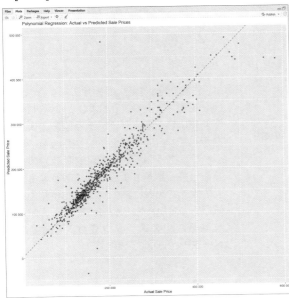

# サポートベクター回帰とは

**Tips 286**

▶Level ●●●

**ここがポイントです！** サポートベクターマシン、サポートベクター回帰、カーネルトリック

サポートベクター回帰（**SVR**：Support Vector Regression）は、分類問題に用いられる**サポートベクターマシン**（**SVM**：Support Vector Machine）を回帰問題に対応できるように改良したものです。SVRは、与えられたデータポイントの中で最も重要な「サポートベクトル（サポートベクター）」をもとにモデルを構築し、新しいデータポイントの連続値を予測します。このアプローチは、特に多次元のデータセットや、サンプルサイズが特徴数に比べて小さい場合に有効です。

## ● SVRの仕組み

SVRの基本的な仕組みは、データポイントがある範囲（マージン）内に最も多く含まれるような関数を見つけ出すことです。この関数は、予測値と実際の値の差（誤差）が許容誤差 $\varepsilon$ 以内であれば、コストを加算しないように設計されています。つまり、SVRは予測誤差が $\varepsilon$ 以内であれば許容し、それを超える誤差に対してのみペナルティを課します。

SVRの最適化問題は次のように表されます。

## ▼ SVRの目的関数（ソフトマージンSVMの場合）

$$\min_{w,b,\xi} \frac{1}{2}\|\boldsymbol{w}\|^2 + C\sum_{i=1}^{n}(\xi_i + \xi_i^*)$$

## ▼ 制約条件

$y_i(\boldsymbol{w}^T\boldsymbol{x}_i + b) \geq 1 - \xi_i, \ \forall i$

$y_i(\boldsymbol{w}^T\boldsymbol{x}_i + b) - 1 \leq - \xi_i^*, \ \forall i$

$\xi_i, \ \xi_i^* \geq 0, \ \forall i$

・$\boldsymbol{w}$ は重みベクトル
・$b$ はバイアス項
・$C$ は誤差項に対するペナルティの強さを制御する正則化パラメーター（コスト値）
・$\xi_i$ と $\xi_i^*$ はスラック変数（実際の値と予測値の差が $\varepsilon$ より大きい場合の誤差）
・$\varepsilon$ は許容誤差のマージン（不感度パラメーター）
・$y_i$ はデータポイント $i$ の実際の値
・$\boldsymbol{x}_i$ はデータポイント $i$ の特徴ベクトル
・$\forall i$ は、全ての「全てのデータポイント $i$ について」という意味
・minは、目的関数を最小化（minimization）することを示す

目的関数の式において、第2項の

$$\sum_{i=1}^{n}(\xi_i + \xi_i^*)$$

は、許容誤差 $\varepsilon$ を超える誤差に対するペナルティを表しており、$\xi_i$ および $\xi_i^*$ はそれぞれ予測値より上および下にある誤差の大きさを示しています。具体的に説明すると、スラック変数 $\xi_i$ は、実際の目的変数の値が予測値と許容誤差 $\varepsilon$ よりも上にある場合の誤差の大きさを表します。つまり、予測値と実際の値の差が $\varepsilon$ を超えたときに、その超過分を測るための**スラック変数**（**不純度パラメーター**とも呼ばれる）です。

　一方、スラック変数 $\xi_i^*$ は、実際の目的変数の値が予測値と許容誤差 $\varepsilon$ よりも下にある場合の誤差の大きさを表します。これもまた、予測値と実際の値との差が $\varepsilon$ を超えた場合に、その超過分を測るために導入されるスラック変数です。

### • スラック変数の役割

　SVRの最適化問題では、2つのスラック変数を用いて、モデルが許容誤差 $\varepsilon$ 内での誤差に対してはペナルティを課さないようにしていますが、許容誤差を超える誤差に対してはペナルティ（コスト）を加算します。このペナルティは、正則化パラメーター $C$ を用いて重み付けされ、モデルが過剰にデータに適合すること（過学習）を防ぐために使用されます。

### • 不感度パラメーター（$\varepsilon$）

　SVRの目的関数は、誤差が $\varepsilon$ 内部に収まっているデータに関しては誤差の測定を行わないことから、「$\varepsilon$-不感損失関数」と呼ばれます。回帰の場合は、$\varepsilon$ の外側にあるデータに対してのみ予測値との誤差を測定し、学習を行います。$\varepsilon$ の内部に収まっているデータに対しては、誤差がゼロとして学習の対象から除外します。

### • サポートベクトル

　不感度パラメーター $\varepsilon$ の外側のデータ点が「サポートベクトル」となります。

▼SVM回帰（SVR）のグラフ

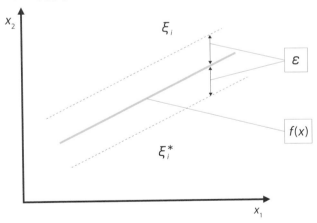

### ●カーネルトリック

　SVRでは、線形回帰だけでなく非線形関係をモデリングするために、カーネルトリックと呼ばれる計算方法を使用します。**カーネルトリック**により、元の特徴空間をより高次元の空間に写像することで、非線形の決定境界を学習できます。

　よく使用されるカーネル関数には、線形カーネル、多項式カーネル、RBF（放射基底関数）カーネルなどがあります。

　一般的に、SVRにおける回帰関数の式は、次のように表されます。

#### ▼SVRにおける回帰関数の式

$$f(\boldsymbol{x}) = {}^t\boldsymbol{w}\boldsymbol{x} + b$$

- $f(\boldsymbol{x})$は新しい入力ベクトル$\boldsymbol{x}$に対する予測値
- $\boldsymbol{w}$は重みベクトル。${}^t\boldsymbol{w}$は転置を表している
- $b$はバイアス項

この線形関数は、特徴量ベクトル$\boldsymbol{x}$を直接使用します。ただし、SVRでは非線形問題を扱うため、カーネルトリックを用いて高次元空間へのマッピングを暗黙のうちに行います。

カーネルを組み込んだ回帰関数は次のようになります。

#### ▼カーネルを組み込んだ回帰関数

$$f(\boldsymbol{x}) = \sum_{i=1}^{n} (\alpha_i - \alpha_i^*) \, K(\boldsymbol{x}, \boldsymbol{x}_i) + b$$

- $K(\boldsymbol{x}, \boldsymbol{x}_i)$はカーネル関数
- $n$は訓練データセットのサイズ
- $\alpha_i$と$\alpha_i^*$は訓練過程で学習されるラグランジュ乗数。これらの値は、各訓練データポイント$\boldsymbol{x}_i$の重要性を示す。サポートベクトル以外のデータポイントでは「$\alpha_i = \alpha_i^*$」が成り立ち、それらの寄与はキャンセルされる

カーネル関数として、2つのベクトル間の内積をそのまま返す**線形カーネル**を用いる場合は、次の式のようになります。この場合、カーネル関数は単純に2つのベクトルのドット積です。したがって、線形カーネルを使用するSVRモデルでは、入力特徴空間を変更することなく、元の特徴ベクトルに基づいて予測を行います。

#### ▼線形カーネルの式

$$K(\boldsymbol{x}, \boldsymbol{x}_i) = K({}^t\boldsymbol{x}, \boldsymbol{x}_i)$$

これに対し、**RBFカーネル**を使用する場合は、次のようになります。

#### ▼RBFカーネルの式

$$K(\boldsymbol{x}, \boldsymbol{x}_i) = \exp\left(-\frac{\|\boldsymbol{x} - \boldsymbol{x}_i\|^2}{2\sigma^2}\right)$$

- $\sigma$はRBFカーネルの幅を制御するパラメーター
- $\boldsymbol{x}_i$は訓練データセットの入力ベクトル

RBFカーネルの**RBF**は、**放射基底関数**（Radial Basis Function）を示します。放射基底関数とは「距離に基づいて値が決まる関数」のことで、これにガウス関数を用いることから**ガウスRBFカーネル**と呼ばれることもあります。ガウス関数とは、正規分布（ガウス分布）の確率密度関数のことです。$1/2\,\sigma^2$の値を大きい値にすると分布の幅が狭いとがった形のガウス分布になり、過剰適合（過学習）が起こりやすくなる傾向があります。

この式により、入力ベクトル$\boldsymbol{x}$は、RBFカーネル関数を通じて訓練データセットの各点$\boldsymbol{x}_i$との類似度を計算し、これらの類似度の加重和として予測値を生成します。このように、RBFカーネルを用いることで、SVRは非線形の関係もモデリングできるようになります。

ここが
ポイント
です！

# RBFカーネルを用いた非線形サポートベクター回帰モデルで予測する

## svm_rbf()

「Ames Housing」を、RBFカーネルを用いたサポートベクター回帰モデルで学習し、住宅販売価格の予測、モデルの評価、学習結果のグラフ化までを行います。

### ●kernlabパッケージのインストール

RBFカーネルを使用するサポートベクター回帰モデルの作成には、kernlabパッケージが必要になります。RStudioのConsoleに

```
install.packages("kernlab")
```

と入力してインストールしてください。Packagesペインを利用する場合は、InstallボタンをクリックしてInstall Packagesダイアログを開き、Packages...の欄に「kernlab」と入力してInstallボタンをクリックすると、インストールが始まります。

### ●RBFカーネルを用いた
### サポートベクター回帰モデルの作成

RBFカーネルを用いたサポートベクター回帰モデルは、svm_rbf()関数で作成します。

### ・svm_rbf()関数

tidymodelsフレームワークのparsnipパッケージで提供されるsvm_rbf()関数は、サポートベクターマシン（SVM）を用いた回帰モデルを作成します。この関数は、RBFカーネルを使用して、データセット内の複雑な非線形関係を捉えることができます。

| 書式 | svm_rbf(mode = "regression", cost = 1, rbf_sigma = NULL, margin = NULL) | |
|---|---|---|
| パラメーター | mode | モデルの動作モードを指定します。回帰問題には"regression"を、分類問題には"classification"を指定します。 |
| | cost | 誤分類のコストを指定します。この値が大きいほど、誤分類を避けるように学習しますが、過学習のリスクも高まります。 |
| | rbf_sigma | RBFカーネルのσ（シグマ）パラメーターの値を設定します。この値は、特徴空間におけるデータ点の広がり具合を制御するためのものです。NULLに設定されている場合、デフォルトの値が内部的に使用されます。 |
| | margin | 分類問題におけるマージンの厳しさを指定します。このパラメーターは回帰モードでは無視されます。 |
| 戻り値 | 指定された設定値を持つサポートベクターマシンモデルの仕様としてのmodel_specオブジェクトを返します。このオブジェクトは、workflow()関数やfit()関数によるモデルの訓練など、のちのステップで利用されます。 | |

RBFカーネルを用いたサポートベクター回帰モデルの仕様を定義するには、svm_rbf()関数でモデルの仕様を定義し、set_engine()関数で計算エンジンとして"kernlab"を設定、set_mode()で"regression"を設定する流れになります。

▼ RBFカーネルを用いたサポートベクター回帰モデルの作成例

```
svm_spec <- svm_rbf(cost = 10, rbf_sigma = 0.01) %>%
    set_engine("kernlab") %>%
    set_mode("regression")
```

**・svm_rbf()のパラメーター設定のポイント**

svm_rbf()を使用してRBFカーネルを持つサポートベクター回帰モデルを作成する際は、最適なパフォーマンスを得るために、costパラメーター（オプション）とrbf_sigmaパラメーターに適切な値を設定する必要があります。

**・costパラメーター**

cost（SVRの目的関数における「C」に相当）は、訓練データに対する誤分類（または予測誤差）のペナルティの強さを制御します。Cが大きいほど、誤分類を少なくするように学習しますが、モデルが過学習（訓練データに対して過剰に適合）するリスクも高まります。

**・rbf_sigmaパラメーター**

rbf_sigma（RBFカーネルの式における「$\sigma$」に相当）は、RBFカーネルの幅を制御します。このパラメーターは、特徴空間におけるサンプル間の距離の尺度に影響を与え、モデルがどの程度の複雑さの関係を捉えられるかを決定します。rbf_sigmaの値が大きいほど、モデルは訓練データに対してより敏感になりますが（分布の幅が狭いとがった形のガウス分布になる）、過学習のリスクが増加します。

**●「Ames Housing」を、RBFカーネルを用いたサポートベクター回帰モデルで学習し、住宅販売価格を予測する**

「Ames Housing」を、RBFカーネルを用いたサポートベクター回帰モデルで学習し、住宅販売価格の予測、モデルの評価、学習結果のグラフ化までを行います。

▼「Ames Housing」を読み込んでサポートベクター回帰モデルの訓練を実施、モデルの評価、グラフ化まで行う

```
library(tidymodels)
library(AmesHousing)

# データを読み込む
data <- make_ames()

# データを訓練セットとテストセットに分割
set.seed(123)  # 再現性のため、乱数生成のシード値を設定
```

```r
data_split <- initial_split(data, prop = 0.75)
train_data <- training(data_split)
test_data <- testing(data_split)

# 前処理のレシピを定義
# モデル式「Sale_Price ~ .」においてSale_Priceを目的変数に、
# その他すべての変数を説明変数に設定する
recipe <- recipe(Sale_Price ~ ., data = train_data) %>%
  # 数値データの列を標準化(説明変数を除く)
  step_normalize(all_numeric(), -all_outcomes()) %>%
  # カテゴリ変数をラベルエンコーディングする
  step_integer(all_nominal(), -all_outcomes())

# サポートベクター回帰モデルの仕様を定義
svm_spec <- svm_rbf(cost = 10, rbf_sigma = 0.01) %>%
  set_engine("kernlab") %>%
  set_mode("regression")

# モデルを訓練
fit_svm <- workflow() %>%
  add_recipe(recipe) %>%
  add_model(svm_spec) %>%
  fit(data = train_data)

# 性能を評価
results_svm <- fit_svm %>%
  predict(new_data = test_data) %>%
  bind_cols(test_data) %>%
  metrics(truth = Sale_Price, estimate = .pred)
# 結果を表示
print(results_svm)

# Sale_Price(実際の販売価格)と.pred(予測された販売価格)のデータフレームを作成
predictions_svm <- predict(fit_svm, new_data = test_data) %>%
  bind_cols(test_data) %>%
  select(Sale_Price, .pred)

# ggplotを使用して散布図上に等価線を描画する
p_svm <- ggplot(predictions_svm, aes(x = Sale_Price, y = .pred)) +
  geom_point(alpha = 0.5) +
  geom_abline(intercept = 0, slope = 1, linetype = "dashed", color = "red") +
  labs(x = "Actual Sale Price", y = "Predicted Sale Price",
       title = "SVR: Actual vs Predicted Sale Prices") +
  scale_x_continuous(labels = label_number()) +
  scale_y_continuous(labels = label_number())
# 明示的にグラフを出力
print(p_svm)
```

　今回から、多重共線性の問題を回避するため、前処理においてカテゴリ変数のダミー変数化は行わず、代わりにstep_integer()でラベルエンコーディングすることにしました。

▼出力

```
# A tibble: 3 × 3
  .metric .estimator .estimate
  <chr>   <chr>          <dbl>
1 rmse    standard      23467.
2 rsq     standard       0.909
3 mae     standard      15520.
```

　評価指標のRMSEの値は「23467」（23,467 USドル）まで低下しました。

▼ [Plots]ペインに出力されたグラフ

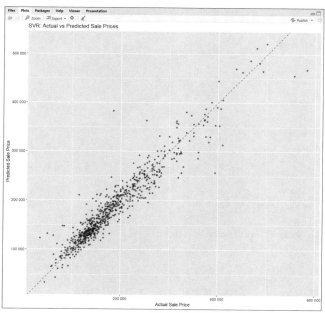

# Tips 288 決定木を用いた回帰モデルとは

▶Level ●●●

**ここがポイントです！** 決定木

決定木は、**木構造**（tree structure）と呼ばれるフローチャートのような構造を使って説明変数と目的変数との関係をモデル化します。本物の木のように太い枝から細かく枝分かれしていく構造をしていることから、このような名前が付けられています。ただし通常、本物の木とは上下逆に、根元を上にして描かれます。

### ●「決定木」の仕組み

決定木の入り口は条件となる部分で、木構造の頂点となることから**ルートノード**（root node）と呼びます。ルートノードの下には、説明変数ごとに選択を行う子ノードが、ルートノードにぶら下がるように配置されます。子ノードは、さらに子ノードがぶら下がるように配置されるものと、子ノードの結果のみで終わるものに分かれます。後者の、子ノードがぶら下がっていないノードのことを、**葉ノード**（leaf node）または**終端ノード**と呼びます。決定木の各ノード（分岐点）では、特定の特徴量に関する質問が行われ、データセットが2つ以上のサブセットに分割されます。このプロセスは、あらかじめ設定された停止条件（木の最大深さやノード内の最小サンプル数など）が満たされるまで再帰的に続けられます。

### ・決定木回帰モデルの処理手順

❶特徴量の選択と最適な分岐点の決定

データセット内の特徴量と分岐点を検討し、特定の基準（予測値の誤差が最小になるような基準）に基づいて最適な分割点を選択します。

❷データの分割

選択された分割点に基づいてデータセットを2つのサブセットに分割します。各サブセットは、木構造における新しいノードを形成します。

❸再帰的な分割

各サブセットに対して、停止条件が満たされるまで、❶と❷のステップを再帰的に繰り返します。

❹予測値の決定

最終的な分割後、各葉ノード（木の最下層にあるノード）に到達したデータについては、その葉ノードの持つ値が予測値となります。

決定木は分類問題を解決するために考案されましたが、のちに回帰問題にも適用可能であることが発見されました。そのため、決定木の終端ノードはもともと分類先のクラスを示すものですが、回帰の場合は、終端ノードが予測値を示すものとなります。新しいデータポイントを予測する際には、そのデータポイントがたどり着いた終端ノードの値が予測値として用いられます。

### ●rpartパッケージとrpart.plotパッケージのインストール

決定木モデルの構造をグラフにして出力するには、rpartパッケージとrpart.plotパッケージのインストールが必要になります。RStudioの**Console**に

```
install.packages("rpart")
```

続けて

```
install.packages("rpart.plot")
```

と入力して、それぞれをインストールしてください。Packagesペインを利用する場合は、InstallボタンをクリックしてInstall Packagesダイアログを開き、Packages...の欄に「rpart」と入力してInstallボタンをクリックすると、インストールが始まります。「rpart.plot」も同じように操作してインストールしてください。

## ●決定木モデルの構造を出力してみる

rpart()関数で、決定木モデルのオブジェクトとしてrpartオブジェクトを作成すると、rpart.plot()関数で直接、グラフを生成できます。次に示すのは、「iris」データセットを分類する決定木モデルの構造を出力するプログラムです。

### ▼「iris」データセットを分類する決定木モデルの構造を出力する

```
library(rpart)
library(rpart.plot)

# 決定木モデルの構築
fit <- rpart(Species ~ ., data = iris)
# 決定木のプロット
rpart.plot(fit)
```

アヤメの3品種（セトサ、バージカラー、バージニカ）を分類する決定木の構造が出力されています。

▼[Plots]ペインに出力されたグラフ

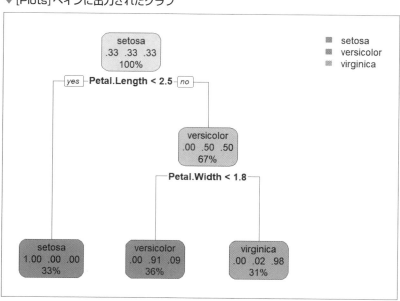

# Tips 289

## 住宅販売価格を決定木回帰モデルで予測する

▶Level ●●●

**ここがポイントです！** 決定木回帰モデル、decision_tree()関数

「Ames Housing」を決定木回帰モデルで学習し、住宅販売価格の予測、モデルの評価、学習結果のグラフ化までを行います。

### ●rpartパッケージとrpart.plotパッケージのインストール

決定木回帰モデルの構築ならびに構造のグラフ化の処理には、rpartパッケージとrpart.plotパッケージのインストールが必要になるので、事前にインストールしておいてください（前Tipsに解説があります）。

### ●決定木回帰モデルの作成

決定木回帰モデルはdecision_tree()関数で作成します。

### ・decision_tree()関数

parsnipパッケージに含まれているdecision_tree()関数は、決定木モデルを作成します。

| 書式 | decision_tree(<br>  mode = "classification" or "regression",<br>  engine = "rpart",<br>  cost_complexity = NULL,<br>  tree_depth = NULL,<br>  min_n = NULL<br>) | |
|---|---|---|
| パラメーター | mode | モデルの動作モードを指定します。回帰問題には"regression"を、分類問題には"classification"を指定します。 |
| | engine | 使用する決定木のエンジンを指定します。デフォルトでは"rpart"が使用されます。 |
| | cost_complexity | 決定木の複雑さに対するペナルティを指定します。過剰適合を防ぐために使用されます。 |
| | tree_depth | 決定木の最大の深さを指定します。これにより、モデルが学習する際の木の深さが制限されます。 |
| | min_n | 分岐を作成するために必要な最小サンプル数を指定します。 |
| 戻り値 | 指定された設定値を持つ決定木モデルの仕様が定義されたmodel_specオブジェクトを返します。このオブジェクトは、workflow()関数やfit()関数によるモデルの訓練など、のちのステップで利用されます。 | |

tidymodelsを用いた回帰モデルによる予測と評価

### • decision_tree() のパラメーター設定のポイント

decision_tree() 関数の主要なパラメーターの設定ポイントを紹介します。

### • tree_depth

決定木の最大の深さ（最大深度）を指定します。深すぎる木は、データの細かいパターンを必要以上に捉えて過学習を引き起こすことがあります。一方、浅すぎる木は捉え方が単純でデータの重要な特徴を見落とす可能性があるので、バランスを考えて適切な深さを設定します。

### ・min_n

分岐を作成するために必要な最小サンプル数を指定します。この値を小さな値設定することで、各ノードにおけるサンプル数が多くなり、ノイズに対する耐性が高まることを期待できます。一方で過剰にデータを分割することにもなるため、過剰に分割されないようにするには、逆に大きな値を設定します。

パラメーターの設定は、データセットの特性や解決しようとしている問題の性質によって大きく異なるため、一般的な最適な設定は存在しません。したがって、異なるパラメーター設定でモデルを訓練し、クロスバリデーションなどを用いて最適な設定を見つけるなど、試行錯誤が必要でしょう。

---

## ●「Ames Housing」を決定木回帰モデルで学習し、住宅販売価格を予測する

「Ames Housing」を決定木回帰モデルで学習し、住宅販売価格の予測、モデルの評価、学習結果のグラフ化までを行います。

▼「Ames Housing」を読み込んで決定木回帰モデルの訓練を実施、モデルの評価、グラフ化まで行う

```
library(tidymodels)
library(AmesHousing)

# データを読み込む
data <- make_ames()

# データを訓練セットとテストセットに分割
set.seed(123) # 再現性のため、乱数生成のシード値を設定
data_split <- initial_split(data, prop = 0.75)
train_data <- training(data_split)
test_data <- testing(data_split)

# 前処理のレシピを定義
recipe <- recipe(Sale_Price ~ ., data = train_data) %>%
  step_normalize(all_numeric(), -all_outcomes()) %>% # 数値データの列を標準化
  step_integer(all_nominal(), -all_outcomes()) # カテゴリ変数をラベルエンコーディング

# 決定木回帰モデルの仕様を定義
tree_spec <- decision_tree(tree_depth = 10, min_n = 5) %>%
```

```r
    set_engine("rpart") %>% # 明示的にエンジンを指定
    set_mode("regression")

# モデルを訓練
fit_tree <- workflow() %>%
    add_recipe(recipe) %>%
    add_model(tree_spec) %>%
    fit(data = train_data)

# 性能を評価
results_tree <- fit_tree %>%
    predict(new_data = test_data) %>%
    bind_cols(test_data) %>%
    metrics(truth = Sale_Price, estimate = .pred)
# 結果を表示
print(results_tree)

# Sale_Price(実際の販売価格)と.pred(予測された販売価格)のデータフレームを作成
predictions_tree <- predict(fit_tree, new_data = test_data) %>%
    bind_cols(test_data) %>%
    select(Sale_Price, .pred)

# ggplotを使用して散布図上に等価線を描画する
p_tree <- ggplot(predictions_tree, aes(x = Sale_Price, y = .pred)) +
    geom_point(alpha = 0.5) +
    geom_abline(intercept = 0, slope = 1, linetype = "dashed", color = "red") +
    labs(x = "Actual Sale Price", y = "Predicted Sale Price",
        title = "Decision Tree: Actual vs Predicted Sale Prices") +
    scale_x_continuous(labels = label_number()) +
    scale_y_continuous(labels = label_number())
# 明示的にグラフを出力
print(p_tree)
```

▼出力

```
# A tibble: 3 × 3
  .metric .estimator .estimate
  <chr>   <chr>          <dbl>
1 rmse    standard      39353.
2 rsq     standard        0.747
3 mae     standard      28901.
```

## ▼ [Plots] ペインに出力されたグラフ

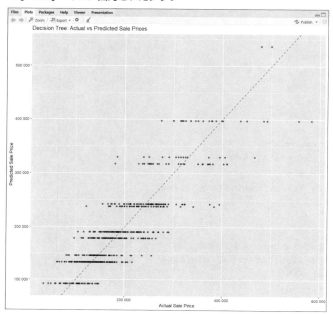

評価指標のRMSEの値は「39353」
（39,353 US ドル）です。

グラフを見ると、予測値と正解値のデータ点がブロック状のかたまりになって描画されていますが、これは、データポイント（1件の入力データ）を決定木の「終端ノード」に分割するためです。決定木回帰では、それぞれの終端ノードに割り当てられた予測値（ここでは販売価格）が、その葉の予測値として使用されます。その結果、特定の条件を満たすデータポイント群が同一の予測値を持つことになり、これがグラフ上でブロック状のかたまりとして表れます。つまり、決定木が予測を行う場合は、特定の範囲の値に対して同一の出力値を出力するということです。

---

## ●決定木回帰モデルの構造をグラフにする

　学習済みの決定木回帰モデルの構造をグラフにしてみます。

### ▼学習済みの決定木回帰モデルの構造をグラフにする

```
library(rpart.plot) # 決定木のプロットに使用
# fit_treeは訓練済みモデル
# 訓練済みモデルから結果を抽出
tree_model <- pull_workflow_fit(fit_tree)
# 決定木モデルの構造をプロット
rpart.plot(tree_model$fit)
```

・コード解説
・学習済みモデルから結果を抽出
　pull_workflow_fit()関数を使って、学習済みモデル (fit_tree) から結果を抽出し、tree_modelに格納します。

・決定木モデルの構造をプロット
　rpart.plot()関数を使用して、抽出された決定木モデルの構造 (tree_model$fit) を視覚化します。tree_model$fitは、pull_workflow_fit()によって得られたリストの中のモデルオブジェクトを指しています。

▼ [Plots] ペインに出力された学習済みモデルの構造

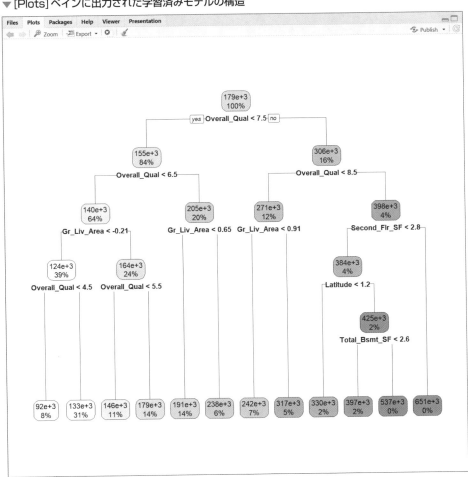

# Tips 290

ランダムフォレストを用いた回帰モデルとは

▶Level ●●●

ここが
ポイント
です！ ＞ランダムフォレスト

ランダムフォレストでは、決定木を大量に作成し、多数決によって分類や予測を行います。

## ●決定木によるアンサンブル学習を行うランダムフォレスト

これまで、1つのモデルを用いた予測について見てきました。機械学習には、「複数のモデルで同時に学習し、分類の場合は『多数決』、予測の場合は『平均値』をとることでより精度を高める」ための試みとして、**アンサンブル学習**と呼ばれる手法があります。

ランダムフォレスト（random forests）を用いた回帰モデルにおける学習は、「複数の決定木を使用してデータセットから学習し、それらの結果を統合する」ことによって行われます。

### ❶サンプリング

データセットからランダムにサンプルを選び出します（**サンプリング**）。このサンプリングは置換ありで行われるため、同じデータポイントが1つのサンプルセット内に複数回現れることがあります。これにより、各決定木は異なるデータのサブセットでトレーニングされ、モデルの多様性が確保されます。

### ❷決定木の構築

各ブートストラップサンプルに対して、決定木が構築されます。ランダムフォレストでは、木を成長させる際に、各分岐点（ノード）で利用可能な特徴量の中からランダムに選択されたサブセットのみが選択されるので、このランダム性によって、決定木間の相関を低下させます。

### ❸予測の集約

学習が完了すると、構築されたすべての決定木が、末端のノードから予測値を出力する状態になります。新しいデータについて予測を行う場合は、構築されたすべての決定木を通して、そのデータに対する予測値がそれぞれ出力されます。回帰モデルの場合、これらの予測値の平均が最終的な予測結果として出力されます。

▼ランダムフォレスト分類の場合のイメージ

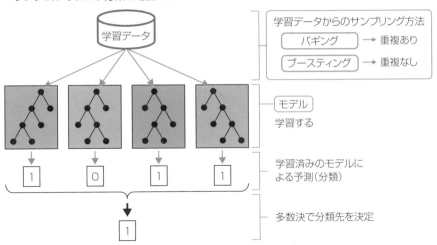

# 住宅販売価格をランダムフォレスト回帰モデルで予測する

Tips **291** ▶Level ●●●

ここがポイントです！ **ランダムフォレスト回帰モデル**

「Ames Housing」をランダムフォレスト回帰モデルで学習し、住宅販売価格の予測、モデルの評価、学習結果のグラフ化までを行います。

●rangerパッケージのインストール

ランダムフォレスト回帰モデルの構築には、rangerパッケージのインストールが必要になります。RStudioの**Console**に

```
install.packages("ranger")
```

と入力してインストールしてください。

**Packages**ペインを利用する場合は、**Install**ボタンをクリックして**Install Packages**ダイアログを開き、**Packages...**の欄に「ranger」と入力して**Install**ボタンをクリックすると、インストールが始まります。

tidymodelsを用いた回帰モデルによる予測と評価

## ●ランダムフォレスト回帰モデルの作成

ランダムフォレスト回帰モデルは、rand_forest()関数で作成します。

### ・rand_forest()関数

parsnipパッケージに含まれているrand_forest()関数は、ランダムフォレスト回帰モデルを作成します。

| 書式 | rand_forest(<br>  mode = "regression",<br>  mtry = NULL,<br>  trees = NULL,<br>  min_n = NULL,<br>  sample_size = NULL) | |
|---|---|---|
| パラメーター | mode | モデルの動作モードを指定します。回帰問題には"regression"を、分類問題には"classification"を指定します。 |
| | mtry | 各分岐で考慮する変数の数。デフォルトでは、分類のとき特徴量の平方根、回帰のとき特徴量の1/3が使用されます。 |
| | trees | 構築する決定木の総数。デフォルトではNULLが設定されていますが、実際にモデルを訓練する際には具体的な値を設定する必要があります。 |
| | min_n | 葉ノードにおける最小サンプル数。これを増やすことでモデルがより単純になり、過学習を防ぐことができます。 |
| | sample_size | サンプルのサイズを指定します。デフォルトでは全データセットです。 |
| 戻り値 | | 指定された設定値を持つランダムフォレストの仕様が定義されたmodel_specオブジェクトを返します。このオブジェクトは、workflow()関数やfit()関数によるモデルの訓練など、のちのステップで利用されます。 |

### ・decision_tree()のパラメーター設定のポイント

min_nは決定木回帰モデル用のdecision_tree()関数(Tips289)に準じます。

### ・trees

構築される決定木の総数を指定します。treesの数が多いほど、モデルの安定性と予測性能は向上しますが、計算コストも増大します。過学習への影響は比較的小さいため、計算リソースの許容範囲内で多く設定するのが一般的です。実際には100～1000の範囲で設定されることが多いですが、大規模なデータセットでは、さらに多くの決定木が必要になる場合があります。

### ●「Ames Housing」をランダムフォレスト回帰モデルで学習し、住宅販売価格を予測する

「Ames Housing」をランダムフォレスト回帰モデルで学習し、住宅販売価格の予測、モデルの評価、学習結果のグラフ化までを行います。

▼「Ames Housing」を読み込んでランダムフォレスト回帰モデルの訓練を実施、
モデルの評価、グラフ化まで行う

```r
library(tidymodels)
library(AmesHousing)

# データを読み込む
data <- make_ames()

# データを訓練セットとテストセットに分割
set.seed(123) # 再現性のため、乱数生成のシード値を設定
data_split <- initial_split(data, prop = 0.75)
train_data <- training(data_split)
test_data <- testing(data_split)

# 前処理のレシピを定義
recipe <- recipe(Sale_Price ~ ., data = train_data) %>%
  step_normalize(all_numeric(), -all_outcomes()) %>% # 数値データの列を標準化
  step_integer(all_nominal(), -all_outcomes()) # カテゴリ変数をラベルエンコー
ディング

# ランダムフォレスト回帰モデルの仕様を定義
# 決定木の数を1000にする
rf_spec <- rand_forest(trees = 1000, mode = "regression") %>%
  set_engine("ranger") %>% # rangerエンジンを使用
  set_mode("regression")

# モデルを訓練
fit_rf <- workflow() %>%
  add_recipe(recipe) %>%
  add_model(rf_spec) %>%
  fit(data = train_data)

# 性能を評価
results_rf <- fit_rf %>%
  predict(new_data = test_data) %>%
  bind_cols(test_data) %>%
  metrics(truth = Sale_Price, estimate = .pred)
# 結果を表示
print(results_rf)

# Sale_Price(実際の販売価格)と.pred(予測された販売価格)のデータフレームを作成
predictions_rf <- predict(fit_rf, new_data = test_data) %>%
  bind_cols(test_data) %>%
  select(Sale_Price, .pred)

# ggplotを使用して散布図上に等価線を描画する
p_rf <- ggplot(predictions_rf, aes(x = Sale_Price, y = .pred)) +
  geom_point(alpha = 0.5) +
```

```
    geom_abline(intercept = 0, slope = 1, linetype = "dashed", color =
"red") +
    labs(x = "Actual Sale Price", y = "Predicted Sale Price",
        title = "Random Forest: Actual vs Predicted Sale Prices") +
    scale_x_continuous(labels = label_number()) +
    scale_y_continuous(labels = label_number())
# 明示的にグラフを出力
print(p_rf)
```

▼出力

```
# A tibble: 3 × 3
  .metric .estimator .estimate
  <chr>   <chr>          <dbl>
1 rmse    standard      23829.
2 rsq     standard       0.908
3 mae     standard      15125.
```

評価指標のRMSEの値は「23829」
(23,829 US ドル) です。

▼[Plots] ペインに出力されたグラフ

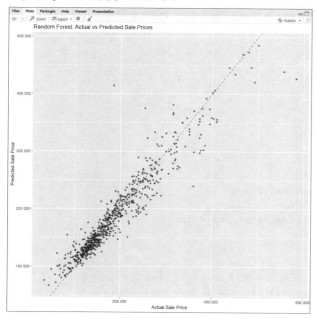

Tips

# 292

▶Level ●●●

ここが
ポイント
です！ 勾配ブースティング回帰木

# 勾配ブースティング回帰木とは

勾配ブースティング回帰木（GBRT：Gradient Boosting Regression Trees）は、複数の弱学習器（ここでは回帰木）を組み合わせて、より強力な学習器を作り上げるアンサンブル学習の手法です。勾配ブースティングでは、直前の回帰木が間違えた部分に着目し、その誤差を修正する新しいモデルを順番に加えていきます。これにより、モデルの予測精度が徐々に向上することを目指します。

● 勾配ブースティング回帰木の仕組み

勾配ブースティングは、弱い予測器➡強い予測器➡さらに強い予測器…のように複数の回帰木を用意し、逐次的に学習することで、「直前の予測器の修正」を試みます。

▼ 3本の回帰木を用いた勾配ブースティングによる学習

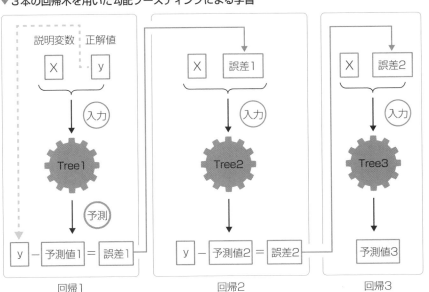

tidymodelsを用いた回帰モデルによる予測と評価

前ページの図では、例として3本の回帰木を配置したモデルにしています。第1の回帰木ではデータXと正解値yを入力して学習し、予測を行います。第2の回帰木では、データXと第1の回帰木の予測誤差を入力して学習します。第3の回帰木ではデータXと第2の回帰木の予測誤差を入力して学習します。このように、勾配ブースティングでは1番目の回帰木以外は、直前の回帰木の予測誤差を入力して学習するのがポイントです。

学習後のモデルで予測を行う際は、各回帰木に未知のデータXを入力し、その出力結果（予測値）の平均を求めることで「アンサンブル」を行って、未知のデータに対する予測を行います。

▼勾配ブースティングにおけるアンサンブル

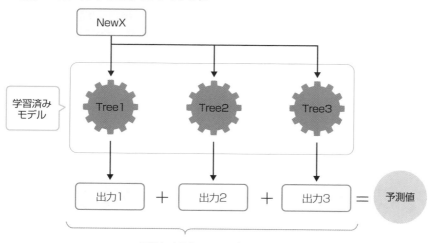

平均による「アンサンブル」

Tips

# 293

住宅販売価格を勾配ブースティング回帰木で予測する

ここがポイントです！　勾配ブースティング回帰木モデル

▶Level ●●●

「Ames Housing」を勾配ブースティング回帰木モデルで学習し、住宅販売価格の予測、モデルの評価、学習結果のグラフ化までを行います。

●xgboostパッケージのインストール

勾配ブースティング回帰木モデルの構築には、xgboostパッケージのインストールが必要になります。RStudioの**Console**に

```
install.packages("xgboost")
```

と入力してインストールしてください。

Packagesペインを利用する場合は、InstallボタンをクリックしてInstall Packagesダイアログを開き、Packages...の欄

に「xgboost」と入力してInstallボタンをクリックすると、インストールが始まります。

---

●勾配ブースティング回帰木モデルの作成

勾配ブースティング回帰木モデルは、boost_tree()関数で作成します。

**• boost_tree()関数**

boost_tree()関数は、勾配ブースティングモデルを作成します。

| | | |
|---|---|---|
| 書式 | boost_tree(<br>　mode = "regression",<br>　trees = 100,<br>　min_n = 2,<br>　tree_depth = NULL,<br>　learn_rate = 0.1,<br>　loss_reduction = NULL,<br>　sample_size = NULL,<br>　mtry = NULL,<br>　stop_iter = NULL) | |
| パラメーター | mode | モデルの動作モードを指定します。回帰問題には"regression"を、分類問題には"classification"を指定します。 |
| | trees | ブースティングによって構築される木の総数。 |
| | min_n | 葉ノードにおける最小サンプル数。これを増やすことでモデルがより単純になり、過学習を防ぐことができます。 |
| | tree_depth | 決定木の最大の深さを指定します。デフォルトでは制限なしですが、これを制限することで過学習を抑制できます。 |
| | learn_rate | 学習率（または縮小率）。各決定木の寄与をどの程度加えるかを制御します。小さい値はモデルの更新を慎重に行い、過学習を防ぐ効果がある反面、多くの木が必要になる可能性もあります。 |
| | loss_reduction | 新しい木を追加する際に必要とされる最小のロス減少量。これを指定することで、モデルの複雑さを調整できます。 |
| | sample_size | サンプルのサイズを指定します。デフォルトでは全データセットです。 |
| | mtry | 各分岐で考慮する変数の数。デフォルトでは、分類のとき特徴量の平方根、回帰のとき特徴量の1/3が使用されます。 |
| | stop_iter | 早期停止の基準値。指定した反復回数で改善が見られない場合、学習を停止します。 |
| 戻り値 | 指定された設定値を持つ勾配ブースティングの仕様が定義されたmodel_specオブジェクトを返します。このオブジェクトは、workflow()関数やfit()関数によるモデルの訓練など、のちのステップで利用されます。 | |

**• decision_tree()のパラメーター設定のポイント**

tree_depthとmin_nは決定木回帰（Tips 289）に、treesはランダムフォレスト回帰（Tips291）に準じます。

**• learn_rate（学習率）**

低い学習率を設定すると、各ステップでのモデルの更新が控えめとなり、過学習を防ぎやすくなる反面、収束に必要な木の数が増えます。高い学習率では学習スピードが

tidymodelsを用いた回帰モデルによる予測と評価

速くなるものの、過学習のリスクが増える側面もあります。学習率とtreesオプションで設定する木の数は影響し合う関係にあるため、これらのパラメーターは連動して調整することが重要です。

● 「Ames Housing」を勾配ブースティング回帰木モデルで学習し、住宅販売価格を予測する

「Ames Housing」を勾配ブースティング回帰木モデルで学習し、住宅販売価格の予測、モデルの評価、学習結果のグラフ化までを行います。

▼ 「Ames Housing」を読み込んで勾配ブースティング回帰木モデルの訓練を実施、モデルの評価、グラフ化まで行う

```r
library(tidymodels)
library(AmesHousing)

# データを読み込む
data <- make_ames()

# データを訓練セットとテストセットに分割
set.seed(123)  # 再現性のため、乱数生成のシード値を設定
data_split <- initial_split(data, prop = 0.75)
train_data <- training(data_split)
test_data <- testing(data_split)

# 前処理のレシピを定義
recipe <- recipe(Sale_Price ~ ., data = train_data) %>%
  step_normalize(all_numeric(), -all_outcomes()) %>% # 数値データの列を標準化
  step_integer(all_nominal(), -all_outcomes()) # カテゴリ変数をラベルエンコーディング

# 勾配ブースティング回帰モデルの仕様を定義
# ブーストツリーの数や学習率など、必要に応じて調整可能
boost_spec <- boost_tree(trees = 1000,
                         tree_depth = 3,
                         learn_rate = 0.1,
                         loss_reduction = 0.01) %>%
  set_engine("xgboost") %>% # xgboostエンジンを使用
  set_mode("regression")    # 明示的に動作モードを指定

# モデルを訓練
fit_boost <- workflow() %>%
  add_recipe(recipe) %>%
  add_model(boost_spec) %>%
  fit(data = train_data)

# 性能を評価
results_boost <- fit_boost %>%
  predict(new_data = test_data) %>%
  bind_cols(test_data) %>%
```

```r
  metrics(truth = Sale_Price, estimate = .pred)
# 結果を表示
print(results_boost)

# Sale_Price(実際の販売価格)と.pred(予測された販売価格)のデータフレームを作成
predictions_boost <- predict(fit_boost, new_data = test_data) %>%
  bind_cols(test_data) %>%
  select(Sale_Price, .pred)

# ggplotを使用して散布図上に等価線を描画する
p_boost <- ggplot(predictions_boost, aes(x = Sale_Price, y = .pred)) +
  geom_point(alpha = 0.5) +
  geom_abline(intercept = 0, slope = 1, linetype = "dashed", color =
"red") +
  labs(x = "Actual Sale Price", y = "Predicted Sale Price",
       title = "Gradient Boosting: Actual vs Predicted Sale Prices") +
  scale_x_continuous(labels = label_number()) +
  scale_y_continuous(labels = label_number())
# 明示的にグラフを出力
print(p_boost)
```

▼出力

```
# A tibble: 3 × 3
  .metric .estimator .estimate
  <chr>   <chr>          <dbl>
1 rmse    standard      21612.
2 rsq     standard      0.923
3 mae     standard      13829.
```

評価指標のRMSEの値は「21612」(21,612 USドル) です。これまでで最も低い値になっています。

▼[Plots]ペインに出力されたグラフ

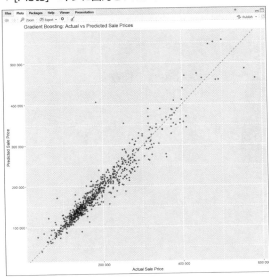

tidymodelsを用いた回帰モデルによる予測と評価

# 294 パラメーターチューニングとは

▶Level ●●●

**ここがポイントです！** tune_bayes()関数

tidymodelsのtuneパッケージのtune_bayes()関数を使用して、モデルに最適なパラメーター値を探索することができます。tune_bayes()はベイズ最適化を使用してハイパーパラメーターをチューニングする関数です。チューニングを行う手順は、次のようになります。

❶データの準備

分析に使用するデータセットを準備し、必要に応じて前処理を行います。データを訓練セットとテストセットに分割することもここで行います。

❷前処理のレシピを定義

データの前処理を行うためのレシピを定義します。このステップでは、特徴量の選択、正規化、標準化、カテゴリ変数の処理などを指定します。

❸パラメーターの範囲を定義

パラメーターの探索範囲を定義します。

❹モデル仕様とチューニング対象パラメーターの定義

モデルの仕様を定義し、チューニングしたいパラメーターをtune()関数を使って指定します。

❺クロスバリデーションのためのデータセットの分割を定義

ここでクロスバリデーションのためのデータセットの分割を定義します。

❻チューニングプロセスを実行

tune_bayes()関数を使ってベイズ最適化を実行します。この関数は、モデルのパフォーマンスを最適化するパラメーターの値を見つけます。

❼ワークフローの定義

workflow()を使用して、新しいワークフローオブジェクトを作成します。

❽最適なモデルパラメーターを取得

select_best()関数を使って、ベイズ最適化プロセスによって得られた結果の中から、最もよいパフォーマンスを示したモデルのパラメーター値を取得します。

❾結果の評価

最適化されたパラメーターを評価し、最終的なモデルをテストデータで評価します。

• **tune_bayes()関数**

ベイズ最適化を用いて機械学習モデルのハイパーパラメーターをチューニングします。

| 書式 | tune_bayes(object, preprocessor = NULL. metrics = NULL, resamples = NULL, initial = 10, iter = 10) | |
|---|---|---|
| パラメーター | object | チューニングされるモデル仕様。workflow()またはmodel_spec オブジェクトなどが該当します。 |
| | preprocessor | データの前処理を指定するためのrecipeオブジェクトまたは formula。 |
| | metrics | モデルのパフォーマンスを評価するために使用される評価指標のセット。 |
| | resamples | モデルのパフォーマンスを評価するためのリサンプリング手法。 vfold_cv()やootstraps()などの関数によって作成されます。 |
| | initial | 最適化プロセスを開始する前に実行される初期ランダムサーチの試行回数。 |
| | iter | ベイズ最適化による試行回数。 |
| 戻り値 | 戻り値はtune_resultsオブジェクトです。select_best()などの関数を使って分析することができます。 | |

## Tips 295

Level ●●●

# ランダムフォレスト回帰モデルの最適なパラメーター値を探索する

**ここがポイントです！** ▶tune_bayes()関数

前のTipsの❶～❾に沿って、「Ames Housing」の住宅販売価格の予測を行うランダムフォレスト回帰モデルを構築し、tune_bayes()によるパラメーター探索を行ってみます。

### ❶データの準備と❷前処理のレシピを定義

分析に使用するデータセットを準備し、前処理を行います。データを訓練セットとテストセットに分割する処理もここで行います。

▼データの準備と前処理のレシピを定義

```
library(tidymodels)
library(AmesHousing)

# データを読み込む
data <- make_ames()

# データを訓練セットとテストセットに分割
set.seed(123)
data_split <- initial_split(data, prop = 0.75)
train_data <- training(data_split)
test_data <- testing(data_split)

# 前処理のレシピを定義
```

```
recipe <- recipe(Sale_Price ~ ., data = train_data) %>%
  step_normalize(all_numeric(), -all_outcomes()) %>%
  step_integer(all_nominal(), -all_outcomes())
```

## ❸パラメーターの範囲を定義

このステップでは、パラメーターの探索範囲を定義します。trees（木の数）を500～1000、min_n（葉ノードにおける最小サンプル数）を2～5とします。また、mtry（各

分岐で考慮する変数の数）は、デフォルトの回帰では特徴量の1/3なので、「range = c(2, floor(ncol(train_data) / 3))」の範囲で探索することにします。

▼パラメーターの範囲を定義
```
params <- parameters(
  trees(range = c(500, 1000)),
  min_n(range = c(2, 5)),
  mtry(range = c(2, floor(ncol(train_data) / 3)))
)
```

## ❹モデル仕様とチューニング対象パラメーターの定義

ランダムフォレスト回帰モデルを定義し、チューニングしたいパラメーターをtune()関数を使って指定します。

▼ランダムフォレスト回帰モデルの仕様を定義（チューニング対象のパラメーターを指定）
```
rf_spec <- rand_forest(trees = tune(),
                       min_n = tune(),
                       mtry = tune()) %>%
  set_engine("ranger") %>%
  set_mode("regression")
```

## ❺クロスバリデーションのためのデータセットの分割を定義

ここで、クロスバリデーションのためのデータセットの分割を定義します。生成するフォールドの数を「v = 5」と指定することで、5分割クロスバリデーションが実行され

ます。また、strataオプションにSale_Price（販売価格）が指定されていて、各フォールドに販売価格の分布が均等になるようにしています。

▼クロスバリデーションのためのデータセットの分割を定義
```
cv_splits <- vfold_cv(train_data, v = 5, strata = Sale_Price)
```

**❻チューニングプロセスを実行**

tune_bayes()関数を使ってベイズ最適化を実行します。この関数は、モデルのパフォーマンスを最適化するパラメーターの値を見つけます。

**▼チューニングプロセスを実行、ワークフローの定義**

```
tune_results <- tune_bayes(
  object = workflow() %>%
    add_recipe(recipe) %>%
    add_model(rf_spec),
  resamples = cv_splits,
  param_info = params,  # パラメーター範囲が設定されたオブジェクト
  metrics = metric_set(rmse, rsq),
  initial = 10,  # 初期サンプリングポイントの数
  iter = 10      # 追加のイテレーション回数
)
```

**❼ワークフローの定義**

workflow()を使用して新しいワークフローオブジェクトを作成し、add_recipe(recipe)でデータの前処理レシピを追加、add_model(rf_spec)でモデルの仕様を追加します。

**・クロスバリデーションの準備**

「resamples = cv_splits」によって、先に定義された5分割のクロスバリデーションのフォールド (cv_splits) を使用してモデルの評価を行います。

**・パラメーター範囲の指定**

「param_info = params」では、チューニング対象のハイパーパラメーターとその探索範囲が指定されたオブジェクト (params) を指定しています。これにより、「どのパラメーターをどの範囲でチューニングするか」が定義されます。

**・評価指標の設定**

「metrics = metric_set(rmse, rsq)」で、モデルの評価指標を指定します。ここでは、二乗平均平方根誤差 (RMSE) と決定係数 $R^2$ (R-squared、Rsq) が選択されています。

**・チューニングの初期化と反復**

「initial = 10」は、ベイズ最適化を開始する前にランダムに選ばれるサンプルポイントの数を指定します。

「iter = 10」は、初期サンプリング後に実行される最適化の反復回数を指定します。

**・結果の保存**

「tune_results <-」によって、チューニングプロセスの結果がtune_results変数に保存されます。

**❽最適なモデルパラメーターを取得**

select_best()関数を使って、ベイズ最適化プロセスによって得られた結果の中から、最もよいパフォーマンス (この場合は、最小の二乗平均平方根誤差 〈RMSE〉) を示したモデルのパラメーターを選択しています。

**▼最適なモデルパラメーターを選択**

```
best_params <- select_best(tune_
results, "rmse")
# 最適なパラメーターの値を出力
cat("最適なパラメーターの値:\n")
print(best_params)
```

tidymodelsを用いた回帰モデルによる予測と評価

### ❾結果の評価

❽で取得したベストパフォーマンスのパラメーター値をモデルに再定義して訓練を行い、結果を評価します。

▼ベストパフォーマンスのパラメーター値をモデルに再定義して訓練を行い、結果を評価

```r
# 最適なパラメーターでモデルを再定義
final_rf_spec <- rand_forest(trees = best_params$trees,
                             min_n = best_params$min_n,
                             mtry = best_params$mtry) %>%
  set_engine("ranger") %>%
  set_mode("regression")

# モデルを訓練
final_fit <- workflow() %>%
  add_recipe(recipe) %>%
  add_model(final_rf_spec) %>%
  fit(data = train_data)

# 性能を評価(最終モデル用)
final_results <- final_fit %>%
  predict(new_data = test_data) %>%
  bind_cols(test_data) %>%
  metrics(truth = Sale_Price, estimate = .pred)

# 最終結果を表示
print(final_results)
```

▼出力

最適なパラメーターの値：

```
# A tibble: 1 × 4
  trees min_n  mtry .config
  <int> <int> <int> <chr>
1   924     4    26 Preprocessor1_Model05
```

```
# A tibble: 3 × 3
  .metric .estimator .estimate
  <chr>   <chr>          <dbl>
1 rmse    standard      23590.
2 rsq     standard        0.908
3 mae     standard      14977.
```

第 **11** 章

296~312

# tidymodelsを用いた分類モデルの構築と評価

# 「分類問題」における モデルの評価

**Tips 296**

▶Level ●●●

ここがポイントです！ ▷ 分類問題、分類問題の評価指標

機械学習における「予測問題」では、連続値の予測をします。一方、**分類問題**で行うのは離散値の予測です。例として、「自動車」「飛行機」「船」の画像を機械学習によって分類することを考えます。この場合のラベルは自動車が「0」、飛行機が「1」、船が「2」とします。これらの画像を学習器（モデル）に読み込んで、ラベルの値を出力させます。ここで注意したいのは、正解のラベルと同じ値を出力することが、すなわち分類だということです。正解ラベルは目的変数として扱われ、「0」「1」「2」などの離散値をあらかじめ因子型（factor）に変換してからモデルを訓練するのが一般的です。

正解ラベルと同じ値を出力するように、正解ラベルと出力値の誤差を測定し、誤差が最小になるようにモデルを訓練する——というのは予測問題のときと同じです。

● 「二値分類」と「多クラス分類」

分類問題には、「0」と「1」のように2つのラベルに分類する**二値分類**と、3つ以上のラベルに分類する**多クラス分類**があります。「クラス」と付いているのは、分類先をこのように呼ぶ場合があるためです。

● 分類問題における評価指標

分類問題における評価指標に、**正解率**（accuracy）と**カッパ統計量**（Kappa statistic）があります。

・**正解率**（accuracy）

正解率は次の式で求めます。

$$Accuracy = \frac{正しい予測の総数}{予測の総数}$$

「正しい予測の総数」は、モデルが正しく正のクラス（**TP**：True Positives）と負のクラス（**TN**：True Negatives）の両方を予測したケースの数の合計です。「予測の総数」はデータセット内のサンプルの総数、つまり、TP、TNに加えて、誤って負と予測した正のケース（**FN**：False Negatives）と、誤って正と予測した負のケース（**FP**：False Positives）を含めたものです。式で表すと次のようになります。

$$Accuracy = \frac{TP + TN}{TP + TN + FP + FN}$$

・TP（True Positives）：実際のクラスが正で、モデルも正と正しく予測したケースの数。
・TN（True Negatives）：実際のクラスが負で、モデルも負と正しく予測したケースの数。
・FP（False Positives）：実際のクラスが負であるにもかかわらず、モデルが誤って正と予測したケースの数。

・FN（False Negatives）：実際のクラスが
正であるにもかかわらず、モデルが誤って
負と予測したケースの数。

・**カッパ統計量（Kappa statistic）**

カッパ統計量（Kappa statistic）または
**コーエンのカッパ**（Cohen's Kappa）は、
予測の正確さを評価するために使われる指
標で、偶然による一致を考慮しています。単
純な正解率（Accuracy）よりも厳密な性能
評価を提供するために、カッパ統計量は次
の式によって計算されます。

$$\kappa = \frac{P_0 - P_e}{1 - P_e}$$

$P_0$は実際の一致率（観測された一致率）を
示します。全データ数に対する正しく予
測された数（True Positives + True
Negatives）の割合で計算されます。

$P_e$は偶然による一致率（期待される一致
率）を示します。各クラスの観測された頻度
をもとに計算され、各クラスについて、予測
された頻度と実際の頻度を乗算してから全
体で割ることにより求めます。

カッパ統計量は、−1から1の範囲の値を
とります。値が大きいほど、モデルの予測精
度が高いことを意味し、偶然による一致率を
上回っていることを示します。具体的には、

・$\kappa = 1$は完全な一致を意味します。
・$\kappa = 0$は偶然による一致率と同じです。
・$\kappa < 0$は偶然よりも一致率が低い、つま
り期待される一致率を下回っていると解
釈します。

このように、カッパ統計量は、モデルの性
能が偶然よりどの程度よいかを定量的に
評価するのに役立ちます。

●metrics()関数

tidymodelsフレームワークのyardstick
パッケージに含まれるmetrics()関数は、分
類モデルに使った場合、正解率とカッパ統

計量を出力します。次に示すのは、擬似的に
分類モデルを評価する例です。

▼metrics()関数による分類モデルの評価指標の計算

```
library(tidymodels)
# 予測結果と実際のラベルを含むデータフレームを想定
data <- tibble(
  truth = factor(c("yes", "no", "no", "yes", "yes")),
  estimate = factor(c("yes", "yes", "no", "no", "yes"))
)

# モデルの性能評価
metrics_result <- metrics(data, truth = truth, estimate = estimate)
print(metrics_result)
```

**▼出力**

```
# A tibble: 2 × 3
  .metric   .estimator .estimate
  <chr>     <chr>          <dbl>
1 accuracy  binary           0.6
2 kap       binary         0.167
```

# Tips 297 分類問題の学習用データセット 「Wine Quality」について

**ここがポイントです！** winequality-red.csv

　機械学習における分類問題用のデータセットに「Wine Quality」があります。赤ワインと白ワインの各データセットがあり、赤ワインのデータセット「winequality-red」には、1599件の赤ワインの品質の測定値と、1～10の10段階の評価データが収録されています。

**●赤ワインのデータセット「winequality-red.csv」をデータフレームに読み込む**

　「UCI Machine Learning Repository」のサイトで、赤ワインのデータセット「winequality-red.csv」と白ワインのデータセット「winequality-white.csv」が公開されています。

　赤ワインのデータセットは、

```
https://archive.ics.uci.edu/ml/machine-
learning-databases/wine-quality/
winequality-red.csv
```

からダウンロードできるので、これを直接データフレームに読み込み、どのようなデータが収録されているのか見てみることにしましょう。

**・read_delim() 関数**

　readrパッケージのread_delim()関数は、区切り文字で区切られたファイルを読み込みます。CSV（カンマ区切り）やTSV（タブ区切り）のほか、任意の区切り文字を指定して読み込むことができます。

| 書式 | read_delim(file, delim, col_names = TRUE, col_types = NULL, locale = default_locale(), na =c( "", "NA"), quoted_na = TRUE, quote = "\"", comment = "", trim_ws = TRUE, skip = 0, n_max = Inf, guess_max = min(1000, n_max), progress = show_progress(), skip_empty_rows = TRUE) | |
|---|---|---|
| パラメーター | file | 読み込むファイルのパスまたはURLなどの接続文字を指定します。 |
| | delim | 区切り文字。CSVファイルの場合はカンマ(,)など。 |
| | col_names, ... | col_names以下はread_csv()関数に準じます(Tips227参照)。 |
| 戻り値 | 読み込んだデータを格納したtibble型データフレームが返されます。 | |

### ▼「winequality-white.csv」を読み込んで表示

```
library(tidymodels) # tidymodelsを読み込む
library(tidyverse)  # tidyverseを読み込む
# データの読み込み
winequality_red <- read_delim(
  "https://archive.ics.uci.edu/ml/machine-learning-databases/wine-
quality/winequality-red.csv",
  delim = ";")
# データを出力
print(head(winequality_red))
```

### ▼出力

```
# A tibble: 6 × 12
  `fixed acidity` `volatile acidity` `citric acid` `residual sugar` chlorides `free
sulfur dioxide` `total sulfur dioxide` density    pH sulphates alcohol quality
    <dbl>   <dbl> <dbl>   <dbl>     <dbl> <dbl> <dbl> <dbl> <dbl>   <dbl>   <dbl>   <dbl>
1   7.4    0.7    0     1.9       0.076   11    34    0.998 3.51    0.56    9.4     5
2   7.8    0.88   0     2.6       0.098   25    67    0.997 3.2     0.68    9.8     5
3   7.8    0.76   0.04  2.3       0.092   15    54    0.997 3.26    0.65    9.8     5
4   11.2   0.28   0.56  1.9       0.075   17    60    0.998 3.16    0.58    9.8     6
5   7.4    0.7    0     1.9       0.076   11    34    0.998 3.51    0.56    9.4     5
6   7.4    0.66   0     1.8       0.075   13    40    0.998 3.51    0.56    9.4     5
```

11列の説明変数およびワインの評価(目的変数)の「quality」列のデータで構成されています。

### ▼「winequality-red」の11列の説明変数

| カラム(列)名 | 内容 |
|---|---|
| fixed acidity | 酒石酸濃度 |
| volatile acidity | 酢酸濃度 |
| citric acid | クエン酸濃度 |
| residual sugar | 残糖濃度 |
| chlorides | 塩化ナトリウム濃度 |

tidymodelsを用いた分類モデルの構築と評価

| カラム（列）名 | 内容 |
|---|---|
| free sulfur dioxide | 遊離SO$_2$（二酸化硫黄）濃度 |
| total sulfur dioxide | 総SO$_2$（二酸化硫黄）濃度 |
| density | 密度 |
| pH | 水素イオン濃度 |
| sulphates | 硫化カリウム濃度 |
| alcohol | アルコール度数 |

▼「winequality-red」の目的変数（正解ラベル）

| カラム（列）名 | 内容 |
|---|---|
| quality | 1〜10の評価 |

　レコード（行）の数は1,599で、説明変数のすべてにおいて欠損値は含まれていません。続いて、各変数についての基本統計量を確認してみます。

▼基本統計量の表示（先のコードの続き）

```
print(summary(winequality_red))
```

▼出力（出力後の列名を色文字にしている）

```
fixed acidity    volatile acidity  citric acid    residual sugar   chlorides       free sulfur dioxide
Min.   : 4.60    Min.   :0.1200    Min.   :0.000  Min.   : 0.900   Min.   :0.01200  Min.   : 1.00
1st Qu.: 7.10    1st Qu.:0.3900    1st Qu.:0.090  1st Qu.: 1.900   1st Qu.:0.07000  1st Qu.: 7.00
Median : 7.90    Median :0.5200    Median :0.260  Median : 2.200   Median :0.07900  Median :14.00
Mean   : 8.32    Mean   :0.5278    Mean   :0.271  Mean   : 2.539   Mean   :0.08747  Mean   :15.87
3rd Qu.: 9.20    3rd Qu.:0.6400    3rd Qu.:0.420  3rd Qu.: 2.600   3rd Qu.:0.09000  3rd Qu.:21.00
Max.   :15.90    Max.   :1.5800    Max.   :1.000  Max.   :15.500   Max.   :0.61100  Max.   :72.00


total sulfur dioxide   density         pH             sulphates        alcohol          quality
Min.   :  6.00        Min.   :0.9901  Min.   :2.740  Min.   :0.3300   Min.   : 8.40    Min.   :3.000
1st Qu.: 22.00        1st Qu.:0.9956  1st Qu.:3.210  1st Qu.:0.5500   1st Qu.: 9.50    1st Qu.:5.000
Median : 38.00        Median :0.9968  Median :3.310  Median :0.6200   Median :10.20    Median :6.000
Mean   : 46.47        Mean   :0.9967  Mean   :3.311  Mean   :0.6581   Mean   :10.42    Mean   :5.636
3rd Qu.: 62.00        3rd Qu.:0.9978  3rd Qu.:3.400  3rd Qu.:0.7300   3rd Qu.:11.10    3rd Qu.:6.000
Max.   :289.00        Max.   :1.0037  Max.   :4.010  Max.   :2.0000   Max.   :14.90    Max.   :8.000
```

　目的変数「quality」の最小値は「3」、最大値は「8」です。ワインの品質（等級）は10段階ではなく、3〜8なので、6クラスの多クラス分類になります。

●ヒストグラムで確認

　すべての変数のデータをヒストグラムにしてみます。

▼「winequality-red」のヒストグラムを出力（先のコードの続き）

```
# 数値変数の列のみを選択
numeric_vars <- winequality_red[, sapply(winequality_red, is.numeric)]
# 数値変数の数に合わせてプロットレイアウトを設定
num_of_numeric_vars <- length(numeric_vars)
# プロットの行数と列数を設定
num_rows <- ceiling(sqrt(num_of_numeric_vars))
num_cols <- ceiling(num_of_numeric_vars / num_rows)
par(mfrow=c(num_rows, num_cols))
# すべての数値変数に対してヒストグラムを描画
for (var_name in names(numeric_vars)) {
  hist(numeric_vars[[var_name]], main=var_name, xlab=var_name,
col='lightblue')
}
```

▼[Plots]ペインに出力された「winequality-red」のヒストグラム

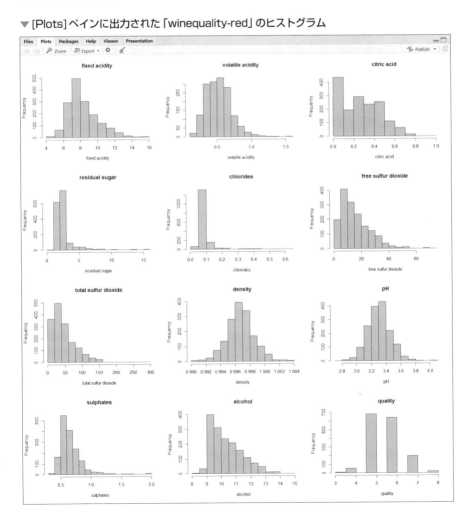

tidymodelsを用いた分類モデルの構築と評価

# 線形サポートベクター分類モデルの仕組み

**ここがポイントです！** ハードマージンSVM、ソフトマージンSVM、サポートベクトル、プライマリ問題、相対問題

▶Level ●●●

サポートベクターマシン (**SVM**：Support Vector Machine) は、教師あり学習 (正解値が存在する学習方法) で用いられる、パターン認識 (データの規則性や特徴を選別して取り出すこと) のためのアルゴリズムです。予測問題における回帰モデルとしても利用されますが、もとは分類問題のモデルとして考案されました。分類問題にも予測問題にも使える、汎用性の高いアルゴリズムです。

### ●分類のための決定境界

分類のための決定境界 (分類境界) は、次の式で表されます。これは、「サポートベクター回帰」のところ (Tips286) で説明した「回帰関数 $f(\boldsymbol{x})$」に相当します。

▼分類境界を求める関数 (決定関数)

$$f(\boldsymbol{x}) = \boldsymbol{w}_1\boldsymbol{x}_1 + \boldsymbol{w}_2\boldsymbol{x}_2 + b$$

$\boldsymbol{w}_1$、$\boldsymbol{w}_2$は、$\boldsymbol{x}_1$、$\boldsymbol{x}_2$に適用する係数 (重み)、$b$は定数項 (バイアス) を示します。
$n$次元の説明変数に対応する重みを

$$\boldsymbol{w} = \begin{bmatrix} w_1 \\ w_2 \\ \vdots \\ w_n \end{bmatrix}$$

とし、$n$次元の説明変数について

$$\boldsymbol{x} = \begin{bmatrix} x_1 \\ x_2 \\ \vdots \\ x_n \end{bmatrix}$$

として考えた場合、決定関数を次のように表せます。

▼分類境界を求める決定関数

$$f(\boldsymbol{x}) = {}^t\boldsymbol{wx} + b$$

説明変数のデータは複数あるので、データ数を$m$個とした場合、$\boldsymbol{x}$は次のような行列になります。

$$\boldsymbol{x} = \begin{bmatrix} {}^t\boldsymbol{x}_1 \\ {}^t\boldsymbol{x}_2 \\ \vdots \\ {}^t\boldsymbol{x}_n \end{bmatrix} = \begin{bmatrix} x_{(1)1} & x_{(1)2} & \cdots & x_{(1)n} \\ x_{(2)1} & x_{(2)2} & \cdots & x_{(2)n} \\ \vdots & \vdots & \ddots & \vdots \\ x_{(m)1} & x_{(m)2} & \cdots & x_{(m)n} \end{bmatrix}$$

### ●ハードマージンSVMによる線形分類

サポートベクターマシンを用いた分類には、「ハードマージンSVM」と「ソフトマージンSVM」という2つの考え方があります。
サポートベクターマシンによる分類では、分類するデータ間になるべく広い道 (チューブ) を通すことを目指します。次の図では、データがチューブの中に入らないように強い制約条件を課しています。

このことを**ハードマージンSVM**と呼び、これを実装した分類モデルのことを**ハードマージンSVM分類器**と呼ぶことがあります。

#### ▼ハードマージンSVMの分類

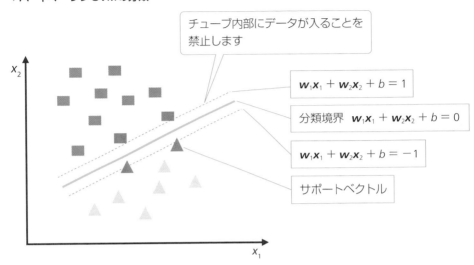

チューブ内部にデータが入ることを禁止します

$w_1x_1 + w_2x_2 + b = 1$

分類境界 $w_1x_1 + w_2x_2 + b = 0$

$w_1x_1 + w_2x_2 + b = -1$

サポートベクトル

ハードマージンSVMの分類では、上下のマージンで形成されるチューブの中にデータが入ることを禁止します。■や▲のように色になっているデータは、分類境界線に最も近い（あるいは線上にある）データで、サポートベクトル（サポートベクター）と呼ばれます。

$x_i = {}^t(x_{(i)1}, x_{(i)2})$についてマージンを最大化する$w_1$、$w_2$、$b$の組み合わせを求めるとき、$\|w\|^2/2$を最小にする最適化問題として考えることができます。

#### ▼ハードマージンSVMの目的関数

$$\min_{w,b} \frac{1}{2}\|w\|^2$$

Subject to $y_i({}^twx_i + b) \geq$ （$i = 1, 2, \cdots n$）

**nはデータの数です**

・$y_i$は$i$番目の訓練サンプルのクラスラベル

・$x_i$は$i$番目の訓練サンプルの特徴ベクトル

minは、$\|w\|^2/2$を最小にする問題（最適化問題）を示し、Subject toは最適化を行う際の制約条件を示しています。$\|w\|^2$を1/2で割っているのはあとあとの計算を簡単にするためで、特に深い意味はありません。

目的関数$1/2\|w\|^2$の最小化は、$\|w\|$（超平面の法線ベクトルのノルム）を最小化することを意味します。このノルムの逆数$1/\|w\|$は、2つのクラス間のマージンと直接関連しており、ノルムを最小化することはマージンを最大化することに等しくなります。

したがって、ハードマージンSVMの目的は、クラス間の最大マージンを持つ超平面を見つけることにあり、これにより新しいサンプルに対する予測の一般化能力が高まります。

**さらに
ワンポイント** **法線ベクトル**
　サポートベクターマシン（SVM）
における法線ベクトルは、決定境界の傾きを
定義するベクトルです。

　法線ベクトルのノルムが小さいほど、分離
マージン（クラス間の距離）が大きくなりま
す。ノルムは、ベクトルの「長さ」や「大きさ」
を測る方法です（ユークリッドノルムなど）。

## Tips
# 299
# ソフトマージンSMVとは

▶Level ●●● **ここが
ポイント
です！** ソフトマージンSVMによる線形分類

●ソフトマージンSVMによる線形分類

　**ソフトマージンSVM**は、チューブの中に
データが入ることを許容します。ただし、
チューブの中に入ったデータについてはペ

ナルティを与え、マージンの最大化とペナ
ルティの最小化を同時に行うことで、できる
だけうまく分離できる境界を見つけます。

▼ソフトマージンSVMの分類

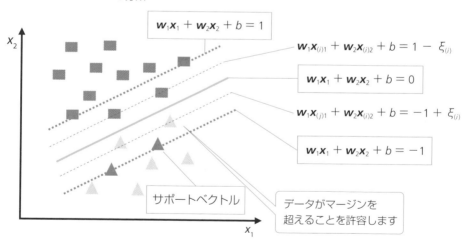

　ソフトマージンSVMでは、ハードマージ
ンSVMの最適化問題における制約条件を
変更することで、データ点 $x_i$ がマージンの内
側に存在することを許容します。ここでも
$\|w\|^2/2$ を最小にする最適化問題として考え
ます。

#### ▼ソフトマージンSVMの目的関数

$$\min_{w,b,\xi} \frac{1}{2}\|\boldsymbol{w}\|^2 + C\sum_{i=1}^{n}(\xi_i + \xi_i^*)$$

#### ▼制約条件

$$y_i(\boldsymbol{w}^T\boldsymbol{x}_i + b) \geq 1 - \xi_i, \ \forall i$$
$$y_i(\boldsymbol{w}^T\boldsymbol{x}_i + b) - 1 \leq - \xi_i^*, \ \forall i$$
$$\xi_i, \xi_i^* \geq 0, \ \forall i$$

- $\boldsymbol{w}$は重みベクトル
- $b$はバイアス項
- $C$は誤差項に対するペナルティの強さを制御する正則化パラメーター（コスト値）
- $\xi_i$、$\xi_i^*$はスラック変数（実際の値と予測値の差が$\varepsilon$より大きい場合の誤差）
- $\varepsilon$は許容誤差のマージン（不感度パラメーター）
- $y_i$はデータポイント$i$の実際の値
- $\boldsymbol{x}_i$はデータポイント$i$の特徴ベクトル
- $\forall i$は、全ての「全てのデータポイント$i$について」という意味

#### ・第1の制約条件

$$y_i(\boldsymbol{w}^T\boldsymbol{x}_i + b) \geq 1 - \xi_i, \ \forall i$$
$$y_i(\boldsymbol{w}^T\boldsymbol{x}_i + b) - 1 \leq - \xi_i^*, \ \forall i$$

　この制約は、それぞれの訓練データ点について、そのデータ点が正しいクラス側に分類され、かつ適切なマージンを持っていることを保証します。ここで、$y_i$はデータ点$\boldsymbol{x}_i$の実際のクラスラベル、$\boldsymbol{w}$は超平面の法線ベクトル、$b$は超平面のバイアス項です。スラック変数$\xi_i$は、マージン違反を許容し、データ点がマージン内に入り込むか、さらには誤って分類される場合に、その違反の程度を表します。この条件により、完全に線形分離可能でないデータセットや、外れ値の影響を受けやすいデータセットに対して、モデルが柔軟に対応できるようになります。

#### ・第2の制約条件

$$\xi_i, \xi_i^* \geq 0 \ \forall i$$

　この制約は、スラック変数$\xi_i$、$\xi_i^*$が負の値ではないことを示します。

#### ・目的関数の第2項の式

　ソフトマージンSVMの目的関数は、予測値と実際の値の差（誤差）が許容誤差$\varepsilon$以内であれば、コストを加算しないように設計されています。つまり、SVRは予測誤差が$\varepsilon$以内であれば許容し、それを超える誤差に対してのみペナルティを課します。

　目的関数の式において、第2項の

$$\sum_{i=1}^{n}(\xi_i + \xi_i^*)$$

は、許容誤差$\varepsilon$を超える誤差に対するペナルティを表しており、$\xi_i$および$\xi_i^*$はそれぞれ予測値より上および下にある誤差の大きさを示しています。具体的に説明すると、スラック変数$\xi_i$は、実際の目的変数の値が予測値と許容誤差$\varepsilon$よりも上にある場合の誤差の大きさを表します。つまり、予測値と実際の値の差が$\varepsilon$を超えたときに、その超過分を測るための**スラック変数（不純度パラメーター**とも呼ばれる）です。

　一方、スラック変数$\xi_i^*$は、実際の目的変数の値が予測値と許容誤差$\varepsilon$よりも下にある場合の誤差の大きさを表します。これもまた、予測値と実際の値との差が$\varepsilon$を超えた場合に、その超過分を測るために導入されるスラック変数です。

### ・スラック変数の役割

　SVRの最適化問題では、2つのスラック変数を用いて、モデルが許容誤差 $\varepsilon$ 内での誤差に対してはペナルティを課さないようにしていますが、許容誤差を超える誤差に対してはペナルティ（コスト）を加算します。このペナルティは、正則化パラメーター $C$ を用いて重み付けされ、モデルが過剰にデータに適合すること（過学習）を防ぐために使用されます。

### ・不感度パラメーター（$\varepsilon$）

　SVRの目的関数は、誤差が $\varepsilon$ 内部に収まっているデータに関しては誤差の測定を行わないことから、「$\varepsilon$-不感損失関数」と呼ばれます。回帰の場合は、$\varepsilon$ の外側にあるデータに対してのみ予測値との誤差を測定し、学習を行います。$\varepsilon$ の内部に収まっているデータに対しては、誤差がゼロとして学習の対象から除外します。

### ・サポートベクトル

　不感度パラメーター $\varepsilon$ の外側のデータ点が「サポートベクトル」となります。

### ・コスト値「C」

　$C$ は正則化を行うための係数で、**コスト値**と呼ばれる正の定数です。$C$ が小さいほど $\xi_i$ と $\xi_i^*$ は大きくできるので、制約条件は緩くなります。この場合、データがマージンの内側からさらに分類境界線を越えて反対側の領域に位置することも許容できます。

　逆に、$C$ が大きいほど $\xi_{(i)}$ は大きくなれないので、制約条件が強く働くようになり、データがマージンの内側に存在することが抑制されます。$C$ が無限大（$\infty$）になると、

$$\sum_{i=1}^{n} (\xi_i + \xi_i^*)$$

は0でなければならなくなり、ハードマージンと同じことになります。

### ●ソフトマージンSVMにおける「プライマリ問題」と「双対問題」

　ソフトマージンSVMの目的関数をプライマリ問題として定式化します。

### ▼ソフトマージンSVMのプライマリ問題

$$\min_{w,b,\xi} \quad \frac{1}{2} \|\boldsymbol{w}\|^2 + C \sum_{i=1}^{n} \xi_i$$

　ここで、話をわかりやすくするため、制約条件を次のようにします。

### ▼プライマリ問題の制約条件

$y_i(\boldsymbol{w} \cdot \boldsymbol{x}_i + b) \geq 1 - \xi_i$, for all $i$.
$\xi_i \geq 0$, for all $i$.

　プライマリ問題では、$w$、$b$ に加え、$\xi$ が未知数となっています。この問題を解くために、「双対問題」を導き出します。双対問題はラグランジュ乗数（または双対変数）に関する最大化問題として表されます。ソフトマージンSVMの場合、ラグランジュ関数は次のようになります。

▼ソフトマージンSVMの場合のラグランジュ関数

$$L(\mathbf{w}, b, \xi, \alpha, \mu) = \frac{1}{2}\|\mathbf{w}\|^2 + C\sum_{i=1}^{n}\xi_i - \sum_{i=1}^{n}\alpha_i[y_i(\mathbf{w}, \mathbf{x}_i + b) - 1 + \xi_i] - \sum_{i=1}^{n}\mu_i\xi_i$$

$\alpha_i$と$\mu_i$はラグランジュ乗数で、非負の値です。このラグランジュ関数を$\mathbf{w}$、$b$、$\xi$について微分し、0と等しいと置くことで、KKT条件（制約付き最適化問題における解の必要条件）を得ます。双対問題の目的関数は、$\mathbf{w}$、$b$、$\xi$を含まないラグランジュ乗数に関してのみとなり、これを最大化する問題として次のように表されます。

▼双対問題の式（目的関数）

$$\max_{\alpha}\sum_{i=1}^{n}\alpha_i - \frac{1}{2}\sum_{i=1}^{n}\sum_{j=1}^{n}\alpha_i\alpha_j y_i y_j(\mathbf{x}_i\cdot\mathbf{x}_j)$$

▼制約条件

$0 \geq \alpha_i > C$, for all $i$.

$$\sum_{i=1}^{n}\alpha_i y_i = 0$$

双対問題を解くことの主なメリットは、カーネルトリックを適用できることです。カーネル関数を使うことで、線形分離が不可能（非線形でしか分離することができない）データに対しても、SVMを効果的に適用できます。

さらに
ワンポイント

**ラグランジュ乗数**

**ラグランジュ乗数**は、制約条件のもとでの最適化問題を解くための数学的手法です。

特定の関数の極値（最大値や最小値）を、1つ以上の制約条件が存在する場合に求める際に使用されます。

● **サポートベクターマシンの目的関数における線形カーネルの適用**

**カーネルトリック**は、元の特徴空間をより高次元の空間に写像することで、非線形の決定境界を学習するための方法です。最も基本的なカーネル関数である**線形カーネル関数**は、元の特徴空間における2つのサンプルベクトルの内積を、高次元空間での内積として表現します。線形カーネルは次の式で表されます。

▼線形カーネル関数

$$K = (\mathbf{x}_i\cdot\mathbf{x}_j) = \mathbf{x}_i\cdot\mathbf{x}_j$$

$K$はカーネル関数を示し、$\mathbf{x}_i$と$\mathbf{x}_j$は特徴量のベクトルです。線形カーネルは、特徴空間を拡張することなく、元の特徴ベクトル間の直接的な内積を使用します。ソフトマージンSVMの双対問題の目的関数を、線形カーネルを適用して表現すると、次のようになります。

▼ソフトマージンSVMの双対問題の目的関数における線形カーネルの適用

$$\max_{\alpha}\sum_{i=1}^{n}\alpha_i - \frac{1}{2}\sum_{i=1}^{n}\sum_{j=1}^{n}\alpha_i\alpha_j y_i y_j(\mathbf{x}_i\cdot\mathbf{x}_j)$$

線形カーネルを使用する場合、カーネル関数は単純に元の特徴ベクトル間の内積と等しくなるため、ソフトマージンSVMの双対問題の目的関数と同じ式になります。

## Tips 300

線形サポートベクターマシンで
分類する

▶Level ●●●

**ここがポイントです！** svm_linear()

線形カーネルを用いたサポートベクターマシン（SVM）の分類モデルを作成し、「winequality-red」を学習して、ワインの品質分類を行います。

### ●kernlabパッケージのインストール

kernlabパッケージは、カーネルベースの機械学習手法を提供するパッケージで、線形カーネル、多項式カーネル、RBFカーネルなどをサポートベクターマシンに組み込みます。kernlabパッケージは、RStudioの**Console**に

```
install.packages("kernlab")
```

と入力してインストールします。**Packages**ペインを利用する場合は、**Install**ボタンをクリックして**Install Packages**ダイアログを開き、**Packages...**の欄に「kernlab」と入力して**Install**ボタンをクリックすると、インストールが始まります。

### ●線形カーネルを用いたサポートベクターマシンを実装した分類モデルの作成

線形カーネルを用いたサポートベクター分類モデルは、svm_linear()関数で作成します。

### ・svm_linear()関数

tidymodelsフレームワークのparsnipパッケージに含まれるsvm_linear()関数は、線形サポートベクターマシンのモデルを作成します。データセットのパターンを学習し、線形決定境界による分類を行うSVMモデルです。

| 書式 | svm_linear(<br>　mode = "classification" or "regression",<br>　engine = "エンジン名",<br>　cost = NULL,<br>　margin = NULL) | |
|---|---|---|
| パラメーター | mode | モデルの動作モードを指定します。回帰問題には"regression"を、分類問題には"classification"を指定します。 |
| | engine | SVMモデルの計算エンジンを指定します。"LiblineaR" や "kernlab" などが指定できます。 |
| | cost | 誤分類のコストを指定します。この値が大きいほど、誤分類を避けるように学習しますが、過学習のリスクも高まります。 |
| | margin | 分類問題におけるマージンの幅（厳しさ）を指定します。 |

| 戻り値 | 指定された設定値を持つサポートベクターマシンモデルの仕様としてのmodel_specオブジェクトを返します。このオブジェクトは、workflow()関数やfit()関数によるモデルの訓練など、のちのステップで利用されます。 |
|---|---|

## ●「winequality-red」を、線形カーネルを用いたサポートベクターマシンで学習し、ワインの品質分類を行う

「winequality-red」を、線形カーネルを用いたサポートベクターマシンで学習し、ワインの品質分類、モデルの評価、学習結果のグラフ化までを行います。

前処理においては、説明変数の中で分布に偏りがある（つまり"citric acid"、"density"、"pH"を除くすべての）説明変数について、対数変換を行うことにします。

▼線形カーネルを用いたサポートベクターマシンで学習し、ワインの品質分類を行う

```
library(tidymodels) # tidymodelsを読み込む
library(tidyverse)  # tidyverseを読み込む

# データセットを読み込む
winequality_red <- read_delim(
  "https://archive.ics.uci.edu/ml/machine-learning-databases/wine-
quality/winequality-red.csv",
  delim = ";") %>%
  mutate(quality = as.factor(quality)) # qualityを因子型に変換

# データを訓練セットとテストセットに分割
set.seed(123)   # 再現性のため、乱数生成のシード値を設定
split <- initial_split(winequality_red, prop = 0.75)
train_data <- training(split)
test_data <- testing(split)

# 前処理の定義
recipe <- recipe(quality ~ ., data = train_data) %>%
  # "citric acid", "density", "pH"を除くすべての説明変数を対数変換
  step_log(all_predictors(), -all_of(c("citric acid", "density",
"pH"))) %>%
  # すべての説明変数を標準化
  step_normalize(all_predictors())

# SVMモデルの仕様を定義
svm_spec <- svm_linear() %>%
  set_mode("classification") %>%
  set_engine("kernlab")

# workflowを作成してモデルと前処理を組み合わせる
workflow <- workflow() %>%
  add_model(svm_spec) %>%
  add_recipe(recipe)
```

```
# モデルを訓練する
fit_model <- workflow %>%
  fit(data = train_data)

# テストデータを使って分類予測
predictions <- predict(fit_model, test_data) %>%
  bind_cols(test_data)
# 分類予測の評価
results <- predictions %>%
  metrics(truth = quality, estimate = .pred_class)
# 結果を表示
print(results)

# グラフ化のため、予測結果(predictions$.pred_class)をテストデータに新しい列として追加
test_data$predicted_quality <- predictions$.pred_class
# aes()関数でx軸に、因子型に変換したワインの品質(quality)を指定
# 棒グラフの色分け(fill)に、因子型に変換した予測値(predicted_quality)を指定
g <- ggplot(test_data, aes(x = factor(quality), fill =
factor(predicted_quality))) +
  # 棒グラフgeom_bar()を描画する際にposition = "fill"オプションを指定して、
  # 各棒を正解値に対する予測値の割合で色分けする
  geom_bar(position = "fill") +
  labs(x = "Actual Quality", y = "Proportion", fill = "Predicted
Quality") +
  ggtitle("SVM Classification Results")
# 明示的にグラフを出力
print(g)
```

▼出力

```
# A tibble: 2 × 3
  .metric    .estimator .estimate
  <chr>      <chr>          <dbl>
1 accuracy   multiclass     0.625
2 kap        multiclass     0.365
```

正解率は0.625です。

　グラフの見方ですが、横軸は正常値 (ワインの実際の品質)、縦軸は「正常値に対する予測値の割合」、棒グラフの色分けは予測値です。

　グラフを見ると、分類予測としてラベル (品質) の3、4と8は出力されていないようです。かなり多くの割合で品質の4を5に分類、半数以上の割合で品質の7を6に分類しているのが目立ちます。

▼ [Plots]ペインに出力されたグラフ

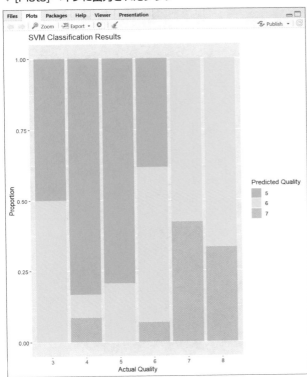

## 非線形サポートベクター分類モデルの仕組み

**Tips 301**
▶Level ●●●

**ここがポイントです!**
ハードマージンSVM、ソフトマージンSVM、サポートベクトル、プライマリ問題、双対問題

非線形サポートベクター分類モデルとして、**RBFカーネル**を用いた場合について解説します。

### ●サポートベクターマシンの
**目的関数における線形カーネルの適用**

**カーネルトリック**は、元の特徴空間をより高次元の空間に写像することで、非線形の決定境界を学習するための方法です。ガウ

ス分布を用いるRBF（放射基底関数）カーネルは、非線形分類問題に対してサポートベクターマシン（SVM）を適用する際によく使用されるカーネルです。RBFカーネルは、特徴空間を無限の次元へと拡張することで、線形分離できないデータセットを分離可能にします。**ガウスRBFカーネル**は次の式で表されます。

### ▼ガウスRBFカーネルの式

$$K\left(\boldsymbol{x}_i \cdot \boldsymbol{x}_j\right) = \exp\left(-\frac{\|\boldsymbol{x}_i - \boldsymbol{x}_j\|^2}{2\sigma^2}\right)$$

・$K(\boldsymbol{x}_i \cdot \boldsymbol{x}_j)$はベクトル$\boldsymbol{x}_i$と$\boldsymbol{x}_j$のカーネル関数
・$\|\boldsymbol{x}_i - \boldsymbol{x}_j\|$はベクトル$\boldsymbol{x}_i$と$\boldsymbol{x}_j$のユークリッド距離
・$\sigma$はRBFカーネルの幅を制御するパラメーター。ハイパーパラメーターとして事前に設定される

ソフトマージンSVMの双対問題の目的関数を、ガウスRBFカーネルを適用して表現すると、次式のようになります。

### ▼ソフトマージンSVMの双対問題の目的関数における線形カーネルの適用

$$\max_{\alpha} \sum_{i=1}^{n} \alpha_i - \frac{1}{2} \sum_{i=1}^{n} \sum_{j=1}^{n} \alpha_i \alpha_j y_i y_j \exp\left(-\frac{\|\boldsymbol{x}_i - \boldsymbol{x}_j\|^2}{2\sigma^2}\right)$$

放射基底関数（RBF）のガウス関数とは、正規分布（ガウス分布）の確率密度関数のことです。グラフにした場合、1次元の変数であれば原点を中心に左右対称の山形のグラフになり、2次元の変数であれば原点を中心とした回転対称な形（立体面）になります。このことを利用して、2つのベクトル間の関係を高次の空間に移し替えます。

### ▼ガウスRBFカーネルを用いた非線形の決定境界

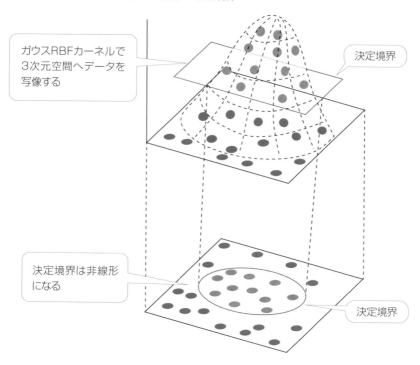

ガウスRBFカーネルで3次元空間へデータを写像する

決定境界

決定境界は非線形になる

決定境界

## Tips 302 非線形サポートベクターマシンで分類する

**ここがポイントです！** svm_rbf()

▶Level ●●●

ガウスRBFカーネルを用いたサポートベクターマシンの分類モデルを作成し、「winequality-red」を学習して、ワインの品質分類を行います。

● kernlab パッケージのインストール

kernlabパッケージは、カーネルベースの機械学習手法を提供するパッケージで、線形カーネル、多項式カーネル、RBFカーネルなどをサポートベクターマシンに組み込みます。

kernlabパッケージをインストールするに

は、RStudioの**Console**に

```
install.packages("kernlab")
```

と入力します。**Packages**ペインを利用する場合は、**Install**ボタンをクリックして **Install Packages**ダイアログを開き、**Packages...**の欄に「kernlab」と入力して**Install**ボタンをクリックすると、インストールが始まります。

● RBFカーネルを用いたサポートベクターマシンの分類モデルの作成

RBFカーネルを用いたサポートベクターマシンの分類モデルは、svm_rbf()関数で作成します。

・svm_rbf()関数

tidymodelsフレームワークのparsnipパッケージで提供されるsvm_rbf()関数は、サポートベクターマシン (SVM) を用いた

回帰モデルや分類モデルを作成します。RBFカーネルを使用して、データセット内の複雑な非線形関係を捉えることができます。分類モデルの場合は、動作モードを"classification"に指定します。書式やパラメーターについてはTips287をご参照ください。

●「winequality-red」を、ガウスRBFカーネルを用いたサポートベクターマシンで学習し、ワインの品質分類を行う

「winequality-red」を、ガウスRBFカーネルを用いたサポートベクターマシンで学習し、ワインの品質分類、モデルの評価、学習結果のグラフ化までを行います。

Tips300では、前処理において"citric acid"、"density"、"pH"を除くすべての説明変数の対数変換を行いましたが、その結果がよくなかったため、今回は行わないことにします。

▼ガウスRBFカーネルを用いたサポートベクターマシンで学習し、ワインの品質分類を行う

```r
library(tidymodels) # tidymodelsを読み込む
library(tidyverse)  # tidyverseを読み込む

# データセットを読み込む
winequality_red <- read_delim(
  "https://archive.ics.uci.edu/ml/machine-learning-databases/wine-
quality/winequality-red.csv",
  delim = ";") %>%
  mutate(quality = as.factor(quality)) # qualityを因子型に変換

# データを訓練セットとテストセットに分割
set.seed(123) # 再現性のため乱数生成のシード値を設定
split <- initial_split(winequality_red, prop = 0.75)
train_data <- training(split)
test_data <- testing(split)

# RBFカーネルを用いたSVMモデルの仕様を定義
svm_spec <- svm_rbf() %>%
  set_mode("classification") %>%
  set_engine("kernlab", type = "C-svc")
# 前処理のレシピを定義
recipe <- recipe(quality ~ ., data = train_data) %>%
  # すべての説明変数を標準化
  step_normalize(all_predictors())
# workflowを作成してモデルとレシピを組み合わせる
workflow <- workflow() %>%
  add_model(svm_spec) %>%
  add_recipe(recipe)
# モデルを訓練する
fit_model <- workflow %>%
  fit(data = train_data)

# テストデータを使って分類予測
predictions <- predict(fit_model, test_data) %>%
  bind_cols(test_data)
# 分類予測の評価
results <- predictions %>%
  metrics(truth = quality, estimate = .pred_class)
# 結果を表示
print(results)

# グラフ化のため、予測結果(predictions$.pred_class)をテストデータに新しい列として追加
test_data$predicted_quality <- predictions$.pred_class
# aes()関数でx軸に、因子型に変換したワインの品質(quality)を指定
# 棒グラフの色分け(fill)に、因子型に変換した予測値(predicted_quality)を指定
g <- ggplot(test_data, aes(x = factor(quality), fill =
factor(predicted_quality))) +
```

```
# 棒グラフgeom_bar()を描画する際にposition = "fill"オプションを指定して、
# 各棒を正解値に対する予測値の割合で色分けする
geom_bar(position = "fill") +
labs(x = "Actual Quality", y = "Proportion", fill = "Predicted
Quality") +
ggtitle("SVM Classification Results with RBF Kernel")
# 明示的にグラフを出力
print(g)
```

▼出力

```
# A tibble: 2 × 3
  .metric   .estimator .estimate
  <chr>     <chr>          <dbl>
1 accuracy  multiclass     0.638
2 kap       multiclass     0.379
```

正解率は0.638で、わずかですが上昇しました。グラフを見ると、線形カーネルのときと同様に、分類予測としてラベル（品質）の3、4と8は出力されていないようです。かなり多くの割合で品質の4を5に分類、半数以上の割合で品質の7を6に分類しているのが目立っています。

▼[Plots]ペインに出力されたグラフ

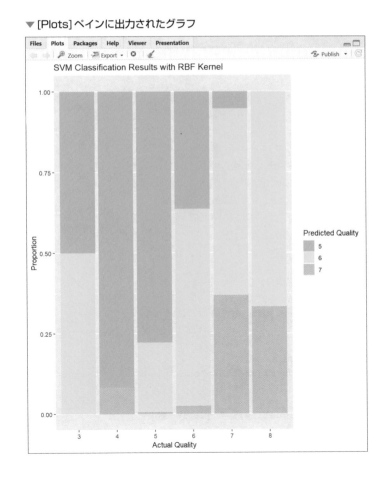

# 決定木モデルで分類する

ここが
ポイント
です！ > decision_tree()

●rpartパッケージとrpart.plotパッケージのインストール

決定木モデルの作成には、rpartパッケージが必要です。また、モデルの構造をグラフにして出力するには、rpart.plotパッケージが必要になります。インストールしていない場合は、RStudioの**Console**に

```
install.packages("rpart")
```

続けて

```
install.packages("rpart.plot")
```

と入力して、それぞれをインストールしてください。**Packages**ペインを利用する場合は、**Install**ボタンをクリックして**Install Packages**ダイアログを開き、**Packages...**の欄に「rpart」と入力して**Install**ボタンをクリックすると、インストールが始まります。「rpart.plot」も同じように操作してインストールしてください。

●決定木の分類モデルの作成

決定木の分類モデルは、decision_tree()関数で作成します。

・decision_tree()関数

parsnipパッケージに含まれているdecision_tree()関数は、決定木モデルを作成します。分類モデルの場合は、動作モードを"classification"に指定します。書式やパラメーターについてはTips289をご参照ください。

●「winequality-red」を決定木の分類モデルで学習し、ワインの品質分類を行う

「winequality-red」を決定木の分類モデルで学習し、ワインの品質分類、モデルの評価、学習結果のグラフ化までを行います。

決定木では多くの場合、説明変数の標準化はあまり意味がないので、前処理のレシピにおいては特に何の処理も行わないことにします。

▼決定木の分類モデルで学習し、ワインの品質分類を行う

```
library(tidymodels) # tidymodelsを読み込む
library(tidyverse)  # tidyverseを読み込む

# データセットを読み込む
winequality_red <- read_delim(
  "https://archive.ics.uci.edu/ml/machine-learning-databases/wine-quality/winequality-red.csv",
  delim = ";") %>%
  mutate(quality = as.factor(quality)) # qualityを因子型に変換

# データを訓練セットとテストセットに分割
```

```
set.seed(123)
split <- initial_split(winequality_red, prop = 0.75)
train_data <- training(split)
test_data <- testing(split)

# 決定木モデルの仕様を定義
tree_spec <- decision_tree(tree_depth = 10, min_n = 5) %>%
  set_mode("classification") %>%
  set_engine("rpart")
# 前処理の定義　特に何もしない
recipe <- recipe(quality ~ ., data = train_data)
# workflowを作成してモデルと前処理を組み合わせる
workflow <- workflow() %>%
  add_model(tree_spec) %>%
  add_recipe(recipe)
# モデルを訓練する
fit_model <- workflow %>%
  fit(data = train_data)

# テストデータを使って分類予測
predictions <- predict(fit_model, test_data) %>%
  bind_cols(test_data)
# 分類予測の評価
results <- predictions %>%
  metrics(truth = quality, estimate = .pred_class)
# 結果を表示
print(results)

# グラフ化のため、テストデータに予測結果(predictions$.pred_class)を新しい列として追加
test_data$predicted_quality <- predictions$.pred_class
 g <- ggplot(test_data, aes(x = factor(quality), fill =
factor(predicted_quality))) +
  # 棒グラフgeom_bar()を描画する際にposition = "fill"オプションを指定して、
  # 各棒を正解値に対する予測値の割合で色分けする
  geom_bar(position = "fill") +
  labs(x = "Actual Quality", y = "Proportion", fill = "Predicted
Quality") +
  ggtitle("Decision Tree Classification Results")
# 明示的にグラフを出力
 print(g)
```

▼出力

```
# A tibble: 2 × 3
  .metric   .estimator .estimate
  <chr>     <chr>          <dbl>
1 accuracy  multiclass     0.602
2 kap       multiclass     0.319
```

tidymodelsを用いた分類モデルの構築と評価

正解率は0.602です。グラフを見ると、分類予測としてラベル (品質) の5、6、7のみが出力されているようです。

▼ [Plots]ペインに出力されたグラフ

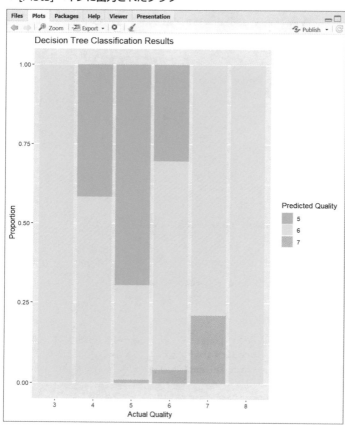

●決定木の分類モデルの構造をグラフにする

学習済みの決定木の分類モデルの構造をグラフにしてみます。先のプログラムの続きとして次のコードを入力し、実行してみましょう。

▼学習済みの決定木の分類モデルの構造をグラフにする

```
library(rpart.plot) # 決定木のプロットに使用
# fit_modelは tidymodels workflow によって訓練されたモデル
# ワークフローから決定木モデルのオブジェクトを抽出する
tree_model <- pull_workflow_fit(fit_model)
# 決定木モデルの構造をプロット
# roundint=FALSEを指定して分割の閾値の自動丸めを無効にする(警告が出るため)
# cexオプションを使用して文字サイズを調整
rpart.plot(tree_model$fit,roundint=FALSE, cex=0.7)
```

▼ [Plots]ペインに出力された決定木の分類モデルの構造

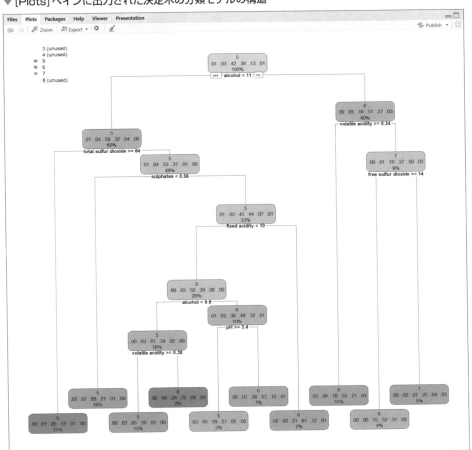

tidymodelsを用いた分類モデルの構築と評価

**Tips**
# 304

▶Level ●●●

ここが
ポイント
です！
> rand_forest()

# ランダムフォレストで分類する

## ●rangerパッケージのインストール

ランダムフォレストの分類モデルの構築には、rangerパッケージのインストールが必要になります。RStudioの**Console**に

```
install.packages("ranger")
```

と入力してインストールしてください。**Packages**ペインを利用する場合は、**Install**ボタンをクリックして**Install Packages**ダイアログを開き、**Packages...**の欄に「ranger」と入力して**Install**ボタンをクリックすると、インストールが始まります。

## ●ランダムフォレストの分類モデルの作成

ランダムフォレストの分類モデルは、rand_forest()関数で作成します。

### ・rand_forest()関数

parsnipパッケージに含まれているrand_forest()関数は、ランダムフォレストの回帰モデルや分類モデルを作成します。分類モデルの場合は、動作モードを"classification"に指定します。書式やパラメーターについてはTips291をご参照ください。

## ●「winequality-red」をランダムフォレストの分類モデルで学習し、ワインの品質分類を行う

「winequality-red」をランダムフォレストの分類モデルで学習し、ワインの品質分類、モデルの評価、学習結果のグラフ化までを行います。

▼ランダムフォレストの分類モデルで学習し、ワインの品質分類を行う

```
library(tidymodels) # tidymodelsを読み込む
library(tidyverse)  # tidyverseを読み込む

# データセットを読み込む
winequality_red <- read_delim(
  "https://archive.ics.uci.edu/ml/machine-learning-databases/wine-
quality/winequality-red.csv",
  delim = ";") %>%
  mutate(quality = as.factor(quality)) # qualityを因子型に変換
```

```r
# データを訓練セットとテストセットに分割
set.seed(123)
split <- initial_split(winequality_red, prop = 0.75)
train_data <- training(split)
test_data <- testing(split)

# 前処理のレシピ　特に何もしない
recipe <- recipe(quality ~ ., data = train_data)
# ランダムフォレストの分類モデルの仕様を定義
rf_spec <- rand_forest(trees = 6000, # 木の数を指定
                       min_n = 5) %>%  # ノードの最小サンプル数
  set_mode("classification") %>%
  set_engine("ranger")
# workflowを作成してモデルと前処理を組み合わせる
workflow <- workflow() %>%
  add_model(rf_spec) %>%
  add_recipe(recipe)
# モデルを訓練する
fit_model <- workflow %>%
  fit(data = train_data)

# テストデータを使って分類予測
predictions <- predict(fit_model, test_data) %>%
  bind_cols(test_data)
# 結果の評価
results <- predictions %>%
  metrics(truth = quality, estimate = .pred_class)
# 結果を表示
print(results)

# グラフ化のため、テストデータに予測結果(predictions$.pred_class)を新しい列として追加
test_data$predicted_quality <- predictions$.pred_class
# aes()関数でx軸に、因子型に変換したワインの品質(quality)を指定
# 棒グラフの色分け(fill)に、因子型に変換した予測値(predicted_quality)を指定
g <- ggplot(test_data, aes(x = factor(quality), fill =
factor(predicted_quality))) +
  # 棒グラフgeom_bar()を描画する際にposition = "fill"オプションを指定して、
  # 各棒を正解値に対する予測値の割合で色分けする
  geom_bar(position = "fill") +
  labs(x = "Actual Quality", y = "Proportion", fill = "Predicted
Quality") +
  theme_minimal() +
  ggtitle("Random Forest Classification Results")
# 明示的にグラフを出力
print(g)
```

## ▼出力

```
# A tibble: 2 × 3
  .metric   .estimator .estimate
  <chr>     <chr>          <dbl>
1 accuracy  multiclass     0.712
2 kap       multiclass     0.518
```

正解率は0.712で、これまでで最も高くなりました。グラフを見ると、分類予測（予測値）としてラベル（品質）の5、6、7、8が出力されています。

## ▼[Plots]ペインに出力されたグラフ

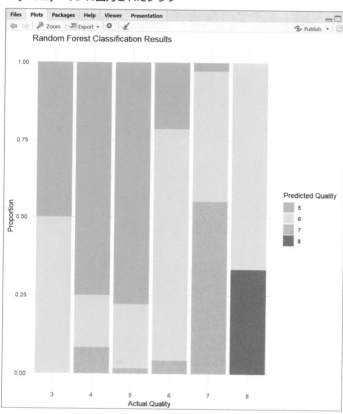

# Tips 305

GBDTで分類する

▶Level ●●●

**ここがポイントです！**　勾配ブースティング決定木モデルによる分類

## ●xgboostパッケージのインストール

勾配ブースティング決定木（GBDT：Gradient Boosting Decision Tree）モデルの構築には、xgboostパッケージのインストールが必要になります。RStudioのConsoleに

```
install.packages("xgboost")
```

と入力してインストールしてください。Packagesペインを利用する場合は、Installボタンをクリックして**Install Packages**ダイアログを開き、**Packages...**の欄に「xgboost」と入力して**Install**ボタンをクリックすると、インストールが始まります。

## ●勾配ブースティング決定木モデルの作成

勾配ブースティング決定木モデルは、boost_tree()関数で作成します。

### ・boost_tree()関数

xgboostパッケージに含まれているboost_tree()関数は、勾配ブースティング回帰木モデルや勾配ブースティング決定木

モデルを作成します。分類モデルの場合は、動作モードを"classification"に指定します。書式やパラメーターについてはTips293をご参照ください。

## ●「winequality-red」を勾配ブースティング決定木（GBDT）モデルで学習し、ワインの品質分類を行う

「winequality-red」を勾配ブースティング決定木（GBDT）モデルで学習し、ワインの品質分類、モデルの評価、学習結果のグラフ化までを行います。

▼勾配ブースティング決定木（GBDT）モデルで学習し、ワインの品質分類を行う

```
library(tidymodels) # tidymodelsを読み込む
library(tidyverse)  # tidyverseを読み込む

# データセットを読み込む
winequality_red <- read_delim(
  "https://archive.ics.uci.edu/ml/machine-learning-databases/wine-
quality/winequality-red.csv",
```

```r
  delim = ";") %>%
  mutate(quality = as.factor(quality))  # qualityを因子型に変換


# データを訓練セットとテストセットに分割
set.seed(123)
split <- initial_split(winequality_red, prop = 0.75)
train_data <- training(split)
test_data <- testing(split)


# 前処理のレシピ　特に何もしない
recipe <- recipe(quality ~ ., data = train_data)
# 勾配ブースティングモデルの仕様を定義
gb_spec <- boost_tree(trees = 2000,       # 木の数を指定
                      tree_depth = 15,  # 木の深さ
                      min_n = 10) %>%   # ノードの最小サンプル数
  set_mode("classification") %>%
  set_engine("xgboost")
# workflowを作成してモデルと前処理を組み合わせる
workflow <- workflow() %>%
  add_model(gb_spec) %>%
  add_recipe(recipe)
# モデルを訓練する
fit_model <- workflow %>%
  fit(data = train_data)


# テストデータを使って分類予測
predictions <- predict(fit_model, test_data) %>%
  bind_cols(test_data)
# 結果の評価
results <- predictions %>%
  metrics(truth = quality, estimate = .pred_class)
# 結果を表示
print(results)


# グラフ化のため、テストデータに予測結果(predictions$.pred_class)を新しい列として追加
test_data$predicted_quality <- predictions$.pred_class
# aes()関数でx軸に、因子型に変換したワインの品質(quality)を指定
# 棒グラフの色分け(fill)に、因子型に変換した予測値(predicted_quality)を指定
g <- ggplot(test_data, aes(x = factor(quality), fill =
factor(predicted_quality))) +
  # 棒グラフgeom_bar()を描画する際にposition = "fill"オプションを指定して、
  # 各棒を正解値に対する予測値の割合で色分けする
  geom_bar(position = "fill") +
  labs(x = "Actual Quality", y = "Proportion", fill = "Predicted
Quality") +
  theme_minimal() +
  ggtitle("Gradient Boosting Classification Results")
# 明示的にグラフを出力
print(g)
```

▼出力

```
# A tibble: 2 × 3
  .metric   .estimator .estimate
  <chr>     <chr>          <dbl>
1 accuracy  multiclass      0.67
2 kap       multiclass     0.461
```

正解率は0.67でした。グラフを見ると、分類予測としてラベル（品質）の4、5、6、7、8が出力されていることが確認できます。

▼[Plots]ペインに出力されたグラフ

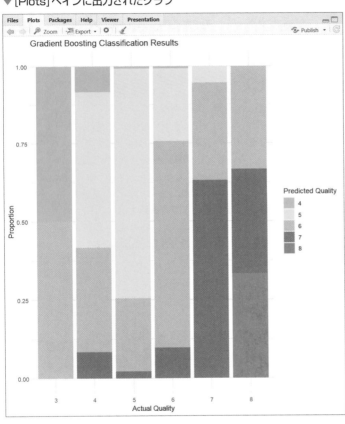

tidymodelsを用いた分類モデルの構築と評価

# ニューラルネットワークの仕組み

**Tips**
**306**

▶Level ● ● ●

**ここがポイントです！** パーセプトロン、ニューラルネットワーク

　機械学習における**ディープラーニング**（deep learning）または**深層学習**とは、モデルの構造を多層化した**ニューラルネットワーク**で学習することを指します。ニューラルネットワークは、画像や音声、自然言語などを対象とした、認識や検出などの諸問題に広く使われており、分類問題のほかに予測問題（回帰）にも対応する汎化性能の優れたモデルです。

●**単純パーセプトロン**

　ニューラルネットワークを簡潔に表現すると、「人工ニューロンというプログラム上の構造物をつないでネットワークにしたモデル」です。

　動物の脳は、**ニューロン**と呼ばれる神経細胞をつなぐ巨大なネットワークで構成されます。ニューロンの機能は、活動電位（電気的な刺激）が入ってきた場合に化学的な信号（神経伝達物質）を発生させ、他の神経細胞に情報を伝達することです。1つのニューロンに複数のニューロンから入力したり、信号を発生させる閾値を変化させたりすることで、情報の伝達を細かくコントロールします。

　1つのニューロンは比較的単純な振る舞いをしますが、膨大な数のニューロンが結び付いた巨大なネットワークによって、高度で複雑な処理が実現されます。

▼神経細胞（ニューロン）の構造図*

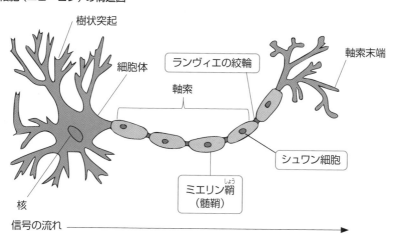

* **神経細胞（ニューロン）の構造図**　ウィキペディア「神経細胞」より転載。

#### ・ニューロンをコンピューター上で表現した「単純パーセプトロン」

神経細胞（ニューロン）をコンピューター上で表現できないものかと考案されたのが、**人工ニューロン**です。単体（1個）の人工ニューロンは、**単純パーセプトロン**と呼ばれます。

人工ニューロンは他の（複数の）ニューロンからの信号を受け取り、内部で変換処理（活性化関数の適用）をして、他のニューロンに向けて信号を出力します。

▼人工ニューロン（単純パーセプトロン）

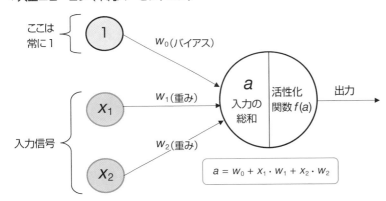

神経細胞のニューロンは、何らかの刺激が電気的な信号として入ってくると、この電位を変化させることで「活動電位」を発生させる仕組みになっています。活動電位は、いわゆる「ニューロンが発火する」という状態を作るためのもので、活動電位にするかしないかを決める境界、つまり「閾値」を変化させることで、発火する／しない状態にします。

人工ニューロンでは、このような仕組みを実現する手段として、他のニューロンからの信号（図の1、$x_1$、$x_2$）に「重み」（図の$w_0$、$w_1$、$w_2$）を適用（プログラムで掛け算）し、「重みを通した入力信号の総和」（$a = w_0 + x_1 \cdot w_1 + x_2 \cdot w_2$）に活性化関数（図の$f(a)$）を適用することで「発火／発火しない」信号を出力します。

単純パーセプトロンの基本動作は、

入力信号　➡　重み、バイアスの適用　➡　活性化関数　➡　出力（発火する／しない）

という流れを作ることです。ただし、発火するかどうかは「活性化関数の出力」によって決定されるので、やみくもに発火させず、正しいときにのみ発火させるように、信号の入力側に重み、バイアスという調整値（係数）が付いています。バイアスとは、重みだけを入力するための値のことで、他の入力信号の総和が0または0に近い小さな値になるのを防ぐ、「底上げ」としての役目を持ちます。

### ●ニューラルネットワーク （多層パーセプトロン）

単純パーセプトロンの動作の決め手は「重み」、「バイアス」と「活性化関数」です。活性化関数には、「一定の閾値を超えると発火する」、「発火ではなく『発火の確率』を出力する」など様々なタイプのものがあります。一方、重みとバイアスについては、プログラム側で初期値を設定し、適切な値を探すことになります。

ニューラルネットワークは、複数の単純パーセプトロンをつないだ層構造になるので、別名、**多層パーセプトロン**（MLP：Multi-Layer Perceptron）と呼ばれます。複数をつないで構造を複雑化することで、最終出力を適切にするためです。次の図は、2層構造の多層パーセプトロンの概念図です。入力層は入力データなので、層としてはカウントされません。

▼ニューラルネットワーク

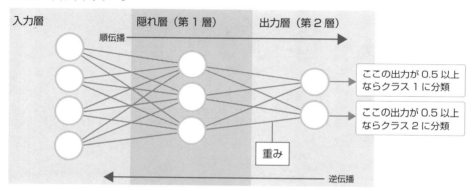

画像を分類することを考えた場合、入力層は入力データのグループとなります。例えば、28×28ピクセルの画像データを入力するなら、784個（画素）のデータが並ぶことになります。これまでの説明変数の考え方に沿っていえば、「1つのデータにつき784の説明変数がある」と考えることができます。これに接続されるニューロン（単純パーセプトロン）のグループが第1層となり、「隠れ層」と呼ばれることがあります。上の図では、第1層に第2層（出力層）の2個のニューロンが接続されているので、ニューラルネットワークに入力した画像を2個のクラスに分類する「二値分類」を想定しています。実際の二値分類では、出力層のニューロンを1個にして、「発火する（1）／しない（0）」で分類することになりますが、ここでは話をわかりやすくするため出力層を2個

のニューロンにして話を進めます。

上段のニューロンが発火した場合は画像が「イヌ」、下段のニューロンが発火した場合は画像が「ネコ」のものだと判定することにしましょう。発火する閾値は0.5とし、0.5以上であれば発火として扱います。一方、活性化関数はどんな値を入力しても「0か1」もしくは「0.0〜1.0の範囲に収まる値」を出力するので、「イヌの画像であれば上段のニューロンが発火すれば正解」、「ネコの画像であれば下段のニューロンが発火すれば正解」です。

しかし、重みとバイアスの初期値はランダムに決めるしかないので、上段のニューロンが発火してほしい（イヌに分類してほしい）のに0.1と出力され、逆に下段のニューロンが0.9になったりします。そこで、順方向への値の伝播で上段のニューロンが出力した

0.1と正解の0.5以上の値との誤差を測り、この誤差がなくなるように、出力層に接続されている重みとバイアスの値を修正します。さらに、修正した重みに対応するように、隠れ層に接続されている重みとバイアスの値

を修正します。出力するときとは反対の方向に向かって誤差をなくすように重みとバイアスの値を計算していくことから、このことを専門用語で**誤差逆伝播**（**バックプロパゲーション**）と呼びます。

## Tips
# 307
▶Level ●●●

ここがポイントです！

# シグモイド関数

## シグモイド関数（ロジスティック関数）

Tips306の「人工ニューロン（単純パーセプトロン）」の図では、入力側に〇で囲まれた1、$x_1$、$x_2$があり、単純パーセプトロンに向かって矢印が伸びています。矢印の途中には、入力値に適用するための「重み」$w_0$、$w_1$、$w_2$があります。これは、入力の総和：

$$a = w_0 + x_1 w_1 + x_2 w_2$$

が活性化関数に入力されることを示しています。なお、$x_1$にも$x_2$にもリンクされていない重み$w_0$は、どの入力にもリンクされないバイアスなので、入力側には便宜上、1が置かれます。

### ●シグモイド関数

次に示すのは、「重みベクトル$w$を使って未知のデータ$x$に対する出力値を求める関数」です。

### ▼重みベクトル$W$を使って$x$に対する出力値を求める

$$f(x) = {}^t w x$$

分類問題では、活性化関数として予測の信頼度を出力することが求められます。信頼度は0.0〜1.0の確率で表すことになるので、出力値を0から1に押し込めてしまう次の関数を用意します。パラメーターとしてのバイアス、重みをベクトル$w$で表すと、次のようになります。

### ▼シグモイド関数（ロジスティック関数）

$$f(x) = \frac{1}{1 + \exp(-{}^t w x)}$$

※ベクトルや行列の転置は$w^t$や$x^T$ように表すことが多いのですが、本書では添え字を多用するため、右上ではなく${}^t w$のように左上に表記しています。

この関数を**シグモイド関数**または**ロジスティック関数**と呼びます。${}^t w$はパラメーター（重み、バイアス）のベクトルを転置した行ベクトル、$x$は要素数$n$のベクトルです。$\exp(-{}^t w x)$は**指数関数**で、$\exp(x)$は$e^x$のことを表します。

**・シグモイド関数の実装**

　ネイピア数を底とした指数関数exp()を使って、シグモイド関数の実装が行えます。

**▼シグモイド関数の実装例**

```
sigmoid <- function(x) {
  return(1 / (1 + exp(-x)))
}
```

**▼シグモイド関数を定義してグラフに出力する**

```
# パッケージを読み込む
library(ggplot2)

# シグモイド関数を定義する
sigmoid <- function(x) {
  return(1 / (1 + exp(-x)))
}

# シグモイド関数の値を計算するための入力データを生成する
x_values <- seq(-10, 10, by = 0.1)
# シグモイド関数を使用してy値を計算する
y_values <- sigmoid(x_values)
# データフレームを作成する
data <- data.frame(x = x_values, y = y_values)
# ggplot2を使用してグラフを描く
g <- ggplot(data, aes(x = x, y = y)) +
  geom_line() + # 折れ線グラフを描画
  ggtitle("Sigmoid Function") + # グラフのタイトル
  xlab("X") + # X軸のラベル
  ylab("Sigmoid(X)") # Y軸のラベル
# グラフ出力
print(g)
```

　exp($-x$)が数式のexp($-'wx$)に対応するので、sigmoid()のパラメーターxには、$'wx$の結果を配列として渡すようにします。次に示すのは、$-10$から$10$までを0.1刻みにした等差数列をシグモイド関数に入力し、その出力をグラフにするプログラムです。

　$'wx$の値を変化させると、$f_w(x)$の値は0から1に向かって滑らかに上昇していくので、$0 < f_w(x) < 1$と表せます。なお、$'wx = 0$では$f_w(x) = 0.5$になります。

▼シグモイド関数のグラフ

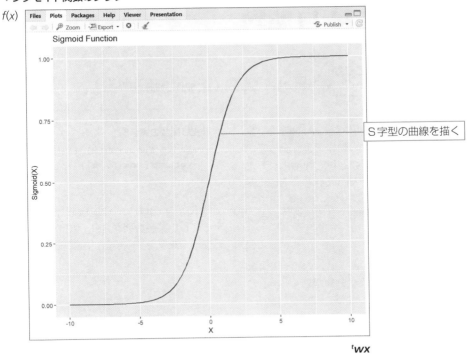

$f(x)$

S字型の曲線を描く

${}^{t}wx$

　次は、二値分類を行うMLP（多層パーセプトロン）において、シグモイド関数を活性化関数として使用する例です。

▼二値分類のMLPにおける順伝播（順方向への出力）の例

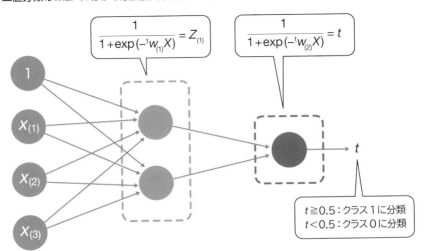

$$\frac{1}{1+\exp\left(-{}^{t}w_{(1)}X\right)} = Z_{(1)}$$

$$\frac{1}{1+\exp\left(-{}^{t}w_{(2)}X\right)} = t$$

$t \geqq 0.5$：クラス1に分類
$t < 0.5$：クラス0に分類

tidymodelsを用いた分類モデルの構築と評価

# ReLU関数

ここが
ポイント
です！ > ReLU関数（正規化線形関数）

　Ｓ字型の曲線を描くシグモイド関数は、生物学的なニューロンの動作をよく表していることから活性化関数として利用されてきましたが、シグモイド関数に代わる活性化関数として**ReLU関数**（Rectified Linear Unit：**正規化線形関数**）が用いられるようになりました。

　ReLU関数は、「入力値が０以下のとき０になり、１より大きいときは入力をそのまま出力する」だけなので、計算が速く、学習効果が高いといわれています。

▼ReLU関数の実装例

```
relu <- function(x) {
  return(pmax(0, x))
}
```

　次に示すのは、−10から10までを0.1刻みにした等差数列をReLU関数に入力し、その出力をグラフにするプログラムです。

▼ReLU関数を定義してグラフに出力する

```
# 必要なパッケージを読み込む
library(ggplot2)

# ReLU関数を定義する
relu <- function(x) {
  return(pmax(0, x))
}

# ReLU関数の値を計算するための入力データを生成する
x_values <- seq(-10, 10, by = 0.1)
# ReLU関数を使用してy値を計算する
y_values <- relu(x_values)
# データフレームを作成する
data <- data.frame(x = x_values, y = y_values)
# ggplot2を使用してグラフを描く
g <- ggplot(data, aes(x = x, y = y)) +
  geom_line() + # 折れ線グラフを描画
  ggtitle("Sigmoid Function") + # グラフのタイトル
  xlab("X") + # X軸のラベル
  ylab("Sigmoid(X)") # Y軸のラベル
# グラフ出力
print(g)
```

#### ▼ ReLU関数のグラフ

$f(x)$

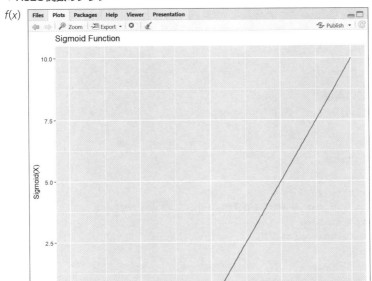

| 0を超えると入力値をそのまま出力 |

${}^t wx$

Tips
**309**

▶Level ●●●

ここが
ポイント
です！　ソフトマックス関数

# ソフトマックス関数

　**ソフトマックス関数**はマルチクラス分類の出力層で用いられる活性化関数で、各クラスの確率として0～1.0の間の実数を出力します。出力した確率の総和は1になります。例えば、3つのクラスがあり、1番目が0.26、2番目が0.714、3番目が0.026だったとします。この場合、「1番目のクラスが正解である確率は26%、2番目のクラス

は71.4%、3番目のクラスは2.6%」というような、確率的な解釈ができます。

#### ▼ソフトマックス関数

$$y_k = \frac{\exp(a_k)}{\displaystyle\sum_{i=1}^{n} \exp(a_i)}$$

exp(x)は、$e^x$を表す指数関数です。eは、2.7182...のネイピア数です。この式では、出力層のニューロンが全部で$n$個（クラスの数$n$）あるとして、$k$番目の出力$y_k$を求めるこ

とを示しています。ソフトマックス関数の分子は入力信号$a_k$の指数関数、分母はすべての入力信号の指数関数の和になります。

• ソフトマックス関数の実装

ソフトマックス関数の実装は次のようになります。

▼ソフトマックス関数の実装例

```
softmax <- function(z) {
  z_max <- max(z) # 入力信号の中で最大の値を取得
  z_stable <- z - z_max # 最大値を各要素から引くことで数値を安定させる
  exp_z <- exp(z_stable)
  return(exp_z / sum(exp_z))
}
```

ソフトマックス関数では指数関数の計算を行うことになりますが、その際に指数関数の値が大きな値になります。例えば、$c^{100}$は0が40個以上も並ぶ大きな値になり、コンピューターのオーバーフローの問題で無限大を表すInfが返ってきます。

そこで、ソフトマックスの指数関数の計算を行う際は、「何らかの定数を足し算または引き算しても結果は変わらない」という特性を活かして、オーバーフロー対策を行います。具体的には、入力信号の中で最大の値を取得し、これを

```
z_max <- max(z)
z_stable <- z - z_max
```

のように引き算することで、正しく計算できるようになります。

次に示すのは、要素数3の数値ベクトルをソフトマックス関数に入力し、その出力値ならびに出力値の合計を確認するプログラムです。

▼ソフトマックス関数の出力値ならびに出力値の合計を確認する

```
# ソフトマックス関数を定義（オーバーフロー対策付き）
softmax <- function(z) {
  z_max <- max(z) # 入力信号の中で最大の値を取得
  z_stable <- z - z_max # 最大値を各要素から引くことで数値を安定させる
  exp_z <- exp(z_stable)
  return(exp_z / sum(exp_z))
}

# 例として大きな値の入力値を作成
z <- c(1000, 1010, 1000)
# ソフトマックス関数に入力
softmax_result <- softmax(z)
```

```
# 結果を表示
print(softmax_result)
print(sum(softmax_result))
```

▼出力
```
[1] 4.539581e-05 9.999092e-01 4.539581e-05
[1] 1
```

▼3クラス分類のMLPにおける順伝播（順方向への出力）の例

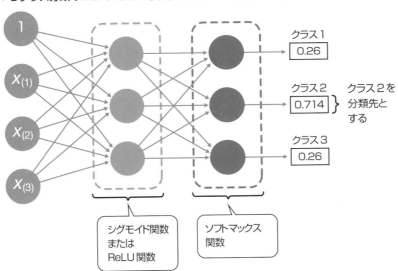

# 310 バックプロパゲーションによる重みの更新（学習）

ここが
ポイント
です！

▶Level ●●●

MLPの損失関数、勾配降下法、
バックプロパゲーション

●ニューラルネットワークの損失関数

ニューラルネットワーク（MLP）における出力値の誤差を測定する損失関数には、**交差エントロピー誤差関数**が用いられます。

・シグモイド関数を用いる場合の損失関数

シグモイド関数を活性化関数にした場合、出力と正解値との誤差を最小にするための損失関数として、「交差エントロピー誤差関数」が用いられます。交差エントロピー誤差を $E(\mathbf{w})$ とした場合、シグモイド関数を用いる場合の交差エントロピー誤差関数は次の式で表されます。

$$E(\boldsymbol{w}) = -\sum_{i=1}^{n} \left( t_i \log f(\boldsymbol{x}_i) + (1 - t_i) \log(1 - f(\boldsymbol{x}_i)) \right)$$

ここで求める誤差（$\boldsymbol{w}$）は「最適な状態からどれくらい誤差があるのか」を表していることになります。

### ・ソフトマックス関数を用いるときの 交差エントロピー誤差関数

多クラス分類の活性化関数として用いられるソフトマックス関数について、次のように定義します。$\boldsymbol{z}_i$は入力ベクトル$\boldsymbol{z}$の$i$番目の要素を表し、$K$はクラスの数を表します。$\exp(z_i)$は、$z_i$の指数関数を表します。

▼ソフトマックス関数

$$softmax(\boldsymbol{z}) = \frac{\exp(z_i)}{\sum_{j=i}^{K} \exp(z_j)}$$

ソフトマックスを用いる場合の交差エントロピー誤差関数は、次のようになります。交差エントロピー誤差関数を$E$、$t$番目の正解ラベルを$t^{(t)}$、$t$番目の出力を$o^{(t)}$としています。$c$は分類先のクラスを表す変数です。

▼ソフトマックス関数を用いる場合の 交差エントロピー誤差関数

$$E = -\sum_{t=1}^{n} t_c^{(t)} \log o_c^{(t)}$$

### ●重みの更新式

交差エントロピー誤差を最小化するには、「重み（$w$）で偏微分して0になる値」を求めなければならないので、反復学習によってパラメーターを逐次的に更新する「勾配降下法」が用いられます。途中経過は省略しますが、最終的に重み（パラメーター）の更新式は次のようになります。

▼出力層の重み$w_{(j)i}^{(L)}$の更新式

$$w_{(j)i}^{(L)} := w_{(j)i}^{(L)} - \eta \left( \left( o_j^{(L)} - t_j \right) f'\left( u_j^{(L)} \right) o_i^{(L-1)} \right)$$

$w_{(j)i}^{(L)}$は出力層（$L$）の（$j$）番目のニューロンにリンクする重み、$i$は1つ前の層のリンク元のニューロン番号です。出力層（$L$）の$j$番目のニューロンの「出力値」を$o_j^{(L)}$とし、これに対応する$j$番目の正解ラベル（分類先のクラス）を$t_j$としています。$u_j^{(L)}$は出力層（$L$）の$j$番目のニューロンへの「入力値」を示します。

$f'\left( u_j^{(L)} \right)$は、活性化関数$f\left( u_j^{(L)} \right)$の導関数ですので、活性化関数がシグモイド関数またはソフトマックス関数の場合は、

$$f'(x) = (1 - f(x))f(x)$$

になります。

先ほどの重みの更新式には「出力層の」という注釈が付いていましたが、これは、誤差を測定するための正解ラベル$t_j$が出力層にしか存在しないためです。ここで、簡単にするために式の一部を

$$\left(o_j^{(L)} - t_j\right) f'\left(u_j^{(L)}\right) = \delta_j^{(L)}$$

のように $\delta$（デルタ）の記号で置き換えて、出力層以外も含めてすべての層の重みの更新式として次のようにします。

#### ▼重み $w_{(j)i}^{(L)}$ の更新式

$$w_{(j)i}^{(L)} := w_{(j)i}^{(L)} - \eta \left(\delta_j^{(L)} o_i^{(L-1)}\right)$$

そうすると、$\delta_j^{(l)}$ の部分を出力層の場合と、それ以外の層の場合で次のように分けて定義することができます。

#### ▼ $\delta_j^{(l)}$ の定義を場合分けする
（⊙は行列のアダマール積を示す）

・$l$ が出力層のとき

$$\delta_j^{(l)} = \left(o_j^{(l)} - t_j\right) \odot \left(1 - f\left(u_j^{(l)}\right)\right) \odot f\left(u_j^{(l)}\right)$$

・$l$ が出力層以外の層のとき

$$\delta_j^{(l)} = \left(\sum_{j=1}^{n} \delta_j^{(l+1)} w_{(j)i}^{(l+1)}\right) \odot \left(1 - f\left(u_j^{(l)}\right)\right) \odot f\left(u_j^{(l)}\right)$$

出力層の誤差を求める $\left(o_j^{(l)} - t_j\right)$ の部分が、出力層以外では直後の層についての

$$\left(\sum_{j=1}^{n} \delta_j^{(l+1)} w_{(j)i}^{(l+1)}\right)$$

の計算に置き換えられています。

このように、出力層から順に誤差を測定し、層を遡って重みの値を更新していく処理のことを、誤差逆伝播（バックプロパゲーション）と呼びます。

**さらに ワンポイント**　アダマール積は、同じサイズの行列に対して成分ごとに積をとることで求める、行列の積のことです。

#### ▼2層のニューラルネットワーク（多層パーセプトロン）における誤差逆伝播

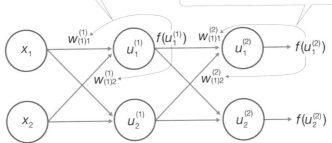

第0層（入力層）　　第1層（隠れ層）　　第2層（出力層）

$$w_{(j)i}^{(L)} := w_{(j)i}^{(L)} - \eta \left(\delta_j^{(L)} o_i^{(L-1)}\right)$$
$$\left(\delta_j^{(l)} = \left(\sum_{j=1}^{n} \delta_j^{(l+1)} w_{(j)i}^{(l+1)}\right) \odot \left(1 - f\left(u_j^{(l)}\right)\right) \odot f\left(u_i^{(l)}\right)\right)$$

$$w_{(j)i}^{(L)} := w_{(j)i}^{(L)} - \eta \left(\delta_j^{(L)} o_i^{(L-1)}\right)$$
$$\left(\delta_j^{(l)} = \left(o_j^{(l)} - t_j\right) \odot \left(1 - f\left(u_j^{(l)}\right)\right) \odot f\left(u_i^{(l)}\right)\right)$$

tidymodelsを用いた分類モデルの構築と評価

# ニューラルネットワークで ワインの品質を分類する

ここが ポイント です！ **svm_linear()**

ニューラルネットワーク（多層パーセプトロン）のモデルを作成し、「winequality-red」を学習して、ワインの品質分類を行います。

● **nnetパッケージのインストール**

nnetパッケージは、隠れ層と出力層を持つ2層構造のニューラルネットワークを構築する際の計算エンジンを提供します。nnetパッケージは、RStudioの**Console**に

```
install.packages("nnet")
```

と入力してインストールします。**Packages**ペインを利用する場合は、**Install**ボタンをクリックして**Install Packages**ダイアログを開き、**Packages...**の欄に「nnet」と入力して**Install**ボタンをクリックすると、インストールが始まります。

● **ニューラルネットワークを実装した 分類モデルの作成**

ニューラルネットワークのモデルは、mlp()関数で作成します。

・ **mlp() 関数**

tidymodelsフレームワークのparsnipパッケージに含まれるmlp()関数は、nnetエンジンを使用してニューラルネットワークのモデルを作成します。

| 書式 | mlp(<br>　mode = "unknown", engine = "nnet", hidden_units = NULL, penalty = NULL,<br>　epochs = NULL, activation = NULL, learn_rate = NULL) | |
|---|---|---|
| パラメーター | mode | モデルの動作モードを指定します。回帰問題には"regression"を、分類問題には"classification"を指定します。 |
| | engine | ニューラルネットワークモデルの計算エンジンを指定します。デフォルトは"nnet"です。 |
| | hidden_units | 隠れ層のユニット（ニューロン）数を指定します。 |
| | penalty | 過学習を防ぐために、重みに対するペナルティ（L2正則化）を適用するオプションです。 |
| | epochs | 訓練データセットを何回繰り返して学習するか、を指定します。 |
| | activation | 隠れ層の活性化関数を指定します。"relu"や"sigmoid"、"softmax"を指定できます。 |
| | learn_rate | トレーニング時の学習率を指定します。学習率が高いほどモデルのパラメーター更新が大きくなり、低いほど細かな更新になります。 |
| 戻り値 | 指定された設定値を持つニューラルネットワークの仕様としてのmodel_specオブジェクトを返します。このオブジェクトは、workflow()関数やfit()関数によるモデルの訓練など、のちのステップで利用されます。 | |

● 「winequality-red」をニューラルネット
ワークで学習し、ワインの品質分類を行う

「winequality-red」をニューラルネット
ワークで学習し、ワインの品質分類、モデル
の評価、学習結果のグラフ化までを行いま
す。

▼ニューラルネットワークで学習し、ワインの品質分類を行う

```r
library(tidymodels) # tidymodelsを読み込む
library(tidyverse)  # tidyverseを読み込む

# データセットを読み込む
winequality_red <- read_delim(
  "https://archive.ics.uci.edu/ml/machine-learning-databases/wine-
quality/winequality-red.csv",
  delim = ";") %>%
  mutate(quality = as.factor(quality)) # qualityを因子型に変換

# データを訓練セットとテストセットに分割
set.seed(123)
split <- initial_split(winequality_red, prop = 0.75)
train_data <- training(split)
test_data <- testing(split)

# 前処理のレシピ　特に何もしない
recipe <- recipe(quality ~ ., data = train_data)

# ニューラルネットワークモデルの仕様を定義
nn_spec <- mlp(hidden_units = 10,      # 隠れ層のユニット数
               penalty = 0.1,          # 正則化の強度
               activation="softmax",   # 活性化関数はソフトマックス関数
               learn_rate=0.1,         # 学習率
               epochs = 100) %>%       # エポック数
  set_engine("nnet", linout = FALSE) %>% # 分類の場合はFALSE
  set_mode("classification")

# workflowを作成してモデルと前処理を組み合わせる
workflow <- workflow() %>%
  add_model(nn_spec) %>%
  add_recipe(recipe)

# モデルを訓練する
fit_model <- fit(workflow, data = train_data)

# テストデータを使って分類予測
predictions <- predict(fit_model, test_data) %>%
  bind_cols(test_data)
```

```
# 結果の評価
results <- predictions %>%
    metrics(truth = quality, estimate = .pred_class)
# 結果を表示
print(results)


# グラフ化のため、テストデータに予測結果(predictions$.pred_class)を新しい列として追加
test_data$predicted_quality <- predictions$.pred_class
# ggplot2を使ったグラフの描画
g <- ggplot(test_data, aes(x = quality, fill = predicted_quality)) +
    geom_bar(position = "fill") +
    labs(x = "Actual Quality", y = "Proportion", fill = "Predicted
Quality") +
    theme_minimal() +
    ggtitle("Neural Network Classification Results")
# 明示的にグラフを出力
print(g)
```

▼出力

```
# A tibble: 2 × 3
  .metric  .estimator .estimate
  <chr>    <chr>          <dbl>
1 accuracy multiclass     0.645
2 kap      multiclass     0.404
```

正解率は0.645です。グラフを見ると、分類予測としてラベル(品質)の3、4と8は出力されていないようです。

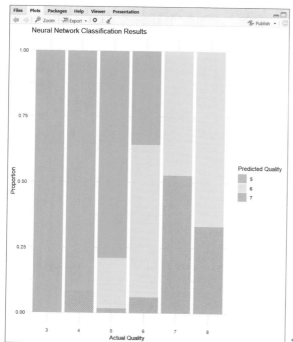

◀ [Plots]ペインに出力されたグラフ

## ●ニューラルネットワークのモデルの構造を出力する

作成したニューラルネットワークの構造を出力してみます。これには、NeuralNetToolsパッケージが必要になるので、RStudioの**Console**に

```
install.packages("NeuralNetTools")
```

と入力してインストールします。**Packages**ペインを利用する場合は、**Install**ボタンをクリックして**Install Packages**ダイアログを開き、**Packages...**の欄に「NeuralNetTools」と入力して**Install**ボタンをクリックすると、インストールが始まります。

▼ニューラルネットワークの構造を出力する（先のコードの続き）

```
library(NeuralNetTools)
# extract_fit_engine()関数で、学習済みのモデルオブジェクトを取得
nnet_model <- extract_fit_engine(fit_model)
# ニューラルネットワークの構造をプロット
plotnet(nnet_model)
```

▼[Plots]ペインに出力されたグラフを拡大表示したところ

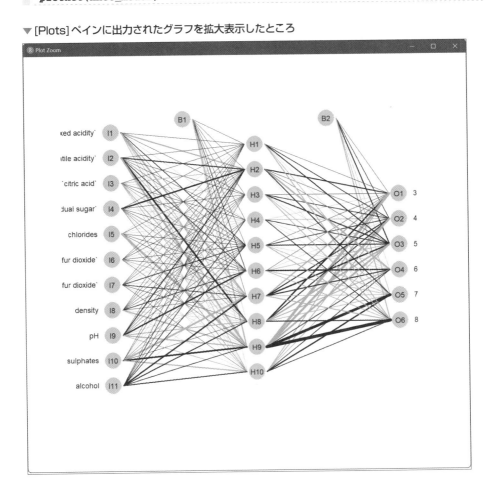

tidymodelsを用いた分類モデルの構築と評価

## Tips 312 ランダムフォレスト分類モデルのパラメーターチューニング

▶Level ●●●

**ここがポイントです！** tune_bayes()関数

　回帰モデルと同様に、分類モデルでもtidymodelsのtuneパッケージのtune_dayes()関数によるパラメーターチューニング（Tips294参照）が有効です。ここでは、ランダムフォレスト分類モデルについてパラメーターの最適値を探索してみます。

▼ランダムフォレスト分類モデルのパラメーターの最適値を探索

```
library(tidymodels)
library(tidyverse)
winequality_red <- read_delim(
  "https://archive.ics.uci.edu/ml/machine-learning-databases/wine-
quality/winequality-red.csv",
  delim = ";") %>% mutate(quality = as.factor(quality)) # qualityを因子
型に変換
split <- initial_split(winequality_red, prop = 0.75) # 訓練セットとテストセッ
トに分割
train_data <- training(split)
test_data <- testing(split)
recipe <- recipe(quality ~ ., data = train_data)# 前処理のレシピ 特に何もしない
rf_spec <- rand_forest(trees = tune(), min_n = tune()) %>% # モデル仕様
  set_mode("classification") %>% set_engine("ranger")
rf_param <- parameters(trees(),min_n()) %>% # パラメーター範囲の定義
  update(trees = trees(c(5500, 6000)), min_n = min_n(c(5, 10)))
cv_splits <- vfold_cv(train_data, v = 5, strata = quality)# クロスバリデー
ションの準備
workflow <- workflow() %>% add_model(rf_spec) %>% add_recipe(recipe)#
ワークフローの作成
# ベイズ最適化を用いたチューニング
tune_res <- tune_bayes(workflow, resamples = cv_splits, param_info =
rf_param,
                       metrics = metric_set(accuracy), initial = 20,
iter = 20,
                       control = control_bayes(no_improve = 5))
print(select_best(tune_res, "accuracy")) # 最適なパラメーター値の取得
```

▼出力

```
  trees min_n .config
  <int> <int> <chr>
1  5908     6 Preprocessor1_Model104
```

313~323

# ggplot2 による
# データの可視化

# ggplot2とは

**ここが
ポイント
です！** ggplot2パッケージ、ggplot()関数

**ggplot2**は、データ可視化のためのパッケージで、tidyverseフレームワークとtidymodelsフレームワークのどちらにも同梱されています。このパッケージは、グラフィックスのための文法（Grammar of Graphics）という概念に基づいていて、複雑なグラフを簡単に作成することができる柔軟性とパワーを提供します。

### ●ggplot2の特徴
### ・レイヤー指向のデザイン
ggplot2の最大の特徴は、グラフを複数のレイヤー（データ、統計変換、スケール変換など）に分解することです。これにより、複雑なグラフもステップバイステップで構築できます。

### ・エステティックマッピング
データの属性（色、形、サイズなど）をグラフの特性としてマッピング（適用）することができます。これにはaes()関数を使用します。

### ・幾何オブジェクト（Geoms）
点 [geom_point()]、線 [geom_line()]、棒グラフ [geom_bar()] など、グラフに表示するデータの形状を指定するための幾何オブジェクト（関数）が用意されています。

### ・統計的変換
データに統計的な変換を施し、平均値 [stat_summary()]、ヒストグラム [geom_histogram()]、平滑化 [geom_smooth()] などの処理を行います。

### ・座標系の処理
座標を変更して、円極座標 [coord_polar()] や等角投影 [coord_fixed()] を行うことができます。

### ・テーマ
グラフの外観（フォント、背景色、グリッドラインなど）をカスタマイズするためのテーマシステムが用意されています。

### ●ggplot2でのグラフ描画の基本手順
ggplot2を使用してグラフを作成する基本的なステップは以下の通りです。

❶ggplot()関数の引数に、データフレームを指定するほか、mappingオプションでaes()関数を使用して、どの変数をどの軸に割り当てるかを指定します。
❷＋演算子を使用して、具体的なグラフの種類 [geom_line()、geom_histogram() など] を追加します。
❸必要に応じ、さらに＋演算子を用いて、ラベル、テーマなどの処理を追加します。

### ●ggplot()関数
ggplot()関数は、データの可視化を始めるための基本的な関数です。この関数はグラフの初期設定を行い、追加の処理を適用するための基盤を作成します。

### ・ggplot()関数
ggplot2パッケージのggplot()関数は、グラフの初期設定を行い、追加の処理を適用するための基盤を作成します。

| 書式 | ggplot(data = NULL, mapping = aes(), ...) | |
|---|---|---|
| パラメーター | data | 可視化するデータフレームを指定します。 |
| | mapping | aesthetic（エステティック）マッピングを定義します。aes()関数を用いて、どの変数をx軸やy軸、色（color）、形状（shape）などに対応させるかを指定します。 |
| | ... | その他のオプション。ggplot2の拡張機能で使用されることがあります。 |
| 戻り値 | ggplot()関数の戻り値は、ggplotオブジェクトです。このオブジェクトは、指定されたデータとエステティックマッピングの情報を含み、さらに＋演算子を使って追加のレイヤーを加えていくことで、グラフを段階的に構築していきます。 | |

#### ▼散布図を描画する例

```
library(ggplot2)

# 基本的な使用例
# Rのmpgデータセットを使用、x軸にdispl列、y軸にhwy列を指定
p <- ggplot(data = mpg, mapping = aes(x = displ, y = hwy)) +
  geom_point() # xとyの交点に点（ドット）を描画するレイヤーを追加
# グラフを表示
print(p)
```

#### ▼[Plots]ペインに出力されたグラフ

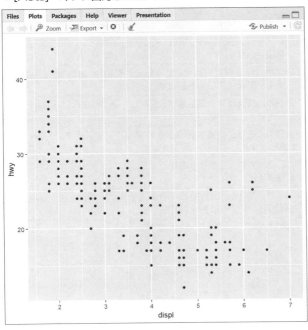

ggplot2によるデータの可視化

# 314 散布図を描画する

▶Level ●●○

ここが
ポイント
です！ geom_point()関数

　ggplot2パッケージのgeom_point()関数は、散布図（scatter plot）を作成するために使用されます。

### • geom_point()関数
　散布図（scatter plot）を作成するためのレイヤーをggplotオブジェクトに追加します。

| 書式 | geom_point(mapping = NULL, data = NULL, stat = "identity",<br>　　　position = "identity", ..., na.rm = FALSE,<br>　　　show.legend = NA, inherit.aes = TRUE) | |
|---|---|---|
| パラメーター | mapping | aes()関数を使って、エステティック［x軸やy軸に使用する変数、色（color）、サイズ（size）、形状（shape）など］をマッピングします。 |
| | data | データフレーム。指定しない場合、ggplot()関数によって指定されたデータを使用します。 |
| | stat | 統計的変換処理を指定します。デフォルトで"identity"が使用され、原データをそのままプロットします。 |
| | position | ポイントの位置調整を指定します。重なりを避けるために"jitter"などの値を指定することがあります。 |
| | na.rm | NA（欠損値）を削除するかどうかを論理値で指定します。デフォルトはFALSEです。 |
| | show.legend | 凡例にこのレイヤーを表示するかどうか。NA、TRUEまたはFALSEを指定します。 |
| | inherit.aes | このレイヤーがggplot()関数からエステティックマッピングを継承するかどうか。デフォルトはTRUEです。 |
| 戻り値 | 散布図のレイヤーをggplotオブジェクトに追加します。 | |

▼データフレームを作成して散布図を描画する

```r
# 必要なパッケージをロード
library(tidyverse)

# サンプルのtibbleデータフレームを作成
sample_df <- tibble(
  x = rnorm(100),  # xは標準正規分布に従う100個のランダム値
  y = rnorm(100)   # yも標準正規分布に従う100個のランダム値
)

# ggplotを使用して散布図を描画
p <- ggplot(sample_df, aes(x = x, y = y)) +
  geom_point() +  # 点をプロット
  ggtitle("Sample Scatter Plot") +  # グラフのタイトル
  xlab("X axis") +  # x軸のラベル
  ylab("Y axis")  # y軸のラベル
# グラフを表示
print(p)
```

▼[Plots]ペインに出力されたグラフ

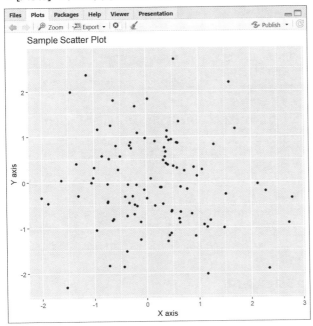

ggplot2によるデータの可視化

# 315 折れ線グラフを描画する

▶Level ● ● ○

**ここがポイントです！** geom_line() 関数

ggplot2パッケージのgeom_line()関数は、折れ線グラフを作成するために使用されます。

### • geom_line()関数

折れ線グラフを描画するためのレイヤーをggplotオブジェクトに追加します。

| 書式 | geom_line(mapping = NULL, data = NULL, stat = "identity", position = "identity", ..., na.rm = FALSE, show.legend = NA, inherit.aes = TRUE) |||
|---|---|---|---|
| パラメーター | mapping | aes()関数を使って、エステティック [x軸やy軸に使用する変数、色 (color)、サイズ (size)、形状 (shape) など] をマッピングします。 ||
| | data | データフレーム。指定しない場合、ggplot()関数によって指定されたデータを使用します。 ||
| | stat | 統計的変換処理を指定します。デフォルトで"identity"が使用され、原データをそのままプロットします。 ||
| | position | ポイントの位置調整を指定します。重なりを避けるために"jitter"などの値を指定することがあります。 ||
| | na.rm | NA（欠損値）を削除するかどうかを論理値で指定します。デフォルトはFALSEです。 ||
| | show.legend | 凡例にこのレイヤーを表示するかどうか。NA、TRUEまたはFALSEを指定します。 ||
| | inherit.aes | このレイヤーがggplot()関数からエステティックマッピングを継承するかどうか。デフォルトはTRUEです。 ||
| 戻り値 | 折れ線グラフを描画するためのレイヤーをggplotオブジェクトに追加します。 |||

### ▼データフレームを作成して折れ線グラフを描画する

```
# 必要なパッケージをロード
library(tidyverse)

# サンプルデータの作成
sample_df <- tibble(
  time = 1:10,  # 時間（単純な連続値）
  value = seq(2, 20, by = 2) # 値（時間に対する線形増加）
)
```

```
# ggplotを使用して折れ線グラフを出力
p <- ggplot(sample_df, aes(x = time, y = value)) +
  geom_line() + # 折れ線グラフのレイヤーを追加
  geom_point() + # データポイントを強調するための点も追加
  ggtitle("Sample Line Plot") + # グラフタイトル
  xlab("Time") + # x軸のラベル
  ylab("Value") # y軸のラベル
# グラフを表示
print(p)
```

▼ [Plots]ペインに出力されたグラフ

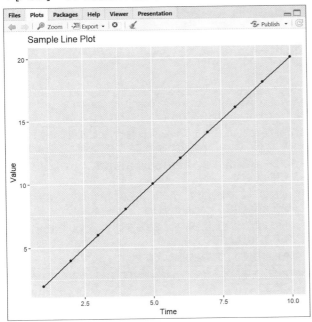

ggplot2によるデータの可視化

# 棒グラフを描画する

▶Level ●●○

ここが
ポイント
です！ **geom_bar() 関数**

ggplot2パッケージのgeom_bar()関数
は、棒グラフを作成するために使用されま
す。

**・geom_bar() 関数**
棒グラフを描画するためのレイヤーを
ggplotオブジェクトに追加します。

| 書式 | geom_bar(mapping = NULL, data = NULL, stat = "count", position = "stack", width = NULL, na.rm = FALSE, show.legend = NA, inherit.aes = TRUE) | |
|---|---|---|
| パラメーター | mapping | aes()関数を使って、エステティック [x軸やy軸に使用する変数、色 (color)、サイズ (size)、形状 (shape) など] をマッピングします。 |
| | data | データフレーム。指定しない場合、ggplot()関数によって指定された データを使用します。 |
| | stat | 統計的変換処理を指定します。デフォルトで"identity"が使用され、 原データをそのままプロットします。 |
| | position | ポイントの位置調整を指定します。重なりを避けるために"jitter"など の値を指定することがあります。 |
| | width | 棒の幅を指定します。デフォルトでは自動的に決定されます。 |
| | na.rm | NA (欠損値) を削除するかどうかを論理値で指定します。デフォルト はFALSEです。 |
| | show.legend | 凡例にこのレイヤーを表示するかどうか。NA、TRUEまたはFALSE を指定します。 |
| | inherit.aes | このレイヤーがggplot()関数からエステティックマッピングを継承 するかどうか。デフォルトはTRUEです。 |
| 戻り値 | 棒グラフを描画するためのレイヤーをggplotオブジェクトに追加します。 | |

▼データフレームを作成して棒グラフを描画する

```
# 必要なパッケージをロード
library(tidyverse)

# サンプルデータの作成
sample_df <- tibble(
  category = c('A', 'B', 'C'),    # カテゴリ
  values = c(23, 45, 10)          # 各カテゴリの値
)
```

```
# ggplotを使用して棒グラフを出力
p <- ggplot(sample_df, aes(x = category, y = values)) +
  geom_bar(stat = "identity") +   # 棒グラフのレイヤーを追加
  ggtitle("Sample Bar Chart") +   # グラフタイトル
  xlab("Category") +              # x軸のラベル
  ylab("Values")                  # y軸のラベル
# グラフを表示
print(p)
```

▼ [Plots] ペインに出力されたグラフ

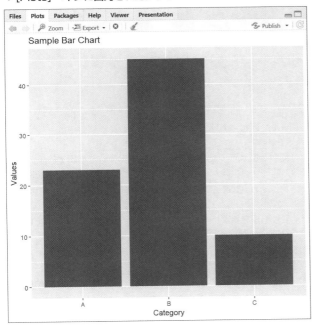

# ヒストグラムを描画する

ここが
ポイント
です！ > **geom_histogram()関数**

ggplot2パッケージのgeom_histo
gram()関数は、ヒストグラムを作成するた
めに使用されます。

・**geom_histogram()関数**

ヒストグラムを描画するためのレイヤー
をggplotオブジェクトに追加します。

| | | |
|---|---|---|
| 書式 | geom_histogram(mapping = NULL, data = NULL, stat = "bin", position = "stack", binwidth = NULL, bins = NULL, na.rm = FALSE, show.legend = NA, inherit.aes = TRUE) | |
| パラメーター | mapping | aes()関数を使って、エステティック [x軸やy軸に使用する変数、色 (color)、サイズ (size)、形状 (shape) など] をマッピングします。 |
| | data | データフレーム。指定しない場合、ggplot()関数によって指定された データを使用します。 |
| | stat | 統計的変換処理を指定します。geom_histogram()では通常"bin"が 使用され、データをビンに分割します。 |
| | position | 棒の配置方法を指定します。"stack"(デフォルト)、"dodge"、 "identity"、"fill"などがあります。 |
| | binwidth | 各ビンの幅を指定します。指定しない場合、自動的に計算されます。 |
| | bins | ビンの数を指定します。binwidthが指定されていない場合に有用で す。 |
| | na.rm | NA（欠損値）を削除するかどうかを論理値で指定します。デフォルト はFALSEです。 |
| | show.legend | 凡例にこのレイヤーを表示するかどうか。NA、TRUEまたはFALSE を指定します。 |
| | inherit.aes | このレイヤーがggplot()関数からエステティックマッピングを継承 するかどうか。デフォルトはTRUEです。 |
| 戻り値 | ヒストグラムを描画するためのレイヤーをggplotオブジェクトに追加します。 | |

## ▼データフレームを作成してヒストグラムを描画する

```
# 必要なパッケージをロード
library(tidyverse)

# サンプルデータの作成
sample_df <- tibble(
  values = rnorm(100)  # 標準正規分布から生成された100個のランダムな値
)

# ggplotを使用してヒストグラムを出力
p <- ggplot(sample_df, aes(x = values)) +
  geom_histogram(binwidth = 0.5, fill = "blue", color = "black") +  # ヒ
ストグラムのレイヤーを追加
  ggtitle("Sample Histogram") +  # グラフタイトル
  xlab("Values") +  # x軸のラベル
  ylab("Frequency")  # y軸のラベル
# グラフを表示
print(p)
```

## ▼[Plots]ペインに出力されたグラフ

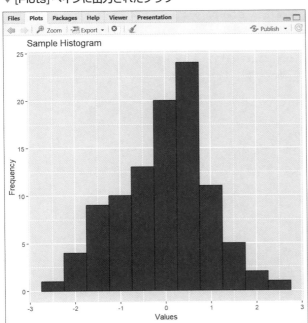

ggplot2によるデータの可視化

# 2つの変数間の関係を グラフにする

▶Level ●●●

> ここが
> ポイント
> です！

> **2変数間の関係を表す散布図**

mpgデータセットの「エンジンの排気量 （displ）」と「高速道路での燃費（hwy）」の 関係を示す散布図を作成してみます。

▼mpgデータセットの「エンジンの排気量（displ）」と「高速道路での燃費（hwy）」の関係を散布図に する

```r
# ggplot2パッケージをロード
library(ggplot2)

# mpgデータセットを使用して散布図を作成
p <- ggplot(data = mpg, aes(x = displ, y = hwy)) +
  geom_point() +   # 散布図のポイントを追加
  ggtitle("Engine Displacement vs. Highway MPG") +   # グラフのタイトル
  xlab("Engine Displacement (liters)") +   # x軸のラベル
  ylab("Highway MPG")   # y軸のラベル
# グラフを表示
print(p)
```

▼[Plots]ペインに出力されたグラフ

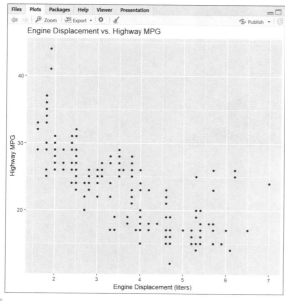

# 2変数間の散布図上に近似直線と95%信頼区間を描画する

**Tips**
# 319

▶Level ● ● ●

**ここがポイントです！** ▷geom_smooth() 関数

ggplot2パッケージのgeom_smooth() 関数は、散布図に滑らかな線を追加してデータのトレンドを示すために使用されます。

### • geom_smooth()関数

データにフィットする線や曲線を描画し、オプションでフィットの不確実性を表す信頼区間を表示することができます。

| 書式 | | geom_smooth(mapping = NULL, data = NULL, stat = "smooth",<br>position = "identity", …, method = "auto", formula = y ~ x,<br>se = TRUE, na.rm = FALSE, show.legend = NA, inherit.aes = TRUE) |
|---|---|---|
| パラメーター | mapping | aes()関数を使って、エステティック [x軸やy軸に使用する変数、色 (color)、サイズ (size)、形状 (shape) など] をマッピングします。 |
| | data | データフレーム。指定しない場合、ggplot()関数によって指定されたデータを使用します。 |
| | stat | 統計的変換処理を指定します。通常"smooth"が使用されます。 |
| | position | ポイントの位置調整を指定します。geom_smoothでは通常"identity"が使用されます。 |
| | method | スムージングを行う方法。"lm", "glm", "gam", "loess", "rlm"などが指定できます。"auto"（デフォルト）では、データのサイズに応じて"loess"か"gam"が自動的に選択されます。 |
| | formula | モデルの式。デフォルトはy ~ xです。 |
| | se | TRUEの場合（デフォルト）、信頼区間を表示します。 |
| | na.rm | NA（欠損値）を削除するかどうかを論理値で指定します。デフォルトはFALSEです。 |
| | show.legend | 凡例にこのレイヤーを表示するかどうか。NA、TRUEまたはFALSEを指定します。 |
| | inherit.aes | このレイヤーがggplot()関数からエステティックマッピングを継承するかどうか。デフォルトはTRUEです。 |
| 戻り値 | | スムージングされたトレンドラインのレイヤーをggplotオブジェクトに追加します。 |

　mpgデータセットの「エンジンの排気量
（displ）」と「高速道路での燃費（hwy）」の
関係を示す散布図上に、近似直線（青色）と
その95％信頼区間が表示されるようにして
みます。

▼**2変数間の散布図上に近似直線と95％信頼区間を描画する**

```
# ggplot2パッケージをロード
library(ggplot2)

# 散布図に近似直線と信頼区間を追加
p <- ggplot(data = mpg, aes(x = displ, y = hwy)) +
  geom_point() +   # 散布図のポイントをプロット
  geom_smooth(method = "lm", se = TRUE, color = "blue") +   # 線形近似直線
と信頼区間
  ggtitle("Engine Displacement vs. Highway MPG with Linear Fit") +   #
グラフのタイトル
  xlab("Engine Displacement (liters)") +   # x軸のラベル
  ylab("Highway MPG")   # y軸のラベル
# グラフを表示
print(p)
```

▼**[Plots]ペインに出力されたグラフ**

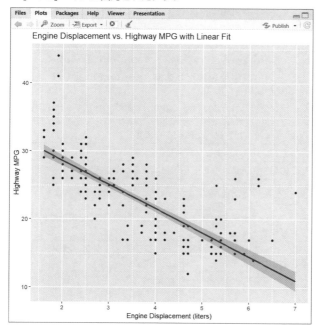

**Tips**

# 320

▶Level ●●○

ここが
ポイント
です！

## geom_boxplot()関数

# 箱ひげ図を描画する

ggplot2パッケージのgeom_boxplot()
関数は、箱ひげ図（ボックスプロット）を描画
するために使用されます。箱ひげ図はデータ
の分布を要約し、中央値、四分位数、外れ値
を視覚的に表示するのに適したグラフです。

- **geom_boxplot()関数**
  箱ひげ図を描画します。

| 書式 | geom_boxplot(mapping = NULL, data = NULL, stat = "boxplot", position = "dodge", outlier.colour = NULL, outlier.shape = 19, outlier.size = 1.5, na.rm = FALSE, show.legend = NA, inherit.aes = TRUE) | |
|------|------|------|
| パラメーター | mapping | aes()関数を使って、エステティック[x軸やy軸に使用する変数、塗りつぶしの色（fill）など]をマッピングします。 |
| | data | データフレーム。指定しない場合、ggplot()関数によって指定されたデータを使用します。 |
| | stat | 統計的変換処理を指定します。通常"boxplot"が使用されます。 |
| | position | ボックスの配置方法を指定します。デフォルトは"dodge"で、複数のグループがある場合にボックスを並べて表示します。 |
| | outlier.colour, outlier.shape, outlier.size | 外れ値の表示に関するオプション。色（colour）、形状（shape）、サイズ（size）を指定できます。 |
| | na.rm | NA（欠損値）を削除するかどうかを論理値で指定します。デフォルトはFALSEです。 |
| | show.legend | 凡例にこのレイヤーを表示するかどうか。NA、TRUEまたはFALSEを指定します。 |
| | inherit.aes | このレイヤーがggplot()関数からエステティックマッピングを継承するかどうか。デフォルトはTRUEです。 |
| 戻り値 | 箱ひげ図のレイヤーをggplotオブジェクトに追加します。 | |

mpgデータセットの「自動車のクラス
（class）」ごとに、「高速道路での燃費
（hwy）」の分布を示す箱ひげ図を作成してみ
ます。

▼「自動車のクラス (class)」ごとに「高速道路での燃費 (hwy)」の分布を示す箱ひげ図を作成する

```
# ggplot2パッケージをロード
library(ggplot2)

# mpgデータセットを使用して箱ひげ図を作成
p <-ggplot(data = mpg, aes(x = class, y = hwy)) +
  geom_boxplot() +    # 箱ひげ図のレイヤーを追加
  ggtitle("Highway MPG by Car Class") +    # グラフタイトル
  xlab("Car Class") +    # x軸のラベル
  ylab("Highway MPG") +    # y軸のラベル
  theme(axis.text.x = element_text(angle = 45, hjust = 1))    # x軸のテキス
トを45度回転
# グラフを表示
print(p)
```

▼[Plots]ペインに出力されたグラフ

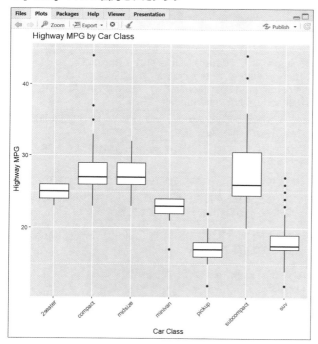

## Tips 321

# 2つのグラフを横に並べて表示する

**ここがポイントです!** gridExtraパッケージ、grid.arrange()関数

▶Level ●●●

gridExtraパッケージは、ggplot2で作成されたグラフィカルオブジェクト（プロット）をカスタムレイアウトで配置するための追加機能を提供します。

RStudioの**Console**に

```
install.packages("gridExtra")
```

と入力してインストールしてください。**Packages**ペインを利用する場合は、**Install**ボタンをクリックして**Install Packages**ダイアログを開き、**Packages...**の欄に「gridExtra」と入力して**Install**ボタンをクリックすると、インストールが始まります。

---

### ● grid.arrange()関数

gridExtraパッケージのgrid.arrange()関数は、複数のグラフィカルオブジェクト（ggplotオブジェクト）を1つの画面上に並べて表示します。

| 書式 | grid.arrange(..., nrow = NULL, ncol = NULL, widths = NULL, heights = NULL, as.table = TRUE, respect = FALSE, top = NULL, bottom = NULL, left = NULL, right = NULL, padding = unit(0.5, "lines"), newpage = TRUE) | |
|---|---|---|
| パラメーター | ... | 並べたいグラフィカルオブジェクト。ggplotオブジェクトなどを複数指定できます。 |
| | nrow | 表示する行数。デフォルトではNULLで、自動的に決定されます。 |
| | ncol | 表示する列数。デフォルトではNULLで、自動的に決定されます。 |
| | widths | 各列の幅を指定します。単位を含むベクトル［例えばunit(c(1, 2), "null")］で指定可能です。 |
| | heights | 各行の高さを指定します。単位を含むベクトルで指定可能です。 |
| | as.table | TRUEの場合、グラフは表のように（下から上へ）表示されます。FALSEの場合、上から下へ表示されます。 |
| | respect | TRUEの場合、各プロットのアスペクト比が維持されます。 |
| | top, bottom, left, right | レイアウトの上下左右にテキストまたはグラフィカルオブジェクトを配置します。 |
| | padding | オブジェクト間のパディング（余白）を指定します。 |
| | newpage | TRUEの場合、新しいページ（画面）にグラフィックを描画します。 |

12

ggplot2によるデータの可視化

　mpgデータセットから2つの変数のヒストグラムを作成し、それぞれを横に並べて表示してみます。

▼mpgデータセットから2つの変数のヒストグラムを作成し、それぞれを横に並べて表示する

```
# 必要なパッケージをロード
library(ggplot2)
library(gridExtra)

# エンジンの排気量(displ)のヒストグラム
p1 <- ggplot(data = mpg, aes(x = displ)) +
  geom_histogram(binwidth = 0.5, fill = "lightblue", color = "black") +
  ggtitle("Histogram of Engine Displacement") +
  xlab("Engine Displacement (liters)") +
  ylab("Count")

# 高速道路燃費(hwy)のヒストグラム
p2 <- ggplot(data = mpg, aes(x = hwy)) +
  geom_histogram(binwidth = 1, fill = "lightgreen", color = "black") +
  ggtitle("Histogram of Highway MPG") +
  xlab("Highway MPG") +
  ylab("Count")

# gridExtraを使用して2つのヒストグラムを横に並べる
grid_plot <- grid.arrange(p1, p2, ncol = 2)
# grid.arrangeの結果を明示的に出力
print(grid_plot)
```

▼[Plots]ペインに出力されたグラフ

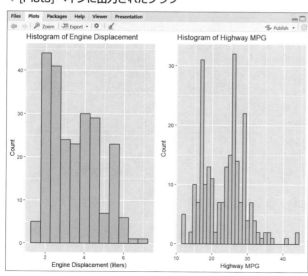

# データセットのすべてのヒストグラムを1画面に表示する

> ここが
> ポイント
> です！

gridExtraパッケージ、
grid.arrange()関数

　mpgデータセットのすべての変数についてヒストグラムを作成し、gridExtraパッケージを使用してすべてのヒストグラムを1画面に描画します。そのためには、まず数値型の変数を抽出し、これらの変数ごとにヒストグラムを作成します。そのあと、grid.arrange()関数を使用して、これらのヒストグラムを1画面に並べて表示します。

　次に示すプログラムでは、まずmpgデータセットの数値型の変数を特定します。次に、lapply()を使用して各数値型変数に対するヒストグラム（ggplotオブジェクト）のリストを作成。最後にgrid.arrange()でこれらを1画面に表示します。

▼mpgデータセットの数値型変数のヒストグラムを1画面に出力する

```
# 必要なパッケージをロード
library(ggplot2)
library(dplyr)
library(gridExtra)

# mpgデータセットの数値型の変数のみを選択
num_vars <- select_if(mpg, is.numeric)

# 各数値型変数に対してヒストグラムを作成し、ggplotオブジェクトのリストを作成
plots_list <- lapply(names(num_vars), function(var_name) {
  ggplot(data = mpg, aes_string(x = var_name)) +
    geom_histogram(binwidth = 1, fill = "skyblue", color = "black") +
    ggtitle(paste("Histogram of", var_name)) +
    theme_minimal()
})

# grid.arrange()を使用してすべてのヒストグラムを1画面に描画
do.call("grid.arrange", c(plots_list, ncol = 2))
```

▼[Plots]ペインに出力されたグラフ

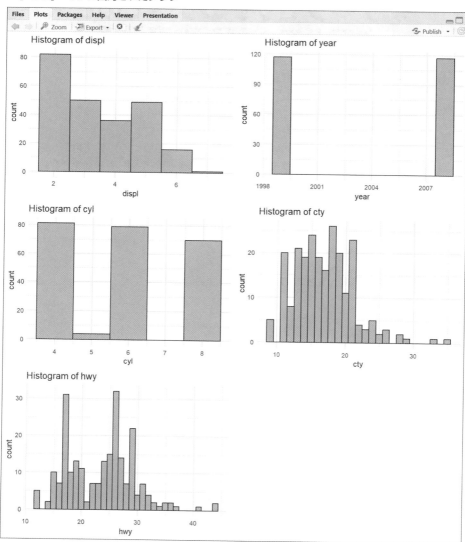

●コード解説

```
plots_list <- lapply(names(num_vars), function(var_name) {
  ggplot(data = mpg, aes_string(x = var_name)) +
    geom_histogram(binwidth = 1, fill = "skyblue", color = "black") +
    ggtitle(paste("Histogram of", var_name)) +
    theme_minimal()
})
```

❶ lapply()関数を使用して、mpgデータセットの数値型変数の名前を繰り返し処理します。この関数は、指定された関数をリストやベクトルの各要素に適用し、結果をリストとして返します。

❷「function(var_name) {...}」は無名関数で、lapply()によって各変数名に対して実行されます。

❸「ggplot(data = mpg, aes_string(x = var_name))」は、mpgデータセットを使用してggplotオブジェクトを初期化し、aes_string()を使ってx軸に変数を動的に割り当てます。

❹「geom_histogram(binwidth = 1, fill = "skyblue", color = "black")」は、ヒストグラムのビンの幅を1に設定し、塗りつぶしの色をスカイブルー、枠線の色をブラックにして、ヒストグラムを描画します。

❺「ggtitle(paste("Histogram of", var_name))」で、各ヒストグラムにタイトルを追加します。タイトルは"Histogram of"に続いて変数名が表示されます。

❻ theme_minimal()を適用して、グラフのテーマをミニマルに設定します。

```
do.call("grid.arrange", c(plots_
list, ncol = 2))
```

grid.arrange()関数を使用して、「plots_listに格納されているすべてのヒストグラムを1画面に描画する」処理を行っています。ここでは、do.call()関数がgrid.arrange()関数を動的に呼び出しています。ncol = 2が指定されており、これはヒストグラムを2列で配置することを意味します。

ggplot2によるデータの可視化

**Tips**

# 323

▶Level ●●●

**3Dの散布図を作成する**

ここが
ポイント
です！ plotly パッケージ

plotlyパッケージを使うことで、ggplot2のコードを3Dグラフに変換することができます。plotlyパッケージは、**Console**ペインに

```
install.packages("plotly")
```

と入力してインストールしてください。

ここではmtcarsデータセットを使用して、車の燃費（mpg）、排気量（disp）、馬力（hp）の3つの変数を3D空間にプロットします。plot_ly()関数はインタラクティブなグラフを作成することができるため、ユーザーはグラフを回転させたり、ズームイン・アウトしたりすることができます。

なお、プログラムを実行する際は1行ずつ[Run]を用いて実行してください。

▼plotlyで直接3D散布図を作成

```
library(plotly)
plot_ly(data = mtcars, x = ~mpg, y = ~disp, z = ~hp,
        type = 'scatter3d', mode = 'markers')
```

▼出力された3Dグラフ

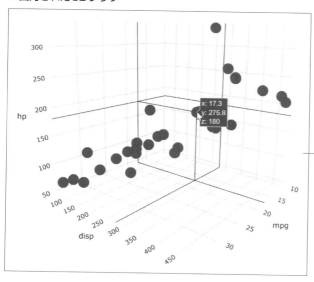

グラフの回転やデータ点の
観測値の表示が可能

index

# 索引

＊索引の参照番号は「ページ番号」ではなく「Tips」番号です。

*索引の参照番号は「ページ番号」ではなく「Tips」番号です。

索引

※索引の参照番号は「ページ番号」ではなく「Tips」番号です。

＊索引の参照番号は「ページ番号」ではなく「Tips」番号です。

索引

*索引の参照番号は「ページ番号」ではなく「Tips」番号です。

＊索引の参照番号は「ページ番号」ではなく「Tips」番号です。

memo

現場ですぐに使える！
最新Ｒ言語プログラミング
逆引き大全323の極意

| 発行日　2024年 6月 3日 | 第1版第1刷 |
| --- | --- |

著　者　金城　俊哉

発行者　斉藤　和邦
発行所　株式会社　秀和システム
　　　　〒135-0016
　　　　東京都江東区東陽2-4-2　新宮ビル2F
　　　　Tel 03-6264-3105（販売）Fax 03-6264-3094
印刷所　三松堂印刷株式会社　　　　Printed in Japan

ISBN978-4-7980-7228-9 C3055